全国技工院校计算机类专业任务驱动型教材（中/高级技能层级）

# 中文版 Access 2010 基础与实训

人力资源社会保障部教材办公室　组织编写

中国劳动社会保障出版社

## 简　介

本书主要内容包括：Access 数据库的初步认识、数据库表及其应用、查询及其应用、窗体及其应用、报表及其应用、综合运用、综合案例分析等。

本书由申海军任主编，袁超凡任副主编，邱雄龙、陈龙、王满林、王晓璐、张小磊、牛同海、潘利军、刘开辉、李浩然、张伯颉、王辰旸参加编写。

**图书在版编目（CIP）数据**

中文版Access 2010基础与实训/人力资源社会保障部教材办公室组织编写. -- 北京：中国劳动社会保障出版社，2019

全国技工院校计算机类专业任务驱动型教材 . 中 / 高级技能层级

ISBN 978-7-5167-4280-8

Ⅰ.①中…　Ⅱ.①人…　Ⅲ.①关系数据库系统－技工学校－教材　Ⅳ.①TP311.138

中国版本图书馆 CIP 数据核字（2019）第 287768 号

**中国劳动社会保障出版社出版发行**

（北京市惠新东街 1 号　邮政编码：100029）

*

北京市艺辉印刷有限公司印刷装订　新华书店经销

787 毫米 × 1092 毫米　16 开本　18 印张　382 千字

2019 年 12 月第 1 版　2024 年 11 月第 8 次印刷

**定价：45.00 元**

营销中心电话：400-606-6496

出版社网址：http://www.class.com.cn

http://jg.class.com.cn

# 前　言

为了更好地满足技工院校计算机类专业的教学要求，适应计算机行业的发展现状，我们根据人力资源社会保障部颁发的《技工院校计算机类通用专业课教学大纲（2015）》《技工院校计算机应用与维修专业教学计划和教学大纲（2015）》《技工院校计算机网络应用专业教学计划和教学大纲（2015）》中对相关课程教学内容的要求，对2008年出版的计算机专业任务驱动型教材进行了修订，开发了《中文版 Word 2010 基础与实训》《中文版 Excel 2010 基础与实训》《中文版 PowerPoint 2010 基础与实训》《中文版 Access 2010 基础与实训》《中文版 Office 2010 基础与实训》《中文版 AutoCAD 2018 基础与实训》六种教材。

本次教材修订工作的重点主要有以下几个方面：

第一，在教材定位方面，坚持以能力为本位，重视实践能力的培养，突出职业技术教育特色。根据计算机专业毕业生所从事职业的实际需要，合理确定学生应具备的知识结构与能力结构，对教材内容的深度、难度做了调整。同时，进一步加强实践性教学内容，以满足社会对技能型人才的需要。

第二，在教材内容方面，根据计算机行业的发展，合理更新并拓展教材内容。一方面根据当前主流的计算机软件版本进行编写；另一方面，又不仅仅局限于某一计算机软件版本的具体功能，而是更注重计算机使用能力的拓展，使学生能够触类旁通，提升计算机使用的综合能力。

第三，在编写模式方面，采用任务驱动的编写理念，将软件功能分解到若干具体的工作任务中进行描述。每个任务按照教学目标、任务分析、相关知识、实践操作、巩固练习的思路进行编写，让学生在完成一项具体任务的过程中，不仅能掌握相关计算机软件功能，还能掌握该软件功能的具体应用环境，从而提高学生的岗位适应能力。

第四，在表现形式方面，结合计算机类专业教材的特点，强调图文并茂，部分教材采用四色印刷，增强了教材内容的表现效果，提高了教材的可读性。

第五，在教学服务方面，为方便教师教学和学生学习，配套提供了制作素材、电子课件、教案示例等教学资源，可通过技工教育网（http://jg.class.com.cn）下载使用。除此之外，还借助二维码技术，针对教材中的重点、难点内容，开发制作了操作演示微视频，可使用

移动设备扫描书中二维码在线观看。

本次教材的改版工作得到了山西、江苏、山东、湖南、广东等省人力资源社会保障厅及有关学校的大力支持，在此我们表示诚挚的谢意。

人力资源社会保障部教材办公室
2018 年 12 月

# 目 录

## 项目七　综合案例分析

# 项目一　Access 数据库的初步认识

## 任务　体验 Access 的基本操作

### 学习目标

1. 了解 Access 的基本功能。
2. 掌握 Access 的启动方法。
3. 熟悉 Access 的开始界面和操作界面。
4. 了解 Access 数据库基本知识。

### 任务描述

某位同学想要写生日贺卡时，可能会拿出写满了姓名、出生日期的“同学录”，然后通过某种顺序或者分类来查找需要的信息。

某位同学想要去学校的图书室查找资料时，管理员可能会拿出写满了书名、存放位置的“馆藏目录”，然后通过某种顺序或者分类来查找需要的书籍。

这里的“同学录”和“馆藏目录”其实都是一个典型的小型数据库，可以用它来存储和组织有用的信息。想象一下，这位同学的“同学录”上记录的名字逐渐超过百人，图书室管理员的“馆藏目录”上记录的书目超过千本，甚至更多，如果仍使用原来的方法查找需要的内容，将会既费时费力，准确率又低，这时，就需要数据库系统来协助管理这些数据。

本书将要介绍的 Access 就是一款优秀的数据库管理系统软件。

Access 是微软公司推出的基于 Windows 的数据库管理系统，是 Office 系统应用软件中的一种，现在 Access 已经成为世界上最流行的桌面数据库管理系统之一。

本任务的内容是练习 Access 2010 的几种启动方法，熟悉它的开始界面和操作界面的基本元素。

## 相关知识

### 1. 数据库

数据库是一种用于存储和组织信息的工具。

数据库可以存储有关同学录、馆藏目录、考试成绩或其他任何内容的信息。

实际上，“同学录”就是一个最简单的“数据库”，每位同学的姓名、地址、电话等信息就是这个数据库的“数据”。

### 2. Access 基本功能

Access 提供了表、查询、窗体、报表 4 种用来建立数据库系统的对象；提供了多种向导、生成器、模板，把数据存储、数据查询、界面设计、报表生成等操作规范化；为建立功能完善的数据库管理系统提供了方便，使用户不必编写代码就可以完成大部分数据管理的任务。

### 3. Access 数据库对象

通过熟悉数据库中的表、查询、窗体和报表对象，可以更加轻松地执行各种任务，例如，将数据输入到数据库表中、添加或删除记录、查找并替换数据以及运行查询。这些对象的概念将贯穿本课程的教学内容。

（1）Access 数据库文件

Access 2010 创建的数据库文件扩展名为“. accdb”，早期版本的 Access 创建的数据库文件扩展名为“. mdb”。Access 2010 可以向下兼容早期版本 Access 软件创建的数据库。

在 Access 数据库文件中，可以使用 Access 数据库对象来管理各种信息，如图 1–1 所示。

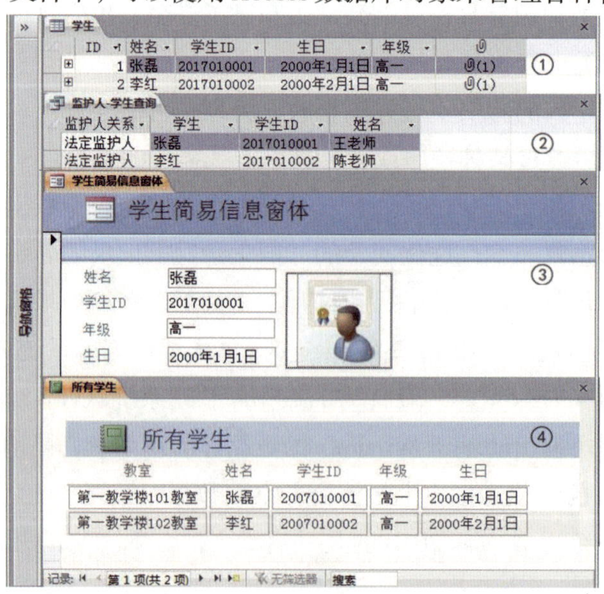


图 1–1　Access 数据库文件中的数据库对象

1）使用表来存储数据。只需在一个表中存储一次数据，便可以在多处使用此数据。

2）使用查询来查找和检索所需数据。

3）使用窗体来查看、添加和更新表中的数据。

4）使用报表来分析或打印特定布局中的数据。

（2）表和关系

数据库表在外观上与电子表格相似，因为二者都是以行和列存储数据，因此可以很容易地将电子表格导入数据库表中。

要存储数据，需要为每种信息创建一个数据库表，例如，可以为学生信息和监护人信息各创建一个数据库表。在查询、窗体或报表中收集多个表中的信息时，还需要定义表与表之间的关系，如图 1–2 所示。

1）曾经存在于学生学籍文档中的学生信息现在位于“学生”表中。

2）曾经存在于监护人花名册中的监护人信息现在位于“监护人”表中。

3）通过将一个表的唯一字段添加到另一个表中并定义这两个字段之间的关系，Access 可以匹配这两个表中的相关记录，以便在窗体、报表或查询中收集相关记录，如“学生”表中的“姓名”与“监护人”表中的“学生”相互匹配。

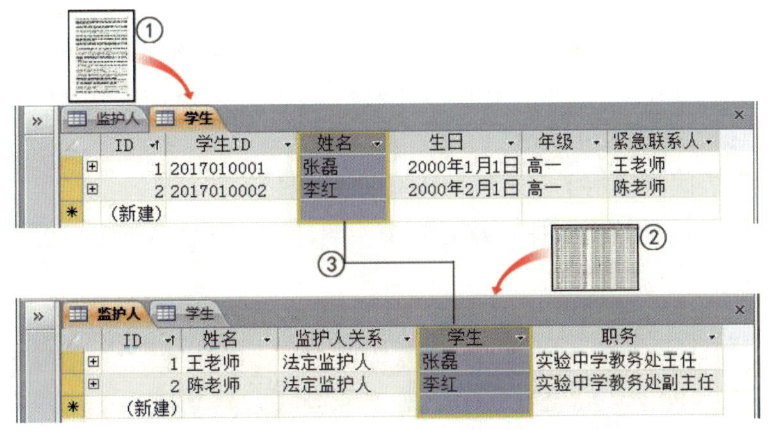


| ID | 学生ID | 姓名 | 生日 | 年级 | 紧急联系人 |
|---|---|---|---|---|---|
| 1 | 2017010001 | 张磊 | 2000年1月1日 | 高一 | 王老师 |
| 2 | 2017010002 | 李红 | 2000年2月1日 | 高一 | 陈老师 |
| （新建） | | | | | |

| ID | 姓名 | 监护人关系 | 学生 | 职务 |
|---|---|---|---|---|
| 1 | 王老师 | 法定监护人 | 张磊 | 实验中学教务处主任 |
| 2 | 陈老师 | 法定监护人 | 李红 | 实验中学教务处副主任 |
| （新建） | | | | |

图 1–2　表与表之间的关系示意图

（3）查询

查询是数据库中应用最多的对象，可执行很多不同的功能，最常用的功能是从表中检索特定数据。要查看的数据通常分布在多个表中，通过查询就可以在一张数据表中查看到所需数据，也可以在查询中添加条件来筛选所需记录，如图 1–3 所示。

1）“学生”表为有关学生的信息。

2）“监护人”表为有关监护人的信息。

3）利用“监护人 – 学生查询”从“学生”表中检索“姓名”和“学生 ID”，从“监护人”表中检索“学生”和监护人“姓名”。通过筛选，此查询只返回监护人姓名为“王老师”的监护人信息和学生信息。

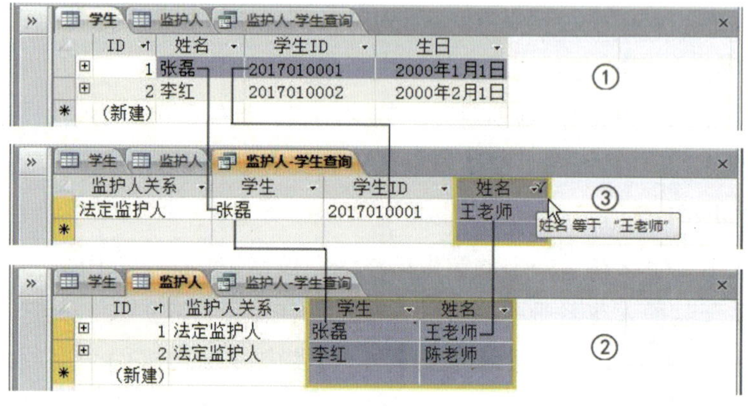


图 1-3　查询示意图

（4）窗体

可以使用窗体轻松查看、输入和更改数据。窗体通常包含若干链接到表中基础字段的控件。打开窗体时，Access 会从其中的一个或多个表中检索数据，然后用创建窗体时所选择的布局显示数据，如图 1-4 所示。

1）“学生”表同时显示了多条记录，呈列表状显示。

2）利用“学生简易信息窗体”查看其中一条记录，可以显示多个表中的字段，也可以显示图片和其他对象。

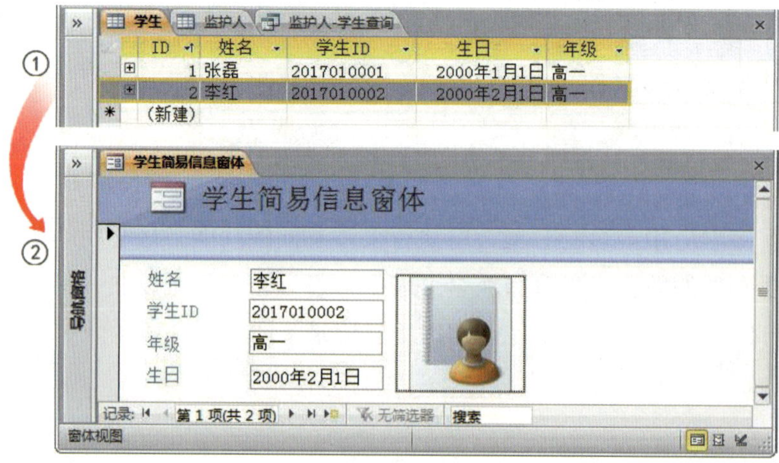


图 1-4　窗体示意图

(5) 报表

报表可用来汇总和显示表中的数据。一个报表通常可以回答一个特定的问题，如“今年 ×× 班每位学生的期末考试成绩是多少”，或者“学生来自哪些城市”。可以为每个报表设置格式，从而以最容易阅读的方式来显示信息。

报表可在任何时候运行，而且将始终反映数据库中的当前数据。通常将报表的格式设置为适合打印的格式，报表也可以在屏幕上进行查看、导出到其他程序或者以电子邮件的形式发送。用户可以使用报表快速分析数据，或用某种预先设定的固定格式或其他格式呈现数据。例如，图 1-5 所示为“按教室排列学生表”按照固定打印格式所呈现的数据。

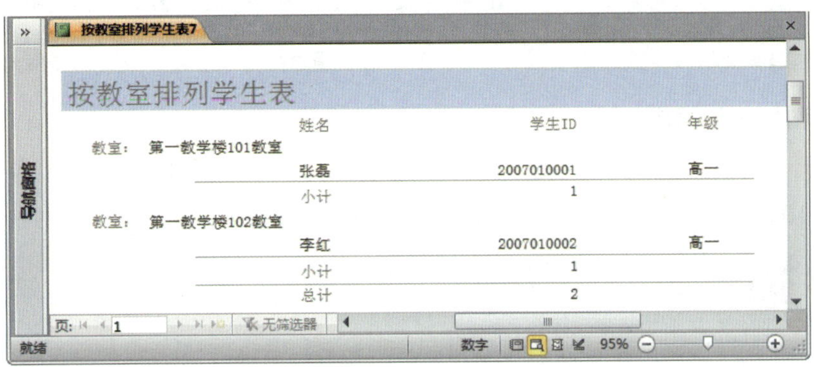


图 1-5　报表示意图

## 实践操作

### 1. 启动 Access 2010

(1) 通过“开始”菜单快捷方式

1) 单击“开始”按钮，单击“所有程序”，然后单击“Microsoft Office”。

2) 在可用 Office 程序列表中单击 Microsoft Access 2010 快捷方式图标，即可启动 Access 程序，如图 1-6 所示。

图 1-6　通过“开始”菜单快捷方式启动

(2) 通过桌面快捷方式

在桌面单击 Microsoft Access 2010 快捷方式图标，即可启动 Access 2010 程序，如图 1-7 所示。

(3) 通过打开 Access 数据库文件

找到需要打开的 Access 数据库文件，如“学生.accdb”，双击该文件图标，即可启动 Access 2010 程序，如图 1-8 所示。

图 1-7　通过桌面快捷方式启动

图 1-8　通过打开 Access 数据库文件启动

### 2. 新建和打开数据库

通过“开始”菜单或桌面快捷方式（不是直接打开 Access 数据文件）启动 Access 2010 时，将出现如图 1-9 所示开始界面。

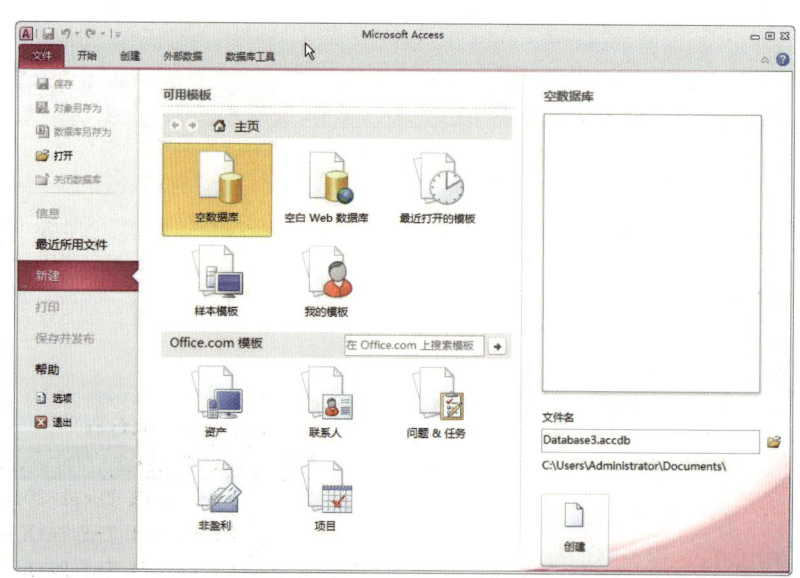


图 1-9　Microsoft Access 2010 开始界面

通过该界面，可以新建空白数据库、通过模板创建数据库或者打开最近使用过的数据库（如果之前已经打开某些数据库）。

（1）新建空数据库

1）在图 1-9 所示开始界面中单击“空数据库”，如图 1-10 所示。

2）在图 1-9 所示开始界面右侧“空数据库”窗格下面的“文件名”框中，输入文件名或使用所提供的文件名，此处输入文件名“学生”，如图 1-11 所示。

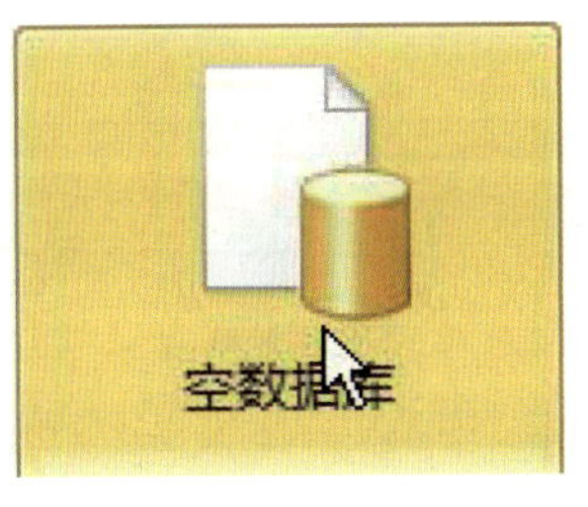


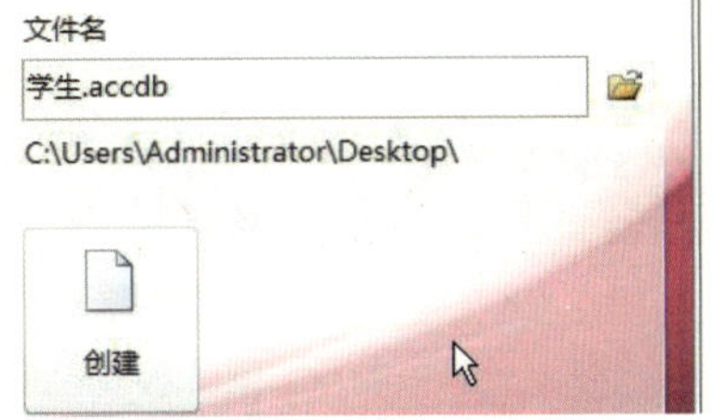


图 1-10 新建空数据库　　图 1-11 为空数据库输入文件名

3）单击“创建”，将创建新的数据库“学生 .accdb”，并且在数据表视图中打开一个新的空数据库表，空数据库创建完成，如图 1-12 所示。

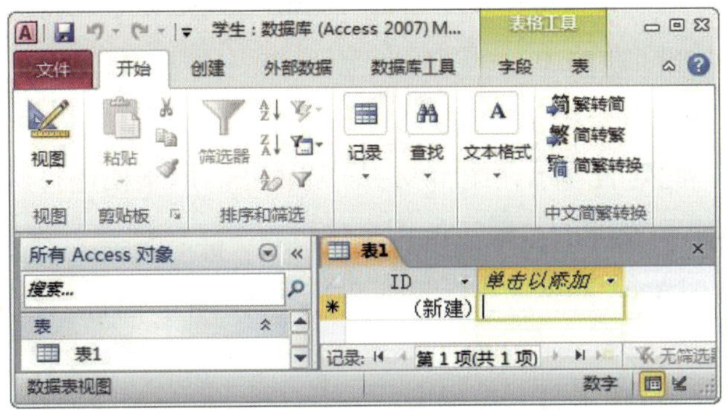


图 1-12 空数据库创建完成

（2）从本地模板创建新数据库

Access 2010 中提供了许多模板，模板是一个预先设计的包括经过专业设计的表、窗体和报表的数据库。在创建新数据库时，模板可提供一个良好的开端。

1）在开始界面中单击“新建”，单击“样本模板”，此处在列表中单击“学生”模板，如图 1-13 所示。

2）在界面右侧的“文件名”框中，输入文件名，如图 1-14 所示。

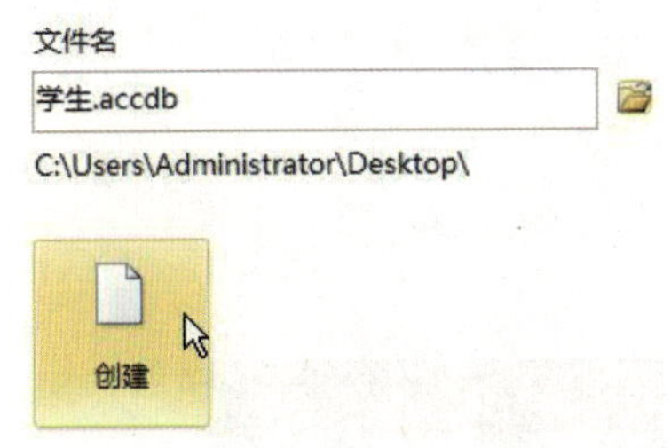


图 1-13 选择“学生”模板　图 1-14 为以模板新建的数据库输入文件名

3）单击“创建”，Access 将以模板创建新的数据库并打开该数据库“学生 .accdb”，并且在窗体视图中打开一个根据模板设定而创建的窗体“学生列表”，“学生”数据库创

建完成，如图 1–15 所示。

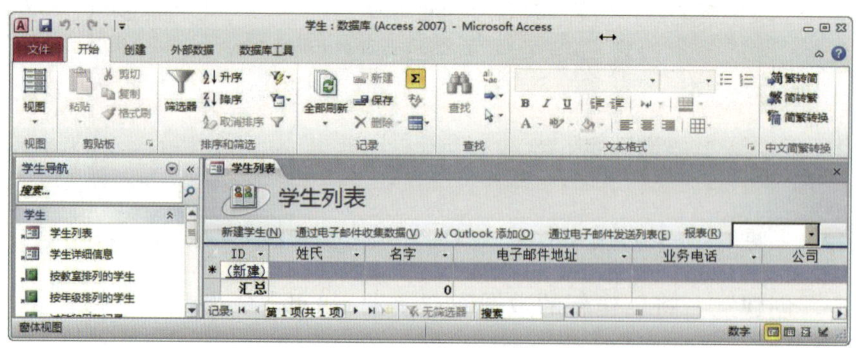

图 1–15 “学生”数据库创建完成

（3）打开最近使用的数据库

在打开（或创建后打开）数据库时，Access 会将该数据库的文件名和位置添加到“最近使用文件”列表中。此列表显示在图 1–9 所示界面中，用于快速打开最近使用的数据库。

单击图 1–9 所示页面左侧的“最近所用文件”，单击要打开的数据库，Access 将打开该数据库，如图 1–16 所示。

图 1–16 选择打开最近使用的数据库

（4）使用“文件”选项卡打开数据库

Access 2010 中可以使用“文件”选项卡中的“打开”命令来实现该功能。

1）单击“文件”选项卡，然后选择“打开”，如图 1–17 所示。

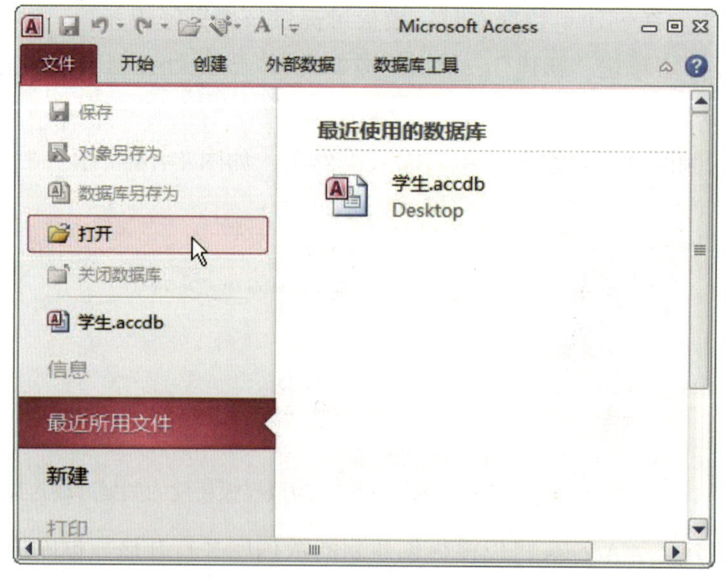


图 1–17 使用“文件”选项卡的“打开”命令打开数据库

2）在出现的“打开”对话框中，选择 Access 数据库文件（学生 .accdb），然后单击“打开”，Access 将打开该数据库，如图 1–18 所示。

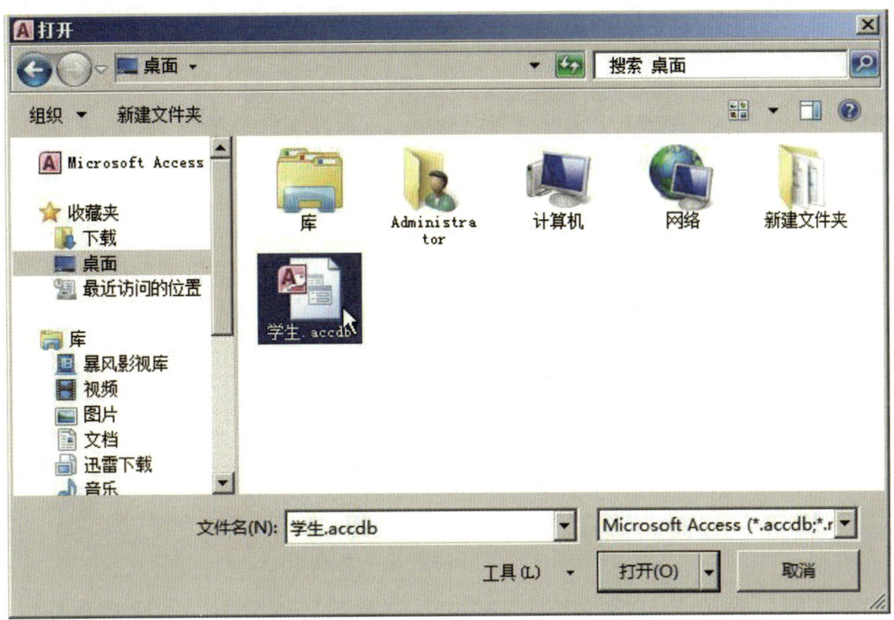


图 1–18　在“打开”对话框中选择数据库

### 3. 认识 Access 2010 操作界面

Access 2010 的操作界面由多个元素构成，这些元素定义了用户与程序的交互方式。它们不仅能帮助用户熟练使用 Access，还有助于快速地查找所需命令，如图 1–15 所示为 Access 的典型操作界面。

（1）功能区和选项卡

功能区是位于操作界面窗口顶部的带状区域，它提供了 Access 2010 中主要的命令。功能区中有多个选项卡，各选项卡以直观的方式将功能相关的命令分组组合在一起。

选择所需的选项卡，用户可以浏览该选项卡中可用的各种命令，功能区中固定的选项卡包括“开始”“创建”“外部数据”和“数据库工具”。

“开始”选项卡包括“视图”“剪贴板”“排序和筛选”“记录”“查找”“文本格式”和“中文简繁转换”命令组，如图 1–19 所示。

图 1–19　“开始”选项卡

“创建”选项卡包括“模板”“表格”“查询”“窗体”“报表”和“宏与代码”命令组，如图 1–20 所示。

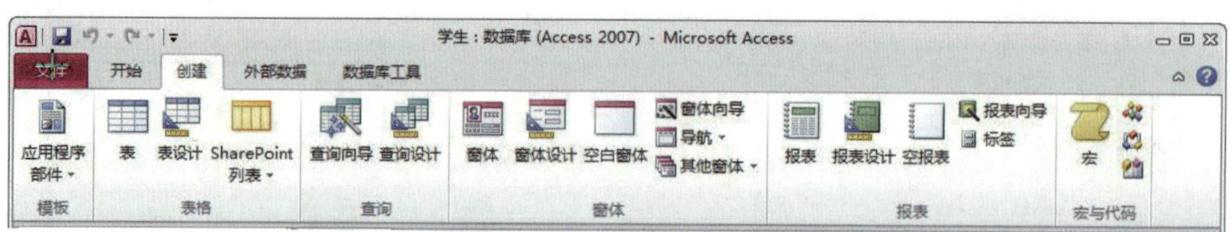


图 1–20　“创建”选项卡

“外部数据”选项卡包括“导入并链接”“导出”和“收集数据”命令组，如图 1–21 所示。

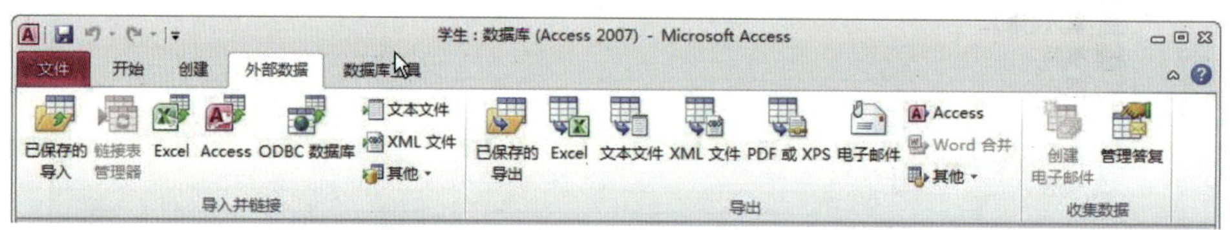


图 1–21　“外部数据”选项卡

“数据库工具”选项卡包括“工具”“宏”“关系”“分析”“移动数据”和“加载项”命令组，如图 1–22 所示。

图 1–22　“数据库工具”选项卡

实际应用中，根据操作的对象或所执行任务的特点，四个固定的选项卡右侧会出现一个或多个特定工具的选项卡组。

如在“创建”选项卡中选择创建一个表，则在“数据库工具”选项卡右侧将显示一个名为“表格工具”的选项卡组，其中包括“字段”和“表”两个选项卡，功能区将显示当表对象处于“数据表视图”中时才能使用的命令，如图 1–23 所示。

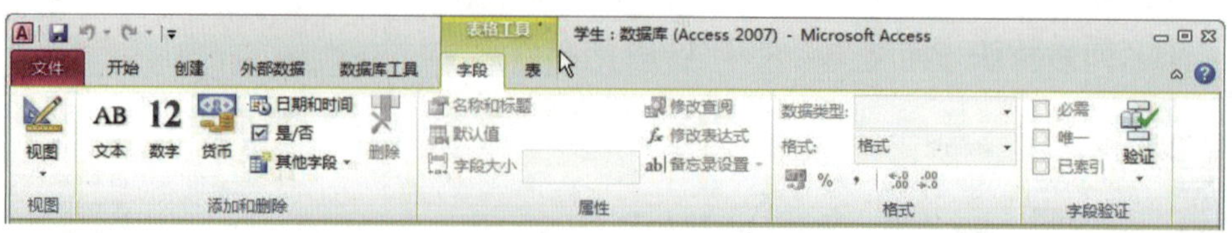


图 1–23　表格工具

在“创建”选项卡中选择创建一个窗体，则在“数据库工具”选项卡右侧将显示一个名为“窗体布局工具”的选项卡组，其中包含“设计”“排列”和“格式”三个选项卡，功能区将显示仅当窗体对象处于“设计视图”中时才能使用的命令，如图 1–24 所示。

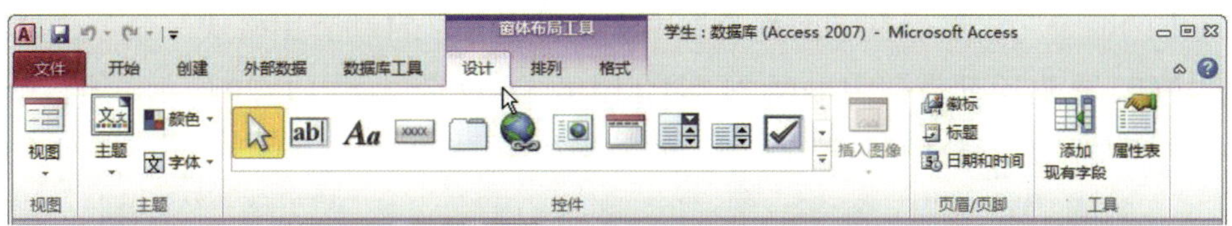


图 1–24　窗体布局工具

在“创建”选项卡中选择创建一个报表，则在“数据库工具”选项卡右侧将显示一个名为“报表布局工具”的选项卡组，其中包含“设计”“排列”“格式”和“页面设置”四个选项卡，功能区将显示仅当报表对象处于“布局视图”中时才能使用的命令，如图 1–25 所示。

图 1–25　报表布局工具

（2）快速访问工具栏

快速访问工具栏是与功能区邻近的小块区域，只需单击即可快速访问常用的命令。除此之外，用户还可以自定义快速访问工具栏，以便将较常使用的命令添加进来，达到方便快速操作的目的。

1）单击快速访问工具栏最右侧的下拉箭头，可在预设的命令列表中选择所需命令添加到快速访问工具栏中，如选择“打开”（见图 1–26）。

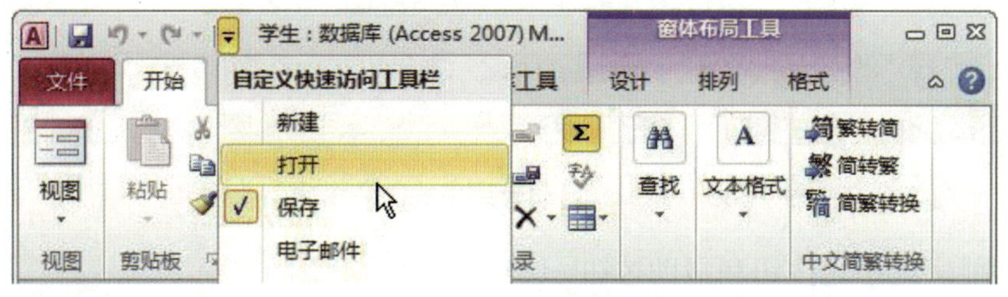


图 1–26　自定义快速访问工具栏

将“打开”添加到快速访问工具栏后的效果如图 1–27 所示。

图 1–27　将“打开”添加到快速访问工具栏后的效果

2）除预设的几个命令外，用户还可添加更多其他命令。例如，将“自动套用格式”命令添加进来的方法如下：在单击快速访问工具栏右侧下拉箭头打开的菜单中单击“其他命令”，在如图所示 1–28 所示界面中单击“从下列位置选择命令”下拉列表按钮，选择“不在功能区中的命令”，然后在下面列表框中查找并选择“自动套用格式”命令，单击“添加”命令按钮，在右面列表框中出现“自动套用格式”命令，如图 1–29 所示，然后单击“确定”按钮。添加“自动套用格式”命令后的效果如图 1–30 所示。

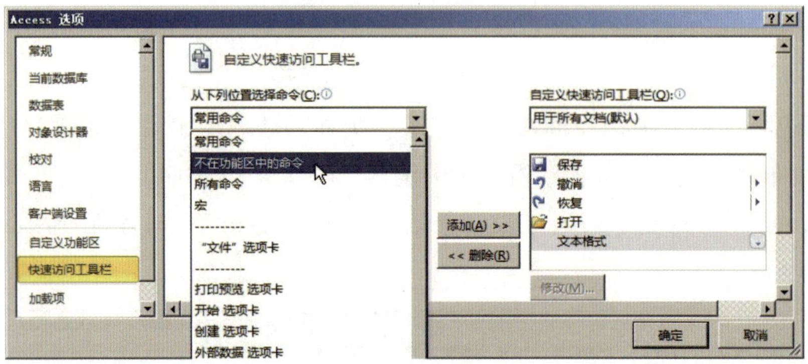


图 1–28　选择“不在功能区中的命令”

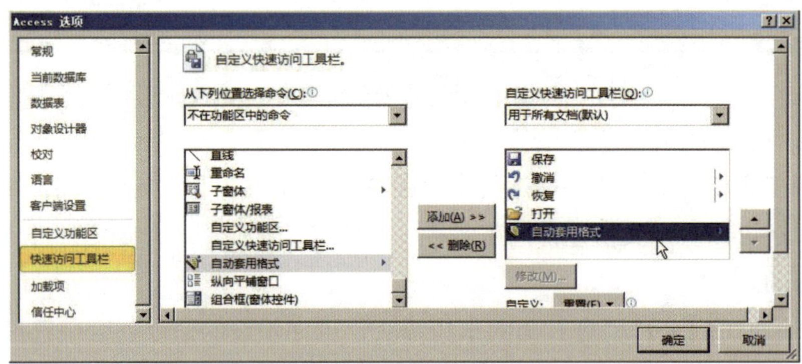


图 1–29　添加“自动套用格式”命令

图 1–30　添加“自动套用格式”命令后的效果

（3）功能区最小化按钮和帮助按钮

单击窗口右上角的“功能区最小化”按钮，功能区将被最小化，如图 1–31 所示。单击“帮助”按钮，则会打开“Access 帮助”窗口，如图 1–32 所示。

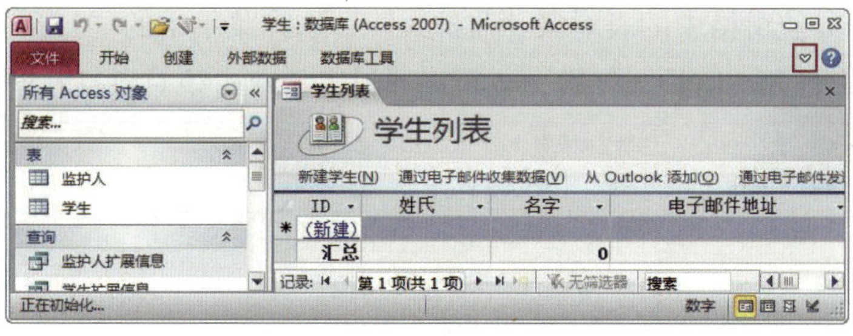


图 1-31 功能区最小化

图 1-32 “Access 帮助”窗口

（4）导航窗格

在打开数据库或创建新数据库后，在界面左侧将显示导航窗格。

1）单击导航窗格顶部的“学生导航”，选择“对象类型”，如图 1-33 所示，导航窗格中的对象将会以不同的对象类型分组浏览。

图 1-33 更改导航窗格对象的浏览类别

2）右键单击导航窗格中的表对象“监护人”，选择菜单中的“打开”，如图 1–34 所示，在窗口右侧将打开“监护人”表，也可以通过直接双击该对象打开该表。

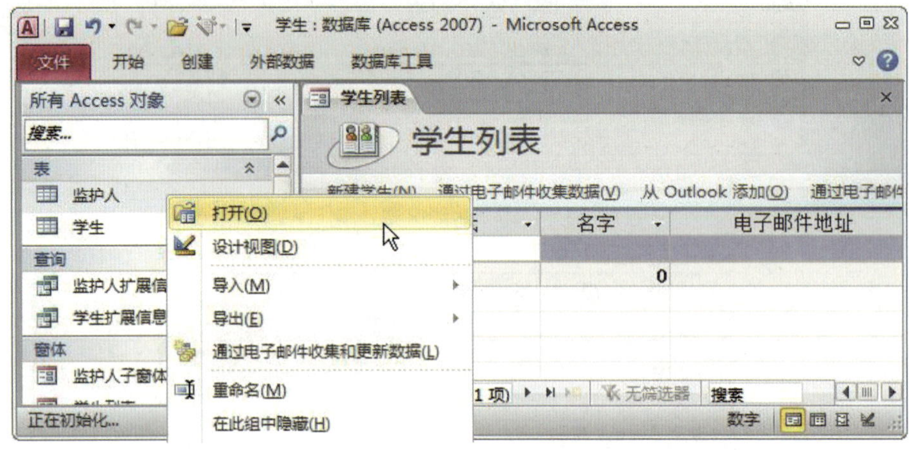


图 1–34　通过右键菜单打开导航窗格中的对象

3 )单击导航窗格右上角的“百叶窗开 / 关”按钮,或按 F11 键,即可显示或隐藏导航窗格,如图 1–35 和图 1–36 所示。

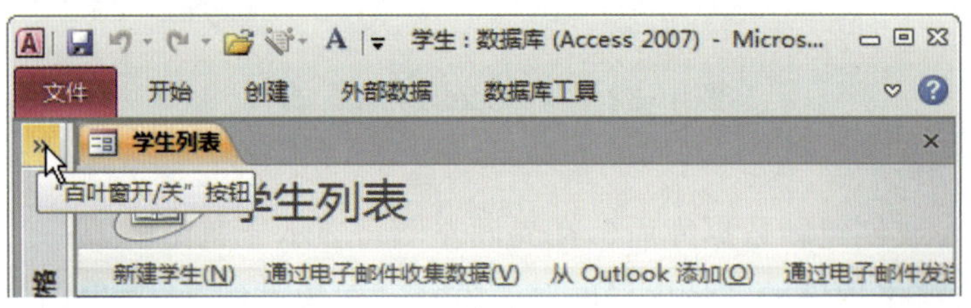


图 1–35　导航窗格被隐藏

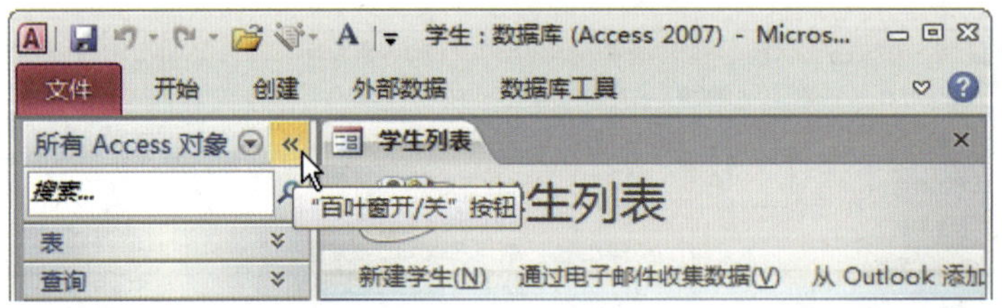


图 1–36　导航窗格被打开

（5）文档区域

在打开数据库或创建新数据库时，数据库对象的名称将显示为选项卡式文档，位于窗口中部的文档区域中。

1）单击各文档对象标签可以在不同的对象视图间切换。

2）右键单击文档对象标签，可以在菜单中选择将要执行的操作，如图 1–37 所示。

图 1-37　通过右键菜单选择将要对选项卡式文档执行的操作

本任务涉及的文件，可通过网站 http://jg.class.com.cn 下载，位于软件资源包中“中文版 Access 2010 基础与实训 / 项目一”。

# 项目二　数据库表及其应用

## 任务 1　创建学生信息表

### 学习目标

1. 了解数据库表基本功能。
2. 掌握数据库表创建方法。
3. 掌握数据库表基本操作。
4. 能导入、导出 Excel 数据。

### 任务描述

在对 Access 的基本功能和基本操作有了初步了解之后，人们自然会想下面的问题：

1. Access 数据库是怎么存储和管理数据的？想使用 Access 管理数据，应该首先做些什么？

2. 如果已经使用 Excel 工作表录入了“同学录”，是否可以将这些信息导入 Access 中进行管理？

3. 什么情况下应该使用 Access 代替 Excel 来管理数据？

本任务的内容是完成学生信息表的创建，通过实际体验和总结回答以上问题。

1. Access 数据库是用表对象来存储和管理数据的，想使用 Access 管理数据，首先应该创建新的数据库表，如创建“学生信息”表来存储有关学生的信息。

2. 只需要单击几下鼠标便可以将“同学录”Excel 工作表导入 Access 数据库的表中，以便将来更好地利用。

3. 当管理的数据较多时，需要使用多个表来存放数据，此时，表与表中的数据或多或少会存在重叠或交叉，使得表与表之间存在着某种关系，即每个表不再孤立地存在。对这种关系较复杂的数据使用 Excel 管理就会显得力不从心，而 Access 可以得心应手地处理较复杂的关系数据。

## 相关知识

### 1.Access 和 Excel 的功能对比

（1）Access 和 Excel 的相似之处

Access 2010 和 Excel 2010 有许多相似的地方，都可以：

1）进行数据排序和数据筛选。

2）进行计算以生成所需信息。

3）使用数据透视表和数据透视图交互地处理数据。

4）生成数据报表并以多种格式查看。

5）使用窗体添加、更改、删除和浏览数据。

6）创建 Word 2010 邮件合并，如用以批量生成地址标签。

7）链接到外部数据，无须导入该数据即可查看、查询和编辑。

8）创建网页来显示只读格式的数据或以可更新格式访问数据。

9）从外部数据库（如 Microsoft SQL Server）及其他类型文件（.txt 文件或 .htm 文件）导入数据。

这两个程序都按照列（即字段）组织数据，而列存储特定类型的信息（也称为字段数据类型）。每列顶部的第一个单元格用作该列的标签。Excel 和 Access 在术语上有一点不同，那就是 Excel 中的行在 Access 中称为记录。

例如，可以使用 Excel 创建一个学生列表。该列表使用五列来组织学生的 ID、姓名、性别、出生日期及年级。每列最顶部的单元格包含描述该列数据的文本标签。

（2）Access 和 Excel 的相异之处

Excel 不是数据库管理系统，它是电子表格软件，它将信息单元存储在单元格的行和列中，这些行列总称为工作表。

与之相比，Access 将数据存储在表中，表看起来与工作表非常相似，但通过它能对其他表的字段所存储的数据进行复杂查询。

因此，虽然这两个程序都能很好地管理数据，但取决于所管理数据的类型以及要对数据执行的操作，它们又各有其明显的优点。

如果数据只需存储于一个表或工作表中，这样的数据就称为平面或非关系数据。例如，前面介绍的使用 Excel 创建一个学生列表，就是这样的数据。该列表使用五列来组织学生的 ID、姓名、性别、出生日期及年级，不需要将学生的姓名和性别分别存储在不同的表中，表的各列中的数据描述了同一个实体——学生。

与之相比，如果数据必须存储于多个表或工作表中，而且这些表包含一系列名称相似的列，如前面介绍的“学生”表中的“姓名”字段与“监护人”表中的“学生”字段相互匹配，则表示数据是关系数据。为此，就需要使用关系型数据库程序，如 Access。在关系数据库中，每个表都包含有关一种数据的信息，例如，学生信息和监护人信息。

在使用关系数据库时，可能会在数据中标识一对多关系。例如，设计一个学生信息管理数据库，其中一个表包含学生信息，另一个表包含这些学生的监护人信息，而一个学生可能有多个监护人，所以，会出现一对多关系。由于关系数据库需要多个相关联的表，因此，最好存储在 Access 中。

（3）何时使用 Access

在以下情况中优先使用 Access：

1）需要使用关系数据库存储数据。

2）可能需要向原始的平面或非关系数据集添加多个表。例如，如果要记录“姓名”“性别”“出生日期”等学生信息，但这些信息以后可能会扩大到包含学生的其他信息（如不同学期的各科成绩），那么应考虑将数据存储在 Access 中。

3）需要存储大量的数据，例如，存储的学生信息超过千人。

4）存储的数据类型较多，尤其是包含图片等信息。

5）需要运行复杂的计算和查询。

6）需要许多人同时使用数据库，并希望获得一些显示可更新数据的可靠选项。

7）需要与外部的大型数据库（如用 Microsoft SQL Server 构建的数据库）保持长久连接。

（4）何时使用 Excel

在以下情况中优先使用 Excel：

1）只需要数据的平面视图或非关系视图，不需要包含多个表的关系数据库。

2）只需要存储少量的数据，例如，存储的学生信息只有几十人。

3）存储的数据类型较少，多为数字型信息。

4）只需要运行简单的计算和统计。

**2. 数据库表**

数据库表是存放数据库中所有数据的主要对象。数据在表中是按行和列的格式进行组织的。其中每行代表一条记录，每列代表记录中的一个字段，如图 2-1 所示。例如，学生信息表中每一行代表一位学生的基本信息，每一列分别表示这位学生某一方面的特性，如学生 ID、姓名、性别、出生日期、年级。

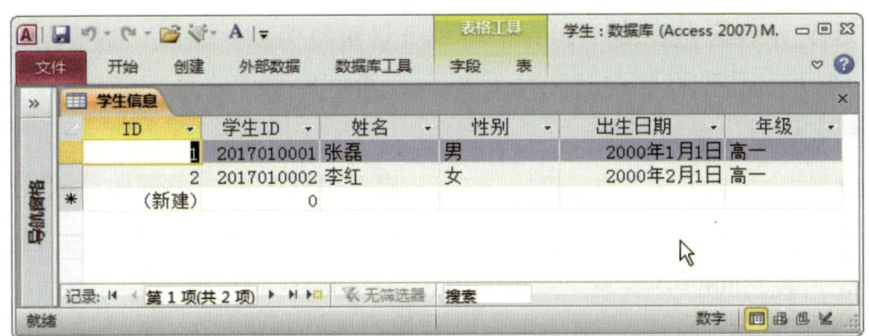


图 2-1　表的记录和字段

（1）记录

记录是数据库表中的一行数据，是包含特定字段的一条信息。在学生信息表中，通过记录区分不同学生的信息，如“李红”“张磊”等。

（2）字段

字段是数据库表中的一列数据，包含信息的某一方面的特性。在学生信息表中，通过字段区分每位学生的一些的特定信息，如“李红”的“姓名”“性别”“出生日期”等。

（3）字段数据类型

字段数据类型决定可以存储哪种类型的数据。例如，数据类型为“文本”的字段可以存储由文本或数字字符组成的数据，而“数字”字段只能存储数字字符组成的数值数据。

数据库可以包含许多表，每个表用于存储有关不同主题的信息。每个表可以包含许多不同类型的字段，包括文本、数字、日期和图片等。

### 3. 导入及导出数据

外部数据主要包括 Access 数据库、Excel 工作簿、文本文件和其他数据库中的数据。

（1）导入 Excel 数据

在 Access 数据库中导入 Excel 数据时，Access 会在新表或现有的表中创建数据副本，而不更改源 Excel 文件。常用的导入方法如下：

1）将数据从打开的 Excel 工作表复制，然后粘贴到 Access 数据表中。

2）将工作表导入新表或现有的表中。

3）从 Access 数据库链接到工作表。

需要将 Excel 数据导入 Access 的常见情况有：

1）由于多数时间都在使用 Excel，但以后准备使用 Access 处理这些数据，因此，想将 Excel 工作表的数据转移到一个或多个新建的 Access 数据库中。

2）由于现在多数时间都在使用 Access，但偶尔会得到 Excel 格式的数据，而这些数

据又必须合并到 Access 数据库中，因此，想把这些 Excel 工作表导入 Access 数据库中。

3）由于现在多数时间都在使用 Access，但定期会得到 Excel 格式的数据，而这些数据又必须合并到 Access 数据库中，为了避免大量重复劳动，因此，想要简化导入过程，以确保 Excel 数据能定期在特定时间导入 Access 数据库中。

（2）导入 Access 数据

在导入 Access 数据库中的数据时，Access 将在目标数据库中创建数据或对象的副本，而不更改源数据。在导入操作过程中，可以选择要复制的对象，控制如何导入表和查询，指定是否应导入表之间的关系等。常用的导入方法如下：

1）将数据从打开的 Access 数据表复制，然后粘贴到另一个 Access 数据表中。

2）将 Access 数据库表导入新表或现有的表中。

3）从 Access 数据库链接到源 Access 数据库。

利用导入和链接的方法，可以更方便灵活地掌握要在目标数据库中添加数据。

需要从 Access 数据库导入数据或对象的常见情况有：

1）想通过将一个数据库中的所有对象复制到另一个数据库中的方式来合并这两个数据库。在进行导入时，可以在一次操作中将所有的表、查询、窗体、报表连同表之间的关系一起复制到另一个数据库中。

2）需要创建与另一数据库中的现有表相似的一些表，为了避免手动设计每个表，需要复制整个表或只复制表定义。如果选择只复制表定义，则生成一个空表，也就是字段及字段属性被复制到目标数据库中，但不复制表内的数据。与复制粘贴操作相比，导入操作的一个优点是不仅可以导入表本身，而且可以选择导入表之间的关系。

3）需要将相关的一组对象复制到其他数据库中。例如，想将“学生信息”表和“学生信息”窗体复制到另一数据库中。只需执行一次导入操作，就能将一个对象及其所有相关对象复制到其他数据库中。

（3）将数据导出到 Excel

通过将数据库对象导出到 Excel 工作簿，可以将数据从 Access 数据库复制到 Excel 工作表中。当导出数据时，Access 会创建所选数据或数据库对象的副本，然后将该副本存储在一个 Excel 工作簿中。常用的导出方法如下：

1）将数据从打开的 Access 数据表复制，然后粘贴到 Excel 工作表中。

2）通过使用 Access 中的“导出向导”来完成。

3）如果需要频繁地从 Access 向 Excel 复制数据，在执行导出操作时，可以保存详细信息以备将来使用，甚至还可以预定时间，让导出操作按特定时间间隔自动运行。

需要将数据导出到 Excel 的常见情形主要有：

1）在处理数据时既使用 Access 也使用 Excel，例如使用 Access 数据库存储数据，使用 Excel 来分析数据和分发分析结果，因此，有时需要将数据导出到 Excel。

2）由于多数时间都在使用 Access，但有时更愿意在 Excel 中查看数据。

需要注意的问题有：

1）可以导出表、查询或窗体，还可以导出在视图中选中的记录，但不能将报表导出到 Excel。

2）在导出包含子窗体或子数据表的窗体或数据表时，只会导出主窗体或主数据表。必须对要在 Excel 中查看的每个子窗体和子数据表重复执行导出操作。

3）在一次导出操作中只能导出一个数据库对象，在完成各次导出操作之后，可以在 Excel 中合并多个工作表中的数据。

（4）将数据导出到 Access

可以从一个 Access 数据库将表、查询、窗体、报表、宏或模块导出到另一个 Access 数据库。导出对象时，Access 将在目标数据库中创建该对象的副本，但是不能导出部分对象。例如，不能仅导出在视图中选择的记录或字段。若要复制某个对象的一部分，应使用复制并粘贴数据功能，而不要导出数据。常用的导出方法如下：

1）将数据从打开的 Access 数据表复制并粘贴到新的 Access 数据表中。

2）通过使用 Access 中的“导出向导”来完成。

3）将操作的详细步骤另存为导出任务供以后使用。

需要从 Access 数据库导出数据或对象到另一个 Access 数据库的常见情况有：

1）将表的结构复制到另一个数据库，作为创建新表的捷径。

2）将窗体或报表的设计和布局复制到另一个数据库，作为创建新窗体或新报表的捷径。

3）定期将表或窗体的最新版本复制到另一个数据库。

将对象导出到另一个数据库与打开第二个数据库然后从第一个数据库中导入对象的差异不大。在 Access 数据库之间导入和导出对象的两个主要不同之处在于：

1）一次导入操作可以导入多个对象，但一次导出操作只能导出一个对象。如果要将多个对象导出到另一个数据库，更简便的方法是打开目标数据库，然后在该数据库中执行导入操作。

2）除了数据库对象外，还可以导入表之间的关系、各种导入和导出任务等。此外还可以将查询作为表导入，但导出时软件并不提供这些选项。

## 实践操作

### 1. 创建表

创建数据库，就是在计算机上创建一个新文件，作为容纳数据库中所有对象（包括表、查询、窗体和报表等）的容器。创建数据库后，还需要创建数据库表用于存储用户的信息。

（1）在新的空白数据库中创建空白表

1）新建空白数据库，命名为“学生 .accdb”，保存路径为桌面。系统将自动插入新的空表“表 1”，如图 2–2 所示。

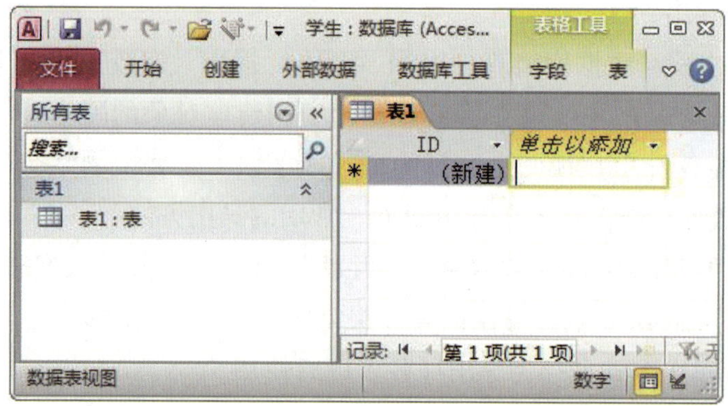


图 2–2　在新的空白数据库中创建新的空表“表 1”

2）右键单击文档区域“表 1”标签，选择“保存”，在弹出的“另存为”对话框中将“表 1”更改为“学生”，如图 2–3 所示。

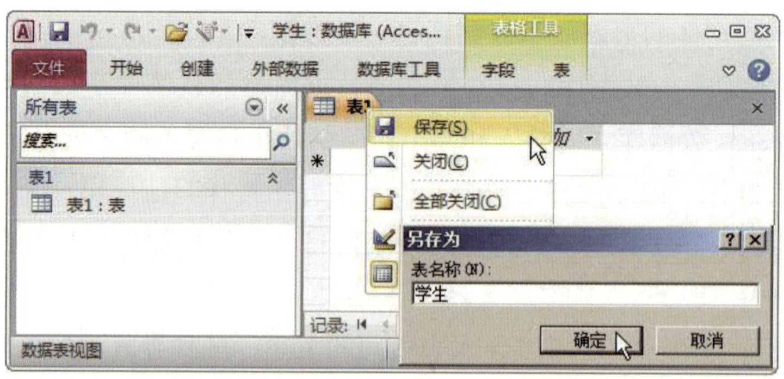


图 2–3　“表 1”名称改为“学生”

3）单击“确定”，“学生”空表创建完成，如图 2–4 所示。

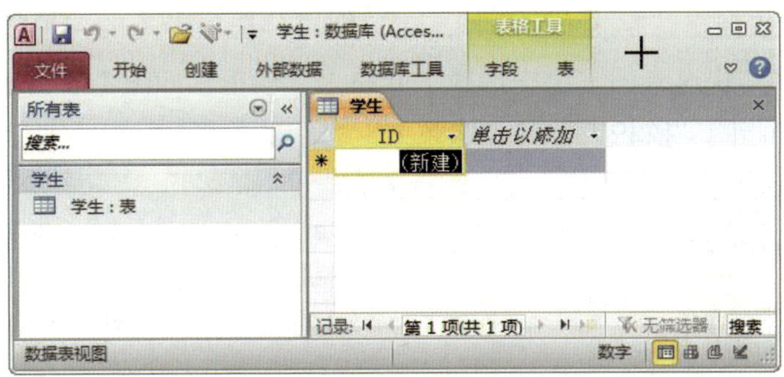


图 2–4　“学生”空表创建完成

（2）在已有数据库中创建空白表

1）打开已有数据库“学生 .accdb”，在“创建”选项卡上的“表格”组中单击“表”，如图 2–5 所示。

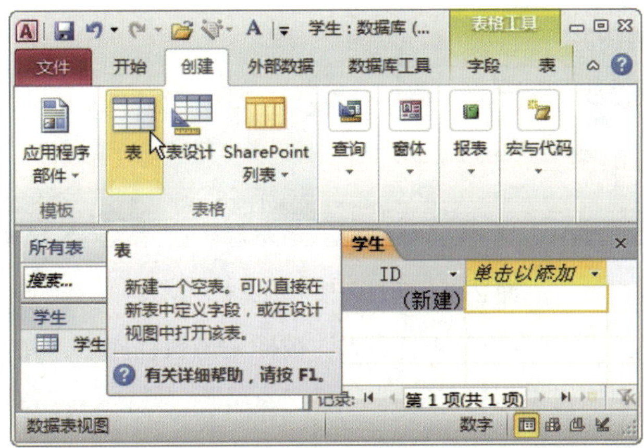


图 2–5　在已有数据库“学生 .accdb”中创建新的空表”

2）新的空表“表 1”被插入该数据库中，并在导航窗格中和文档区域同时显示，如图 2–6 所示。

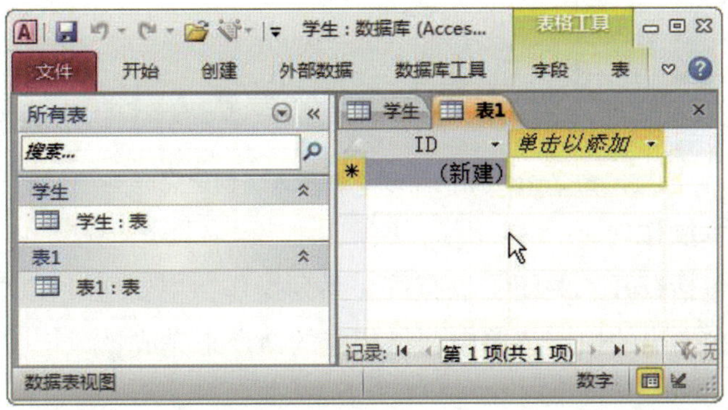


图 2–6　新的空表“表 1”创建完成

（3）通过表模板创建表

1）打开已有数据库“学生.accdb”，在“创建”选项卡上的“模板”组中单击“应用程序部件”，在“快速入门”组中选择“联系人”模板，如图 2–7 所示。在弹出的“创建关系”对话框中指定“监护人”与“联系人”之间的关系。

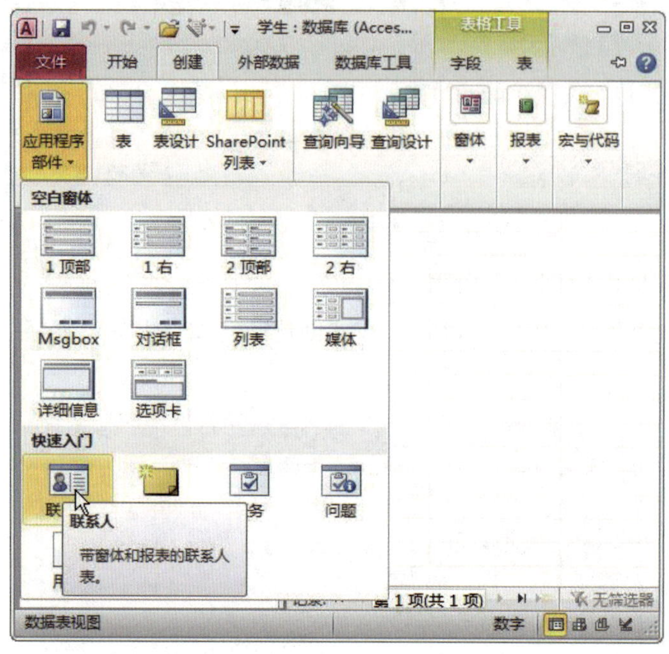


图 2–7　通过表模板创建新的空表

2）基于“联系人”模板的新表“联系人”被插入该数据库中，并在导航窗格中显示，但该表中已包含模板中预先设定好的字段，如“公司”“姓氏”“名字”和“电子邮件地址”等，如图 2–8 所示。

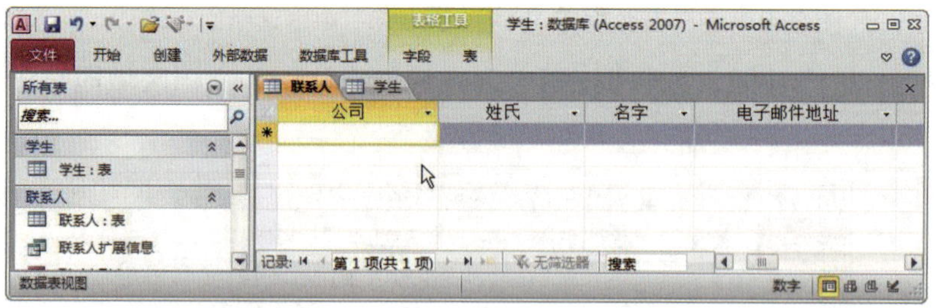


图 2–8　新的空表“联系人”创建完成

### 2. 完成表的基本操作

表的基本操作包括打开、关闭、保存等一系列操作，主要通过在文档区域和导航窗格中右键单击标签，在弹出的快捷菜单中选择相应的命令来完成。

（1）打开表

1）打开已有数据库“学生.accdb”，右键单击导航窗格中“学生”表标签，选择“打开”，如图 2–9 所示。

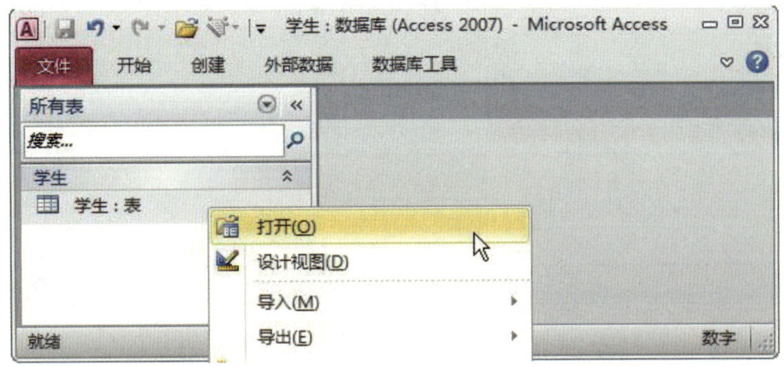


图 2–9　在导航窗格中打开“学生”表

2）“学生”表随即便在文档区域显示，如图 2–10 所示。

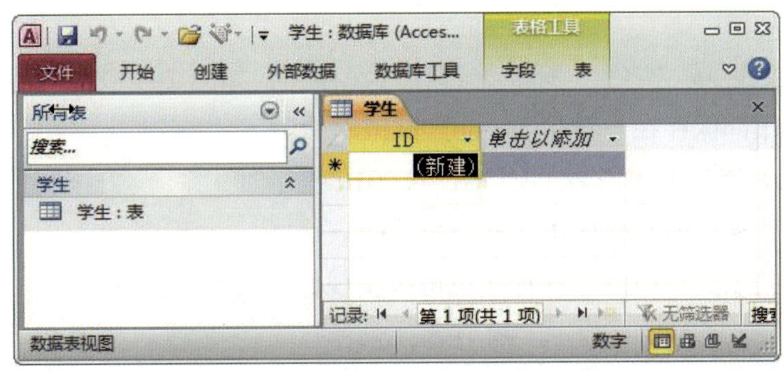


图 2–10　“学生”表在文档区域显示

也可以在导航窗格中双击“学生”表标签将其打开，或者在导航窗格中单击选中“学生”表标签后按回车键将其打开。

（2）关闭表

1）右键单击文档区域“学生”标签，选择“关闭”，如图 2–11 所示。

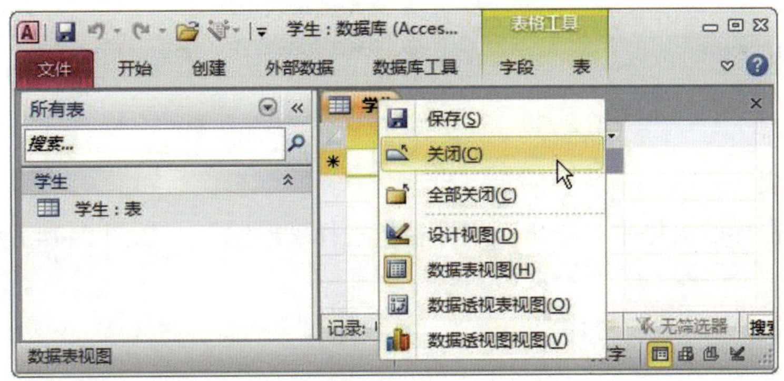


图 2–11　在文档区域关闭“学生”表

2）“学生”表随即便在文档区域关闭，如图 2-12 所示。

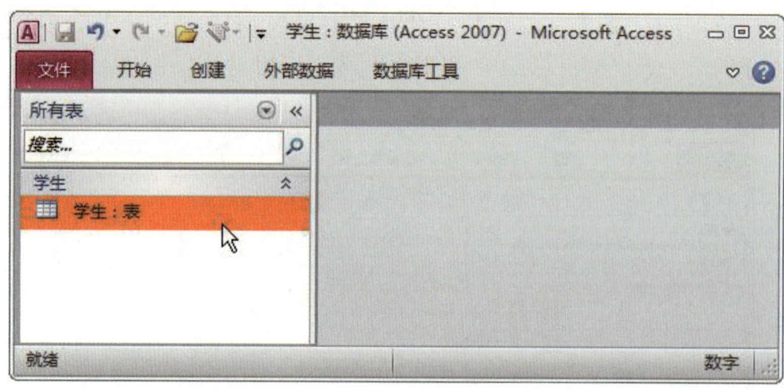


图 2-12　“学生”表在文档区域关闭

如果文档区域打开了多个表或者多个对象，右键单击文档区域任意对象标签，选择“全部关闭”，文档区域多个表或者多个对象将全部关闭。

（3）保存表

右键单击文档区域“学生”标签，选择“保存”，如图 2-13 所示，用户对“学生”表所作的各种操作都保存在“学生 .accdb”数据库中。

在文档区域关闭某个表或者关闭 Access 2010 程序时，系统会自动将对该表所做的各种操作结果保存到相应的数据库中，然后再关闭表或 Access 程序。

单击快速访问工具栏中的“保存”也可以实现保存表的各种操作。

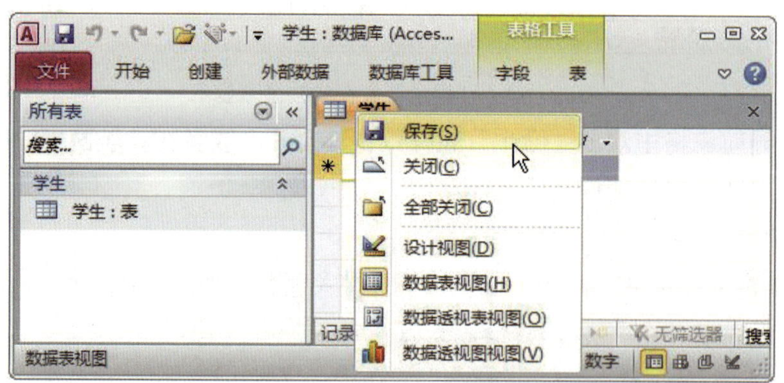


图 2-13　在文档区域保存“学生”表

（4）删除表

1）右键单击导航窗格中“学生”表标签，选择“删除”，如图 2-14 所示。

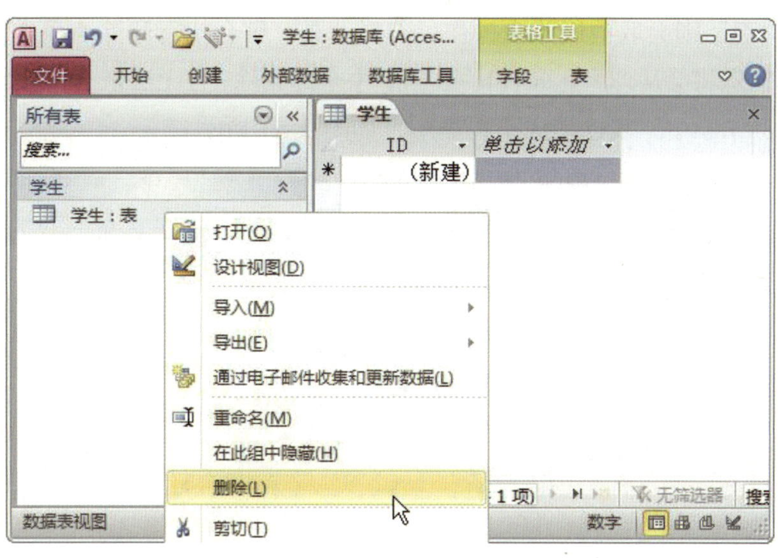


图 2-14　在导航窗格中删除“学生”表

2）如果此时“学生”表在文档区域正处于打开状态，则会弹出对话框提示用户不能在数据库对象“学生”打开时将其删除，此时可以先关闭数据库对象，然后再进行删除操作，如图 2-15 所示。

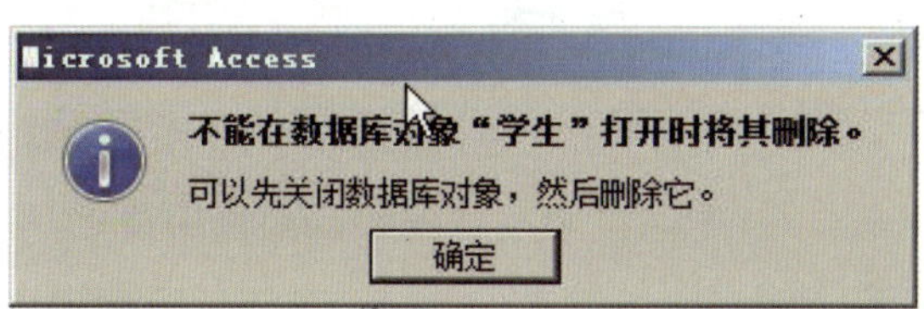


图 2-15　提示不能在数据库对象“学生”打开时将其删除

3）在文档区域关闭“学生”表后，再重复 1）中删除操作，则会弹出对话框提示“是否删除‘学生’表？删除该对象会将其从所有的组中删除”，如图 2-16 所示。

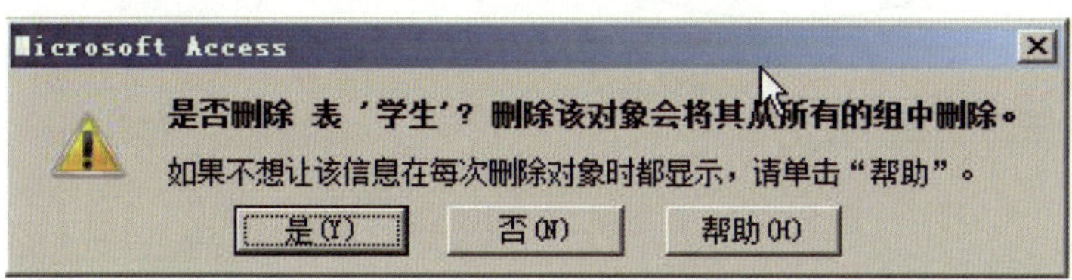


图 2-16　提示是否删除“学生”表

4）选择“否”则会取消删除表操作，选择“是”则会执行删除表操作，“学生”表的结构和数据信息将会从“学生.accdb”数据库中全部删除，且无法恢复，删除操作执行后，在导航窗格中，“学生”表已消失不再显示，如图 2–17 所示。

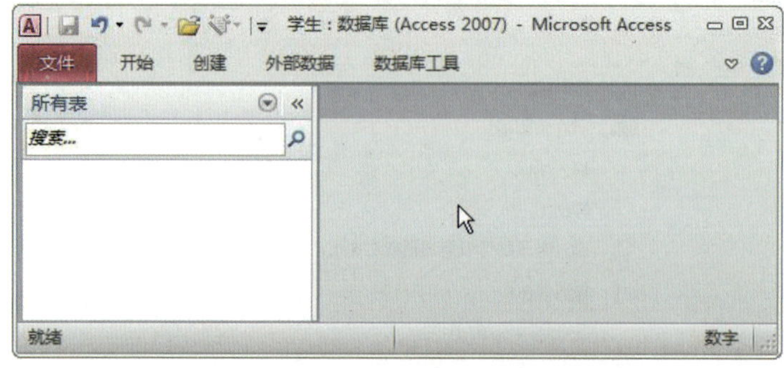


图 2–17 “学生”表已被删除不再显示

也可以在导航窗格中单击“学生”表标签后按 delete 键将其删除。

（5）复制表

右键单击导航窗格中“学生”表标签，选择“复制”，该表的结构和数据等信息保存在了系统的内存中，以便在进行“粘贴”时使用，如图 2–18 所示。

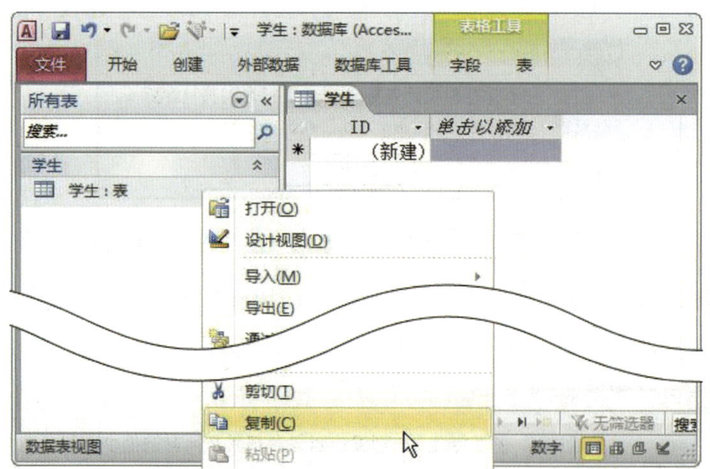


图 2–18 在导航窗格中复制“学生”表

（6）剪切表

1）右键单击导航窗格中“学生”表标签，选择“剪切”，该表的结构和数据等信息保存在了系统的内存中，以便在进行“粘贴”时使用，如图 2–19 所示。

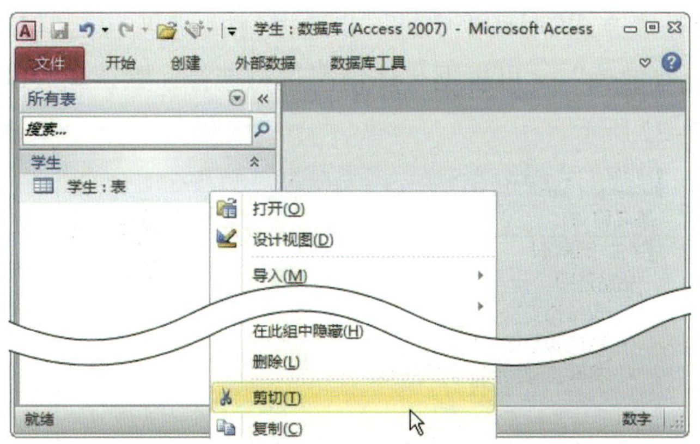


图 2-19　在导航窗格中剪切“学生”表

2）剪切操作执行后，在导航窗格中，“学生”表已消失不再显示，因为剪切表意味着复制该表的同时将该表从数据库中删除，如图 2-20 所示。

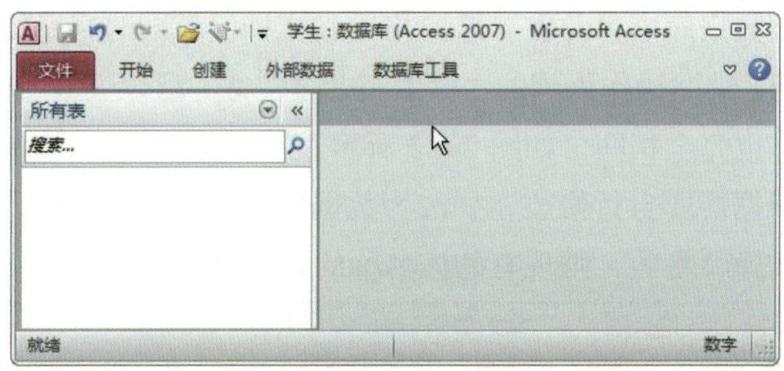


图 2-20　“学生”表已被剪切不再显示

（7）粘贴表

1）在导航窗格中复制或剪切“学生”表后，右键单击导航窗格中空白区域，选择“粘贴”，如图 2-21 所示。

图 2-21　在导航窗格中粘贴“学生”表

2 )在弹出的“粘贴表方式”对话框中进一步选择，粘贴选项包括“仅结构”“结构和数据”和“将数据追加到已有的表”，可根据具体情况进行选择，默认新表的名称为原名称加上“的副本”，如图 2–22 所示。

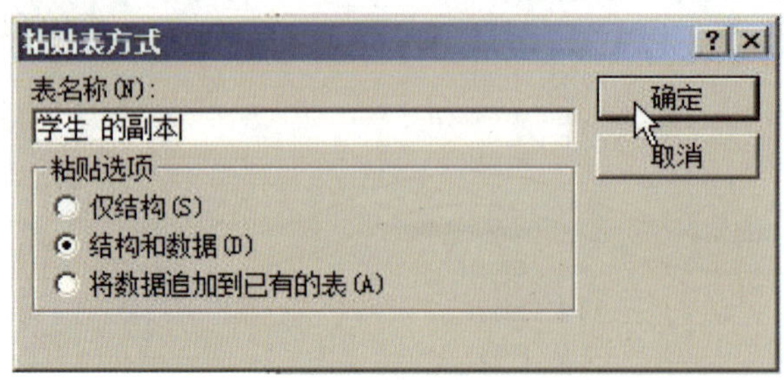


图 2–22　选择粘贴表方式

若选择粘贴其“结构和数据”，则可创建与原表结构和数据相同的新表，若选择“仅结构”，则可创建只与原表结构相同但无数据的新的空表。单击“确定”后，新表“学生 的副本”被粘贴到该数据库中，并在导航窗格中和文档区域同时显示，比较“学生”表和通过对其复制或剪切、粘贴操作得到的“学生 的副本”表，可以发现它们的结构完全相同，如果包含数据的话，也完全相同，如图 2–23 所示。

“表名称”可根据需要自行修改，如改为数据库中已有表的名称，系统会提示用户是否替换现有表，如选择“是”，则现有的该名称的表被删除，替换为所复制的表。

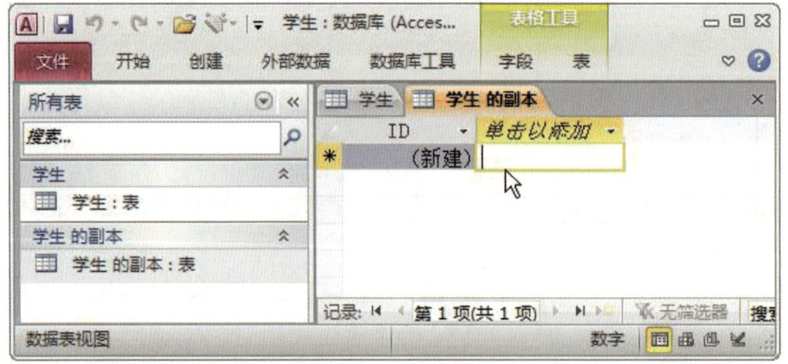


图 2–23　粘贴后的显示

若选择“将数据追加到已有的表”，即只粘贴其数据，则需将“表名称”改为已有的目标表的名称，如果“表名称”未做修改，则会弹出对话框提示用户 Microsoft Access 数据库引擎找不到对象“学生 的副本”，如图 2–24 所示。

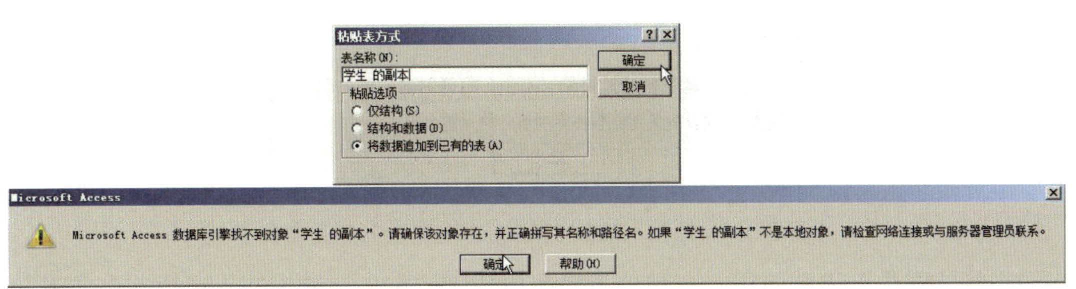


图 2-24　选择“将数据追加到已有的表”

需要注意的是，如果目标表的结构与所复制的表不相同，则该操作无法进行，系统会弹出对话框提示“Microsoft Access 不能完成追加操作。目标表中必须包含与粘贴来源表中字段相同的字段。”，如图 2-25 所示。

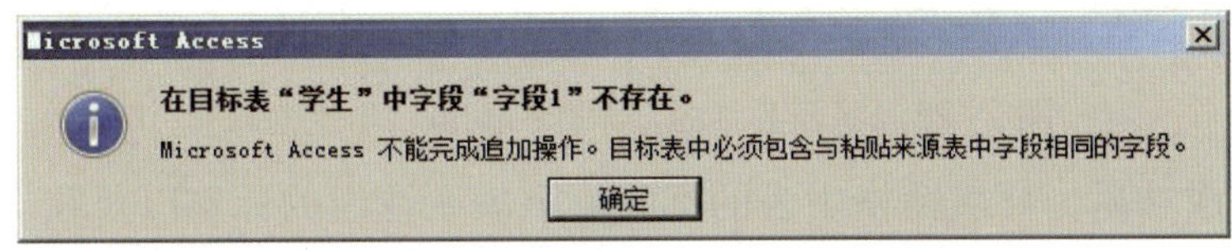


图 2-25　两表的结构不相同，不能完成追加操作

（8）重命名

1）右键单击导航窗格中“学生”表标签，选择“重命名”，如图 2-26 所示。

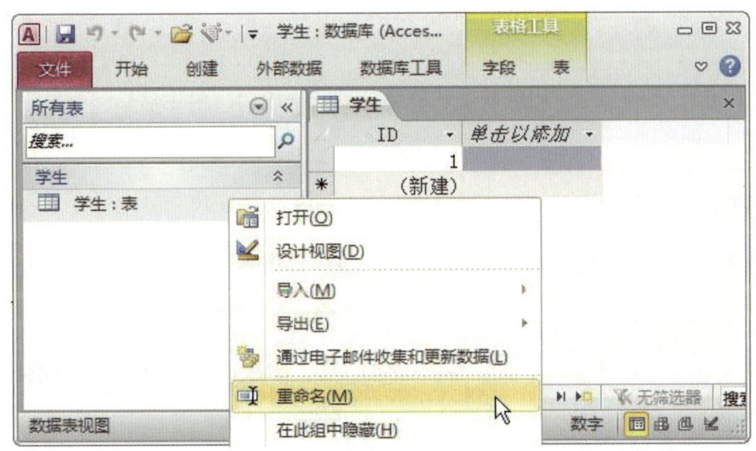


图 2-26　在导航窗格中重命名“学生”表

2）由于“学生”表处于打开状态，会弹出对话框提示用户不能在数据库对象“学生”打开时对其重命名，可以先关闭此数据库对象，然后重命名，如图 2-27 所示。

图 2-27　提示不能在“学生”表打开时对其重命名

3）将“学生”表关闭后，右键单击导航窗格中“学生”表标签，选择“重命名”，将表名称由“学生”改为“学生信息”，如图 2-28 所示。

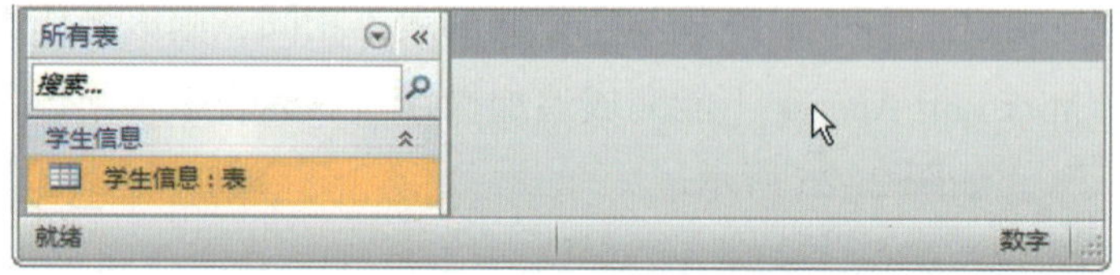


图 2-28　将表名称由“学生”改为“学生信息”

4）重命名成功后，导航窗格中表的标签、该表所在组的标签以及在文档区域打开该表的标签名称均统一显示为“学生信息”，如图 2-29 所示。

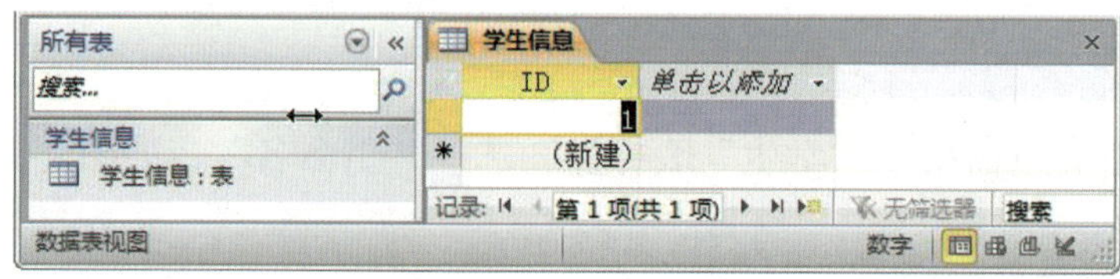


图 2-29　出现表名称的地方均统一改为“学生信息”

（9）隐藏表

将表隐藏的操作步骤如下：

1）在导航窗格中正常显示的“学生信息”表标签如图 2-30 所示。

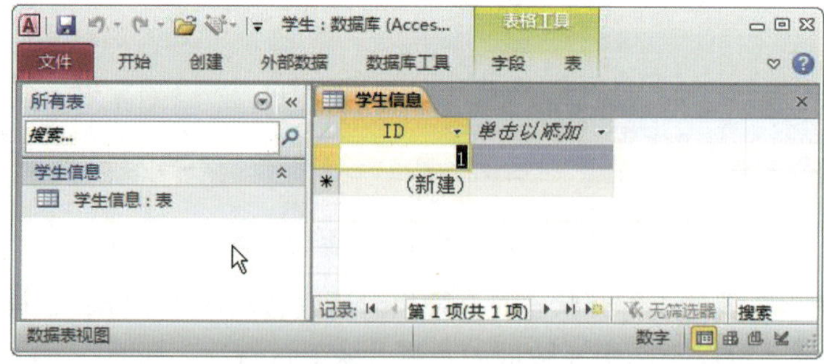


图 2-30　在导航窗格中正常显示的“学生信息”表标签

2）导航窗格中可以按不同的分类显示表，如图 2-31 所示界面中，单击导航窗格顶部的“所有表”，从菜单中可以看到导航窗格中的对象的浏览类别是“表和相关视图”组，它前面有一个✓表示被选中，这也是打开表时的默认浏览类别。

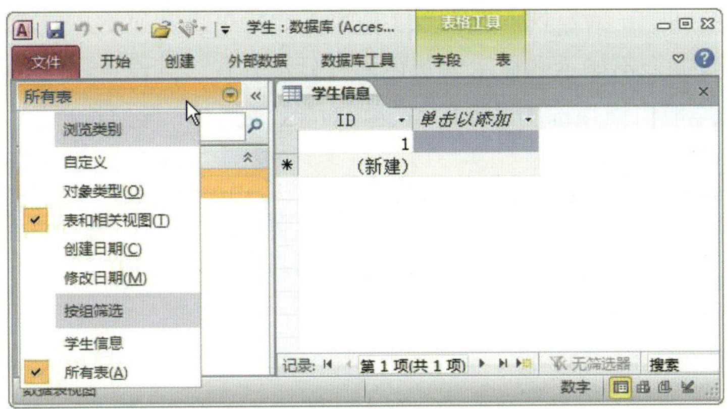


图 2-31　“学生信息”表的默认浏览类别是“表和相关视图”组

3）右键单击导航窗格中“学生信息”表标签，选择“在此组中隐藏”，如图 2-32 所示。

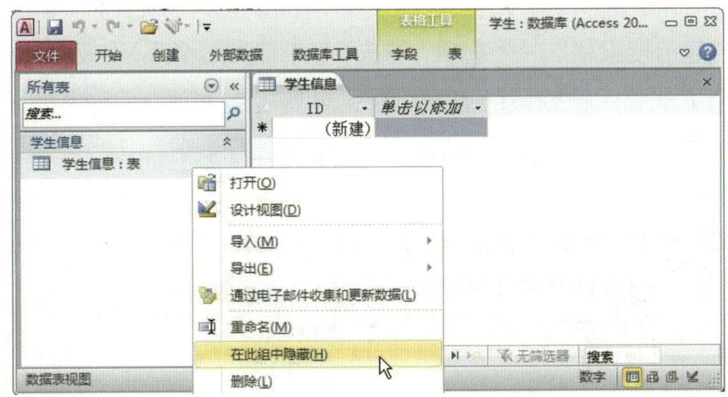


图 2-32　在导航窗格的“表和相关视图”组中隐藏“学生”表

4）“学生信息”表标签在导航窗格的“表和相关视图”组中不再显示，即被隐藏起来了，虽然此时“学生信息”表仍在文档区域中打开显示，如图 2-33 所示。

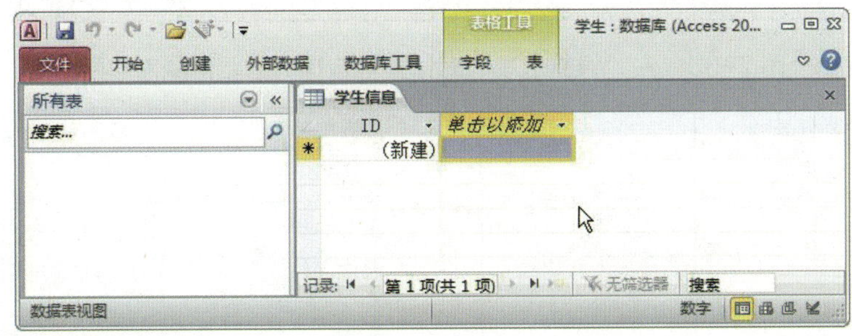


图 2-33　“学生信息”表在导航窗格“表和相关视图”组中被隐藏

需要注意的是，这里设置的隐藏仅对当前显示类别有效，如此时单击导航窗格顶部，选择其他“浏览类别”，会发现前面设置了隐藏的表仍可正常显示。

被隐藏的表有完全不显示和显示为灰色两种显示方式，其设置方法如下：

1）右键单击导航窗格顶部的“所有 Access 对象”，选择“导航选项”，如图 2-34 所示。

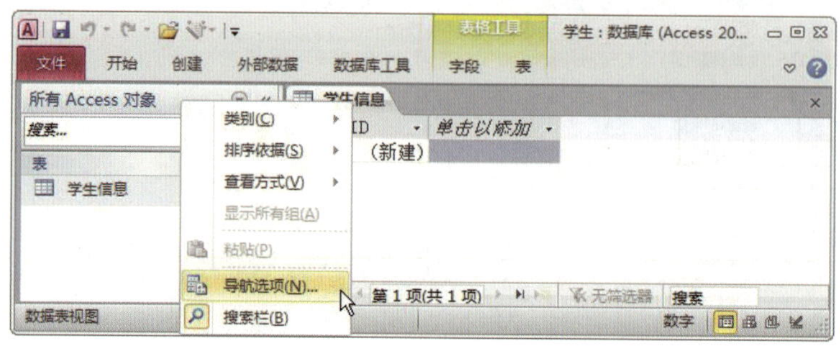


图 2-34　在导航窗格中选择“导航选项”

2）在弹出的“导航选项”对话框左下部的“显示选项”中包含“显示隐藏对象”“显示系统对象”和“显示搜索栏”三个选项，勾选“显示隐藏对象”，如图 2-35 所示。单击“确定”后即可以灰色方式显示被隐藏的表，如图 2-36 所示右侧部分。与未进行隐藏操作时“学生信息”表标签在导航窗格中显示的内容（图 2-36 中左侧部分）相比，隐藏对象显示为灰色，而正常显示的对象为黑色。

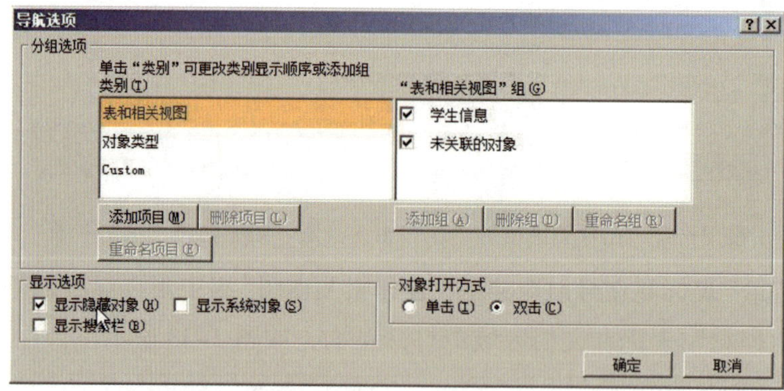


图 2-35　在“导航选项”对话框中选择“显示隐藏对象”

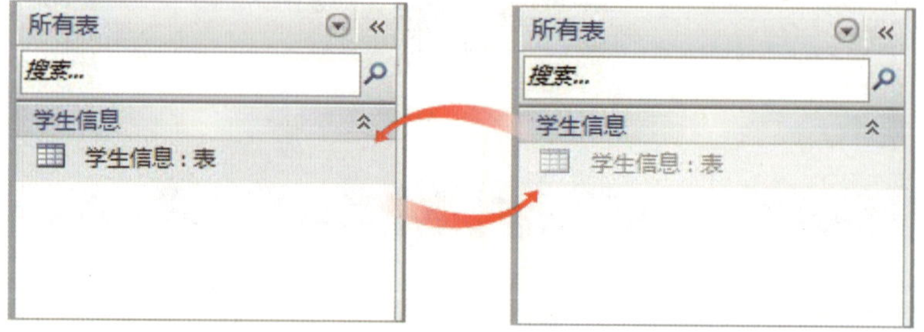


图 2-36　对比正常显示和隐藏显示的“学生信息”表标签

如需取消隐藏，可右键单击导航窗格中显示为灰色的“学生信息”表标签，选择“取消在此组中隐藏”，如图 2–37 所示。通过选择“在此组中隐藏”和“取消在此组中隐藏”，可以将导航窗格中的各种对象“隐藏”或“恢复正常显示”。

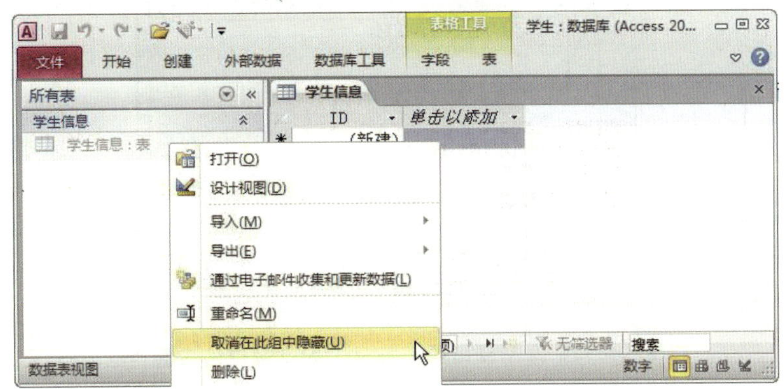


图 2–37　在导航窗格的“表和相关视图”组中取消隐藏“学生信息”表

（10）设置表属性

1）右键单击导航窗格中“学生信息”表标签，选择“表属性”，如图 2–38 所示。

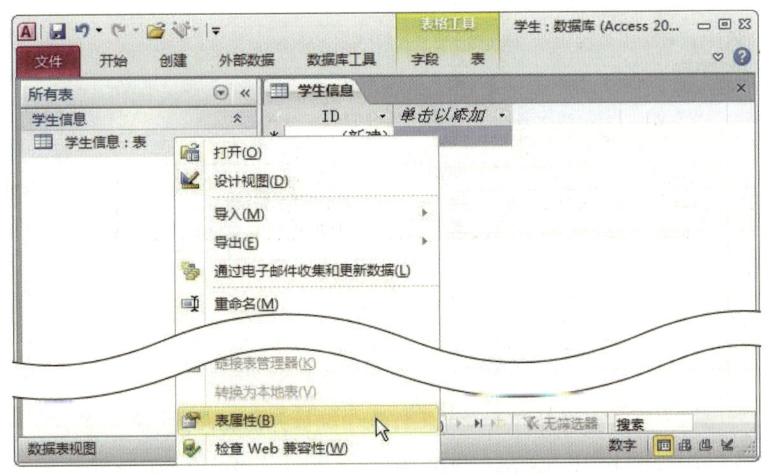


图 2–38　在导航窗格中修改“学生信息”表属性

2）在弹出的“学生信息属性”对话框中修改“学生信息”表的属性，如将“说明”改为“用于记录学生的各种信息”，如图 2–39 所示。选中或取消属性中的“隐藏”复选框，也可以实现在导航窗格中隐藏或取消隐藏某个表的功能。

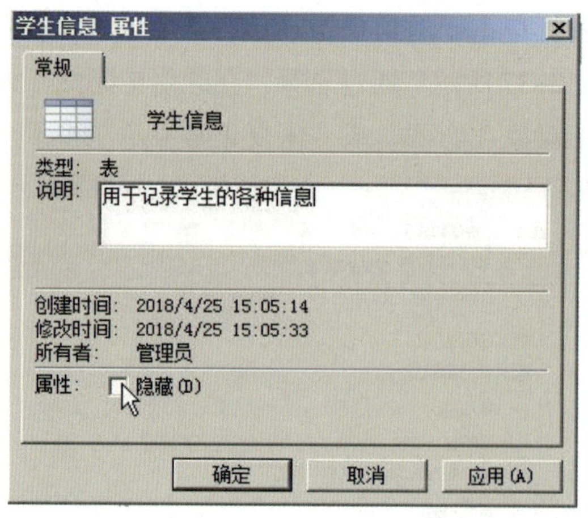


图 2-39　在“学生信息属性”对话框修改表属性

### 3. 使用外部数据

（1）粘贴 Excel 数据

1）在 Excel 2010 中打开 Excel 文件“学生表模板 .xlsx”，在工作表“Sheet1”中选择并复制需要粘贴的数据，如图 2-40 所示。

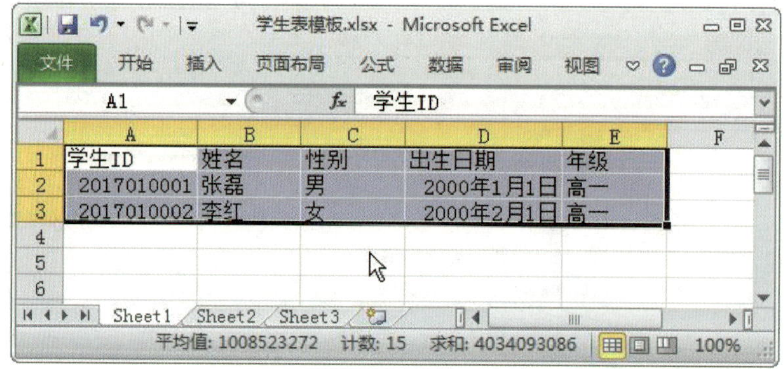


图 2-40　在打开的 Excel 工作表中选择并复制需要粘贴的数据

2）在 Access 2010 中打开 Access 数据库“学生 .accdb”，在导航窗格中打开“学生信息”表，单击文档区域中“学生信息”表内的“单击以添加”，选择“粘贴为字段”，如图 2-41 所示。

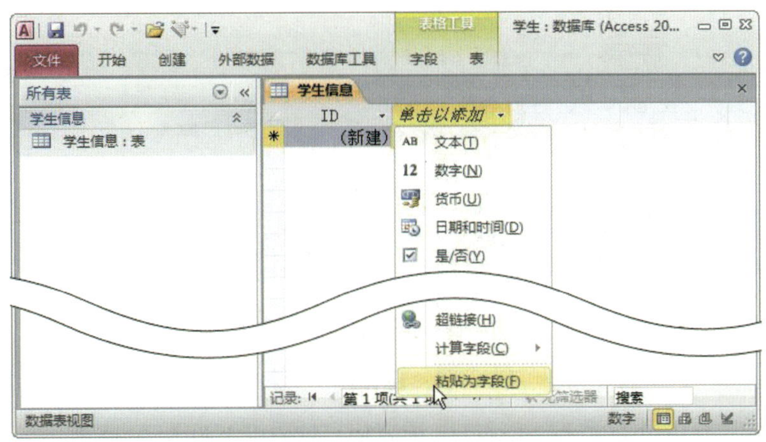


图 2-41　单击“单击以添加”，选择“粘贴为字段”

3）此时会弹出对话框提示“您正准备粘贴 2 条记录。确实要粘贴这些记录吗？”选择“否”将会取消粘贴操作，选择“是”将会执行粘贴操作，如图 2-42 所示。

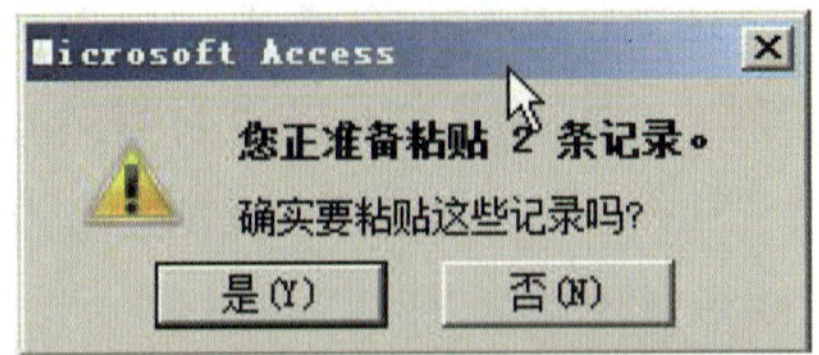


图 2-42　弹出对话框提示是否要粘贴这些记录

4）执行粘贴操作后，如图 2-40 中所示被选择并复制的数据粘贴到了 Access 数据库的“学生信息”表中，包括新导入的五个字段名称和两行五列数据，如图 2-43 所示。

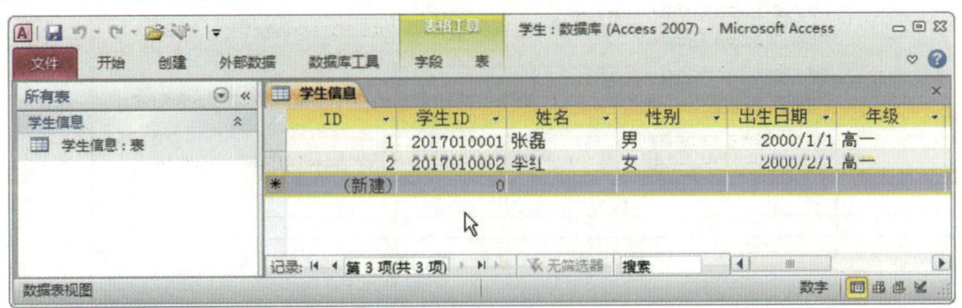


图 2-43　Excel 数据粘贴到了 Access 数据库的“学生信息”表中

（2）导入 Excel 数据

1）在 Access 2010 中打开 Access 数据库“学生 .accdb”，在“外部数据”选项卡上的“导入并链接”组中单击“Excel”，如图 2-44 所示。

图 2-44　在 Access 数据库中导入 Excel 数据

2）此时弹出“获取外部数据 -Excel 电子表格”对话框，如图 2-45 所示。首先，需要“指定数据源”，可以单击“浏览”按钮打开需要导入数据的 Excel 文件，或在“文件名”中输入 Excel 文件的完整路径；然后需要指定数据在当前数据库中的存储方式和存储位置，选项包括“将数据源导入当前数据库的新表中”“向表中追加一份记录的副本”和“通过创建链接表来链接到数据源”，这里选择第一个选项，单击“确定”。

3）进入“导入数据表向导”，其中展示了可进行导入的 Excel 工作表及其数据，选择包含所需导入数据的工作表“Sheet1”，如图 2-46 所示，单击“下一步”。

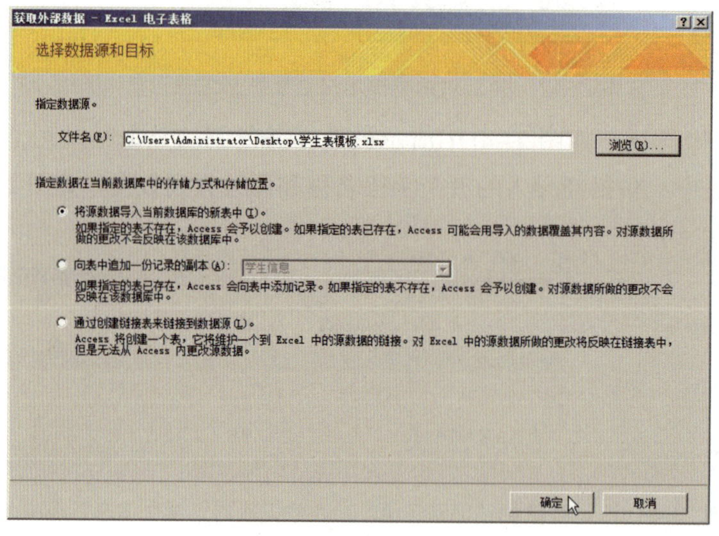


图 2-45　选择数据的源和目标

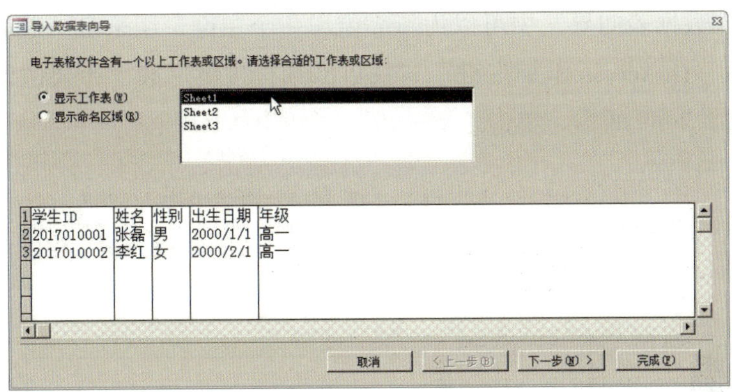


图 2-46　选择包含所需导入数据的工作表“Sheet1”

4）在“导入数据表向导”中选择“第一行包含列标题”，这样 Access 就可以用 Excel 工作表第一行的列标题作为表的字段名称，如图 2-47 所示，单击“下一步”。

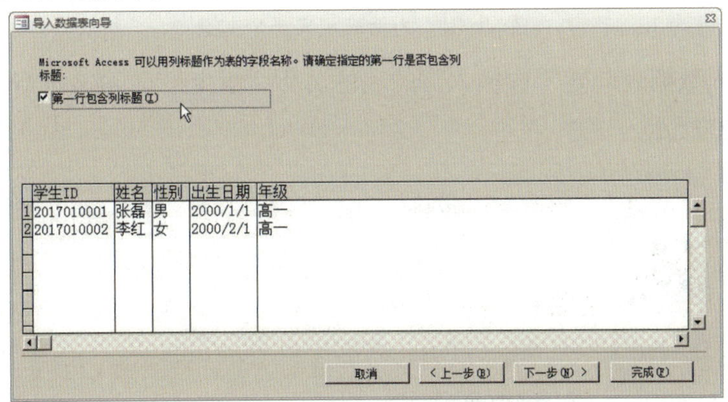


图 2-47　选择用 Excel 工作表第一行的列标题作为表的字段名称

5）在“导入数据表向导”中可以指定有关正在导入的每一个字段的信息，包括修改默认字段的“字段名称”“索引”和“数据类型”，如图 2-48 所示，单击“下一步”。

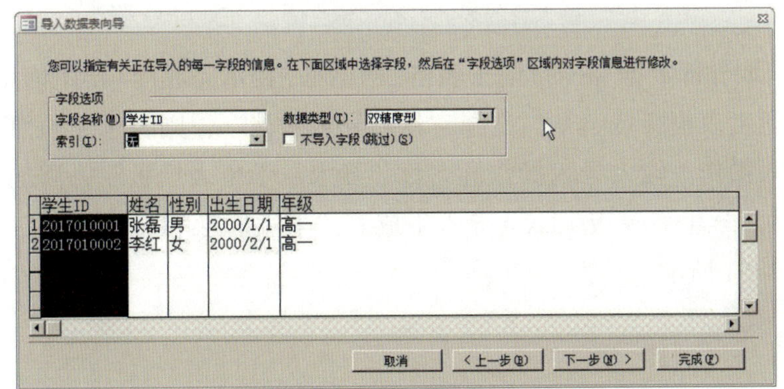


图 2-48　指定有关正在导入的每一个字段的信息

6）在“导入数据表向导”中可以为新表定义一个主键，用来唯一地表示表中的每个记录，选项包括“让 Access 添加主键”“我自己选择主键”和“不要主键”。这里选择第一个选项，如图 2-49 所示，单击“下一步”。

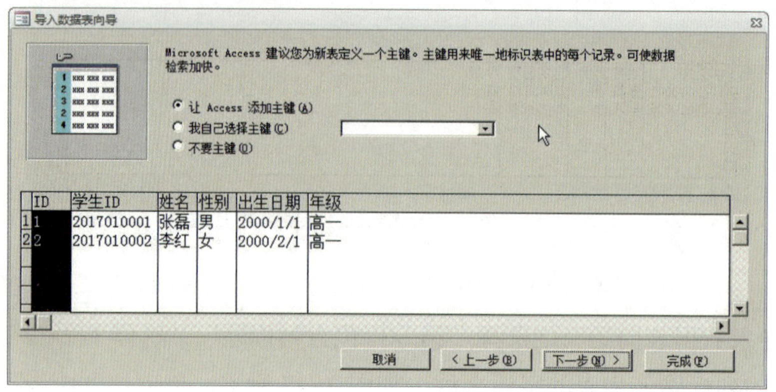


图 2-49　为新表定义一个主键

7）在“导入数据表向导”中输入目的表的名称“学生信息 -Excel 导入”，单击“完成”，如图 2-50 所示。

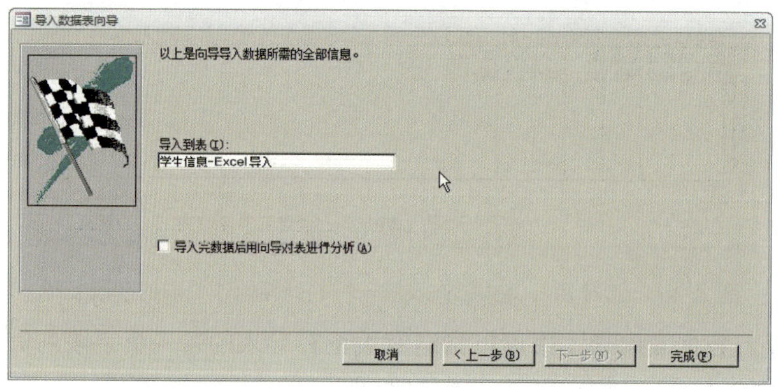


图 2-50　输入目的表的名称“学生信息 -Excel 导入”

8）弹出“获取外部数据 -Excel 电子表格”对话框，提示完成向“学生信息 -Excel 导入”表导入文件“学生表模板 .xlsx”。选择“保存导入步骤”，则将来无须使用该向导即可重复该数据导入操作。输入导入操作的名称“导入 - 学生表模板”，添加说明文字为由桌面 Excel 文件“学生表模板 .xlsx”导入生成表“学生信息 -Excel 导入”，单击“保存导入”，如图 2-51 所示。

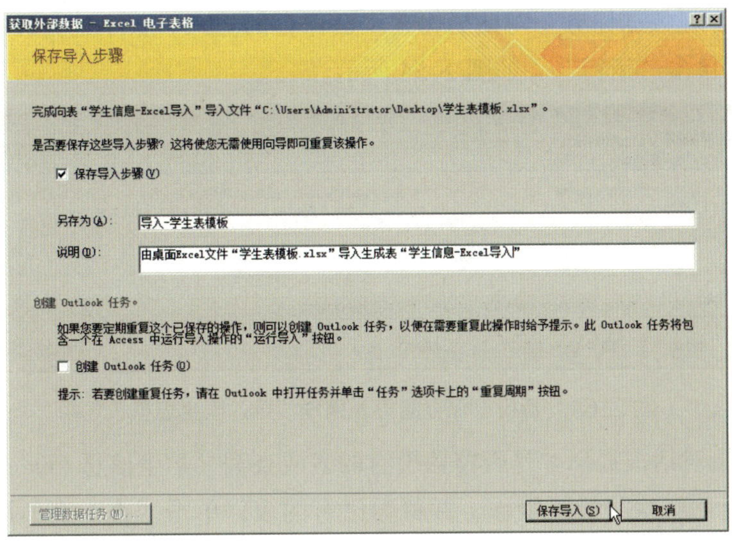


图 2-51　保存导入步骤

9）导入操作执行完成，图 2-40 中所示的 Excel 工作表数据通过"导入数据表向导"导入 Access 数据库"学生 .accdb"中，并创建了一个新表"学生信息 -Excel 导入"来装载导入的数据。在导航窗格中打开新表，在文档区域中查看其数据，包括新导入的五个字段名称和两行五列数据，如图 2-52 所示，通过与图 2-43 所示的内容进行比较，可见两种操作效果相同。

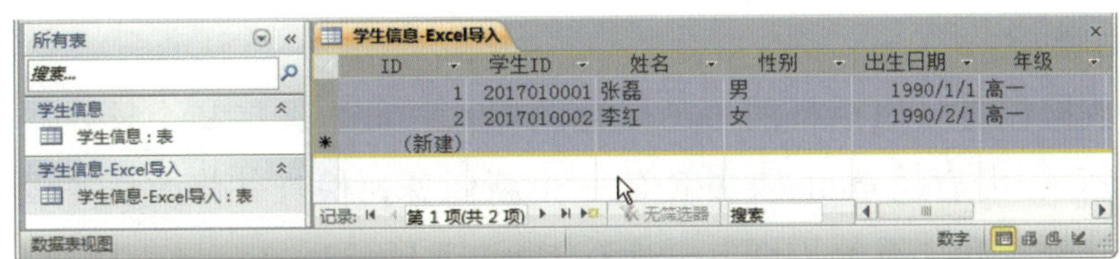


图 2-52　Excel 数据导入 Access 数据库的"学生信息 - Excel 导入"表中

（3）通过运行保存的导入操作重新导入 Excel 数据

1）在 Access 2010 中打开 Access 数据库"学生 .accdb"，在"外部数据"选项卡上的"导入并链接"组中单击"已保存的导入"，如图 2-53 所示。

图 2-53　通过运行保存的导入操作重新导入 Excel 数据

2）弹出“管理数据任务”对话框，在“已保存的导入”页中选择导入操作“导入 - 学生表模板”，单击“运行”，如图 2–54 所示。

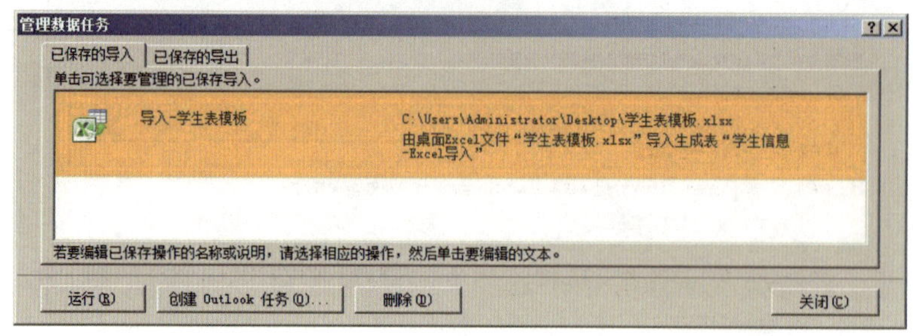


图 2–54　运行已保存的导入操作“导入学生表模板”

3）此时弹出对话框提示“是否覆盖现有的表或查询‘学生信息 -Excel 导入’？”。单击“是”则会重新执行导入操作，并覆盖已有的表；单击“否”则不执行导入操作，如图 2–55 所示。

图 2–55　提示是否覆盖现有的表

在“管理数据任务”对话框的“已保存的导入”页中选择某个导入操作，单击“删除”，可将该导入操作删除。

在“管理数据任务”对话框的“已保存的导入”页中选择某个导入操作，单击“创建 Outlook 任务”，可启动 Outlook 并创建一个新任务，检查并修改任务设置，如“截止日期”“提醒时刻”和“重复周期”，保存 Outlook 任务后，该导入操作会由 Outlook 程序按照设定的周期和时刻，定期、定时重复执行。

（4）将数据粘贴到 Excel

1）在 Access 2010 中打开 Access 数据库“学生 .accdb”，在导航窗格中打开“学生信息 -Excel 导入”表，在文档区域中“学生信息 -Excel 导入”表内选择并复制需要粘贴的数据，如图 2–56 所示。

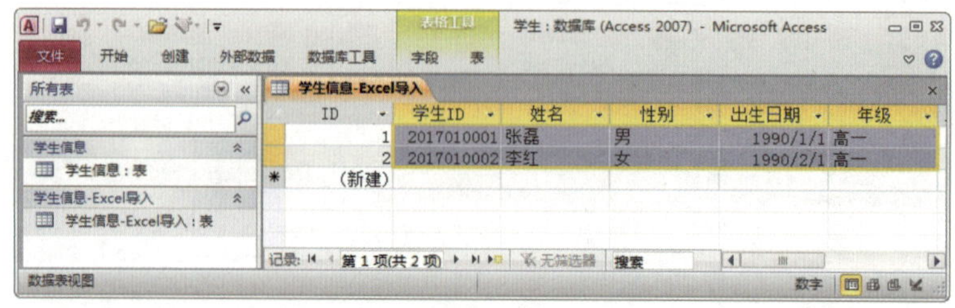


图 2–56　在打开的 Access 数据库表中选择并复制需要粘贴的数据

2）在 Excel 2010 中打开 Excel 文件“学生表模板 .xlsx”，在工作表“Sheet1”中右键单击单元格“A4”，单击“粘贴”图标，如图 2–57 所示。

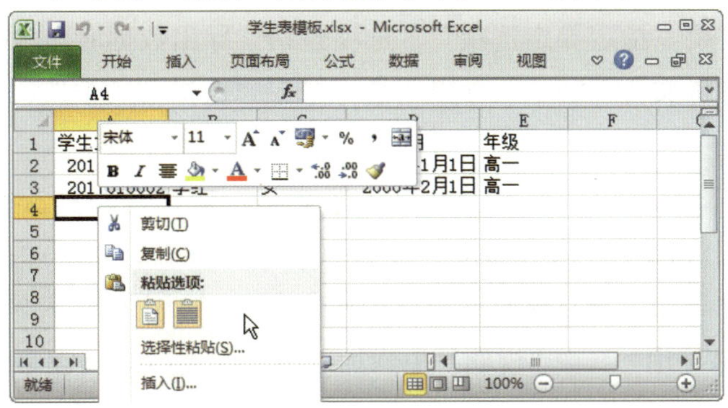


图 2–57　鼠标右键单击单元格“A4”，选择“粘贴”

3）执行粘贴操作后，图 2–56 中所示被选择并复制的数据粘贴到了 Excel 的工作表“Sheet1”中，包括新导入的五个字段名称和两行五列数据，与工作表中原有的数据进行比较，可见除了某些格式显示方面的差别以外，两者的内容相同，如图 2–58 所示。

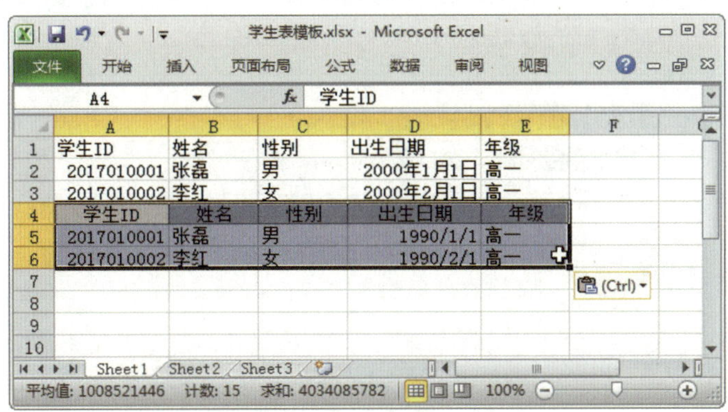


图 2–58　Access 数据库的数据粘贴到了 Excel 的工作表“Sheet1”中

（5）将数据导出到 Excel

1）在 Access 2010 中打开 Access 数据库“学生 .accdb”，在“外部数据”选项卡上的“导出”组中单击“Excel”，如图 2–59 所示。

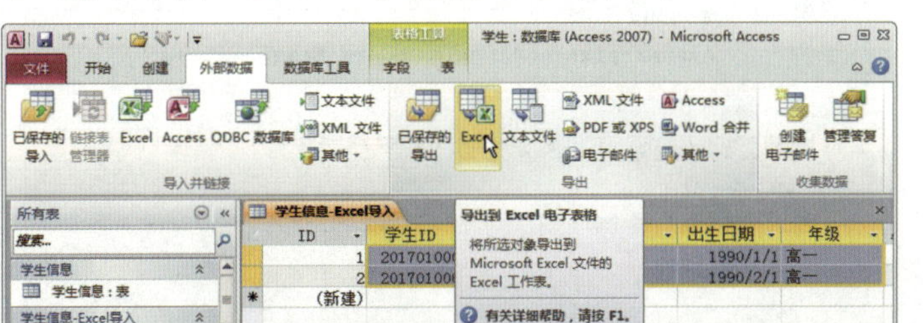


图 2–59　在 Access 数据库中导出 Excel 数据

2）弹出“导出 -Excel 电子表格”对话框，首先需要指定目标文件名及格式，可以单击“浏览”按钮打开将要导出数据的 Excel 目标文件，或在“文件名”中输入 Excel 文件的完整路径，然后需要“指定导出选项”，选项包括“导出数据时包含格式和布局”“完成导出操作后打开目标文件”和“仅导出所选记录”，选择第一个选项，单击“确定”，如图 2-60 所示。

3）单击“确定”后弹出“导出 -Excel 电子表格”对话框，提示成功将表“学生信息 -Excel 导入”导出到文件“学生信息 -Access 导出 .xlsx”，选择“保存导出步骤”，则将来无须使用该向导即可重复该数据导出操作，在“另存为”中输入导出操作的名称“导出 - 学生信息 -Excel 导出”，在“说明”中添加文字“由 Access 数据表‘学生信息 -Excel 导入’导出生成桌面 Excel 文件‘学生信息 -Excel 导出 .xlsx’”，单击“保存导出”，如图 2-61 所示。

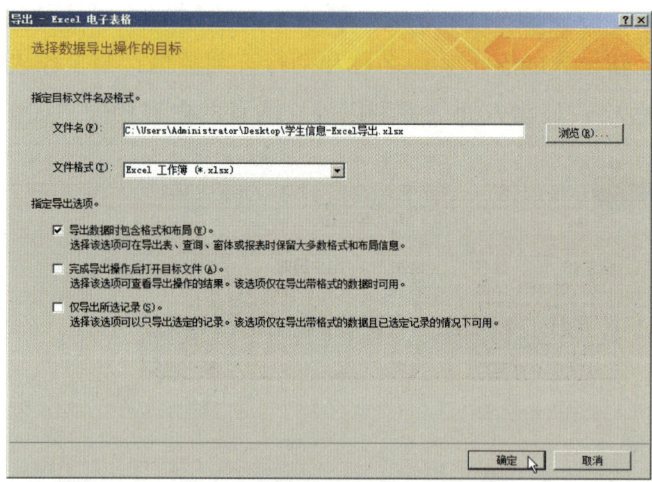


图 2-60 选择数据导出操作目标

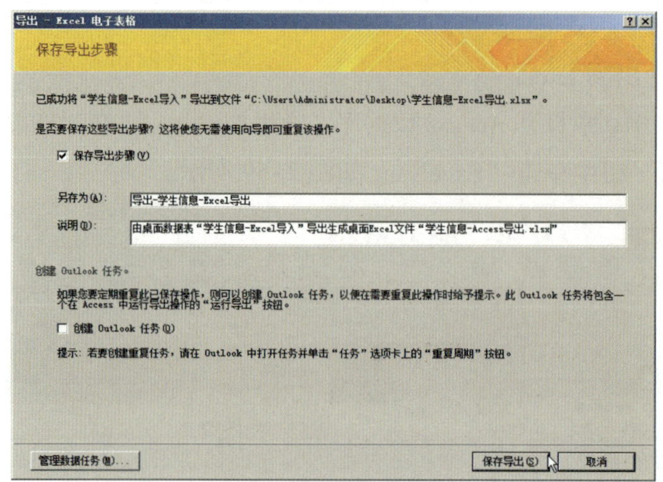


图 2-61 保存导出步骤

4）导出操作执行完成，图 2-56 中所示的 Access 数据表“学生信息 -Excel 导入”通过“导出数据表向导”导出到了新建的 Excel 文件“学生信息 -Excel 导出 .xlsx”中，并创建了一个新工作表“学生信息 -Excel 导入”来装载导出的数据，在工作表中查看其数据，包括新导入的五个字段名称和两行五列数据，如图 2-62 所示，通过与图 2-58 所示的内容进行比较，可见两种操作效果有相同之处。

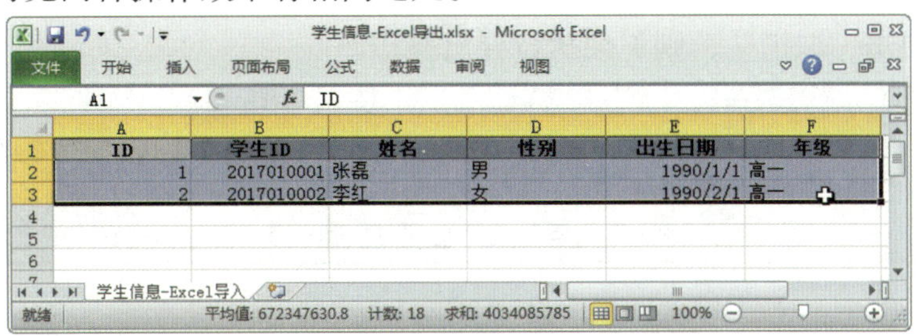

图 2-62　Access 数据导出到 Excel 文件的“学生信息 -Excel 导入”工作表中

（6）通过运行保存的导出操作重新将数据导出到 Excel

1）在 Access 2010 中打开 Access 数据库“学生 .accdb”，在“外部数据”选项卡上的“导出”组中单击“已保存的导出”，如图 2-63 所示。

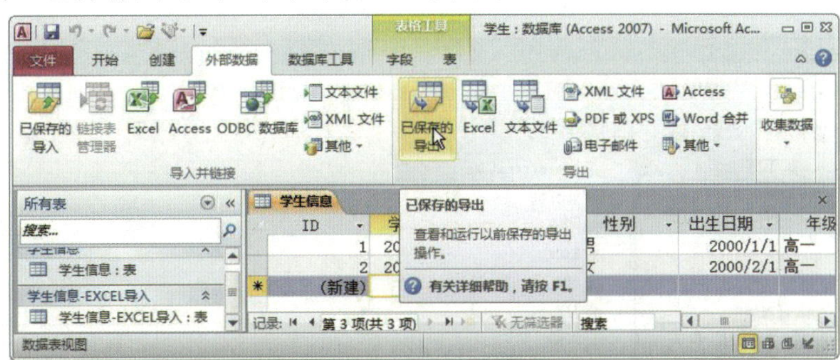

图 2-63　在“外部数据”选项卡上的“导出”组中单击“已保存的导出”

2）此时弹出“管理数据任务”对话框，在“已保存的导出”页中选择导出操作“导出 - 学生信息 -Access 导出”，单击“运行”，如图 2-64 所示。

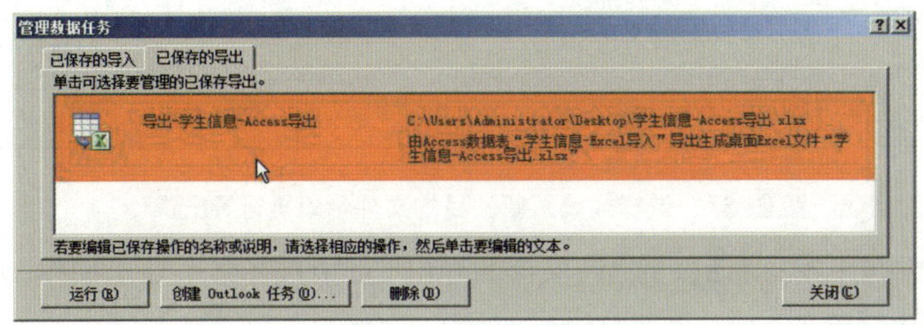

图 2-64　运行已保存的导出操作“导出 - 学生信息 -Access 导出”

3）单击“运行”后弹出对话框提示“这个文件‘学生信息 -Access 导出 .xlsx’已经存在。是否更新现有文件？”。如图 2-65 所示，单击“否”则不执行操作；单击“是”则会执行导出操作，并弹出对话框提示“是否替换已有的文件？”，如图 2-66 所示。单击“是”则替换已有的文件；单击“否”则会弹出“输出到”对话框，如图 2-67 所示。选择或输入新的目的文件名，单击“确定”，则也会重新执行导出操作，并新建 Excel 文件来装载导出的数据；单击“取消”，则不会执行导出操作。

图 2-65　提示是否更新现有的文件

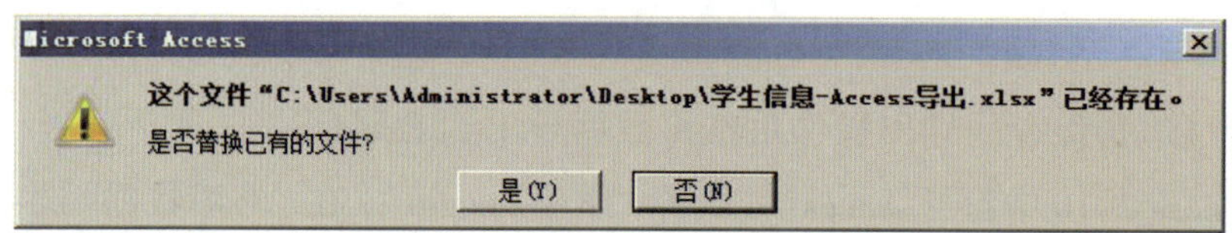


图 2-66　提示是否替换已有的文件

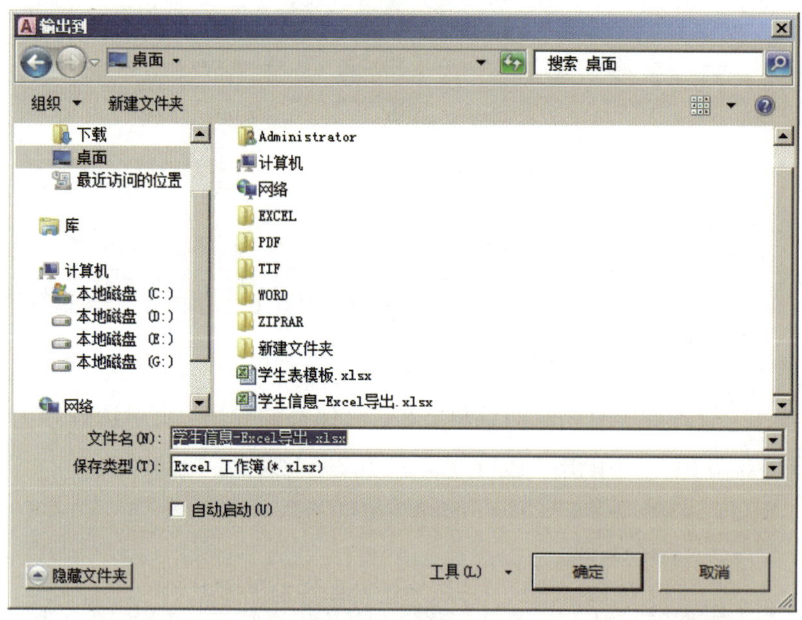


图 2-67　选择或输入新的目的文件名以执行导出操作

在“管理数据任务”对话框的“已保存的导出”页中选择某个导出操作，单击“删除”，可将该导出操作删除。

在“管理数据任务”对话框的“已保存的导出”页中选择某个导出操作，单击“创建

Outlook 任务”，可启动 Outlook 并创建一个新任务。检查并修改任务设置，如“截止日期”“提醒时刻”和“重复周期”，保存 Outlook 任务后，该导出操作会由 Outlook 程序按照设定的周期和时刻，定期、定时重复执行。

本任务涉及的文件，可通过网站 http://jg.class.com.cn 下载，位于软件资源包中“中文版 Access 2010 基础与实训 / 项目二 / 任务 1”。

## 任务 2　设计学生信息表

1. 理解数据表设计思路。
2. 掌握数据表视图。
3. 掌握表设计视图。

学会了使用 Acccss 创建新的数据库表之后，新的问题随之而来：

1. 在 Access 数据库表中录入需要管理的数据之前，首先应该做些什么？
2. 在 Access 数据库表中可以录入哪些类型的数据？
3. 怎样才能有效地使用 Access 管理数据？

本任务的内容是完成学生信息表的设计，通过实际体验和总结解决上面提及的问题。

1. 将数据按照其含义划分为独立的信息单元（即字段）之后再进行录入，会起到事半功倍的效果。

2. 在 Access 中不仅可以存储常见的“文本”“数字”类型的数据，还可以存储“日期 / 时间”甚至“图片”等类型的数据。

3. 为每个字段选择合适的数据类型以及正确的属性信息可以更有效地管理数据，并且为数据库表设定唯一主键还可以防止冗余数据的产生。

4. 利用“数据表视图”可以完成数据库表“学生信息”的设计及编辑，可以在“表设计视图”中修改表的结构。

## 相关知识

### 1. 表的设计思路

表是数据库中是否组织和存储数据的关键对象，因此，数据库表设计的好坏会直接影响整个数据库的使用是否便利。

一般数据库表的设计包括以下步骤：

（1）确定数据库表的用途

确定数据库表的用途并相应命名，例如，所要设计的数据库表是用来存储学生的相关信息，可将该数据库表命名为“学生信息”。

（2）查找和组织所需的信息

收集可能希望在数据库表中记录的各种信息，例如，学生的姓名、出生日期和所在年级等。

（3）将信息项转换为字段

根据所需的信息确定在数据库表中所需存储的字段名称。例如，学生的姓名、出生日期和所在年级，分别可对应“姓名”“出生日期”和“年级”字段。

（4）设定主键

为数据库表设定主键。主键是一个用于唯一标识每条记录的字段。例如，可以将“学生 ID”字段设定为数据库表“学生信息”的主键，用来唯一标识每条学生的信息。

### 2. 主键

每个表应包含一列或几列，用于对存储在该表中的每条记录进行唯一标识。这通常是一个唯一的标识号，如“学生 ID”或“考场序号”。在数据库术语中，此信息称为表的主键。

Access 使用主键字段将多个表中的数据关联起来，从而将数据组合在一起。

主键中不能有重复的值。例如，不要使用“姓名”作为主键，因为姓名不是唯一的，很可能在同一个表中出现两个同名的人，而应该选择“学生 ID”或“身份证号”等唯一标识。

主键不能为空，并且一个表中只能有一个主键。如果某列的值可能在某个时间变成未分配或未知（缺少值），则该值不能作为主键的组成部分。

在使用多个表的数据库中，可将一个表的主键作为引用在其他表中使用，用于建立和加强两个表（主表和从表）的一列或多列数据之间的关联。当对表中添加、修改和删除数据时，通过参照的完整性保证主表和从表数据的一致性，并维护表与表之间的依赖关系。

如果暂时无法确定将哪一列作为主键，可考虑使用具有“自动编号”数据类型的列。使用“自动编号”数据类型时，Access 将自动为各条记录分配一个值。这样的标识符不包含事实数据，即不包含描述它所表示的行的事实信息。不包含事实数据的标识符非常适合作为主键使用，因为它们不会更改。

### 3. 字段的数据类型

在设计数据库表时，需要为表中的每个字段选择一个数据类型，该过程有助于确保数据输入更为准确。例如，在一个空白表中输入一组考试成绩，该字段数据类型为“数字”。如果有人试图在该字段中输入文本，Access 会显示错误提息，并且禁止该用户保存所更改的记录，此步骤可帮助用户保护数据。

为数据库表中每个字段设置的数据类型为在该字段中可以输入哪些内容提供了初级控制。在某些情况下，如使用“备注”字段时，可以输入所需的任何数据。在其他情况下，如使用“自动编号”字段时，字段的数据类型设置会完全禁止输入任何信息。

下面介绍 Access 2010 提供的数据类型，并说明这些数据类型对数据输入有何影响。

（1）文本

“文本”字段可以接受文字、数字及各种特殊字符，常用于不在计算中使用的文本或数字等（如学生 ID 和姓名）。“文本”字段所接受的字符数较少，范围在 0~255 个。

（2）备注

“备注”字段可以接受大量文本和数字数据或具有 RTF 格式的文本（Rich Text Format，一种通用文本格式，可使用 Word 2010 打开），常用于长度超过 255 个字符的文本，或用于使用 RTF 格式的文本。例如，注释、较长的说明和包含粗体或斜体等格式的段落等经常使用“备注”字段。用户还可以向数据添加超文本标记语言（HTML，HyperText Markup Language）标记。

此外，“备注”字段还有一个名为“仅追加”的属性。启用该属性后，可以在“备注”字段中追加新数据，但不能更改现有数据。此功能主要用于问题跟踪数据库等应用程序中，在这些数据库中可能需要保存不更改的永久记录。

（3）数字

“数字”字段只能接受数值，包括整数和小数值，用于存储要在计算中使用的数字，但不包括货币值（对货币值数据类型应使用“货币”）。用户可以对“数字”字段中的数值执行计算。

（4）日期 / 时间

“日期 / 时间”字段只能接受输入日期和时间，用于存储日期 / 时间值，存储的每个值都包括日期和时间两部分。根据对字段设置方式的不同，可能会出现以下情况：

1）如果为字段设置了输入掩码（选择该字段时显示的一系列文字和占位符），则必须按照掩码所提供的空间和格式输入数据。例如，如果出现“____年__月__日”掩码，则必须在所提供的空间中输入“2017 年 12 月 25 日”类似值，不能按其他格式输入。

2）如果没有创建输入掩码以控制日期或时间的输入方式，则在输入值时可以采用任意有效的日期或时间格式。例如，可以输入“2017-12-25”“12/25/2017”和“December 25，2017”等。

3）可以对字段应用显示格式。无论输入值时采用了哪种有效的日期或时间格式，Access 都可以按照所设定的显示格式显示日期。例如，可以输入“2017-12-25”，但可以设置显示格式将值显示为“12/25/2017”。

（5）货币

“货币”字段只能接受货币值，用于存储关于金额的数值，用户输入时需手动输入货币符号。默认情况下，Access 会应用在 Windows 区域设置中指定的货币符号（￥、£、$ 等）。

（6）自动编号

“自动编号”字段只能接受在添加记录时 Access 自动插入的一个唯一的数值，用于生成可用作主键的唯一值，自动编号字段可以按顺序增加指定的增量，也可以随机选择。

任何时候在此类型字段中都无法输入或更改数据，只要向数据库表添加了新记录，Access 就会递增“自动编号”字段中的值，并保证其唯一性。

（7）是 / 否

“是 / 否”字段只能接受布尔值（True 或者 False），其存储的值只能包含两个可能的值（例如，“是 / 否”或“真 / 假”）之一。

如果将“是/否”字段格式设置为显示一个列表，则可以从该列表中选择“是/否”“真/假”或“开 / 关”等。不能在该列表中输入值，也不能直接从窗体或表中更改该列表中的值。

（8）OLE 对象

“OLE 对象”字段只能接受 OLE 对象，用于存储其他 Windows 应用程序中的 OLE 对象，如文本文件、Excel 图表或 PowerPoint 幻灯片。

（9）超链接

“超链接”字段只能接受超链接数据，用于存储超链接，以通过统一资源定位符（URL，Uniform Resource Locator，在 Internet 的 WWW 服务程序上用于指定信息位置的表示方法）对网页进行访问，或通过通用命名约定（UNC，Universal Naming Conversion）格式的名称对文件进行访问，还可以链接至数据库中存储的 Access 对象。

要编辑超链接字段，可以选择相邻的字段，按 Tab 键或箭头键将焦点移动到超链接字段，然后按 F2 键启用编辑。

（10）附件

“超链接”字段可以接受图片、图像、二进制文件、Office 文件。这是用于存储数字图像和任意类型的二进制文件的首选数据类型。可以将其他程序中的数据附加到该类型字段，但不能输入文本或数字数据。

### 4. 字段的属性信息

除了控制数据库表中字段的数据类型之外，还有多个字段属性也会影响向 Access 数据库中输入数据的方式。

下面介绍 Access 2010 提供的字段属性，并说明这些字段属性的功能。其中，“字段大小”和“格式”为常用字段属性，针对相应字段数据类型做了详细介绍。

（1）字段大小

设置存储为“文本”“数字”或“自动编号”数据类型的数据的最大长度。

1）对于“文本”数据类型，字段大小范围为 1~255 个字符。对于较大的文本字段，可使用“备注”数据类型。

2）对于“数字”数据类型，可以选择如下选项：

①字节，适用于 0~255 的数值。存储要求为单字节。

②整型，适用于 -32768~+32767 的数值。存储要求为 2 个字节。

③长整型，适用于 -2147483648 ~+2147483647 的数值。存储要求为 4 个字节。

④单精度型，适用于 $-3.4\times10^{38}$~$+3.4\times10^{38}$ 且最多有 7 个有效数位的浮点数值。存储要求为 4 个字节。

⑤双精度型，适用于 $-1.797\times10^{308}$~$+1.797\times10^{308}$ 且最多有 15 个有效数位的浮点数值。存储要求为 8 个字节。

⑥同步复制 ID，用于存储同步复制所需的全局唯一标识符。存储要求为 16 个字节。

⑦小数，适用于从 $-9.999\cdots\times10^{27}$~$+9.999\cdots\times10^{27}$ 的数值。存储要求为 12 个字节。

3）对于“自动编号”数据类型，可以选择如下选项：

①长整型，适用于 1~2147483648（将“新值”字段属性设置为“递增”时）以及 -2147483648~+2147483647（将“新值”字段属性设置为“随机”时）的唯一数值。存储要求为 4 个字节。

②同步复制 ID，用于存储同步复制所需的全局唯一标识符。存储要求为 16 个字节。

（2）格式

自定义显示或打印时字段的显示方式。

1）对于“备注”数据类型，可以选择 RTF 自定义格式。

2）对于“数字”数据类型，可以选择如下选项：

①常规数字，按照输入显示数字。

例如，3456.789 显示为 3456.789。

②货币，使用千位分隔符显示数字，负金额、小数点和货币符号以及小数位数则应用“控制面板”的“区域和语言选项”中的设置。

例如，3456.789 显示为 $ 3,456.79。

③欧元，无论在“区域和语言选项”中指定了哪种符号，都使用欧元货币符号显示数字。

④固定，不使用千位分隔符，至少显示一位数字，负金额、小数点和货币符号以及小数位数则应用“区域和语言选项”中的设置。例如，3456.789 显示为 3，456.79。

⑤标准，使用千位分隔符显示数字，负金额、小数点和小数位数则应用“区域和语言选项”中的设置。例如，3456.789 显示为 3,456.79。

⑥百分比，将值乘以 100 并在显示时在数字的最后加上百分号。负金额、小数点以及小数位数则应用“区域和语言选项”中的设置。例如，0.3456 显示为 35%。

⑦科学记数，采用科学记数法显示值。例如，3456.789 显示为 3.46E+03。

3）对于“日期 / 时间”数据类型，可以选择如下选项：

①常规日期，使用“短日期”和“长时间”设置的组合形式显示值。例如，2018/1/25 11:23:45。

②长日期，使用“区域和语言选项”中的“长日期”设置显示值。例如，2018 年 1 月 25 日。

③中日期，使用“YY-MM-DD”格式显示值。例如，18-01-25。

④短日期，使用“区域和语言选项”中的“短日期”设置显示值。例如，2018/1/25。

⑤长时间，使用“区域和语言选项”中的“时间”设置显示值。例如，11:23:45。

⑥中时间，使用“HH:MM PM”格式（其中 HH 是小时，MM 是分钟，PM 是下午或 AM 是上午）显示值。小时的范围为 1~12，分钟的范围为 0~59。例如，上午 11:23。

⑦短时间，使用“HH:MM”格式显示值。小时的范围为 0~23，分钟的范围为 0~59。例如，11:23。

4）对于“是 / 否”数据类型，可以选择如下选项：

①真 / 假，将值显示为“真”或“假”，即“True”或“False”。

②是 / 否，将值显示为“是”或“否”，即“Yes”或“No”。

③开 / 关，将值显示为“开”或“关”，即“On”或“Off”。

其中，“开”“真”和“是”均是等效的。“假”“否”和“关”也是等效的。

（3）新值

对于“自动编号”字段的值，可以选择如下选项：

1）递增，起始数值为 1，对每条新记录递增 1。

2）随机，以随机值开始，并为每条新记录指定一个随机值。

（4）小数位数

指定显示数字时使用的小数位数。

（5）输入掩码

显示指导数据输入的编辑字符。

（6）标题

设置默认情况下在表单、报表和查询的标签中显示的文本。

（7）默认值

添加新记录时为字段自动指定默认值。

（8）有效性规则

提供在此字段中添加或更改值时必须为真的表达式。

（9）有效性文本

输入当值与有效性规则表达式冲突时显示的文本。

（10）必填字段

要求在字段中必须输入数据。

（11）允许空字符串

允许在“文本”或“备注”字段中输入零长度字符串（""）。

（12）索引

通过创建和使用索引来加速对此字段中数据的访问。

（13）Unicode 压缩

存储大量文本（大于 4 096 个字符）时压缩此字段中存储的文本。

（14）输入法模式

控制 Windows 亚洲语言版本中的输入法模式。

（15）输入法语句模式

控制 Windows 亚洲语言版本中的输入法语句模式。

（16）智能标记

对此字段附加智能标记。

（17）仅追加

允许对“备注”字段执行版本控制。

（18）文本格式

选择“格式文本”将按 HTML 格式存储文本，并允许设置多种格式。选择“纯文本”将只存储文本。

（19）文本对齐

指定控件中文本的默认对齐方式。

（20）精度

指定允许的数字总位数，包括小数点左右两侧的位数。

（21）数值范围

指定可在小数分隔符右侧存储的最大位数。

### 5. 表的属性信息

下面介绍 Access 2010 提供的表属性信息，并说明这些属性的功能。

（1）在 SharePoint 上显示视图

指定在将数据库发布到 SharePoint 网站后，与此表关联的表单和报表在 Windows SharePoint Services 中的“视图”菜单上是否可用。

（2）子数据表展开

设置在打开表时是否展开所有的子数据表。

（3）子数据表高度

指定在打开时子数据表展开的高度。

（4）方向

根据语言阅读方向设置从左到右或从右到左进行显示。

（5）说明

提供表的具体说明。

（6）默认视图

设置在打开表时是将“数据表”“数据透视表”还是“数据透视图”作为默认视图。

（7）有效性规则

提供在添加记录或更改记录时必须为真的表达式。

（8）有效性文本

当在记录中输入与有效性规则表达式冲突时显示的文本。

（9）筛选

定义条件以仅在数据表视图中显示匹配记录。

（10）排序依据

选择一个或多个字段，以指定数据表视图中的记录的默认排序顺序。

（11）子数据表名称

指定子数据表是否应显示在数据表视图中，如果显示，则还要指定哪个表或查询应提供子数据表中记录。

（12）链接子字段

列出在用于该子数据表的表或查询中与此表的主键字段匹配的字段。

（13）链接主字段

列出此表中与子数据表的子字段匹配的主键字段。

（14）加载时的筛选器

在数据表视图中打开表时，自动应用“筛选”属性中的筛选条件。

（15）加载时的排序方式

在数据表视图中打开表时，自动应用“排序依据”属性中的排序条件。

## 实践操作

### 1. 切换表对象的视图

Access 2010 对于数据库表对象的使用提供了四种不同的视图，即“数据表视图”“设计视图”“数据透视表视图”和“数据透视图视图”，选择不同的视图可以实现不同的操作和功能。其中在设计数据库表时最常用的视图为“数据表视图”和“设计视图”，也是需要重点掌握的内容。

数据表视图是打开数据库表时的默认视图，在数据表视图中，可以完成对数据库表进行设计的主要工作，而在设计视图中，主要是对字段及属性信息进行更详细的设定。

在不同视图间切换的主要方法包括：

（1）通过在文档区域右键单击表标签进行选择。如图 2-68 所示的操作将“数据表视图”切换为“设计视图”。

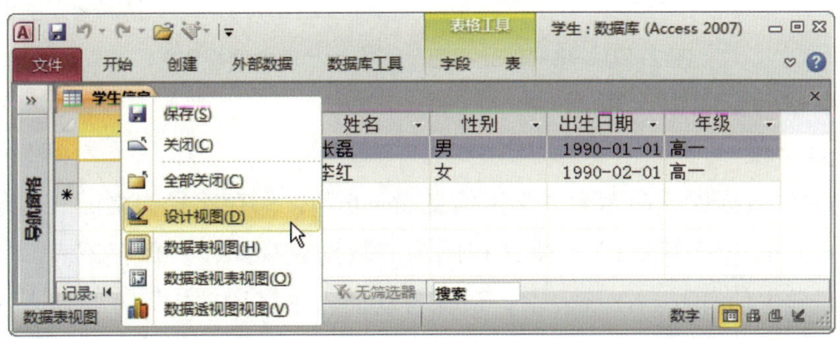


图 2-68 将“数据表视图”切换为“设计视图”

（2）通过在“开始”选项卡中的“视图”组进行选择。如图 2–69 所示的操作将“数据透视图视图”切换为“数据透视表视图”。

（3）通过在程序状态栏最右侧的“视图”组进行选择。如图 2–70 所示的操作将“设计视图”切换为“数据表视图”。

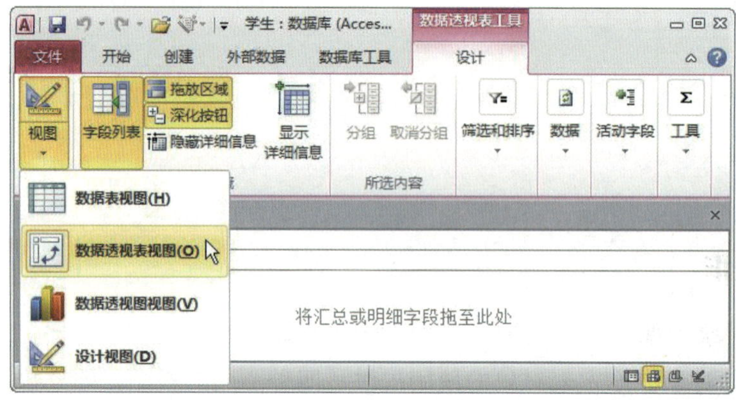


图 2–69　将“数据透视图视图”切换为“数据透视表视图”

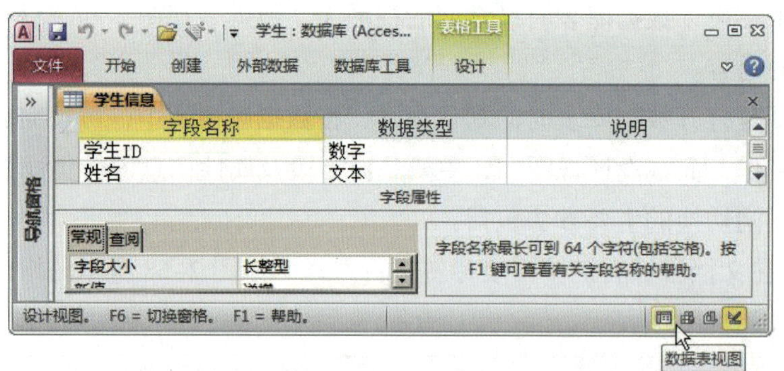


图 2–70　将“设计视图”切换为“数据表视图”

### 2. 编辑字段

（1）添加字段

1）新建空白数据库，命名为“学生信息 .accdb”，保存路径为桌面。系统将自动插入新的空表“表 1”，默认视图为“数据表视图”。保存该表，并重命名为“学生信息”。在该表中，系统自动插入了字段“ID”，并插入了系统字段“单击以添加”，如图 2–71 所示。

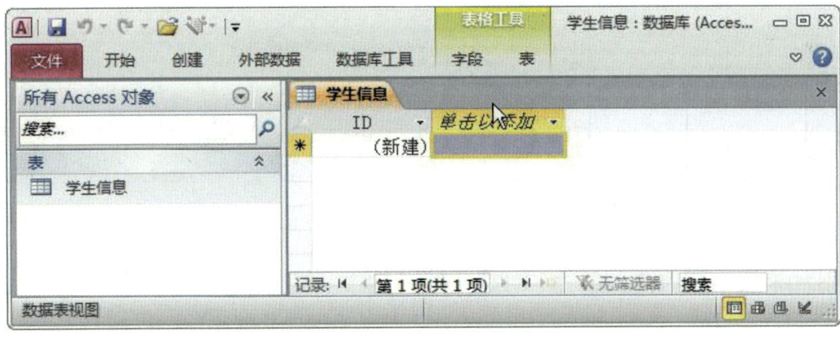


图 2-71　“学生信息”空表创建完成

2）在“字段”选项卡上的“添加和删除”组中，有各种数据类型的字段可以添加。如单击“文本”可添加文本数据类型的字段，如图 2-72 所示，或者在“学生信息”表中单击系统字段“单击以添加”，选择“文本”数据类型，如图 2-73 所示。

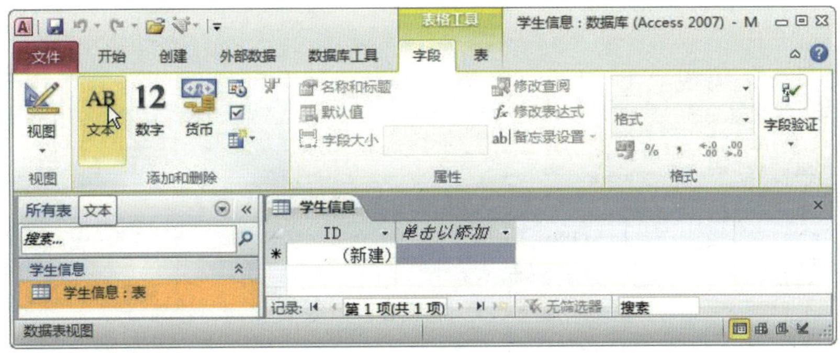


图 2-72　在“字段”选项卡上单击“文本”添加字段

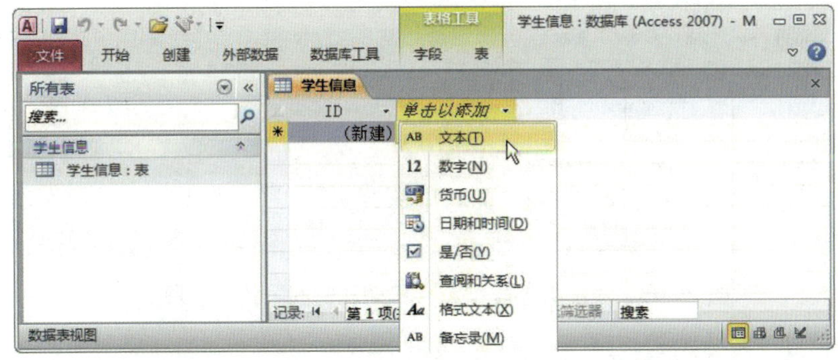


图 2-73　单击“单击以添加”添加“文本”字段

3）系统自动在“学生信息”表的系统字段“单击以添加”前添加了一个新的字段“字段 1”，如图 2-74 所示。

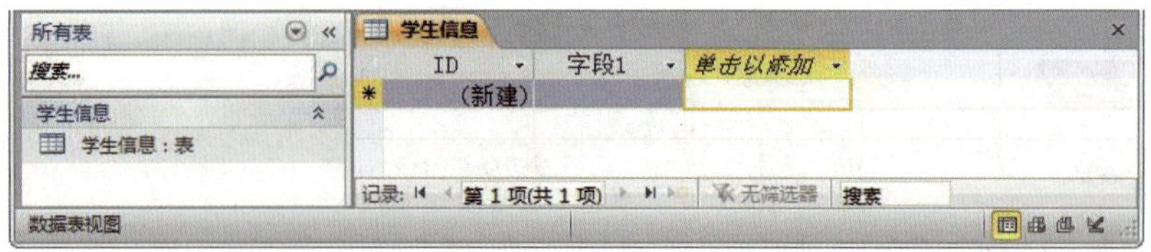

图 2-74　添加了一个新的字段“字段 1”

4）在“添加和删除”组中单击“日期和时间”，如图 2-75 所示，系统自动在“学生信息”表的系统字段“单击以添加”前添加了一个新的字段“字段 2”，如图 2-76 所示。双击字段名“字段 2”，将其改为“日期和时间”，如图 2-77 所示，添加了一个“日期和时间”的字段。

5）切换到“设计视图”，在“设计”选项卡上的“工具”组中单击“插入行”，如图 2-78 所示，或者在“学生信息”字段表中右键单击字段“日期和时间”，选择“插入行”，如图 2-79 所示。

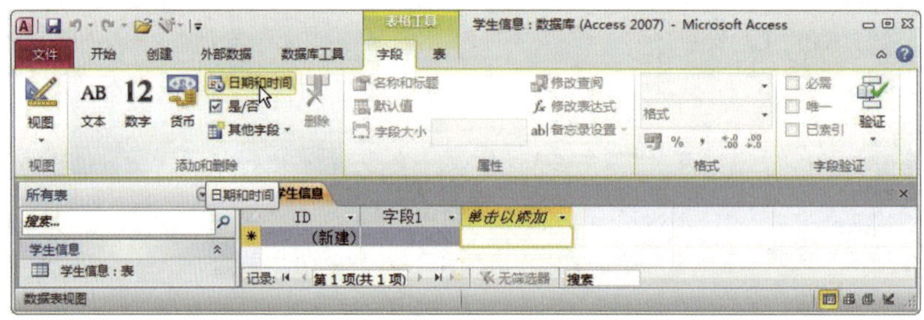

图 2-75　在“添加和删除”组中单击“日期和时间”

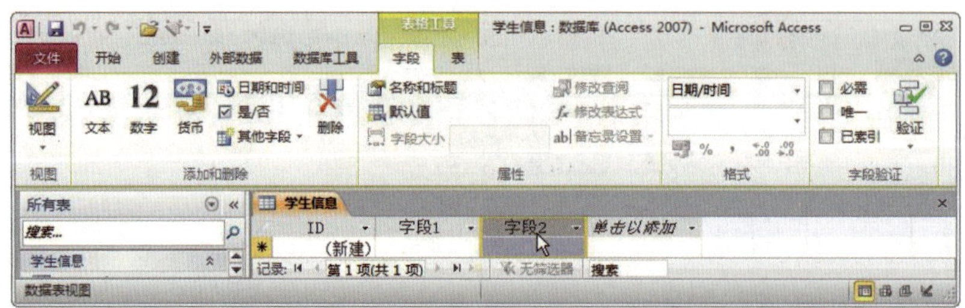

图 2-76　添加数据类型为“日期和时间”的“字段 2”

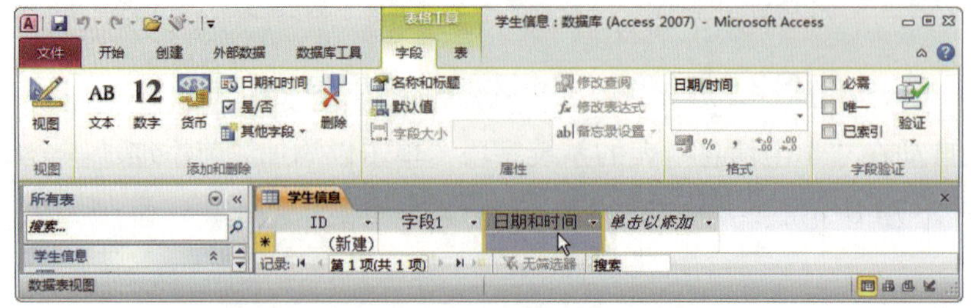

图 2-77　添加了一个新的字段“日期和时间”

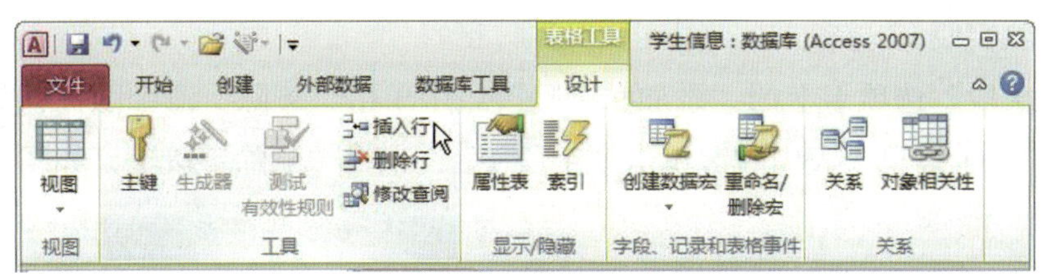


图 2-78　在“设计”选项卡上单击“插入行”

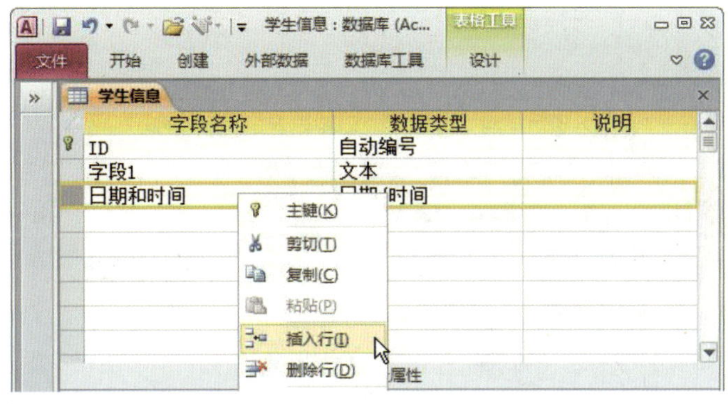


图 2-79　右键单击“日期和时间”，选择“插入行”

6）系统自动在“学生信息”字段表的字段“日期和时间”前添加了一个新的空字段，将其重命名为“设计视图字段”，系统自动设置其数据类型为“文本”，如图 2-80 所示。

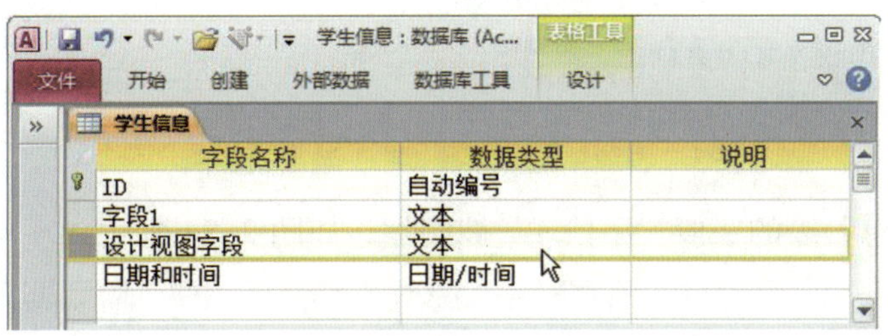


图 2-80　添加了一个新的字段“设计视图字段”

7）切换到“数据表视图”并根据提示要求保存表，在表“学生信息”中可以看到通过三种不同方法添加的新字段“字段 1”“设计视图字段”和“日期和时间”，如图 2-81 所示。

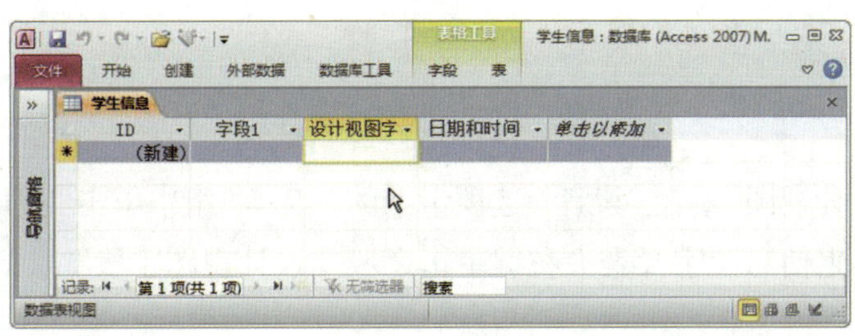


图 2-81　总共添加了三个新的字段

（2）删除字段

1）在“字段”选项卡上的“添加和删除”组中单击“删除”命令图标，如图 2-82 所示，或者在“学生信息”表中右键单击“字段 1”，选择“删除字段”，如图 2-83 所示。

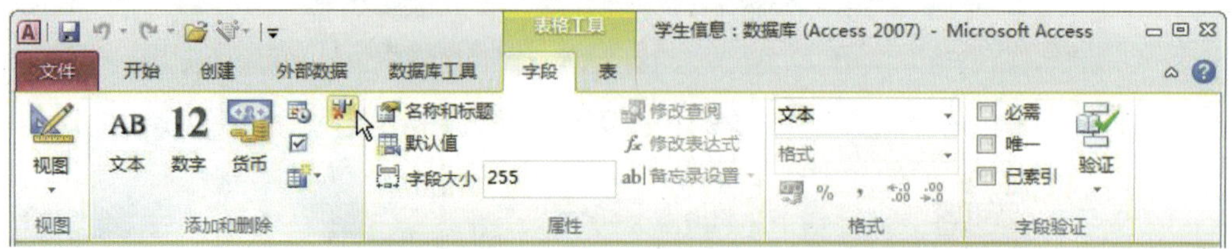


图 2-82　在“字段”选项卡上单击“删除”

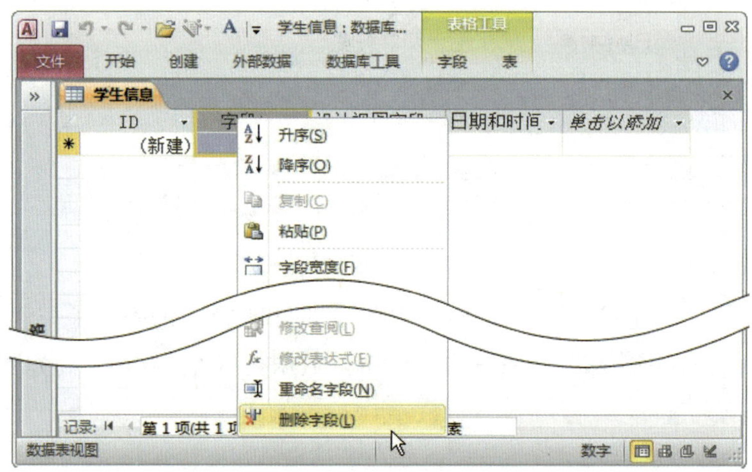


图 2-83　右键单击“字段 1”，选择“删除字段”

2）“学生信息”表的字段“字段 1”被删除，如图 2-84 所示。

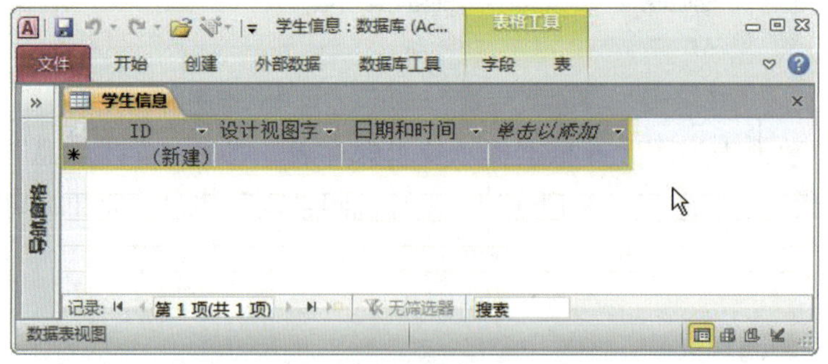


图 2-84　字段“字段 1”被删除

3）切换到“设计视图”，在“设计”选项卡上的“工具”组中单击“删除行”，如图 2-85 所示，或者在“学生信息”字段表中右键单击字段“设计视图字段”，选择“删除行”，如图 2-86 所示。

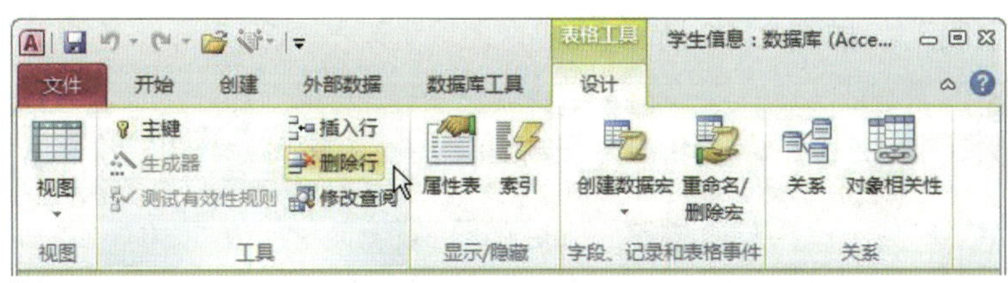


图 2-85　在“设计”选项卡上单击“删除行”

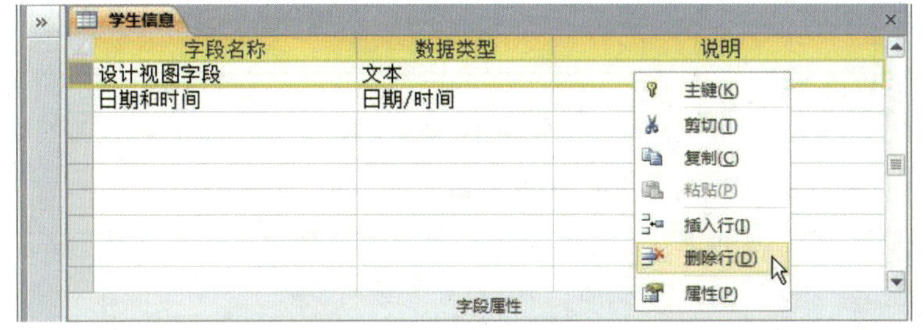


图 2-86　右键单击“设计视图字段”，选择“删除行”

4）“学生信息”表的字段“设计视图字段”被删除，如图 2-87 所示。

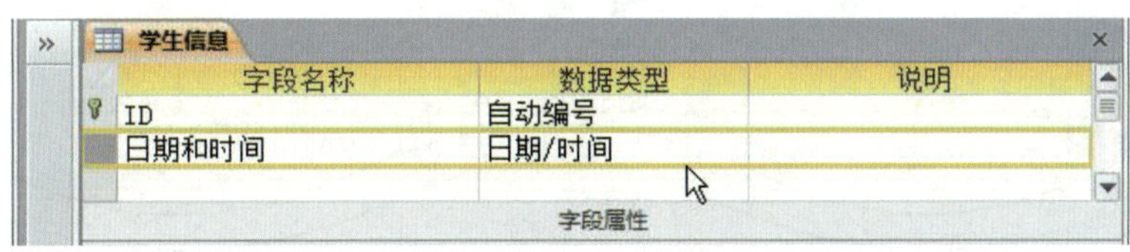


图 2-87　字段“设计视图字段”被删除

5）切换到“数据表视图”，在表“学生信息”中可以看到，“字段 1”和“设计视图字段”通过两种不同方法被删除，新添加的字段只剩下“日期和时间”，如图 2-88 所示。

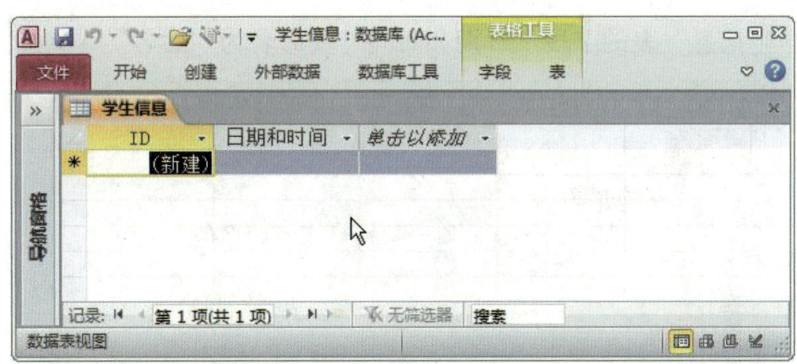


图 2-88　总共删除了两个新的字段

（3）重命名字段

1）在“学生信息”表中，双击“日期和时间”字段名，字段名变换为可编辑状态，即可输入新字段名，如图 2-89 所示，或者在“学生信息”表中右键单击字段“日期和时间”，

选择“重命名字段”，如图 2-90 所示。

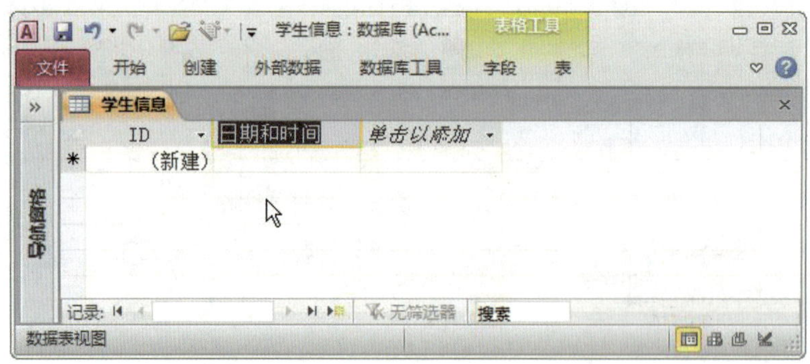


图 2-89　双击“日期和时间”字段名

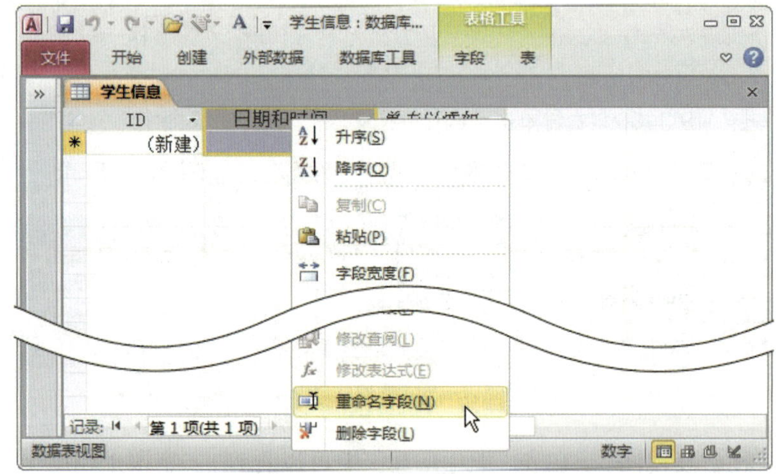


图 2-90　右键单击“日期和时间”，选择“重命名字段”

2）将“学生信息”表的字段“日期和时间”重命名为“姓名”，如图 2-91 所示。

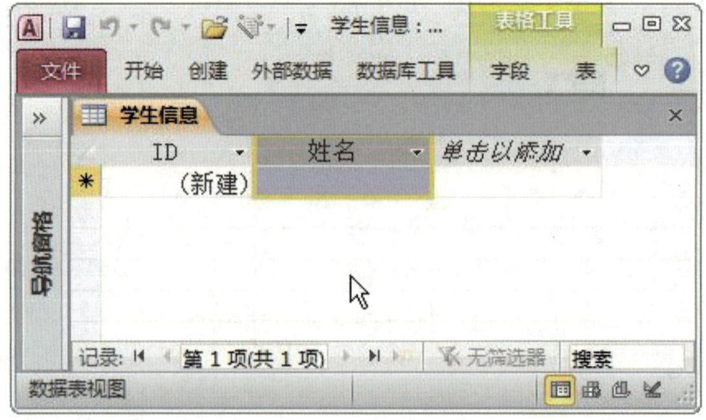


图 2-91　字段“日期和时间”重命名为“姓名”

3）切换到“设计视图”，在“学生信息”字段表中选择字段“姓名”，在“字段名称”中直接重命名为“性别”，如图 2–92 所示。

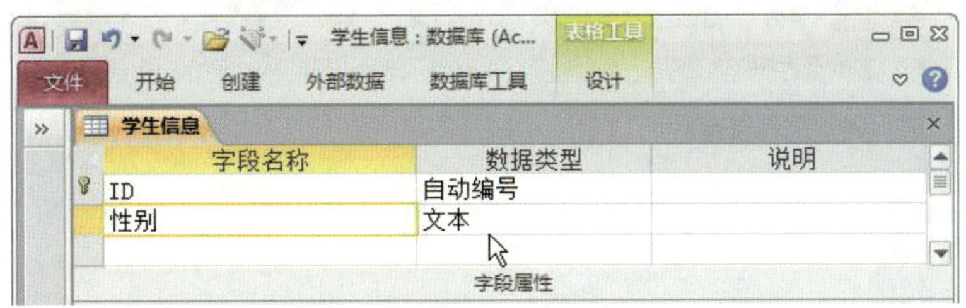


图 2–92　在“字段名称”中直接重命名为“性别”

4）切换到“数据表视图”，在表“学生信息”中可以看到，字段“姓名”已被重命名为“性别”，如图 2–93 所示。

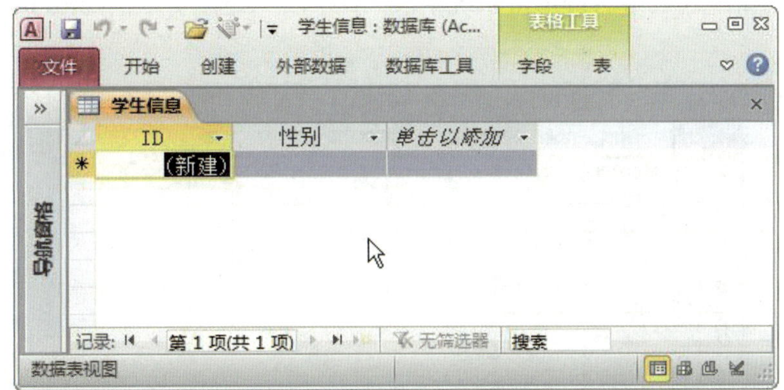


图 2–93　字段“姓名”被重命名为“性别”

（4）隐藏字段

1）在“学生信息”表中右键单击字段“性别”，选择“隐藏字段”，如图 2–94 所示。

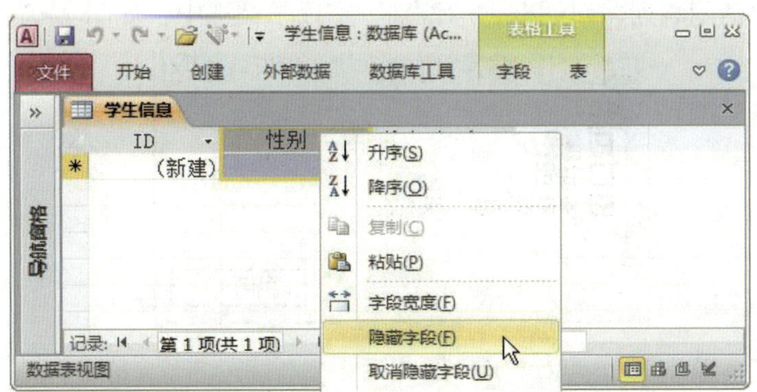


图 2–94　右键单击“性别”，选择“隐藏字段”

2）“学生信息”表中字段“性别”被隐藏，已不可见，如图 2-95 所示。

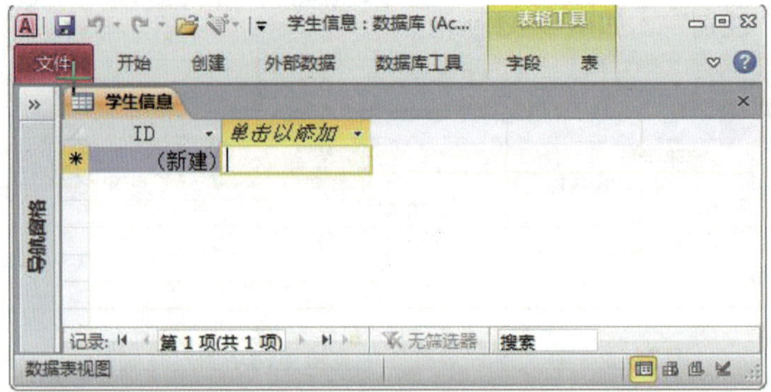

图 2-95　字段“性别”被隐藏不可见

3）在“学生信息”表中右键单击系统字段“ID 字段”，选择“取消隐藏字段”，如图 2-96 所示。

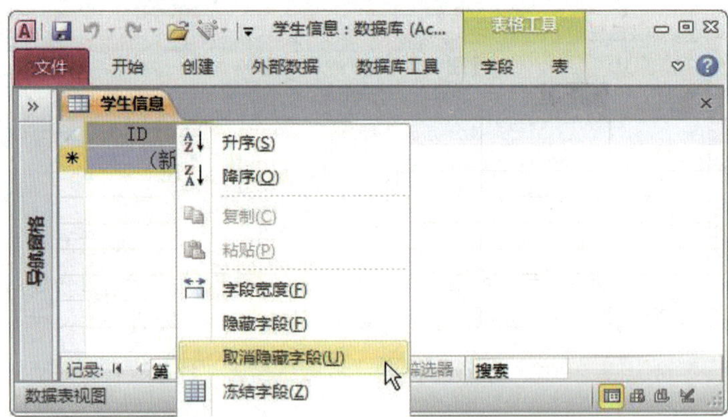

图 2-96　右键单击“ID 字段”，选择“取消隐藏字段”

4）弹出“取消隐藏列”对话框，“性别”字段未被选中，如图 2-97 所示。

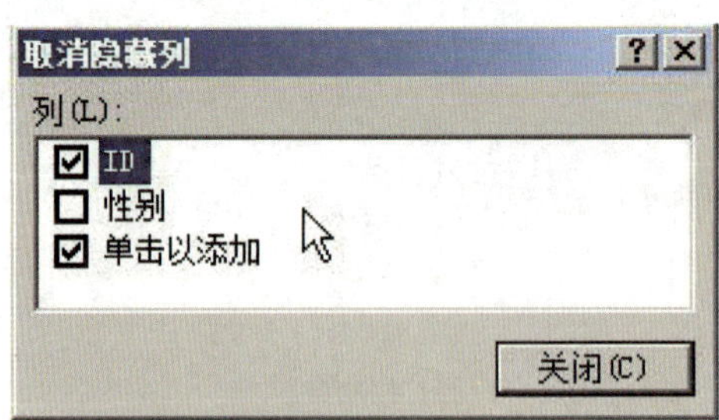


图 2-97　“取消隐藏列”对话框中“性别”字段未被选中

5）在“取消隐藏列”对话框中选中“性别”字段，则在“学生信息”表中字段“性别”被取消隐藏，又重新显示，如图 2–98 所示。

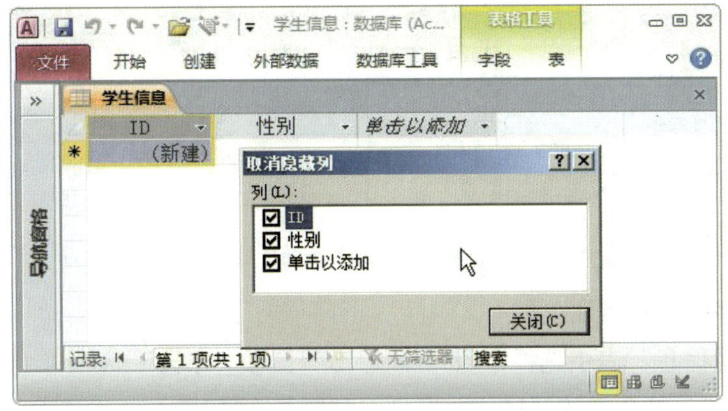

图 2–98　字段“性别”被取消隐藏，又重新显示

（5）设置字段数据类型

1）在“学生信息”表添加四个新的字段“学生 ID”“姓名”“出生日期”和“年级”，录入一条记录数据，并将系统字段“单击以添加”隐藏，如图 2–99 所示。

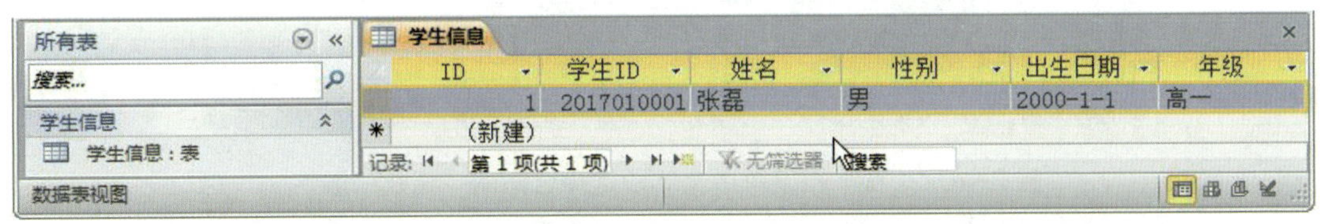

图 2–99　在“学生信息”表添加四个新的字段和一条记录

2）在“学生信息”表中选择字段“学生 ID”，在“字段”选项卡上的“格式”组中，可见其“数据类型”由系统自动设为“数字”型，可在“数据类型”的下拉菜单中为字段选择合适的数据类型，如图 2–100 所示。

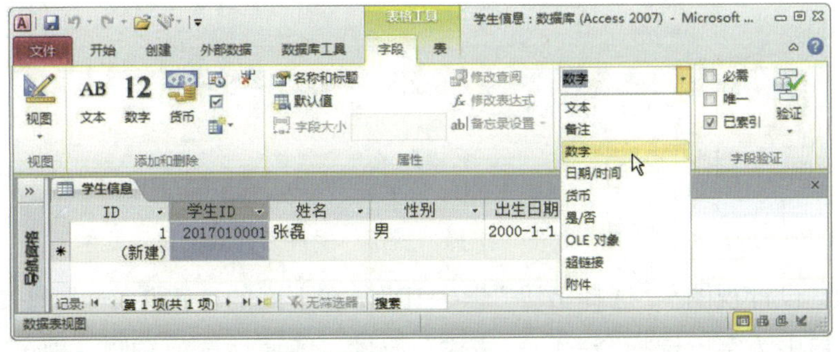

图 2–100　在下拉菜单中为字段选择合适的数据类型

3）切换到“设计视图”，也可在“学生信息”字段表的“数据类型”下拉菜单中为字段选择合适的数据类型，如图 2-101 所示。

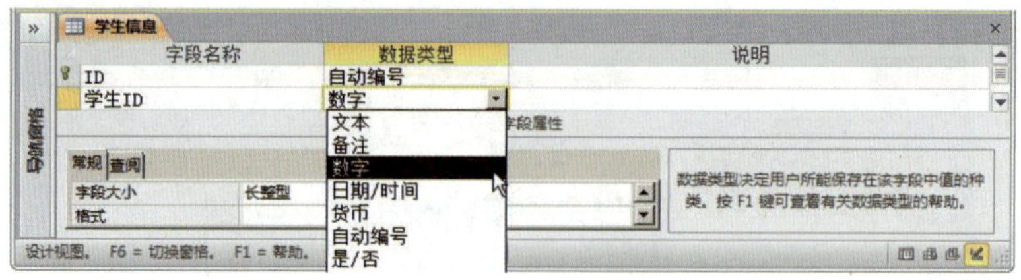


图 2-101　在“设计视图”中为字段选择合适的数据类型

（6）设置字段格式属性

1）在“学生信息”表中选择字段“学生 ID”，在“字段”选项卡上的“格式”组的下拉菜单中为字段选择合适的“格式”属性，如图 2-102 所示。

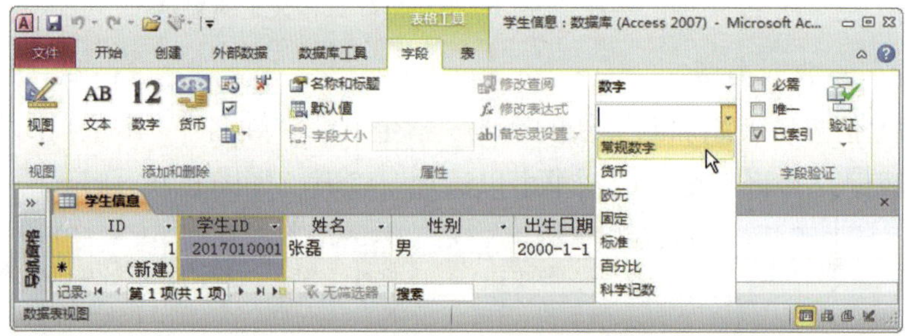


图 2-102　在下拉菜单中为字段选择合适的“格式”属性

2）在“格式”的下拉菜单中为字段“学生 ID”选择“货币”属性，在表“学生信息”的字段“学生 ID”下的数据显示发生了变化，如图 2-103 所示。

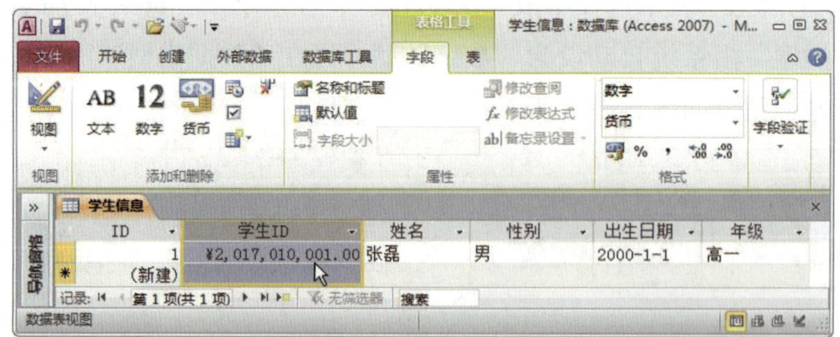


图 2-103　为字段“学生 ID”选择“货币”属性后，数据显示发生了变化

3）切换到“设计视图”，选择字段“学生 ID”，在下面的“字段属性”列表中，可在“格式”的下拉菜单中为字段选择合适的“格式”属性，各属性选项右侧提供了对应的显示实例，如图 2-104 所示。

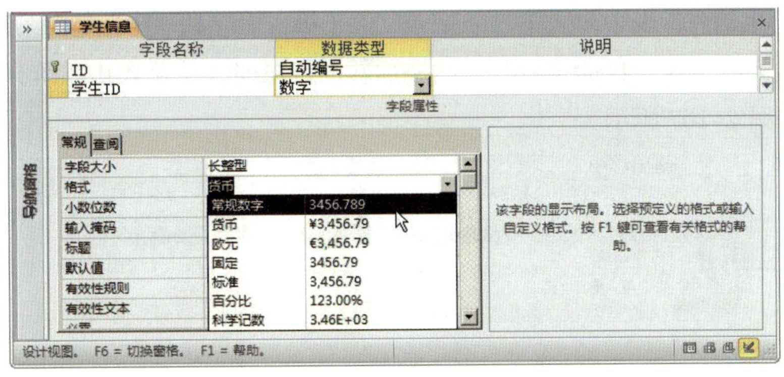


图 2-104　在“设计视图”的“字段属性”中为字段选择合适的“格式”属性

（7）设置字段其他属性

切换到“设计视图”，选择字段，在下面的“字段属性”列表中，为字段选择合适的属性信息，如图 2-105 所示。

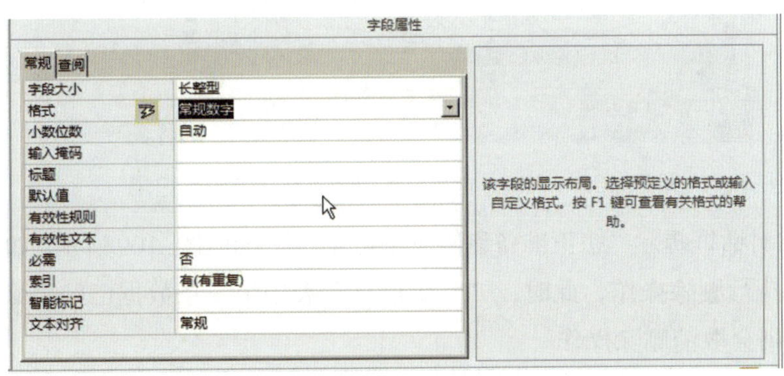


图 2-105　在“设计视图”的“字段属性”中为字段选择合适的属性

### 3. 编辑记录

（1）添加记录

1）在“学生信息”表中右键单击第一条记录，选择“新记录”，则光标会自动移到第二条记录上，并进入编辑状态，如图 2-106 所示。

图 2-106　右键单击第一条记录，选择“新记录”

2）在“学生信息”表中录入第二条记录，由于第一个字段“ID”是由系统自动创建的，而且其“数据类型”为“自动编号”，在添加新的记录时，该字段由系统自动赋值，无须手动录入，如图 2-107 所示。

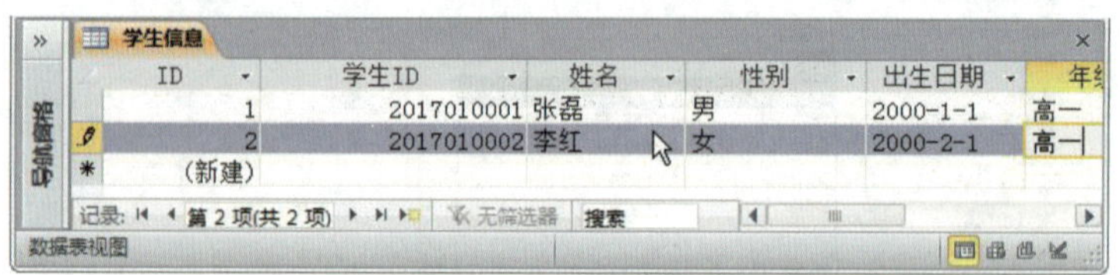


图 2-107　添加了一条新记录

（2）删除记录

1）在“学生信息”表中录入第三条记录，右键单击第三条记录，选择“删除记录”，如图 2-108 所示。

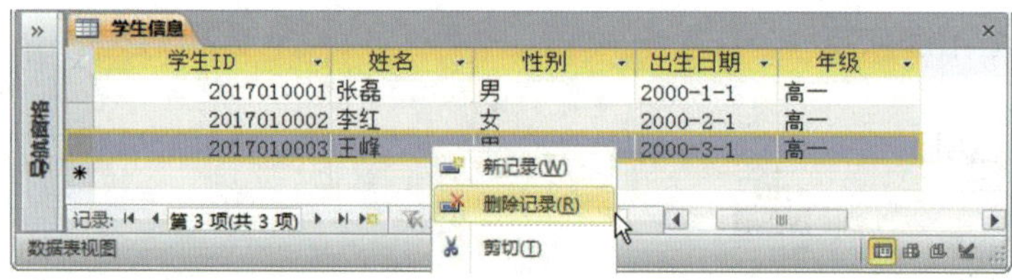


图 2-108　右键单击第三条记录，选择“删除记录”

2）弹出的对话框提示“您正准备删除 1 条记录。”，如图 2-109 所示，如果单击“是”，将无法撤销地执行删除操作，此时，“学生信息”表中第三条数据已经隐藏不可见；如果单击“否”，则会取消删除操作。

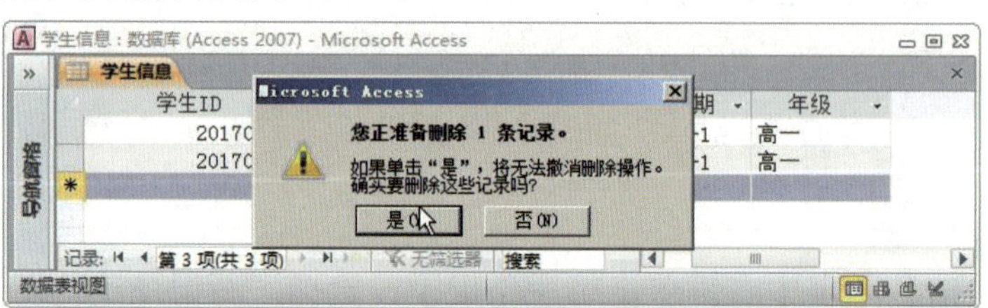


图 2-109　弹出对话框提示是否删除记录

3）在弹出对话框中选择“是”，则第三条数据被删除，此时，若再添加一条数据，“ID”字段由系统自动赋值“4”，而非“3”，且无法修改，如图 2-110 所示。

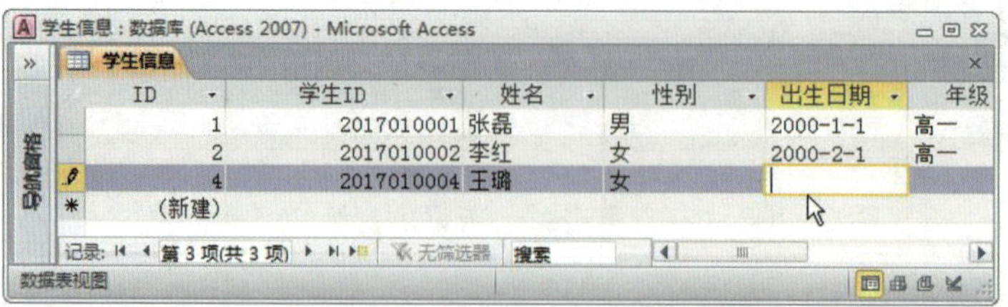


图 2-110　原第三条记录被删除

## 4. 设置表外观

（1）设置列宽

1）在“学生信息”表中选中“学生 ID”列，直接拖拽该列的右侧边界即可改变该列的宽度，如图 2–111 所示。

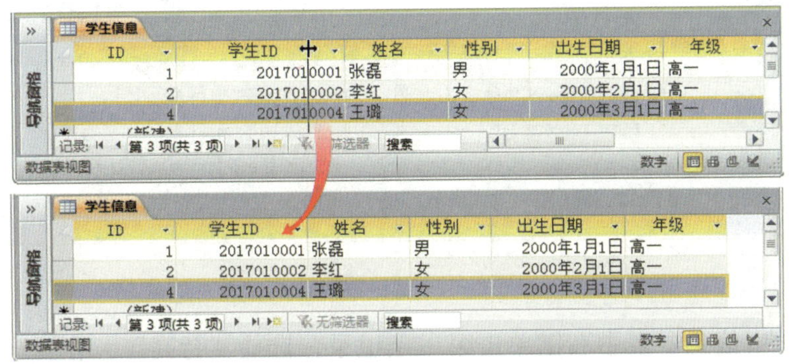


图 2–111　拖拽列的右侧边界可改变该列的宽度

2）在“学生信息”表中右键单击字段“学生 ID”，选择“字段宽度”，在弹出的“列宽”对话框中可以通过设置具体“列宽”或者选择“标准宽度”来指定该列的宽度，也可选择“最佳匹配”由系统选择最佳的列宽，如图 2–112 所示。

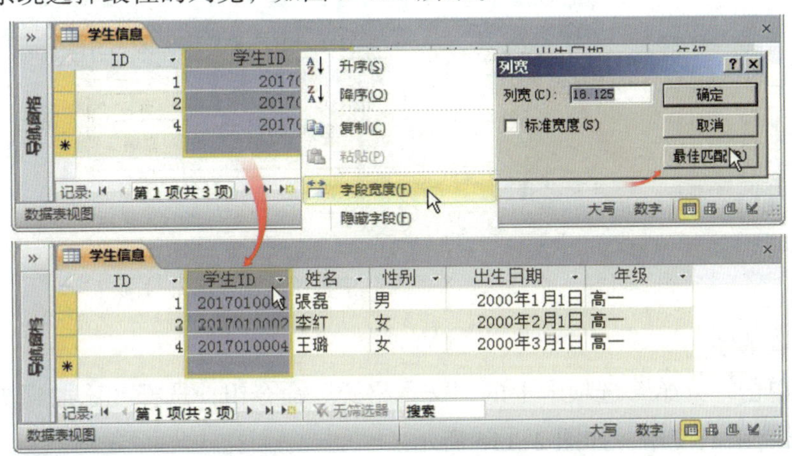


图 2–112　选择“最佳匹配”由系统选择最佳的列宽

（2）设置行高

1）在“学生信息”表中选中第一条记录，直接拖拽该行的下侧边界即可改变全部行的高度，这与设置列宽有所不同，设置列宽时只影响当前列的宽度，而设置任意一行的高度将会改变全部记录的行高，如图 2–113 所示。

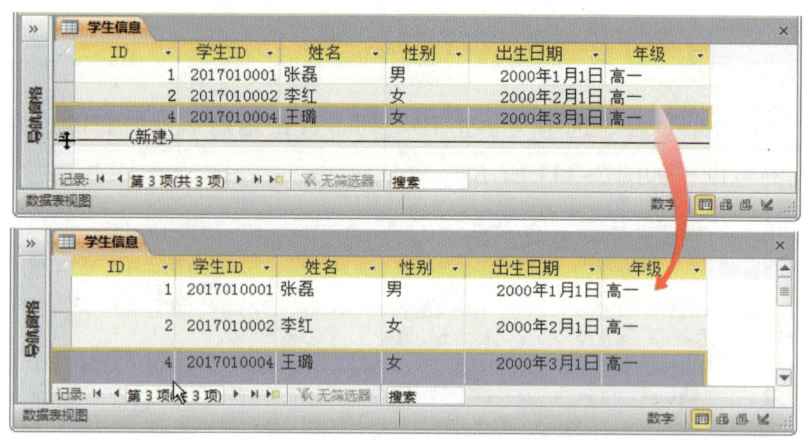

图 2-113　拖拽行的下侧边界可改变全部行的高度

2）在“学生信息”表中右键单击第一条记录，选择“行高”，在弹出的“行高”对话框中可以通过设置具体“行高”指定全部行的高度，也可选择“标准高度”由系统设置标准的行高，如图 2-114 所示。

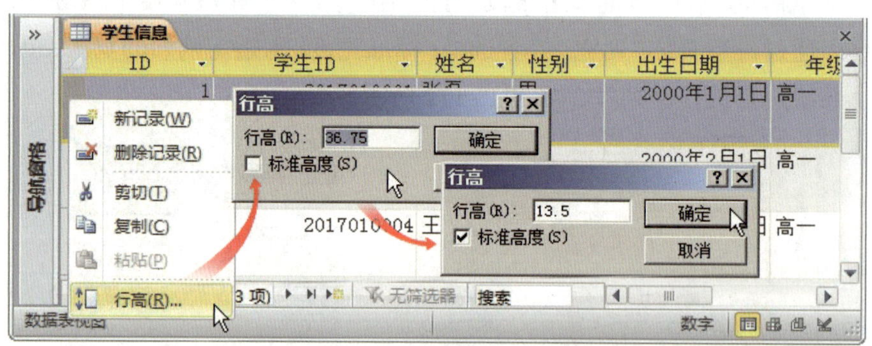

图 2-114　选择“标准高度”由系统设置标准的行高

（3）设置字体

1）右键单击“开始”选项卡上的“文本格式”命令组，选择“添加到快速访问工具栏”，以方便将来的使用，如图 2-115 所示。

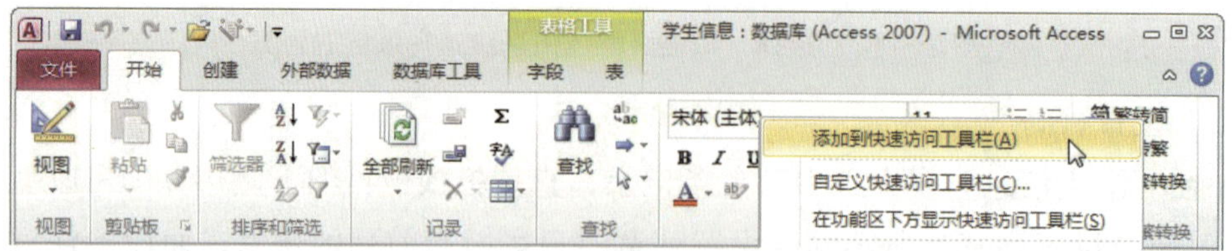

图 2-115　将“文本格式”命令组“添加到快速访问工具栏”

2）单击“快速访问工具栏”上新添加的“文本格式”按钮，在弹出的浮动工具栏中的字体下拉菜单中选择合适的字体，如由原来的“宋体”改为“黑体”。“学生信息”表中所有信息的字体均变为“黑体”显示，如图 2–116 所示。

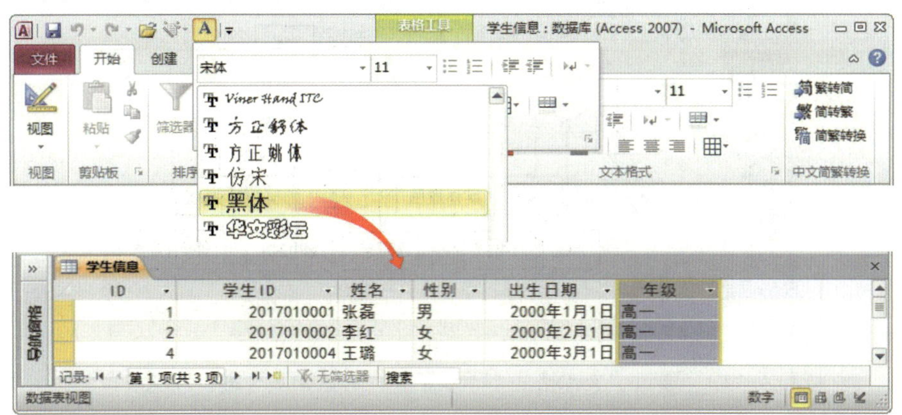

图 2–116　将“字体”由原来的“宋体”改为“黑体”

（4）设置交替行背景色

单击“快速访问工具栏”上的“文本格式”按钮，在弹出的浮动工具栏中的“可选行颜色”样式库中选择合适的背景色，如由原来的“自动”改为“茶色，背景 2”。“学生信息”表中奇偶行数据交替显示的背景颜色发生了变化，如图 2–117 所示。

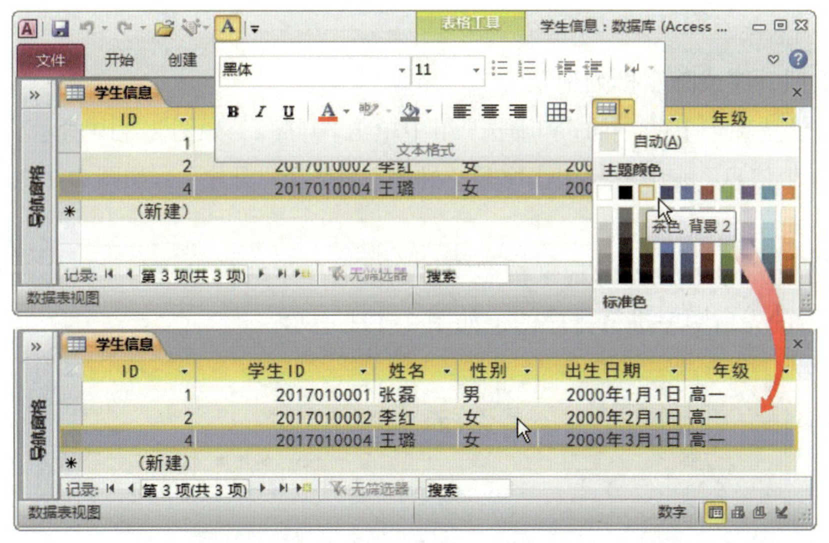

图 2–117　将“交替行背景色”由原来的“自动”改为“茶色，背景 2”

（5）设置其他外观

单击“快速访问工具栏”上的“文本格式”按钮，在弹出的浮动工具栏中可以对数据库表进行其他方面的外观设置，如图 2–118 所示。

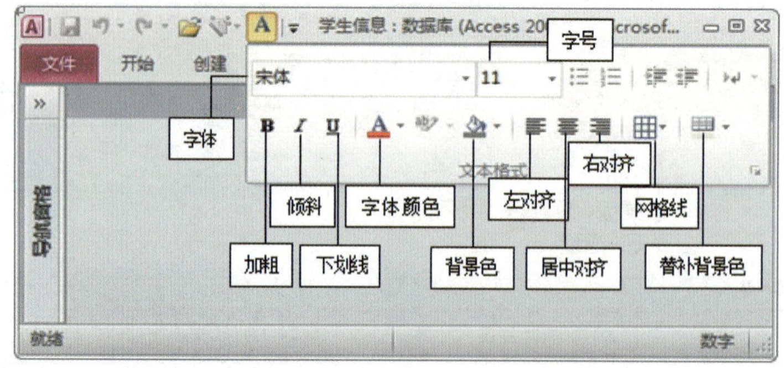


图 2–118　通过“文本格式”浮动工具栏对数据库表进行外观设置

1）在“字号”下拉菜单中选择合适的字号。

2）单击“加粗”“倾斜”或“下划线”按钮选择合适的字形。

3）单击“左对齐”“居中”或“右对齐”按钮选择合适的对齐方式。

4）在“字体颜色”样式库中选择合适的字体颜色。

5）在“背景色”样式库中选择合适的背景颜色。

6）在“网格线”样式库中选择合适的网格线样式。

### 5. 排序和筛选

（1）按照升序或降序排列记录

在“开始”选项卡上的“排序和筛选”组中单击“升序”，如图 2–119 所示。或者，在“学生信息”表中右键单击字段“姓名”，选择“升序”，如图 2–120 所示。

“学生信息”表中的全部记录按照字段“姓名”中的信息进行了升序显示，此处是按照汉语拼音的先后顺序进行排序的，如图 2–121 所示。

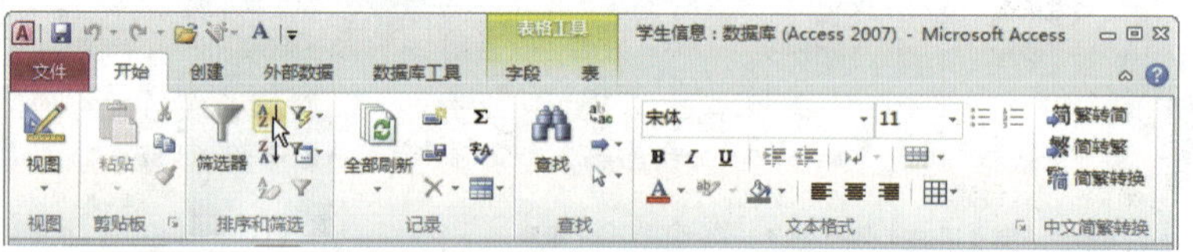

图 2–119　在“开始”选项卡上单击“升序”

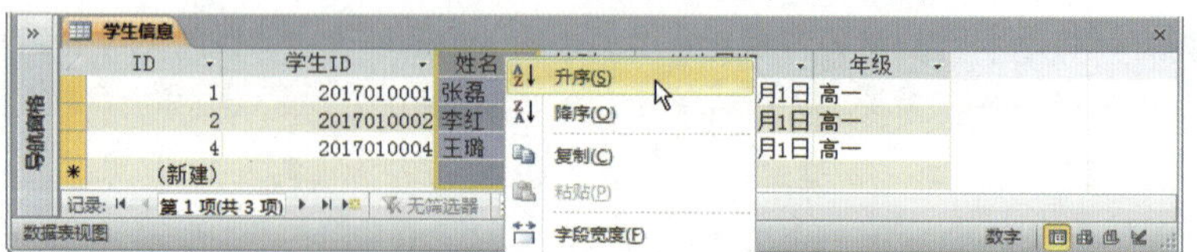

图 2–120　右键单击字段“姓名”，选择“升序”

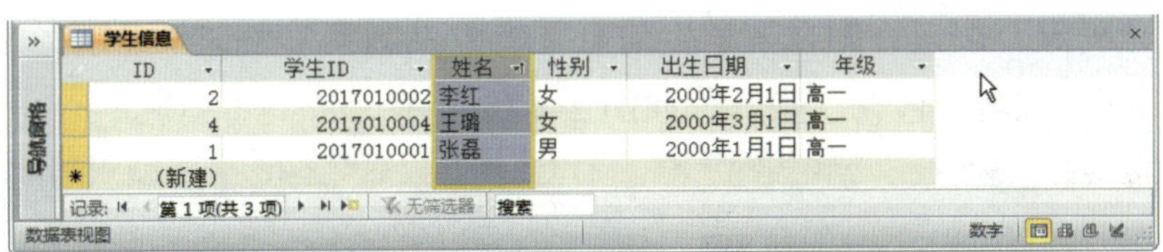


图 2-121 表中全部记录按照“姓名”中的信息进行升序显示

（2）清除所有排序

在“开始”选项卡上的“排序和筛选”组中单击“取消排序”，则可以取消已经添加的排序操作，恢复排序前的显示顺序，如图 2-122 所示。

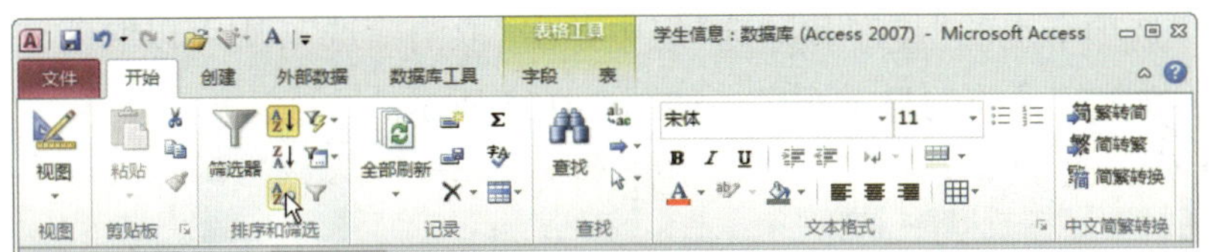


图 2-122 在“开始”选项卡上单击“取消排序”

（3）通过筛选器筛选记录

1）在“开始”选项卡上的“排序和筛选”组中单击“筛选器”，如图 2-123 所示。

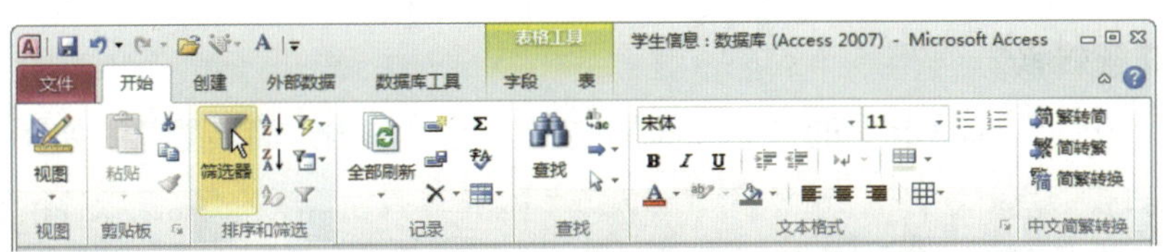


图 2-123 在“开始”选项卡上单击“筛选器”

2）在弹出的菜单中选择“文本筛选器”中的“包含”，在弹出的“自定义筛选”对话框中输入“张”，则表示从表中筛选“姓名”包含“张”的记录，如图 2-124 所示。

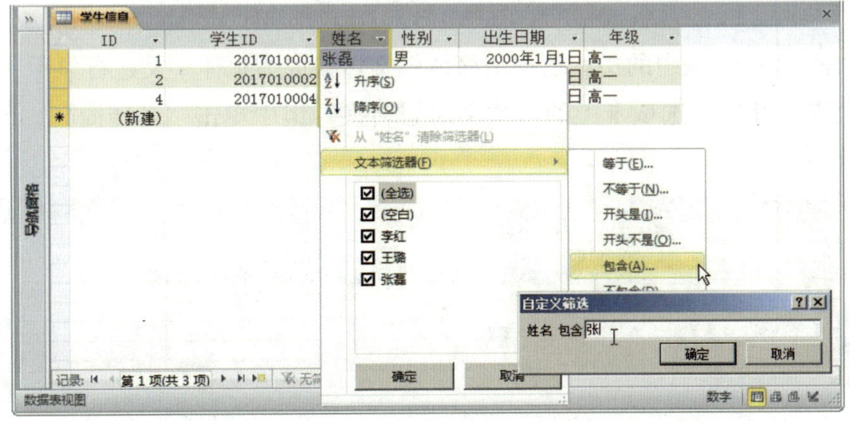


图 2-124 在弹出的“自定义筛选”对话框中输入“张”

3）单击“确定”按钮，则在“学生信息”表中仅剩下一条记录显示，该记录符合筛选器的条件，即“姓名”包含“张”，如图 2-125 所示。

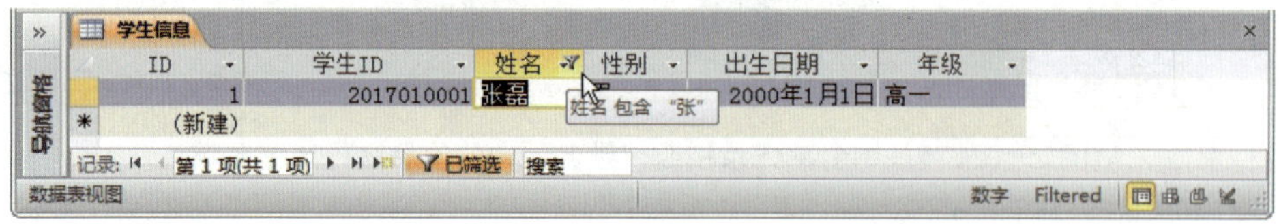


图 2-125　在“学生信息”表中仅显示符合筛选器条件的记录

（4）取消筛选

在“开始”选项卡上的“排序和筛选”组中单击“取消筛选”，则可以取消已经添加的“自定义筛选”，恢复筛选前的显示顺序，如图 2-126 所示。

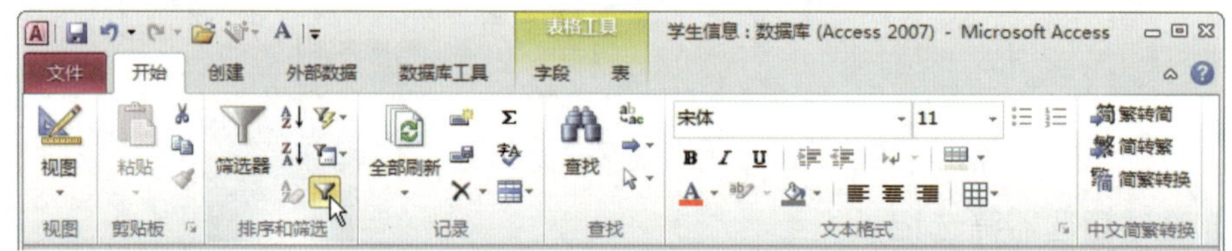


图 2-126　在“开始”选项卡上单击“取消筛选”

## 6. 中文简繁转换

（1）在“开始”选项卡上的“中文简繁转换”组中单击“简转繁”，如图 2-127 所示。

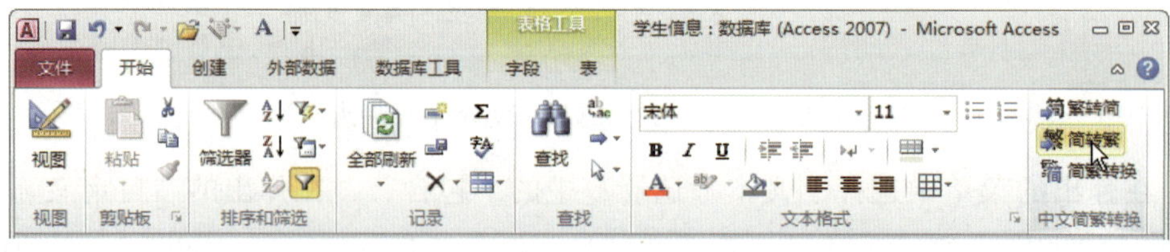


图 2-127　在“开始”选项卡上单击“简转繁”

（2）“学生信息”表中的文本数据由简体中文转换成为繁体中文进行显示，如图 2-128 所示。再次在“开始”选项卡上的“中文简繁转换”组中单击“繁转简”，即可恢复简体中文显示。

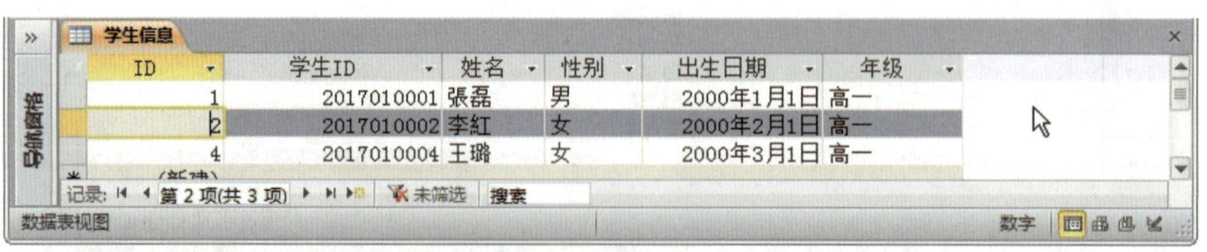


图 2-128　表中文本数据转换成为繁体中文进行显示

### 7. 设定主键

（1）切换到“设计视图”，在“学生信息”字段表中可见，字段“ID”前有个“钥匙”状图标，表明该字段为数据库表的主键，用于唯一标识每条记录，如图 2-129 所示。

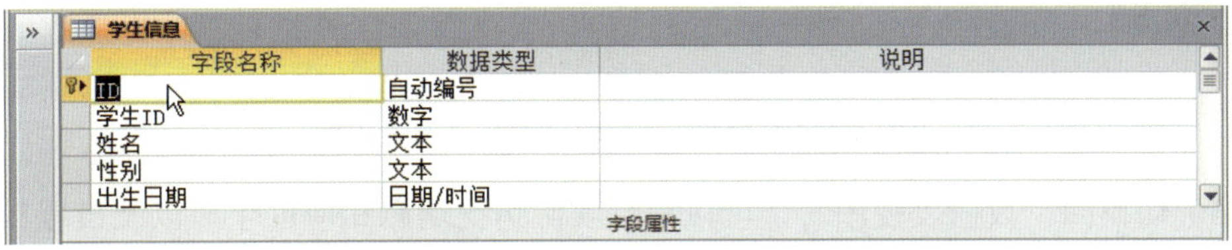

| 字段名称 | 数据类型 | 说明 |
| --- | --- | --- |
| ID | 自动编号 | |
| 学生ID | 数字 | |
| 姓名 | 文本 | |
| 性别 | 文本 | |
| 出生日期 | 日期/时间 | |

图 2-129　字段“ID”为“学生信息”表的主键

（2）在“设计”选项卡上的“工具”组中单击“主键”，如图 2-130 所示。

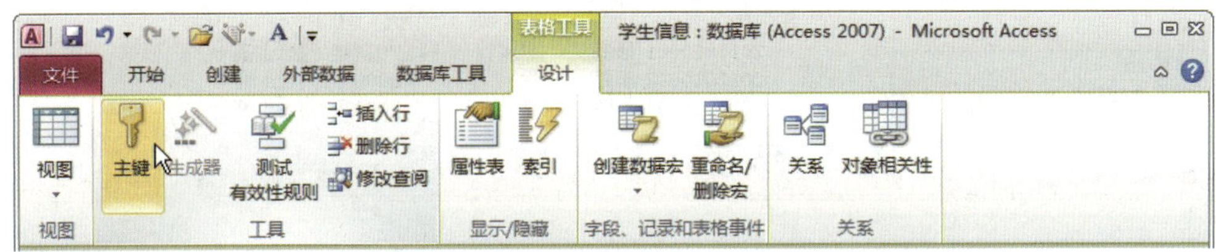


图 2-130　在“设计”选项卡上的“工具”组中单击“主键”

（3）由于字段“ID”已是主键，单击“主键”则取消了字段“ID”作为数据库表的主键的属性，该字段前原有的“钥匙”状图标消失，如图 2-131 所示。

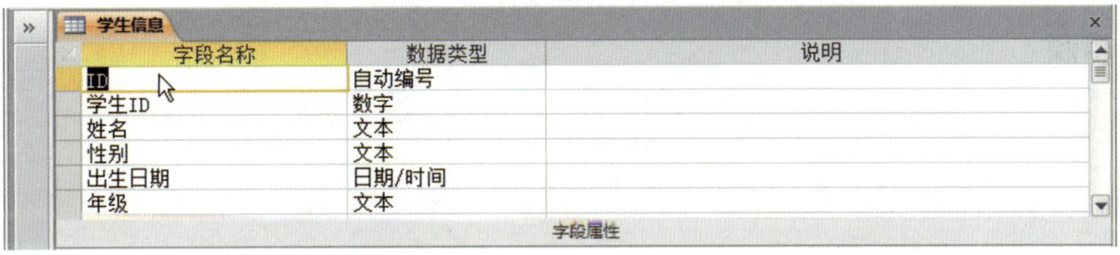

| 字段名称 | 数据类型 | 说明 |
| --- | --- | --- |
| ID | 自动编号 | |
| 学生ID | 数字 | |
| 姓名 | 文本 | |
| 性别 | 文本 | |
| 出生日期 | 日期/时间 | |
| 年级 | 文本 | |

图 2-131　取消字段“ID”作为“学生信息”表的主键的属性

（4）由于字段“ID”为系统字段，在“学生信息”表的设计中没有用处，因此，将其删除，然后右键单击“学生 ID”，选择“主键”，如图 2-132 所示。

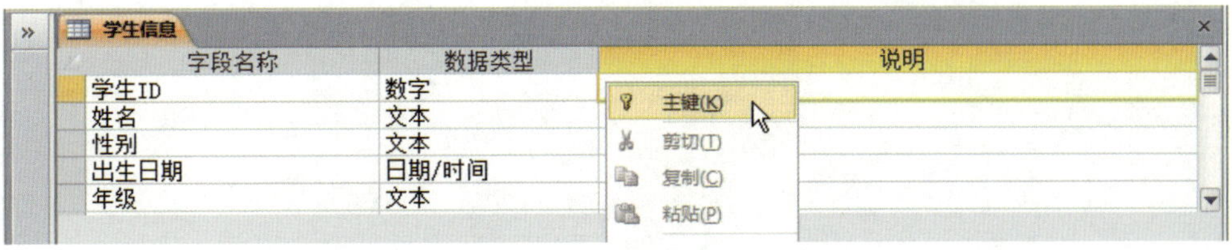

| 字段名称 | 数据类型 | 说明 |
| --- | --- | --- |
| 学生ID | 数字 | |
| 姓名 | 文本 | |
| 性别 | 文本 | |
| 出生日期 | 日期/时间 | |
| 年级 | 文本 | |

主键(K)
剪切(T)
复制(C)
粘贴(P)

图 2-132　右键单击“学生 ID”，选择“主键”

（5）字段“学生 ID”被设置为主键，该字段前显示“钥匙”状图标，如图 2-133 所示。

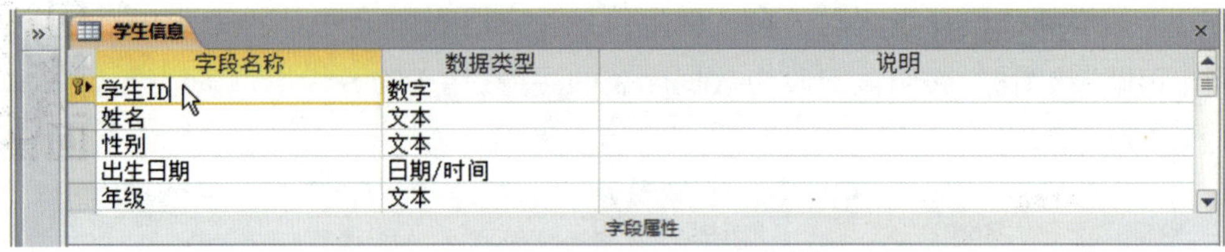


图 2-133　字段“学生 ID”被设置为主键

（6）切换回“数据表视图”，可以根据实际情况增删相应的字段以及设置其属性，并且通过手动输入或者通过导入 Excel 工作表来增加记录。这样，一个简单实用的“学生信息”数据库表就基本建立起来了，如图 2-134 所示。

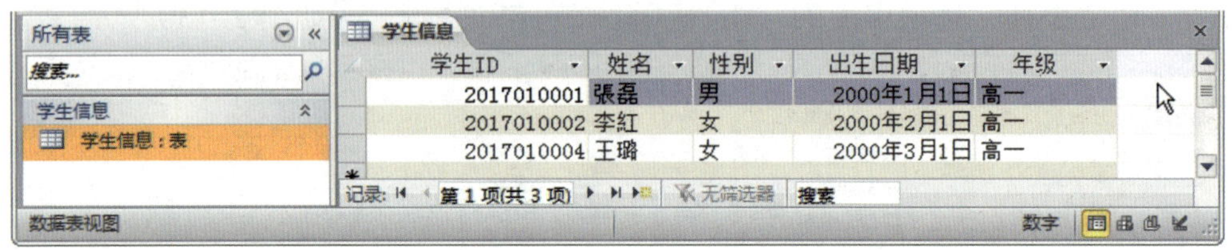


图 2-134　简单实用的“学生信息”表基本建立

本任务涉及的文件，可通过网站 http:// jg.class.com.cn 下载，位于软件资源包中“中文版 Access 2010 基础与实训 / 项目二 / 任务 2”。

# 项目三　查询及其应用

## 任务 1　创建学生信息简单查询

### 学习目标

1. 了解查询的基本功能。

2. 理解、区分查询的类型。

3. 理解结构化查询语言。

4. 掌握设计单表查询的方法。

### 任务描述

使用 Access 设计的“学生信息”数据库表创建完成，并且也录入了相关的数据，想要在这些数据中查找特定的信息时，就要用到查询功能。

查询是对数据结果和数据操作的请求，利用查询可以实现以下功能：

1. 从表中检索数据、执行计算、合并不同表中的数据。

2. 从表中添加、更改或删除数据。

3. 为窗体或报表提供数据。

本任务的内容是在学生信息表中实现学生信息的简单查询，通过实际体验和总结解决如下问题：

1. 常用的查询分为哪些类型，分别能完成哪些查询功能。

2. 如何创建简单的查询，在“学生信息”数据库表中查找特定的信息。

3. 理解有关结构化查询语言的基本语法，为设计较为复杂的查询做好准备。

### 1. 查询类型

数据库表创建后，可以创建查询来检索或操作数据。简单的数据库（如学生信息）可能仅使用一个简单查询，复杂的数据库会使用多个复杂查询。

按照查询是否更改数据库表的数据来进行区分，不更改数据库表数据的查询称为选择查询，更改数据库表数据的查询称为操作查询。

（1）选择查询

按照所涉及数据库表的数目不同，选择查询分为以下两类：

1）单表查询，只涉及一个数据库表的选择查询。

2）多表查询，涉及多个数据库表的选择查询。

（2）单表查询

按照功能的不同，单表查询主要分为以下三类：

1）简单查询，在数据库表中对若干字段进行查询。

2）交叉表查询，在数据库表中对若干字段进行汇总计算。

3）查找重复项查询，在数据库表中对若干字段进行重复项查找。

（3）多表查询

按照功能的不同，多表查询主要分为以下两类：

1）查找不匹配项查询，在两个数据库表中对若干字段进行不匹配项查找。

2）多表条件查询，在多个数据库表中对若干字段进行条件查询。

（4）操作查询

按照对数据库表数据所做操作的不同，操作查询分为以下两类：

1）“生成表”查询，使查询将数据结果保存到新的表中。

2）“追加”查询，使查询将新的记录添加到原有表中。

3）“更新”查询，使查询将新的记录更新到原有表中。

4）“删除”查询，使查询将与条件匹配的记录从原有表中删除。

### 2. 结构化查询语言

结构化查询语言（SQL，Structured Query Language）包含定义、操纵和查询三个部分，是一套发展得非常成熟的数据库操纵语言。

虽然大多数情况下，人们用它来进行条件查询工作，但实际上它几乎可以做任何有关数据库操作的事情。如通过程序来生成一个表或删除一个表，还可用它来插入、更新、删除表中的一条或多条记录等。

SQL 有两种使用方法：一种是与用户交互的方式联机使用，称为交互式 SQL，如 Access 2010；另一种是作为子语言嵌入到其他语言中使用，称为宿主型 SQL，如 Microsoft Visual Basic 等，适用于程序设计人员用高级语言编写应用程序与数据库打交道，嵌入到主语言中。

### 3. 数据定义

SQL 的数据定义功能是指定义数据库表结构，包括定义、扩充和删除数据库表。

（1）定义数据库表

命令格式：CREATE TABLE 数据库表名 [ 字段名 1　数据类型 ( 字段大小 )　PRIMARY KEY, 字段名 2　数据类型（字段大小）,…];

命令功能：用于创建一个新的数据库表。

参数说明：数据库表结构的描述放在括号内，字段与数据类型之间也要有空格，各个字段之间用逗号分开，对系统默认的字段宽度可以省略，可以用“PRIMARY KEY”定义该字段为数据库表的主键。

注意事项：要创建的新数据库表名与原有数据库表名不允许重名。

SQL 例 1：创建一个“学生信息副本”数据库表，字段包括“学生 ID”“姓名”“性别”“出生日期”　“民族”和“年级”，其中“学生 ID”为主键。

对应的 SQL 语句为：

```
CREATE TABLE 学生信息副本 ( 学生 ID TEXT(10) PRIMARY KEY，姓名 TEXT(10)，性别 TEXT(2)，出生日期 DATETIME，民族 TEXT(10)，年级 TEXT(10));
```

（2）修改数据库表

命令格式：

1）ALTER TABLE 数据库表名　ADD COLUMN 字段名　数据类型 ( 字段大小 );

2）ALTER TABLE 数据库表名　ALTER COLUMN 字段名　数据类型 ( 字段大小 );

命令功能：对已有的数据库表添加新的字段或修改已有字段。

参数说明: ADD COLUMN 用于添加一个新的字段, ALTER COLUMN 用于修改已有字段。

注意事项：要添加的新字段与原有字段不允许重名，要修改的字段必须在数据库表中存在。

SQL 例 2：在“学生信息副本”表中新增加一个字段“籍贯”。

对应的 SQL 语句为：

```
ALTER TABLE 学生信息副本 ADD COLUMN 籍贯 TEXT(20);
```

SQL 例 3：在“学生信息副本”表中将原有字段“学生 ID”的数据类型改为“INTEGER”。

对应的 SQL 语句为：

```
ALTER TABLE 学生信息副本 ALTER COLUMN 学生 IDINTEGER;
```

（3）删除数据库表

命令格式：DROP TABLE 数据库表名；

命令功能：把指定的数据库表从数据库中删除。

参数说明：数据库表名必须给出全名。

注意事项：删除数据库表时必须先将该数据库表关闭。

SQL 例 4：删除“学生信息副本”数据库表。

对应的 SQL 语句为：

```
DROP TABLE 学生信息副本；
```

### 4. 数据操纵

数据定义 SQL 命令只对表的结构进行描述，并未涉及表中的数据。数据操纵是指对表中的数据进行增加、删除和修改操作。

（1）添加数据

命令格式：INSERT INTO 数据库表名 ( 字段名 1, 字段名 2,…) VALUES (" 值 1"," 值 2",…);

命令功能：在数据库表尾追加一条指定字段值的记录。

参数说明：若省略字段名，则必须按照数据库表结构定义的顺序来指定字段值。

注意事项：若指定的数据库表没有打开，则 Access 2010 在后台以独占方式打开该表，然后再把新记录追加到数据库表中。若所指定的数据库表是打开的，INSERT 命令将把新记录直接追加到这个表中。

SQL 例 5：向“学生信息副本”表中追加一条记录。

对应的 SQL 语句为：

```
INSERT INTO 学生信息副本 ( 学生 ID, 姓名 , 性别 , 出生日期 , 民族 , 年级 , 籍贯 ) VALUES("2017010001"," 张磊 "," 男 ","2000-01-01"," 汉族 "," 高一 "," 北京海淀 ");
```

（2）修改数据

命令格式：UPDATE 数据库表名 SET 字段 1=" 值 1", 字段 2=" 值 2",… WHERE 条件；

命令功能：以新值更新数据库表中的记录。WHERE 字句用于限定条件，对满足条件的记录予以更新，若省略 WHERE 字句则对所有记录更新为相同的值。

注意事项：该命令只能用于更新单个表中的数据。

SQL 例 6：将“学生信息副本”表中“学生 ID”等于“2017010001”的记录的“年级”修改为“高三”。

对应的 SQL 语句为：

```
UPDATE 学生信息副本 SET 年级 =" 高三 " where 学生 ID=2017010001;
```

（3）删除数据

命令格式：DELETE FROM 数据库表名 WHERE 条件；

命令功能：删除满足条件的记录。

注意事项：删除时必须以记录为单位，而不能以字段为单位。

SQL例 7：将“学生信息副本”表中“学生 ID”等于“2017010001”的记录删除。

对应的 SQL 语句为：

```
DELETE FROM 学生信息副本 WHERE 学生 ID=2017010001;
```

**5. 数据查询**

SQL 查询语句一般称为 SQL-Select 命令，基本形式是 SELECT…FROM…WHERE 查询模块，多个查询模块允许嵌套。

SQL 查询可以很方便地从一个或多个表中检索数据，查询是高度非过程化的，用户只需说明“做什么”，而不必指出“如何做”。SQL 查询的基本格式如下：

SELECT 字段名 1, 字段名 2,… FROM 数据库表名 1, 数据库表名 2,… WHERE 条件；

（1）SELECT 子句指出此查询的目标，一般为逗号分开的字段名。可以用“*”表示查询全部字段。

（2）FROM 子句指出此查询涉及的所有数据库表。（3）WHERE 子句指出此查询目标必须满足的条件。该子句也可以省略。

按照 SQL 查询的结构和功能来进行区分：

（1）只包含一个查询模块，且查询只涉及一个数据库表，则称为简单查询。

（2）只包含一个查询模块，但查询涉及多个数据库表，则称为联接查询。

（3）包含多个查询模块，查询涉及一个或多个数据库表，则称为嵌套查询。

**6. 简单查询**

简单查询是最基本，同时也是最常用的查询。

SQL例 8：在“学生信息”数据库表中查询“性别”为“男”的学生的“姓名”。

对应的 SQL 语句为：

```
SELECT 姓名 FROM 学生信息 WHERE 性别 =" 男 ";
```

SQL例 9：在“学生信息”数据库表中查询“性别”为“男”的学生全部信息。

对应的 SQL 语句为：

```
SELECT * FROM 学生信息 WHERE 性别 =" 男 ";
```

（1）使用 DISTINCT

SELECT 子句中可用 DISTINCT 去掉查询结果中的重复记录。

系统默认为 ALL，即输出所有记录。

SQL例 10：在“学生信息”数据库表中查询所有的“民族”类别。

对应的 SQL 语句为：

```
SELECT 民族 FROM 学生信息；
```

SQL 例 11：在“学生信息”数据库表中查询不包含重复记录的“民族”类别。

对应的 SQL 语句为：

```
SELECT DISTINCT 民族 FROM 学生信息；
```

（2）使用 ORDER BY

ORDER BY 子句可用于对查询结果排序。排序关键字一般为字段名。

ASC（ascending）表示升序，DESC（descending）表示降序，并允许多重排序。若缺省 ORDER BY 子句，排序关键字默认按升序排序。

SQL 例 12：在“学生成绩”数据库表中查询“科目”为“数学”的学生成绩全部信息，并且按照分数从高到低降序排列。

对应的 SQL 语句为：

```
SELECT * FROM 学生成绩 WHERE 科目＝"数学" ORDER BY 分数 DESC;
```

（3）使用 Between

在 WHERE 子句中，条件可用 Between…And…表示二者之间。

SQL 例 13：在“学生成绩”数据库表中查询“分数”在“95”和“100”之间的学生成绩全部信息，并且按照分数从高到低降序排列。

对应的 SQL 语句为：

```
SELECT * FROM 学生成绩 WHERE 分数 Between 95 And 100 ORDER BY 分数 DESC;
```

（4）使用 In

在 WHERE 子句中，条件可以用 in 表示包含在其后面括号指定的集合中。括号内的元素可以直接列出，也可以是一个子查询模块的查询结果（在嵌套查询中介绍）。

SQL 例 14：在“学生成绩”数据库表中查询“分数”在集合（“93”“95”“96”）中的学生成绩全部信息，并且按照分数从高到低降序排列。

对应的 SQL 语句为：

```
SELECT * FROM 学生成绩 WHERE 分数 In（93,95,96）ORDER BY 分数 DESC;
```

SQL 例 15：在“学生信息”数据库表中查询民族不是汉族中的学生的全部信息，即查询“少数民族”学生的全部信息。

对应的 SQL 语句为：

```
SELECT * FROM 学生信息 WHERE 民族 Not In("汉族");
```

（5）使用 Like 及通配符

在 WHERE 子句中，可以用 Like 指出字符串模式匹配，其后面是字符串常量，其中还可使用两个通配符“?”“*”，问号“?”代表一个字符，星号“*”代表任意多个字符。

SQL 例 16：在“学生信息”数据库表中查询“籍贯”在“北京”的学生的全部信息。

对应的 SQL 语句为：

```
SELECT * FROM 学生信息 WHERE 籍贯 Like "北京 *";
```

（6）为查询结果指定临时列名

查询结果的列名一般为存在的字段名，为了方便提示，SQL 允许自定义一个新的列名，列名的命名与字段名的命名规则相同，该列表达式与列名之间用 AS 隔开。

例 17：在“学生信息”数据库表中查询学生的信息，包括“学生 ID”“姓名”和“出生日期”，并且利用“当前年份”与“出生年份”之差作为“年龄”字段显示。

对应的 SQL 语句为：

```
SELECT 学生 ID, 姓名 , 出生日期 ,(Format(Date( ),"yyyy")-Format([ 出生日期 ], "yyyy")) AS 年龄 FROM 学生信息 ;
```

（7）为数据库表指定临时别名

如果查询在同一数据库表中检索多次或者查询涉及多个数据库表，就必须引入别名。自行定义的别名只需在 FROM 子句中给出，并在 SELECT 和 WHERE 子句中用别名字段加以限定。

例 18：在“学生成绩”数据库表中查询“语文”和“数学”的分数都不少于 94 分的学生的成绩信息，包括“学生 ID”“语文”“语文”的“分数”“数学”“数学”的“分数”，并利用此两门科目成绩之和作为“总分”字段显示，并且按照“总分”分数从高到低降序排列。

对应的 SQL 语句为：

```
SELECT x. 学生 ID,x. 科目 ,x. 分数 ,y. 科目 ,y. 分数 ,(x. 分数 + y. 分数 ) AS 总分 FROM 学生成绩 x, 学生成绩 y WHERE(x. 分数 >=94) And (y. 分数 >=94) And (x. 学生 ID=y. 学生 ID) And (x. 科目 =" 语文 ") And (y. 科目 =" 数学 ") ORDER BY (x. 分数 +y. 分数 ) DESC;
```

### 7. 联接查询

简单查询只涉及一个数据库表，如果查询涉及多个数据库表，就要进行联接查询。由于 SQL 是高度非过程化的，所以只需在 FROM 子句中指出各个数据库表的名称，在 WHERE 子句中指出联接条件即可，联接查询由系统去完成。

例 19：在“学生信息”数据库表和“学生成绩”数据库表中联接查询女同学的学生信息和成绩信息，包括“学生 ID”“姓名”“性别”“科目”和“分数”，并且按照“学生 ID”从低到高升序排列，以及按照分数从高到低降序排列。

对应的 SQL 语句为：

```
SELECT x. 学生 ID,x. 姓名 ,x. 性别 ,y. 科目 ,y. 分数 from 学生信息 x, 学生成绩 y WHERE (x. 学生 ID=y. 学生 ID) AND (x. 性别 =" 女 ") ORDER BY x. 学生 ID ASC,y. 分数 DESC;
```

### 8. 嵌套查询

嵌套查询是指在 SELECT…FROM…WHERE 查询模块内部再嵌入另一个称为子查询的查询模块。由于 ORDER BY 子句是对最终查询结果按序输出，因此它不能出现在子查询中。

在嵌套查询中，WHERE 子句的条件常用到 In。由于查询的外层用到内层的查询结果，用户事先并不知道内层结果，这里 In 就不能用多个 Or 来替代。

SQL 例 20：在“学生成绩”数据库表中查询全部成绩信息，条件为“学生 ID”等于在“学生信息”数据库表查找“高二”的“少数民族”的“女”同学的“学生 ID”，并且按照“学生 ID”从低到高升序排列，以及按照分数从高到低降序排列。

对应的 SQL 语句为：

```
SELECT * FROM 学生成绩 y WHERE 学生 ID In (SELECT 学生 ID FROM 学生信息 WHERE ( 年级 =" 高二 ") And ( 性别 =" 女 ") And ( 民族 Not In (" 汉族 ")) ORDER BY 学生 ID ASC, 分数 DESC;
```

## 实践操作

### 1. 准备数据

在使用查询功能之前，应准备相对丰富的测试数据，以便使用。

（1）学生信息

在数据库“学生信息 .accdb”中创建“学生信息”数据库表，包含以下字段及其数据类型：

1）学生 ID：数字类型，常规数字格式；主键。

2）姓名、性别、民族、籍贯、年级：文本类型。

3）出生日期：日期 / 时间类型，长日期格式。

“学生信息”数据库表的测试数据如图 3-1 所示。

（2）学生成绩

在数据库“学生信息 .accdb”中创建“学生成绩”数据库表，包含以下字段及其数据类型：

1）学生 ID：数字类型，常规数字格式；联合主键。

2）科目：文本类型；联合主键。

3）考试日期：日期 / 时间类型，长日期格式。

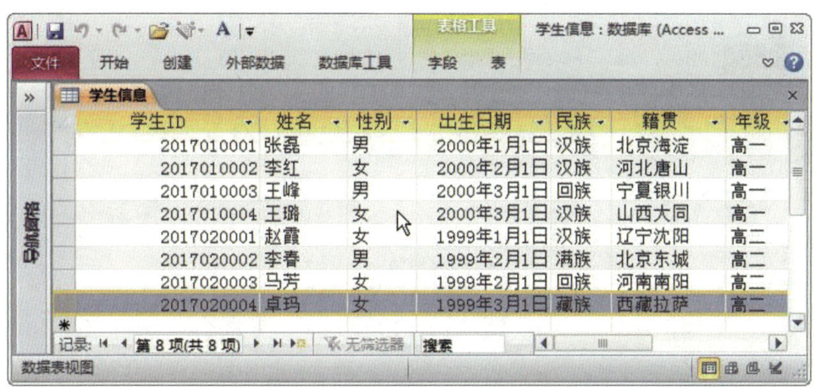

| 学生ID | 姓名 | 性别 | 出生日期 | 民族 | 籍贯 | 年级 |
|---|---|---|---|---|---|---|
| 2017010001 | 张磊 | 男 | 2000年1月1日 | 汉族 | 北京海淀 | 高一 |
| 2017010002 | 李红 | 女 | 2000年2月1日 | 汉族 | 河北唐山 | 高一 |
| 2017010003 | 王峰 | 男 | 2000年3月1日 | 回族 | 宁夏银川 | 高一 |
| 2017010004 | 王璐 | 女 | 2000年3月1日 | 汉族 | 山西大同 | 高一 |
| 2017020001 | 赵霞 | 女 | 1999年1月1日 | 汉族 | 辽宁沈阳 | 高二 |
| 2017020002 | 李春 | 男 | 1999年2月1日 | 满族 | 北京东城 | 高二 |
| 2017020003 | 马芳 | 女 | 1999年2月1日 | 回族 | 河南南阳 | 高二 |
| 2017020004 | 卓玛 | 女 | 1999年3月1日 | 藏族 | 西藏拉萨 | 高二 |

图 3-1　“学生信息”数据库表

4）场次：文本类型。

5）分数：数字类型，固定格式。

“学生成绩”数据库表的测试数据如图 3-2 所示。

| 学生ID | 科目 | 考试日期 | 场次 | 分数 |
|---|---|---|---|---|
| 2017010001 | 数学 | 2017年12月29日 | 上午 | 94.00 |
| 2017010001 | 语文 | 2017年12月30日 | 上午 | 91.00 |
| 2017010002 | 数学 | 2017年12月29日 | 上午 | 92.00 |
| 2017010002 | 语文 | 2017年12月30日 | 上午 | 93.00 |
| 2017010003 | 数学 | 2017年12月29日 | 上午 | 94.00 |
| 2017010003 | 语文 | 2017年12月30日 | 上午 | 92.00 |
| 2017010004 | 数学 | 2017年12月29日 | 上午 | 95.00 |
| 2017010004 | 语文 | 2017年12月30日 | 上午 | 97.00 |
| 2017020001 | 数学 | 2017年12月29日 | 下午 | 97.00 |
| 2017020001 | 语文 | 2017年12月30日 | 下午 | 98.00 |
| 2017020002 | 数学 | 2017年12月29日 | 下午 | 94.00 |
| 2017020002 | 语文 | 2017年12月30日 | 下午 | 94.00 |
| 2017020003 | 数学 | 2017年12月29日 | 下午 | 93.00 |
| 2017020003 | 语文 | 2017年12月30日 | 下午 | 92.00 |
| 2017020004 | 数学 | 2017年12月29日 | 下午 | 91.00 |
| 2017020004 | 语文 | 2017年12月30日 | 下午 | 96.00 |

图 3-2　“学生成绩”数据库表

### 2. 创建单表查询

（1）创建简单查询

1）打开数据库“学生信息.accdb”，在“创建”选项卡上单击“查询向导”，如图 3-3 所示。

2）弹出“新建查询”对话框，可以通过该对话框选择的查询向导类型包括“简单查询向导”“交叉表查询向导”“重复项查询向导”和“查找不匹配项查询向导”，这里选择“简单查询向导”，单击“确定”，如图 3-4 所示。

3）进入“简单查询向导”，在“表/查询”下拉菜单选择“表：学生信息”，如图 3-5 所示。

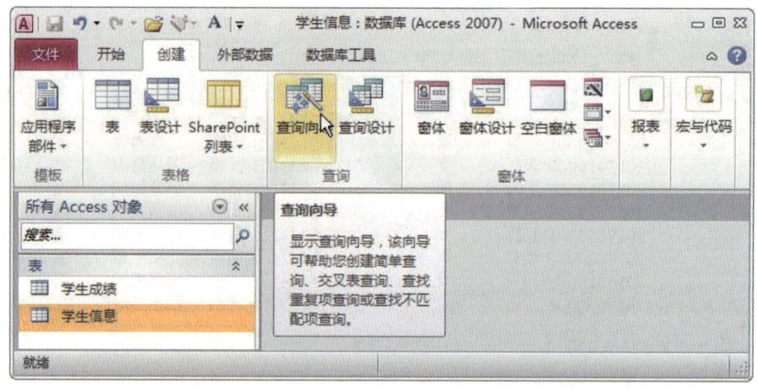

图 3-3　在“创建”选项卡上单击“查询向导”

图 3-4　选择“简单查询向导”

图 3-5　进入“简单查询向导”

4）在“简单查询向导”中，从“可用字段”列表中选择字段“学生 ID”“姓名”“性别”和“出生日期”，如图 3-6 所示。

5）单击“下一步”，在“简单查询向导”中为查询指定标题为“学生信息 简单查询”，并选择“打开查询查看信息”，单击“完成”，如图 3-7 所示。

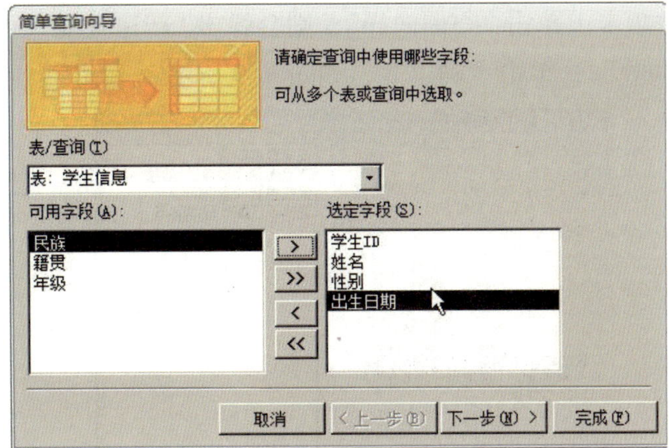


图 3-6 选择查询将要涉及的字段

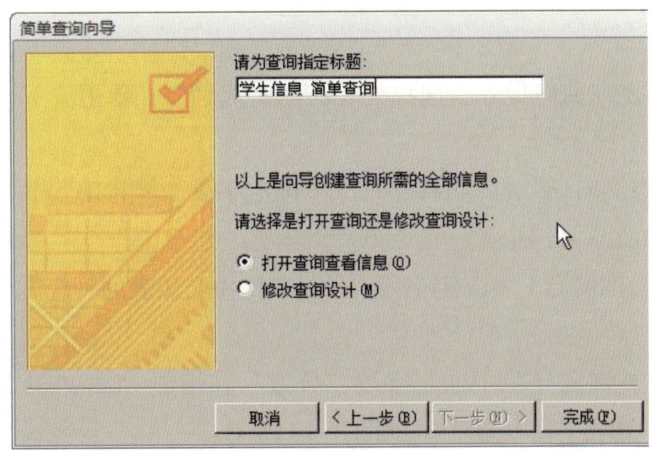


图 3-7 为查询指定标题为“学生信息简单查询”

6）“学生信息简单查询”随即在文档区域打开，显示查询的结果数据，在导航窗格中的“查询”组中出现了“学生信息 简单查询”标签，如图 3-8 所示。

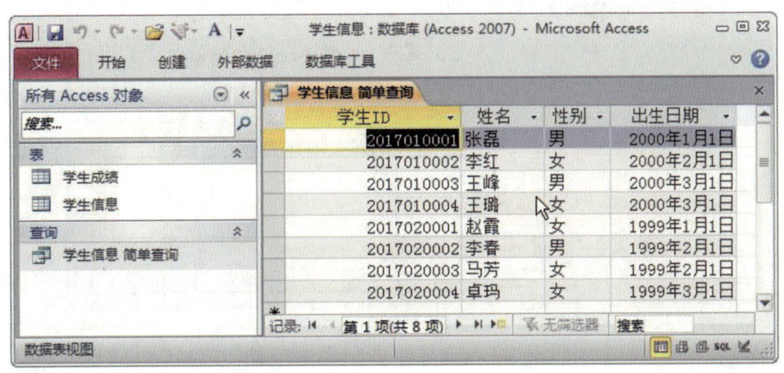


图 3-8 显示查询的结果数据

（2）创建交叉表查询

1）在“创建”选项卡上单击“查询向导”，则会弹出“新建查询”对话框，选择“交叉表查询向导”，单击“确定”，如图 3-9 所示。

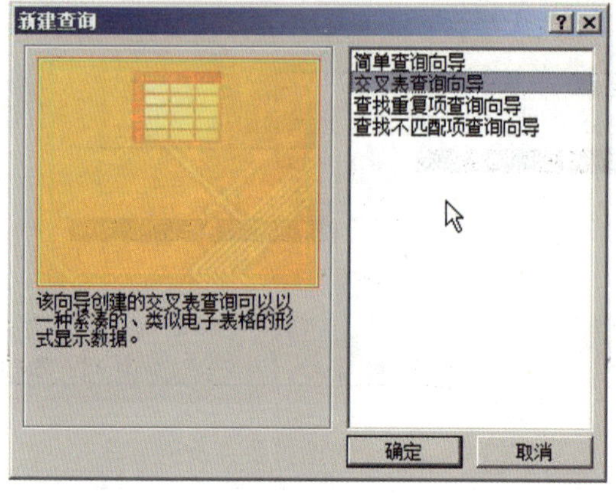


图 3-9　选择“交叉表查询向导”

2）进入“交叉表查询向导”，选择“表：学生成绩”，单击“下一步”，如图 3-10 所示。

3）在“交叉表查询向导”的“可用字段”中选定字段“学生 ID”作为交叉表的行标题，单击“下一步”，如图 3-11 所示。

4）在“交叉表查询向导”中选定字段“科目”作为交叉表的列标题，单击“下一步”，如图 3-12 所示。

5）在“交叉表查询向导”中选定字段“分数”和函数“Sum”（汇总）作为交叉表的交叉点计算公式，单击“下一步”，如图 3-13 所示。

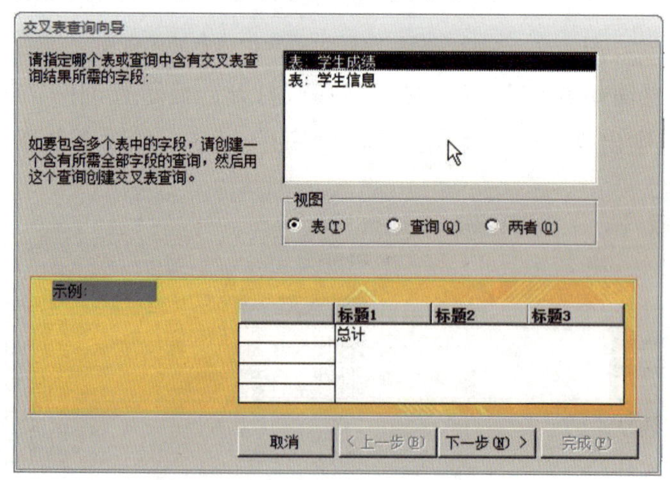


图 3-10　选择“表：学生成绩”

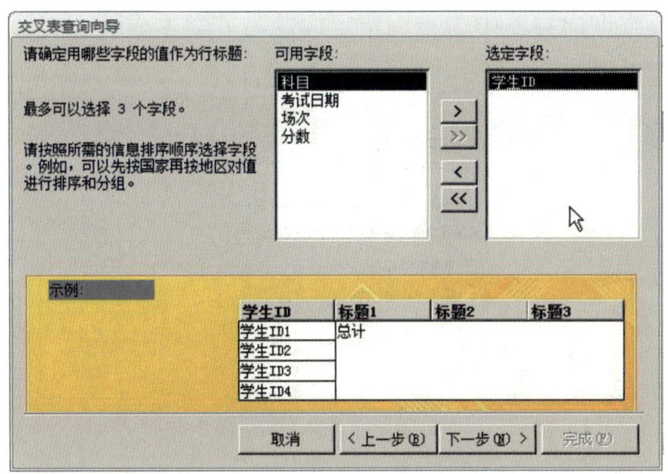


图 3-11　选择“学生 ID”作为交叉表的行标题

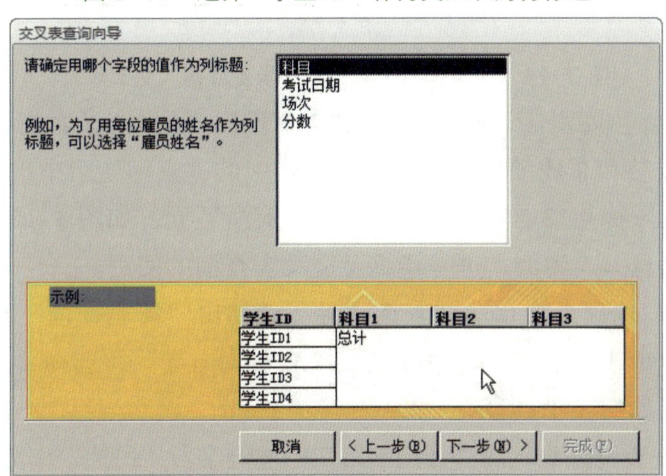


图 3-12　选择“科目”作为交叉表的列标题

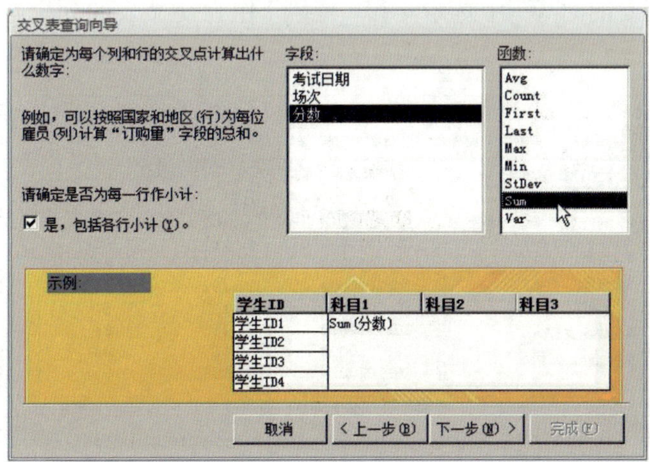


图 3-13　选择“分数”和“Sum”作为交叉表的交叉点计算公式

6）在“交叉表查询向导”中为查询指定标题为“学生成绩_交叉表”，并选择“查看查询”。单击“完成”，如图 3–14 所示。

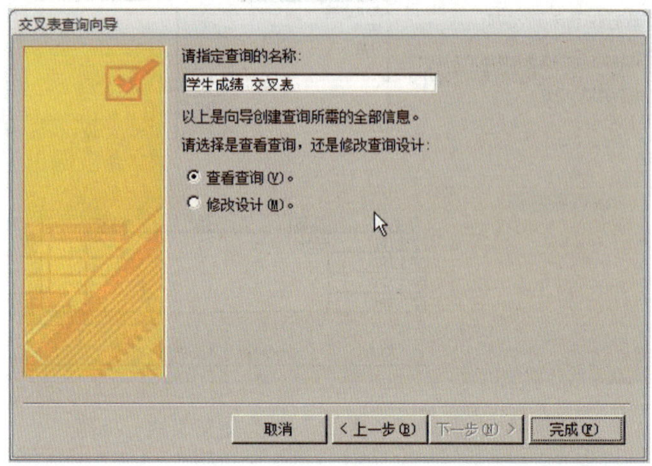


图 3–14 为查询指定标题为“学生成绩_交叉表”

7）“学生成绩_交叉表”随即在文档区域打开，显示交叉表查询的结果数据，即每个学生的单科成绩和总成绩信息。在导航窗格中的“查询”组中出现了“学生成绩_交叉表”标签，其图标与“学生信息简单查询”有所不同，如图 3–15 所示。

再以“学生信息”表为例，进一步练习交叉表查询的使用。

1）在“创建”选项卡上单击“查询向导”，弹出“新建查询”对话框，选择“交叉表查询向导”，单击“确定”，进入“交叉表查询向导”，选择“表：学生信息”，单击“下一步”，如图 3–16 所示。

2）在“交叉表查询向导”的“可用字段”中选定字段“民族”作为交叉表的行标题，单击“下一步”，如图 3–17 所示。

3）在“交叉表查询向导”中选定字段“性别”作为交叉表的列标题，单击“下一步”，如图 3–18 所示。

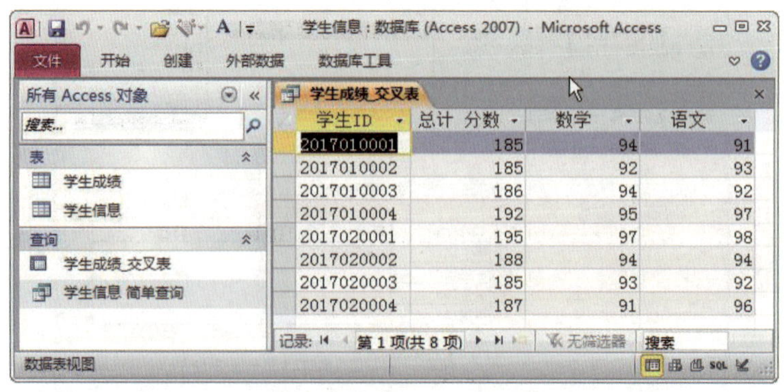


| 学生ID | 总计 分数 | 数学 | 语文 |
|---|---|---|---|
| 2017010001 | 185 | 94 | 91 |
| 2017010002 | 185 | 92 | 93 |
| 2017010003 | 186 | 94 | 92 |
| 2017010004 | 192 | 95 | 97 |
| 2017020001 | 195 | 97 | 98 |
| 2017020002 | 188 | 94 | 94 |
| 2017020003 | 185 | 93 | 92 |
| 2017020004 | 187 | 91 | 96 |

图 3–15 显示交叉表查询的结果数据

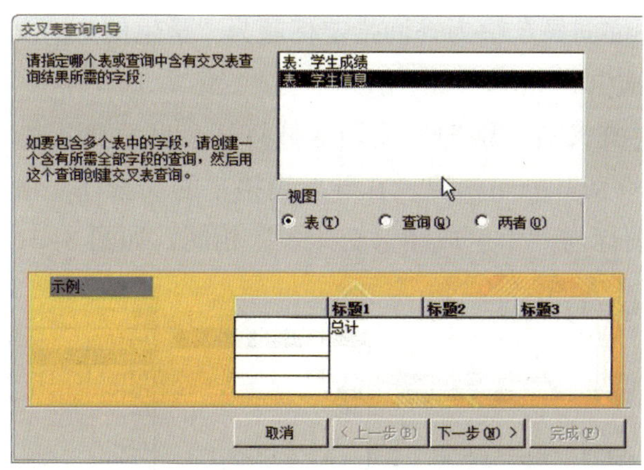


图 3-16　选择“表：学生信息”

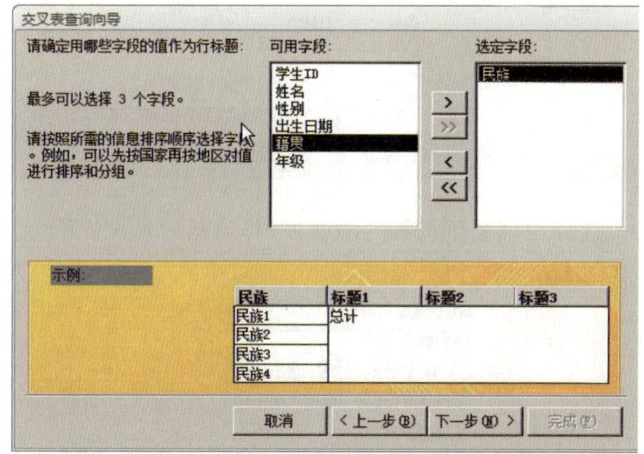


图 3-17　选择“民族”作为交叉表的行标题

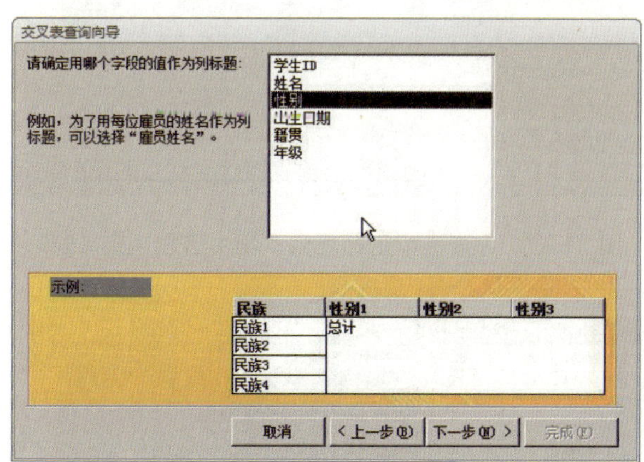


图 3-18　选择“性别”作为交叉表的列标题

4）在“交叉表查询向导”中选定字段“学生 ID”和函数“Count”（计数）作为交叉表的交叉点计算公式，单击“下一步”，如图 3-19 所示。

5）在“交叉表查询向导”中为查询指定标题为“学生信息 _ 交叉表”，并选择“查看查询”。单击“完成”，如图 3-20 所示。

6）“学生信息 _ 交叉表”随即在文档区域打开，显示交叉表查询的结果数据，即学生的“民族”和“性别”分布情况。在导航窗格中的“查询”组中出现了“学生信息 _ 交叉表”标签，其图标与“学生成绩 _ 交叉表”相同，如图 3-21 所示。

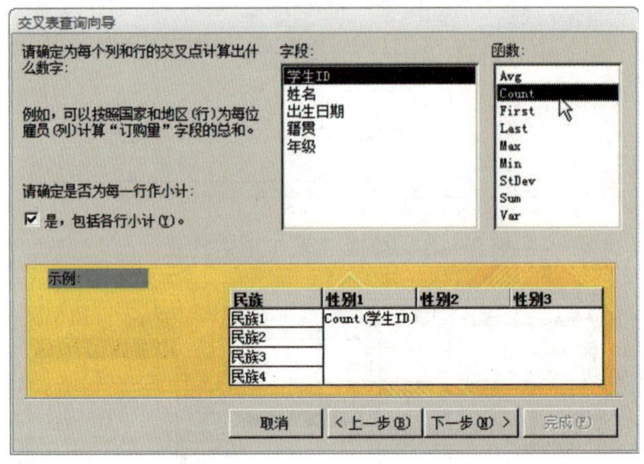


图 3-19　选择“学生 ID”和“Count”作为交叉表的交叉点计算公式

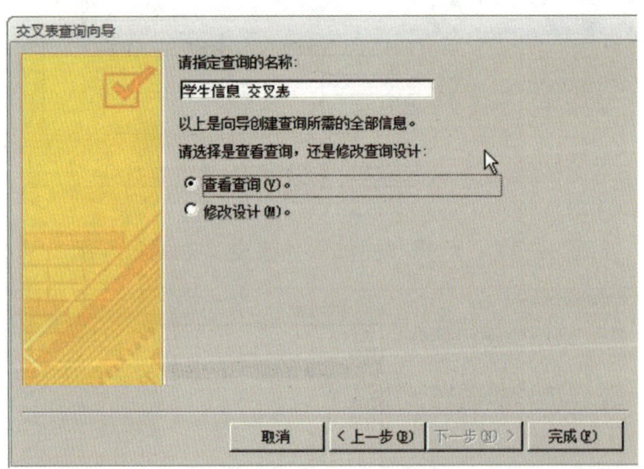


图 3-20　为查询指定标题为“学生信息 _ 交叉表”

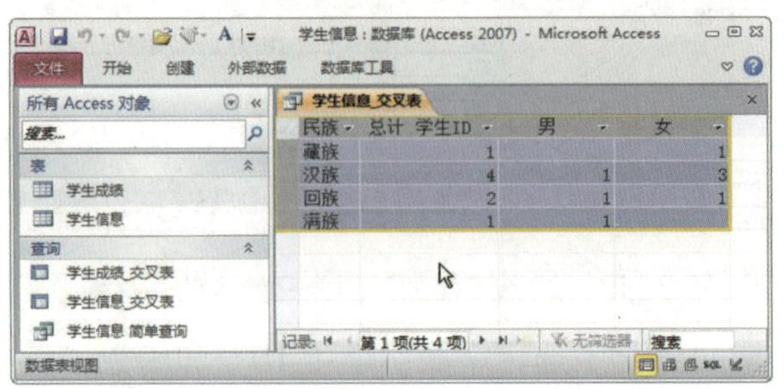


图 3-21　显示交叉表查询的结果数据

（3）创建查找重复项查询

1）在“创建”选项卡上单击“查询向导”，弹出“新建查询”对话框，选择“查找重复项查询向导”，单击“确定”，如图 3-22 所示。

2）进入“查找重复项查询向导”，选择“表：学生成绩”，单击“下一步”，如图 3-23 所示。

3）在“查找重复项查询向导”的“可用字段”中选定字段“分数”和“学生 ID”作为可能包含重复信息的字段，单击“下一步”，如图 3-24 所示。

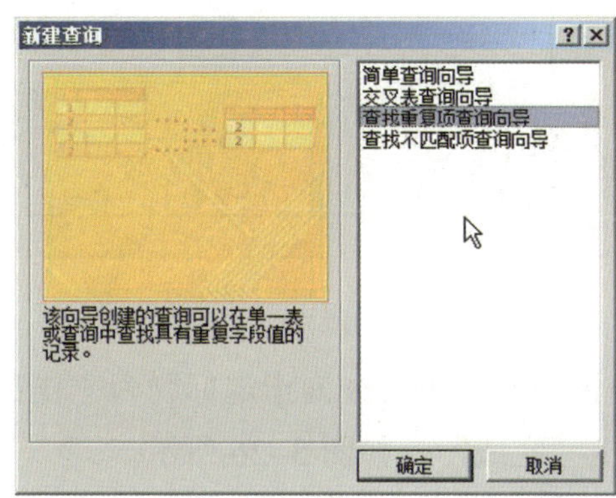


图 3-22　选择“查找重复项查询向导”

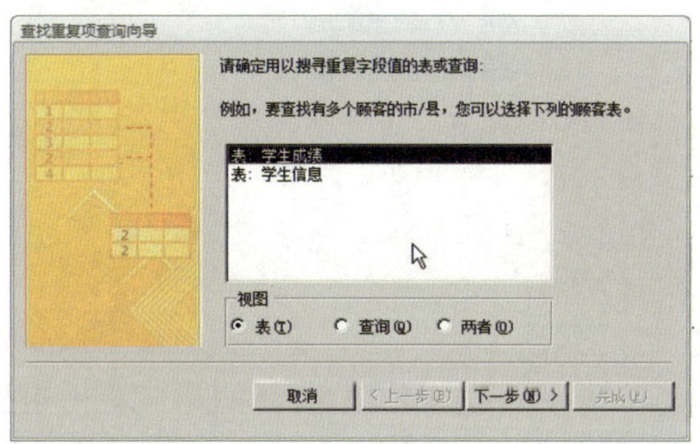


图 3-23　选择“表：学生成绩”

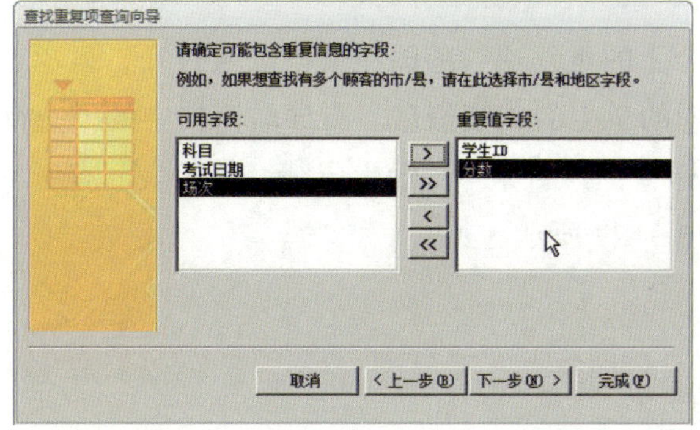


图 3-24　选择“分数”和“学生 ID”作为可能包含重复信息的字段

4)在“查找重复项查询向导”的“可用字段”中选定字段“科目”以显示其他相关信息，单击“下一步”，如图 3-25 所示。

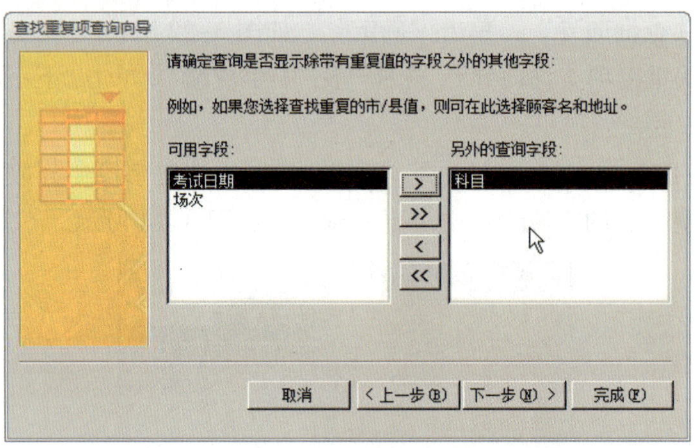


图 3-25　选择字段“科目”以显示其他相关信息

5）在“查找重复项查询向导”中为查询指定标题为“查找 学生成绩 的重复项”，并选择“查看结果”。单击“完成”，如图 3-26 所示。

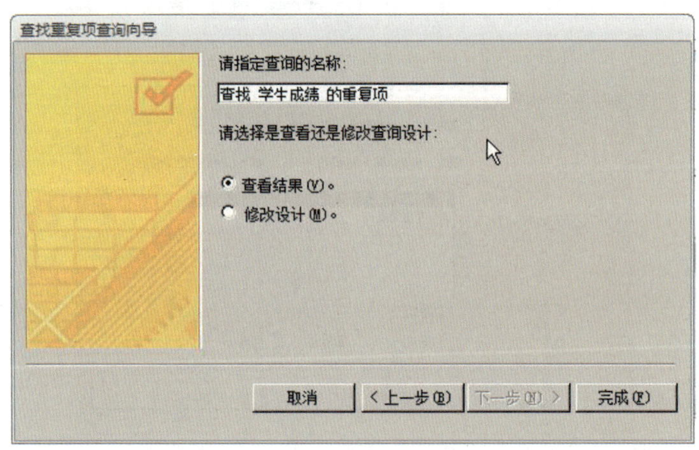


图 3-26　为查询指定标题为“查找学生成绩的重复项”

6）“查找 学生成绩 的重复项”随即在文档区域打开，显示查找重复项查询的结果数据，即各科分数相同的学生的成绩信息。在导航窗格中的“查询”组中出现了“查找 学生成绩 的重复项”标签，其图标与“学生成绩 _ 交叉表”有所不同，但与“学生信息简单查询”相同，如图 3-27 所示。

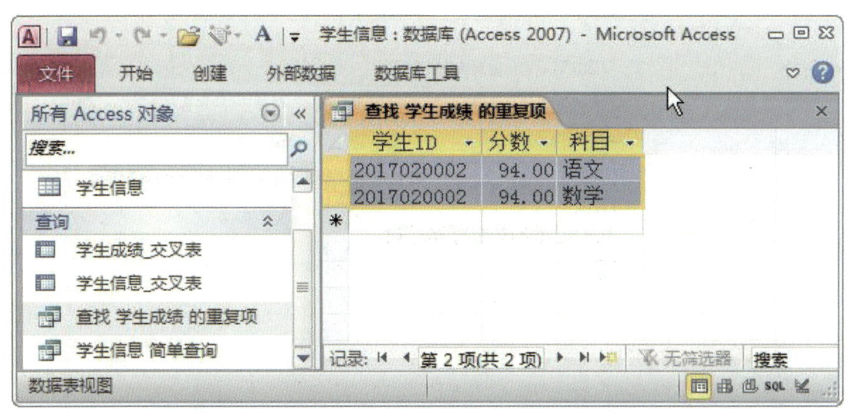


图 3-27 显示查找重复项查询的结果数据

再以“学生信息”表为例，进一步练习查找重复项查询的使用。

1）在“创建”选项卡上单击“查询向导”，则会弹出“新建查询”对话框，选择“查找重复项查询向导”，单击“确定”，进入“查找重复项查询向导”，选择“表：学生信息”，单击“下一步”，如图 3-28 所示。

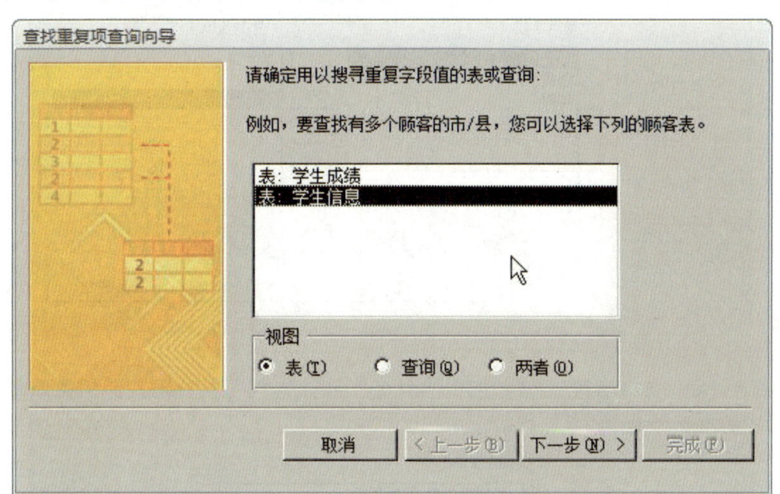


图 3-28 选择“表：学生信息”

2）在“查找重复项查询向导”的“可用字段”中选定字段“出生日期”作为可能包含重复信息的字段，单击“下一步”，如图 3-29 所示。

3）在“查找重复项查询向导”的“可用字段”中选定字段“学生 ID”“姓名”和“性别”以显示其他相关信息，单击“下一步”，如图 3-30 所示。

4）在“查找重复项查询向导”中为查询指定标题为“查找 学生信息 的重复项”，并选择“查看结果”。单击“完成”，如图 3-31 所示。

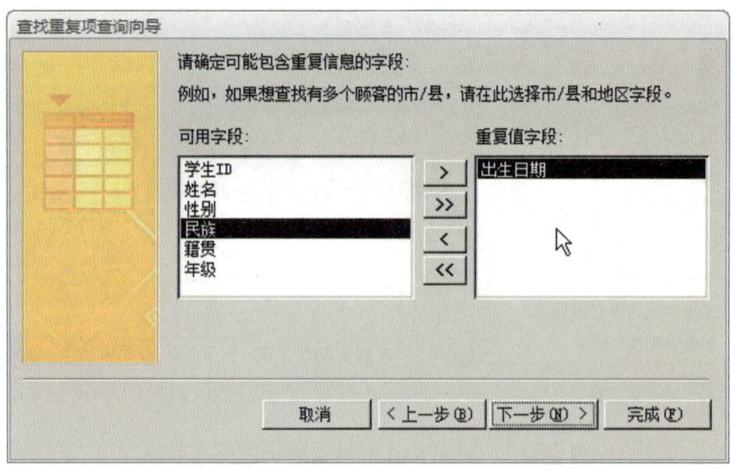


图 3-29　选择“出生日期”作为可能包含重复信息的字段

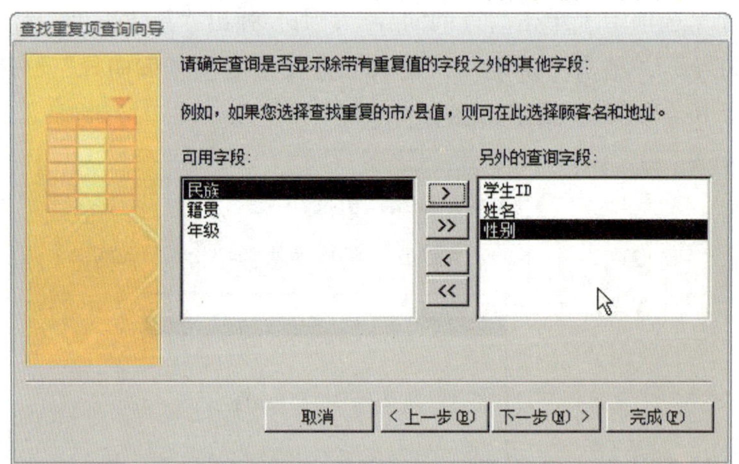


图 3-30　选择字段“学生 ID”“姓名”和“性别”以显示其他相关信息

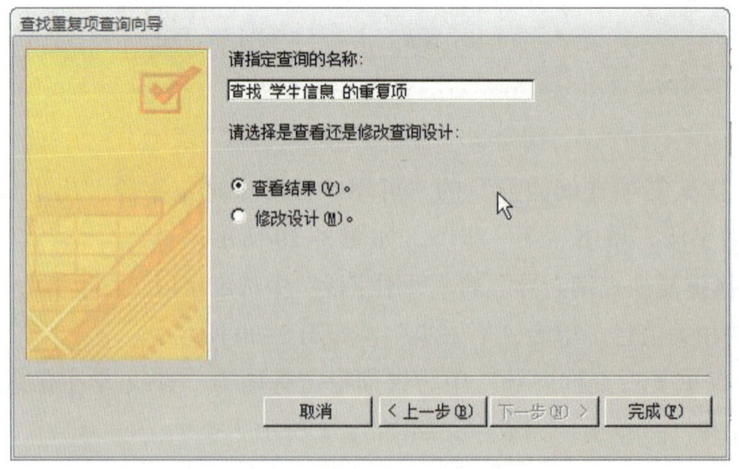


图 3-31　为查询指定标题为“查找 学生信息 的重复项”

5）“查找 学生信息 的重复项”随即在文档区域打开，显示查找重复项查询的结果数据，即出生日期相同的学生的信息。在导航窗格中的“查询”组中出现了“查找 学生信息 的重复项”标签，其图标与“查找 学生成绩 的重复项”相同，如图 3-32 所示。

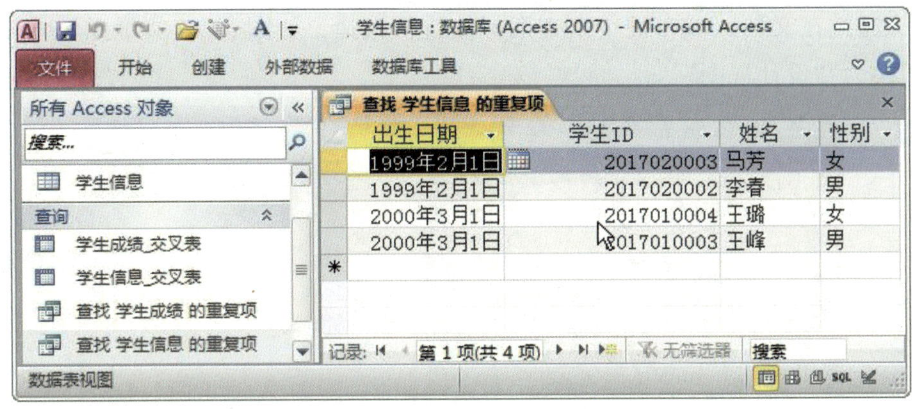


图 3-32　显示查找重复项查询的结果数据

### 3. 认识查询基本操作

对查询的基本操作主要包括以下内容，可参照项目二任务 1 中“表基本操作”进行练习。

（1）“打开查询”，显示查询的结果数据。

（2）“关闭查询”，关闭查询对象。

（3）“保存查询”，将对查询所做的修改保存到数据库中。

（4）“删除查询”，将查询从数据库中删除。

（5）“复制查询”，复制查询对象，以便粘贴到数据库中。

（6）“剪切查询”，复制查询对象，以便粘贴到数据库中，同时删除原有查询。

（7）“粘贴查询”，将复制的查询对象粘贴到数据库中。

（8）“重命名查询”，重新命名查询对象。

（9）“隐藏查询”，将查询对象在原有浏览组中隐藏显示。

（10）“查询属性”，查看或修改查询对象的属性信息。

### 4. 认识查询对象的视图

Access 2010 对于数据库查询对象的使用提供了五种不同的视图，即“数据表视图”“设计视图”“SQL 视图”“数据透视表视图”和“数据透视图视图”，选择不同的视图可以实现不同的操作和功能。

其中在设计查询时最常用的视图为“数据表视图”“SQL 视图”和“设计视图”，也是需要重点掌握的内容。

数据表视图是打开查询时的默认视图，在数据表视图中，可以显示查询的结果数据。

在 SQL 视图中，可以查看查询的 SQL 语句并进行修改。在设计视图中，可对查询进行可视化设计，常用于较为复杂的查询设计。

在不同视图间的切换的主要方法包括：

（1）通过在文档区域右键单击查询标签进行选择，如图 3-33 所示操作将“数据表视图”切换为“设计视图”。

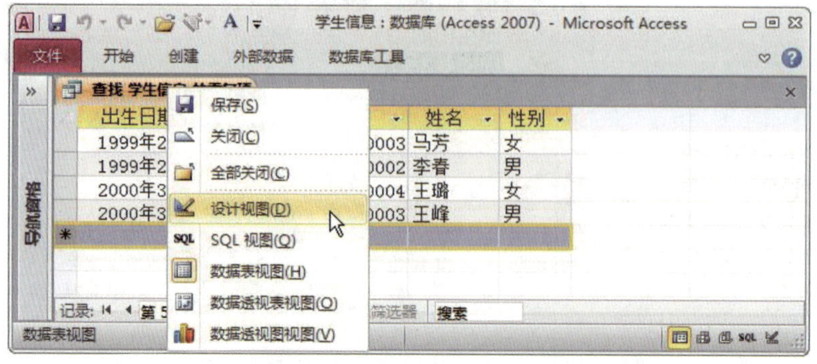


图 3-33　将“数据表视图”切换为“设计视图”

（2）通过在“开始”选项卡中的“视图”命令组进行选择，如图 3-34 所示操作将“设计视图”切换为“SQL 视图”。

（3）通过在程序状态栏最右侧的“视图”命令组进行选择，如图 3-35 所示操作将“SQL 视图”切换为“数据表视图”。

5. 使用 SQL 视图

SQL 视图是练习结构化查询语言的最佳场所，可以在此查看和修改原有查询设计的 SQL 语句，也可以在此创建和测试新的查询设计，还可以在此练习使用 SQL 语言。

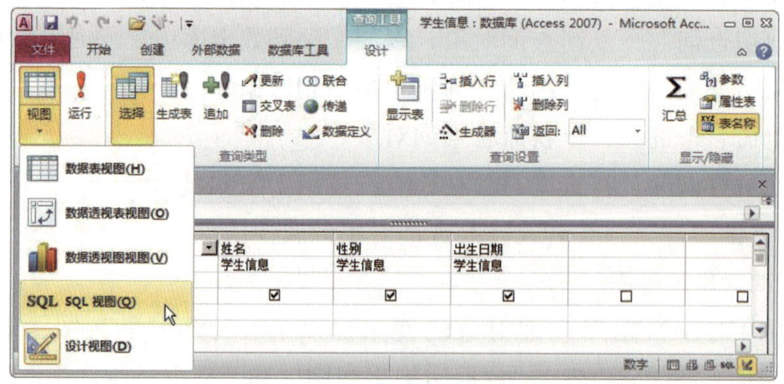


图 3-34　将“设计视图”切换为“SQL 视图”

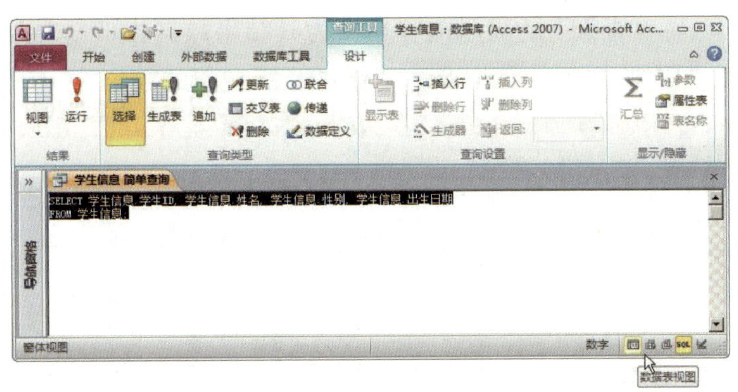

图 3-35 将“SQL 视图”切换为“数据表视图”

（1）查看和修改查询设计

1）打开数据库“学生信息 .accdb”，右键单击导航窗格中“学生信息 简单查询”标签，选择“打开”。

2）在文档区域右键单击查询标签，选择“SQL 视图”，“学生信息 简单查询”的显示内容切换为其 SQL 语句，如图 3-36 所示。

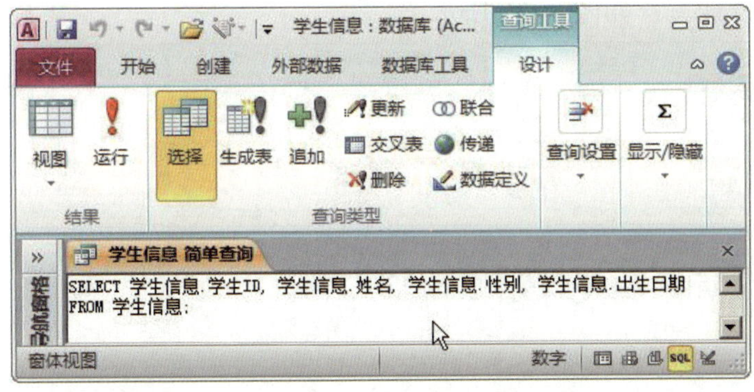


图 3-36 在“SQL 视图”中查看原有查询设计

3）将“学生信息 简单查询”的 SQL 语句稍做修改，如将“出生日期”改为“籍贯”，在“设计”选项卡上的“结果”组中单击“运行”，如图 3-37 所示。

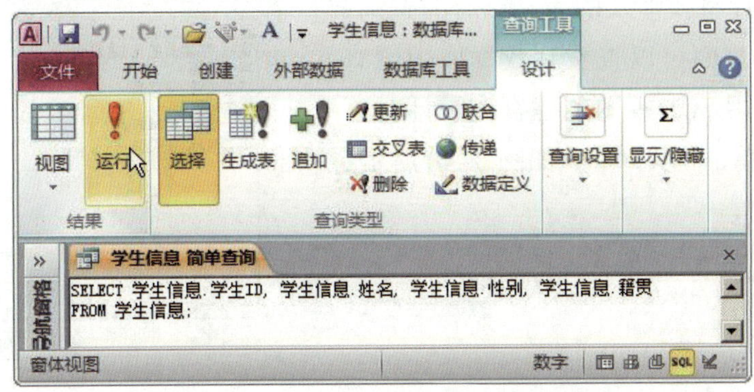


图 3-37 在“SQL 视图”中修改原有查询设计

4）“学生信息 简单查询”的显示内容切换为其结果数据，如图 3-38 所示，与图 3-8 相比较，“出生日期”所在列的数据变为“籍贯”所在列的数据。

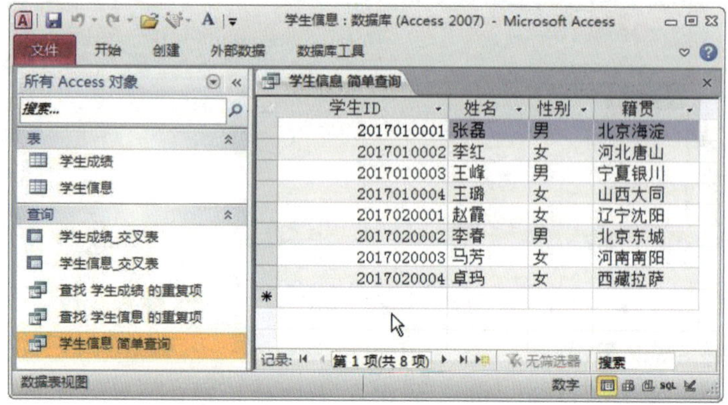


图 3-38　运行 SQL 语句显示结果数据

（2）创建和测试查询设计

1）打开数据库“学生信息 .accdb”，在“创建”选项卡上的“创建”组中单击“查询设计”，如图 3-39 所示。

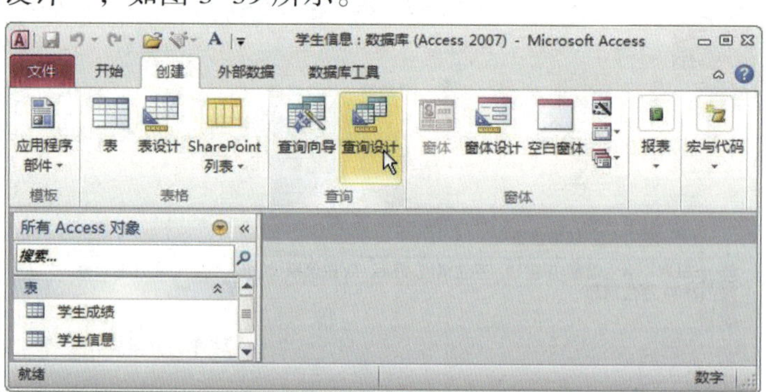


图 3-39　在“创建”选项卡上单击“查询设计”

2）弹出“显示表”对话框，可以通过该对话框选择查询设计将要涉及的表和已有的查询，在“两者都有”页面可以查看到数据库中已有的表和查询，使用 SQL 视图创建查询设计时可以不进行选择，单击“关闭”，如图 3-40 所示。

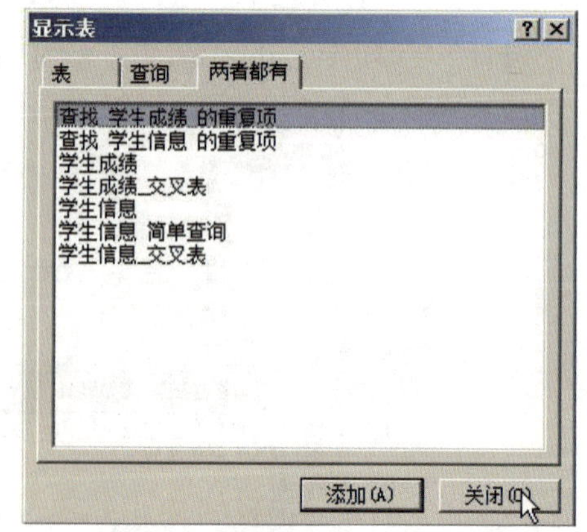


图 3-40　在“显示表”对话框中不进行选择

3）在文档区域右键单击新建的“查询 1”标签，选择“SQL 视图”，如图 3-41 所示。

4）将“相关知识”环节中“例 9”对应的 SQL 语句输入到“查询 1”的“SQL 视图”命令窗口中，在“设计”选项卡上的“结果”组中单击“运行”，如图 3-42 所示。

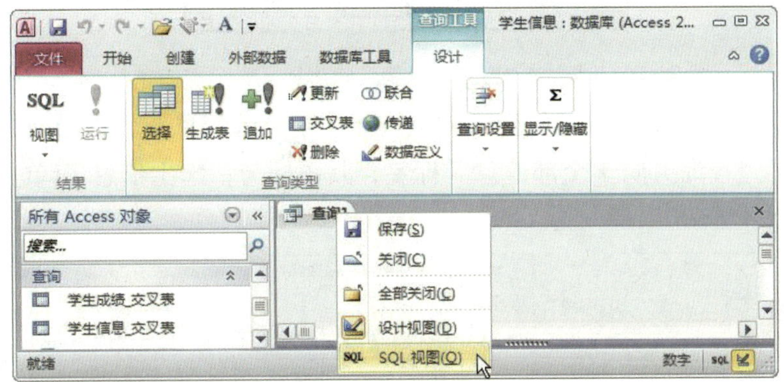

图 3-41 右键单击“查询 1”标签，选择“SQL 视图”

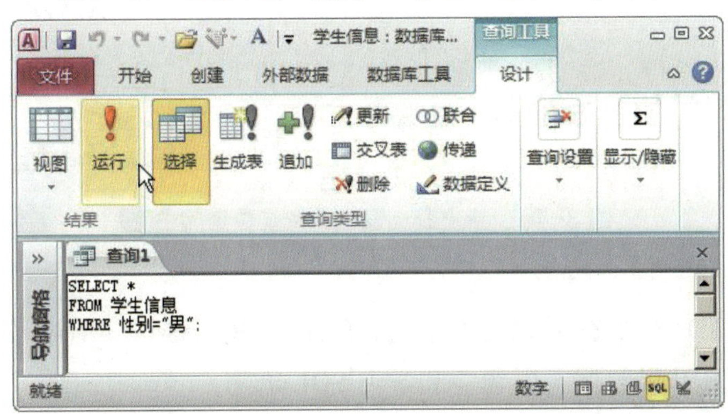

图 3-42 在“SQL 视图”命令窗口中输入 SQL 语句

5）“查询 1”的 SQL 语句切换为其结果数据显示，即男同学的全部信息，如图 3-43 所示。

6）单击快速访问工具栏中“保存”按钮，在弹出的“另存为”对话框中输入查询名称“查询男同学全部信息”，单击“确定”，如图 3-44 所示。

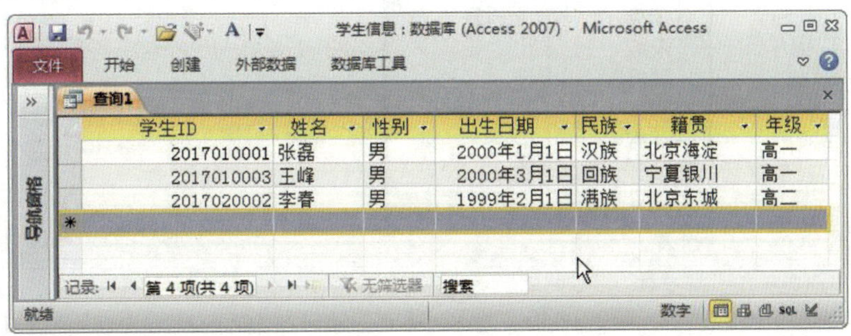

图 3-43 运行 SQL 语句显示结果数据

图 3-44 “查询 1”名称改为“查询男同学全部信息”

7）文档区域的“查询 1”标签变为“查询男同学全部信息”，在导航窗格中的“查询”组中出现了“查询男同学全部信息”标签，其图标与“学生信息 简单查询”相同，如图 3-45 所示。

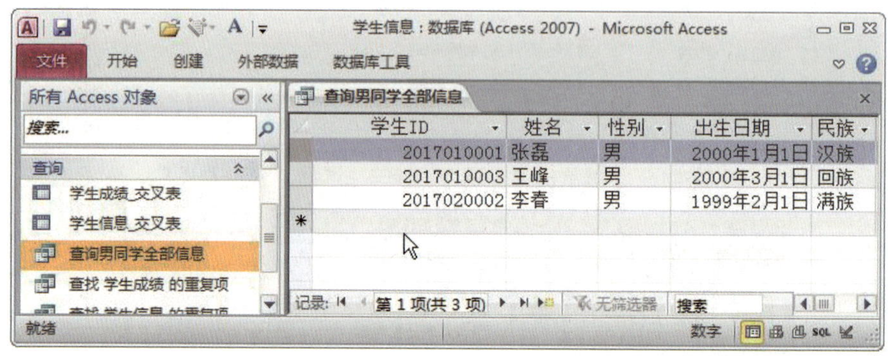


图 3-45 新建查询设计保存在数据库中

（3）使用 SQL 语言

将“相关知识”环节中有关“简单查询”的示例 SQL 语句分别输入到新建的查询设计中，运行并查看其结果数据，以领会和学习 SQL 语句。

1）例 10 和例 11 的 SQL 语句及其结果数据如图 3-46 所示，例 10 的结果数据包含全部的民族类别，其中有重复记录，相比较而言，例 11 的结果数据不包含重复记录。

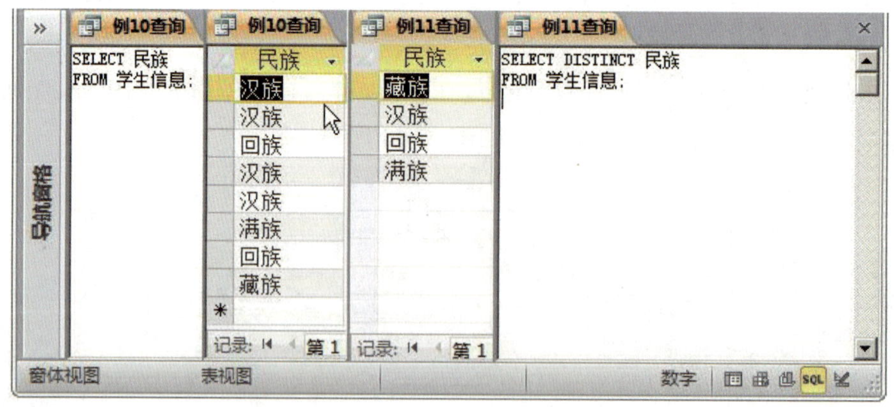


图 3-46 使用“DISTINCT”

2）例 12 的 SQL 语句及其结果数据如图 3-47 所示，分数按照从高到低降序排列。

```
SELECT *
FROM 学生成绩
WHERE 科目="数学"
ORDER BY 分数 DESC;
```

| 学生ID | 科目 | 考试日期 | 场次 | 分数 |
|---|---|---|---|---|
| 2017020001 | 数学 | 2017年12月29日 | 下午 | 97.00 |
| 2017010004 | 数学 | 2017年12月29日 | 上午 | 95.00 |
| 2017020002 | 数学 | 2017年12月29日 | 下午 | 94.00 |
| 2017010003 | 数学 | 2017年12月29日 | 上午 | 94.00 |
| 2017010001 | 数学 | 2017年12月29日 | 上午 | 94.00 |
| 2017020003 | 数学 | 2017年12月29日 | 下午 | 93.00 |
| 2017010002 | 数学 | 2017年12月29日 | 上午 | 92.00 |
| 2017020004 | 数学 | 2017年12月29日 | 下午 | 91.00 |

图 3-47　使用“ORDER BY”

3）例 13 的 SQL 语句及其结果数据如图 3-48 所示，显示了分数在 95 和 100 之间的学生。

```
SELECT *
FROM 学生成绩
WHERE 分数
Between 95 And 100
ORDER BY 分数 DESC;
```

| 学生ID | 科目 | 考试日期 | 场次 | 分数 |
|---|---|---|---|---|
| 2017020001 | 语文 | 2017年12月30日 | 下午 | 98.00 |
| 2017020001 | 数学 | 2017年12月29日 | 下午 | 97.00 |
| 2017010004 | 语文 | 2017年12月30日 | 上午 | 97.00 |
| 2017020004 | 语文 | 2017年12月30日 | 下午 | 96.00 |
| 2017010004 | 数学 | 2017年12月29日 | 上午 | 95.00 |

图 3-48　使用“Between”

4）例 14 的 SQL 语句及其结果数据如图 3-49 所示，显示了分数在集合（93，95，96）中的学生。

```
SELECT *
FROM 学生成绩
WHERE 分数 In (93, 95, 96)
ORDER BY 分数 DESC;
```

| 学生ID | 科目 | 考试日期 | 场次 | 分数 |
|---|---|---|---|---|
| 2017020004 | 语文 | 2017年12月30日 | 下午 | 96.00 |
| 2017010004 | 数学 | 2017年12月29日 | 上午 | 95.00 |
| 2017020003 | 数学 | 2017年12月29日 | 下午 | 93.00 |
| 2017010002 | 语文 | 2017年12月30日 | 上午 | 93.00 |

图 3-49　使用“In”1

5）例 15 的 SQL 语句及其结果数据如图 3-50 所示，显示民族不是汉族，即少数民族的学生。

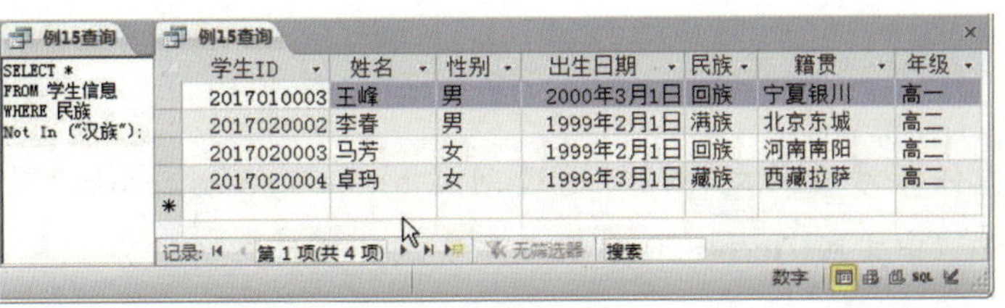

```
SELECT *
FROM 学生信息
WHERE 民族
Not In ("汉族");
```

| 学生ID | 姓名 | 性别 | 出生日期 | 民族 | 籍贯 | 年级 |
|---|---|---|---|---|---|---|
| 2017010003 | 王峰 | 男 | 2000年3月1日 | 回族 | 宁夏银川 | 高一 |
| 2017020002 | 李春 | 男 | 1999年2月1日 | 满族 | 北京东城 | 高二 |
| 2017020003 | 马芳 | 女 | 1999年2月1日 | 回族 | 河南南阳 | 高二 |
| 2017020004 | 卓玛 | 女 | 1999年3月1日 | 藏族 | 西藏拉萨 | 高二 |

图 3-50　使用“In”2

6）例 16 的 SQL 语句及其结果数据如图 3-51 所示，显示籍贯是“北京”的学生。

图 3-51　学习使用“Like”及通配符

7）例 17 的 SQL 语句及其结果数据如图 3-52 所示，“当前年份”与“出生年份”之差作为“年龄”字段显示。

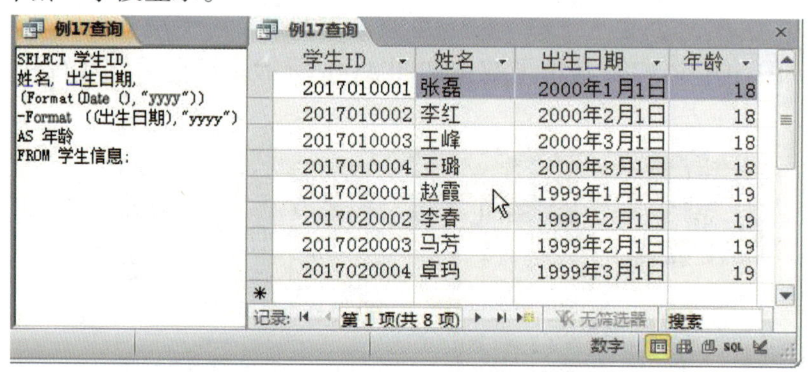


图 3-52　学习为查询结果指定临时别名

8）例 18 的 SQL 语句及其结果数据如图 3-53 所示，利用别名“x”和“y”在数据库表“学生信息”中检索多次以匹配查询条件。

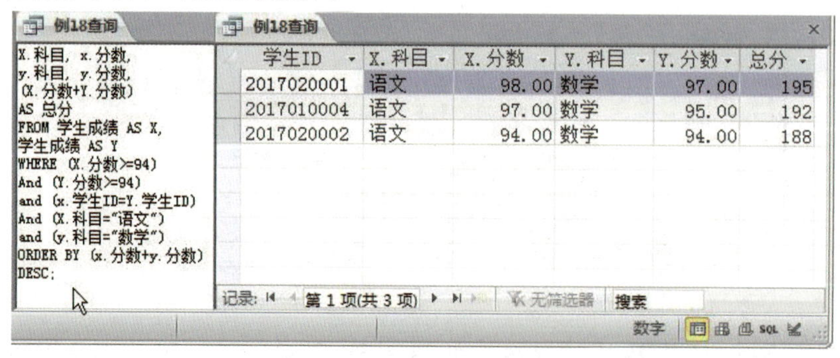


图 3-53　学习为数据库表指定临时别名

本任务涉及的文件，可通过网站 http://jg.class.com.cn 下载，位于软件资源包中“中文版 Access 2010 基础与实训 / 项目三 / 任务 1”。

# 任务 2 创建学生信息复杂查询

## 学习目标

1. 理解条件表达式。
2. 掌握运用操作查询的方法。
3. 掌握设计多表查询的方法。
4. 掌握查询设计视图的使用方法。

## 任务描述

在学习了利用“查询向导”和“SQL 视图”创建简单查询之后，会发现以下一些问题：

1.“查询向导”虽然比较方便，例如在创建“交叉表查询”时，只需单击几下鼠标即可，但是显得有些“机械”和“死板”，有很多查询条件无法直接在此添加。

2.“SQL 视图”则功能强大很多，可以根据自己的需要，很灵活地通过 SQL 语句便能完成查询的设计，但是看似简单的结构化查询语言学起来并不简单，尤其是“为数据库表指定临时别名”等功能的语法较难掌握。

3. 单表查询虽然很实用，但是有些问题还是无法解决，例如，想知道考试成绩排在第一的同学的个人信息，可是成绩在“学生成绩”表中，个人信息在“学生信息”表中，单表查询无法同时查看这两个数据库表的信息。

为解决这些问题，Access 为查询设计提供了“设计视图”，即能像“查询向导”那样方便地进行查询的设计工作，也能像“SQL 视图”那样灵活地设置各种查询条件，不必再为结构化查询语言的语法发愁，而且还能解决同时查看多个数据库表信息的问题。这就是本任务将要学习的重点内容，即设计相对复杂的查询，完成学生信息复杂查询的设计。

## 相关知识

### 1. 对象、集合和属性

（1）对象

Access 数据库中的所有表、查询、窗体、报表和字段，都被称为对象。

每个对象都具有一个名称，例如，数据库表“学生信息”和查询“学生成绩_交叉表”。

（2）集合

由特定类型的对象的所有成员组成的集称为集合。

例如，数据库中所有表的集就是一个集合，表又是包含字段对象的集合。

（3）属性

对象具有属性，用于描述对象特征，并提供更改对象特征的方法。

例如，某个查询对象具有 Default View 属性，该属性用于描述查询在运行时如何显示，以及运行时的显示方式。

### 2. 表达式

在 Access 2010 中，表达式相当于 Excel 2010 中的公式。表达式由许多元素组成，将这些元素单独或组合起来使用以产生结果。这些元素包括：

（1）标识符，一般为字段的名称。

（2）运算符，如 +（加号）或 -（减号）。

（3）函数，如 Sum（求和）或 Avg（平均值）。

（4）常量，不会更改的值，如文本字符串或固定的数值等。

使用表达式可以执行计算，检索字段的值，为查询提供条件。

### 3. 标识符

在表达式中使用对象、集合或属性时，可以通过使用标识符来引用该元素。

标识符包括所标识元素的名称，还包括该元素所属的元素的名称。例如，某字段的标识符包括该字段的名称“姓名”和该字段所属的表的名称“学生信息”，即“[学生信息]![姓名]”。

当元素的名称在所创建的表达式上下文中唯一时，元素名称本身可用作标识符。标识符的其余部分隐含在上下文中。例如，如果设计的查询只涉及一个表“学生信息”，则字段名称将单独用作标识符，因为表中的字段名称在该表中必须是唯一的，表名隐含在查询中用于引用字段的任何标识符内，即“[学生信息]![姓名]”等同于“[姓名]”。

可在标识符中使用的运算符有三个：

（1）感叹号运算符：“!”

（2）点运算符“.”

（3）方括号运算符“[ ]”

这些运算符的使用方法如下：用方括号运算符将标识符的每个部分括起来，然后使用感叹号运算符或点运算符将它们联接起来。例如，可以将“学生信息”表中的“姓名”字段表示为“[ 学生信息 ]![ 姓名 ]”或者“学生信息 .[ 姓名 ]”，感叹号运算符和点运算符告诉 Access 后面的内容是属于前面带有运算符的集合的对象。在 Access 中常使用“学生信息 .[ 姓名 ]”这样的形式，而在单表查询中使用“姓名”代替“学生信息 .[ 姓名 ]”以求简便。

#### 4. 函数

函数是可以在表达式中使用的程序。有些函数（如 date( )）不要求输入任何内容即可运行，但大多数函数都要求输入内容，它们被称为参数。

在项目三任务 1 的例 17 中，函数 Format(Date( )，"yyyy") 使用两个参数：参数 expression 为有效的表达式，示例中使用函数 Date( ) 自动产生的当前日期表达式，如“2017 年 12 月 25 日”；参数 format 为有效的格式表达式，示例中使用表达式值 "yyyy" 来截取当前日期表达式中的四位年表达式，如“2017”。

表达式中常用的函数包括系统函数和 SQL 聚合函数。

（1）系统函数

使用系统函数可以在查询设计中得到各种计算数据。

1）Date：函数 Date 用于在表达式中自动产生当前日期。它通常与函数 Format 联合使用，也会与包含“日期 / 时间”数据的字段标识符联合使用。

2）DateDiff：函数 DateDiff 用于确定两个日期之间的差值，通常用于从字段标识符获取的日期和使用函数 Date 获取的日期之间的差值。

3）Format：函数 Format 用于为标识符应用预先设定的格式，还可以用于为另一函数的结果应用预先设定的格式。

4）IIf：函数 IIf 用于计算表达式的结果（True 或 False），然后在表达式计算结果为 True 时返回一个指定值，在表达式计算结果为 False 时返回另一个指定值。

5）InStr：函数 InStr 用于在一个字符串中搜索某字符或字符串的位置，所搜索的字符串通常是从字段标识符中获取的。

6）Left：函数 Left 用于在一个字符串中从最左边的字符开始提取字符。

7）Mid：函数 Mid 用于在一个字符串中从中间的特定位置开始提取字符。

8）Right：函数 Right 用于在一个字符串中从最右边的字符开始提取字符。

（2）SQL 聚合函数

使用 SQL 聚合函数可以在查询设计中得到各种统计数据。

1）Avg：函数 Avg 用于计算查询的指定字段中包含的一组值的算术平均值。

2）Count：函数 Count 用于计算查询返回的记录数。

3）First：函数 First 用于返回查询结果集的第一个记录中的指定字段的值。

4）Last：函数 Last 用于返回查询结果集的最后一个记录中的指定字段的值。

5）Min：函数 Min 用于返回在查询的指定字段内所包含的一组值中的最小值。

6）Max：函数 Max 用于返回在查询的指定字段内所包含的一组值中的最大值。

7）Sum：函数 Sum 用于返回在查询的指定字段中所包含的一组值的总和。

### 5. 运算符

运算符是指出表达式的其他元素之间的特定算术或逻辑关系的单词或符号。

这些运算符包括：算术运算符，如“+”；比较运算符，如“=”；逻辑运算符，如“Not”；连接运算符，如“&”；特殊运算符，如“Like”。

（1）算术运算符

使用算术运算符可以进行加、减、乘、除、乘方、求余等基本算术运算。

1）“+”，加法运算，例如 [ 语文分数 ]+[ 数学分数 ]。

2）“-”，减法运算，或取一个数的相反数，例如 [ 总分 ]-[ 语文分数 ]。

3）“*”，乘法运算，例如 [ 平均分数 ]*[ 学生个数 ]。

4）“/”，除法运算，例如 [ 总分 ]/[ 学生个数 ]。

5）“^”，乘方运算。

6）“Mod”，求余运算。

（2）比较运算符

使用比较运算符可比较两个值的大小并返回结果“真”（True）或“假”（False）。

1）“<”，确定第一个值是否小于第二个值。

2）“<=”，确定第一个值是否小于或等于第二个值。

3）“>”，确定第一个值是否大于第二个值。

4）“>=”，确定第一个值是否大于或等于第二个值。

5）“=”，确定第一个值是否等于第二个值。

6）“<>”，确定第一个值是否不等于第二个值。

（3）逻辑运算符

使用逻辑运算符可以对两个值进行指定的逻辑运算并返回结果“真”（True）或“假”（False）。逻辑运算符有时也被称为布尔运算符。

1）“And”，当 [ 条件 1] 和 [ 条件 2] 都为 True 时，[ 条件 1] And [ 条件 2] 的结果为 True。

2）“Or”，当[条件1]或[条件2]为True时，[条件1] Or [条件2]的结果为True。

3）“Eqv”，当[条件1]或[条件2]都为True或都为False时，[条件1] Eqv [条件2]的结果为True。

4）“Not”，当[条件1]不为True时，Not [条件1]的结果为True。

5）“Xor”，当[条件1]为True或[条件2]为True且两者不同时为True时，[条件1] Xor [条件2]的结果为True。

（4）连接运算符

使用连接运算符可以把两个字符串合并为一个字符串。

“&”，合并两个字符串以形成一个字符串。例如，[ab] & [cd]的结果为[abcd]。

（5）特殊运算符

使用特殊运算符可以完成一些特殊的功能。

1）“Like”，使用通配符运算符“?”和“*”匹配字符串值。

2）“Between”，确定某个数值或日期值是否在某个范围内。

3）“In”，确定某个字符串值是否包含在一组字符串值的范围内。

### 6. 常量

常量是不会改变的已知值，可在表达式中使用。

Access中有四个常用的常量：

（1）“True”，表示在逻辑上为“真”的内容。

（2）“False”，表示在逻辑上为“假”的内容。

（3）“Null”，表示缺少已知值。

（4）“""”（空字符串），表示已知为空的值。

### 7. 联接表和查询

在一个查询中包括多个表时，可以使用联接功能来获取所需的结果。联接功能可以根据要查看的表与查询中其他表的关系，只返回各表中要查看的记录。

关系数据库本质上由彼此之间存在逻辑关系的表构成，使用关系并根据各表所共有的字段来联接表。在查询中，关系是由联接表示的。

联接的行为与查询条件类似，它们也建立规则并保证只有与该规则匹配的数据才能包括在查询操作中。与条件不同的是，联接还指定满足联接条件的每两行将在记录集中合并成一行。

常用的两种基本联接类型是内部联接和外部联接。

（1）内部联接

内部联接根据联接字段中的数据告诉查询：其中一个联接表中的行与另一个表中的

行相对应。当运行带有内部联接的查询时，查询操作中将只包括这两个联接表中存在公共值的行。

在大多数情况下，不需要执行任何操作即可使用内部联接。如果以前在“关系”窗口中创建了表之间的关系，当在查询设计视图中添加相关表时，Access 将自动创建内部联接。

即使尚未创建关系，如果向查询添加两个表，每个表有一个具有相同或兼容数据类型的字段，且其中一个联接字段是主键，Access 也将自动创建内部联接。

（2）外部联接

外部联接告诉查询：若联接双方的某些行的联接字段值相同，则查询应当包括其中一个表中的所有行，并包括另一个表中双方具有相同联接字段值的那些行。

外部联接分为左外部联接和右外部联接。

1）在左外部联接即“LEFT JOIN”中，对于 SQL 语句的 FROM 子句中的第一个表，查询包括所有行；对于另一个表，则只包括两个表的联接字段值彼此相同的行。

2）在右外部联接即“RIGHT JOIN”中，对于 SQL 语句的 FROM 子句中的第二个表，查询包括所有行；对于另一个表，则只包括两个表的联接字段值彼此相同的行。

外部联接一方中的某些行可能与另一个表中的行并非完全对应，此时从另一个表得到的查询结果中返回的某些字段将为空。

### 8. 表之间的关系

在数据库中为每个主题创建表后，必须提供在需要时将这些信息重新组合到一起的方法。具体方法是在相关的表中放置公共字段，并定义表之间的关系。然后，可以创建查询、窗体和报表，以同时显示几个表中的信息。

（1）表关系的类型

表关系有三种类型。

1）一对多关系

例如，对于“学生信息”表和“学生成绩”表，每个学生可以参加多门科目的考试，因此“学生信息”表和“学生成绩”表之间的关系就是一对多关系。

要在数据库设计中表示一对多关系，可将关系“一”方的主键作为额外字段添加到关系“多”方的表中。例如，可将“学生信息”表中的主键字段“学生 ID”添加到“学生成绩”表中，和“科目”成为“学生成绩”表的联合主键，这样 Access 就可以使用“学生 ID”将“学生信息”表和“学生成绩”表的信息关联起来。

2）多对多关系

假设还存在一个“兴趣小组”表，以存储各个兴趣小组的相关信息，对于“学生信息”表和“兴趣小组”表，单个“兴趣小组”可以包含多个学生成员，另一方面，一个学生可能同时是多个“兴趣小组”的成员。对于“学生信息”表中的每条记录，都可能与“兴趣小组”表中的多条记录对应，而对于“兴趣小组”表中的每条记录，也都可能与“学生信息”表中的多条记录对应，这种关系称为多对多关系。

要表示多对多关系，必须创建第三个表，该表通常称为联接表，它将多对多关系划分为两个一对多关系。将这两个表的主键都插入到第三个表中。例如，“学生信息”表和“兴趣小组”表有一种多对多的关系，这种关系是通过与“兴趣小组成员名录”表建立两个一对多关系来定义的。

3）一对一关系

在一对一关系中，第一个表中的每条记录在第二个表中只有一个匹配记录，而第二个表中的每条记录在第一个表中只有一个匹配记录。这种关系并不常见，因为多数以此方式相关的信息都存储在一个表中。可以使用一对一关系将一个表分成许多字段，或出于安全原因隔离表中的部分数据，或存储只应用于主表的子集的信息。标识此类关系时，这两个表必须共享一个公共字段。

（2）表关系的作用

在创建窗体、查询和报表等其他数据库对象之前，可以使用“关系”窗口或从“字段列表”窗格中拖动字段来创建表关系。

表关系的作用主要表现在以下两个方面：

1）表关系可为查询设计提供信息

要使用多个表中的记录，通常必须创建联接这些表的查询。

查询的工作方式为：将第一个表的主键字段中的值与第二个表的联合主键字段进行匹配。例如，要查询每个学生所有科目成绩信息，则需要设计一个查询，该查询基于“学生 ID”字段将“学生信息”表与“学生成绩”表联接起来。

2）表关系可为窗体和报表设计提供信息

在设计窗体或报表时，Access 2010 会使用从已定义的表关系中收集的信息，并用适当的默认值预先填充属性设置。

### 1. 运用操作查询

（1）“生成表”查询

1）打开数据库“学生信息 .accdb”，在“创建”选项卡上的“查询”组

中单击“查询设计”，关闭弹出的“显示表”对话框，因为创建操作查询时一般不选择查询设计将要涉及的表。切换到“SQL 视图”，由于默认新建的查询为选择查询，在“设计”选项卡上可以看到“查询类型”命令组中的“选择”按钮被选中，如图 3-54 所示。

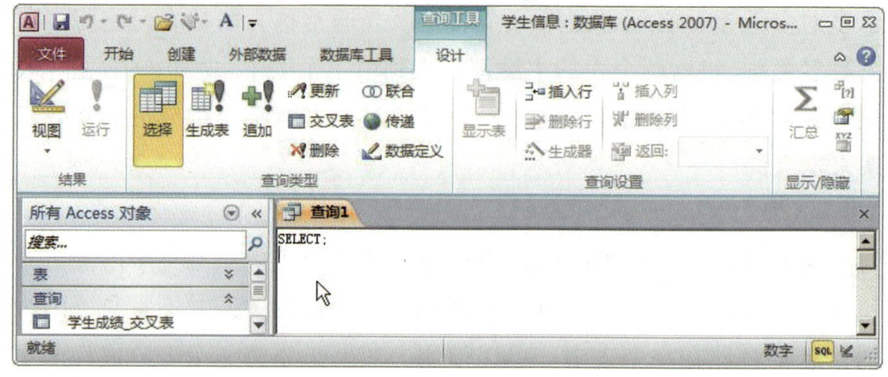


图 3-54　新建的“查询 1”默认为选择查询

2）在“设计”选项卡上的“查询类型”组中单击“生成表”按钮，如图 3-55 所示。

3）弹出“生成表”对话框，在“表名称”中输入通过该“生成表”查询将要创建的新数据库表的名称，如“男同学信息”，然后选择目的数据库为“当前数据库”，如果选择“另一数据库”，则需要选择或输入目的数据库的存放路径和文件名称，单击“确定”，如图 3-56 所示。

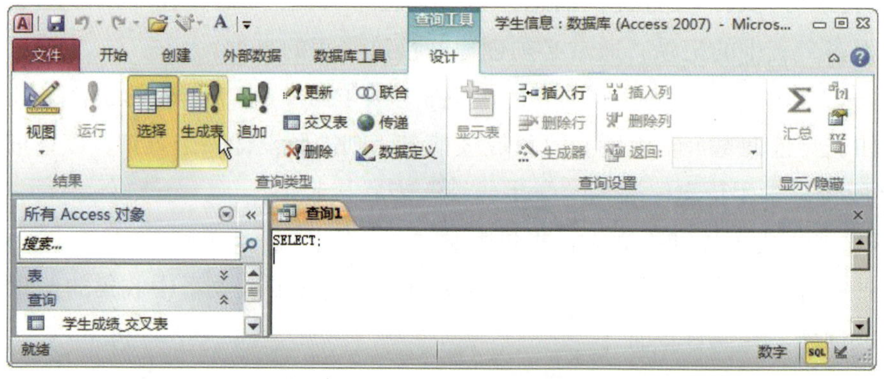


图 3-55　选择“生成表”查询

图 3-56　输入通过该“生成表”查询将要创建的新数据库表的名称

4）在“设计”选项卡上可以看到“查询类型”组中的“生成表”按钮被选中，并且在“SQL 视图”命令窗口中的 SQL 语句也发生了变化，由默认的“SELECT;”变为“SELECT INTO 男同学信息；”，如图 3-57 所示。

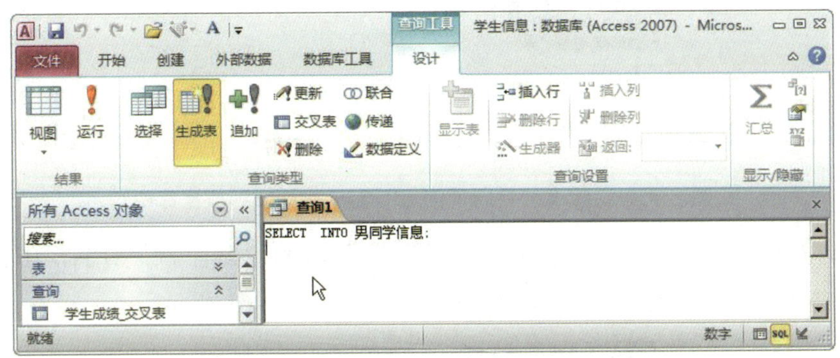


图 3-57　新建的“查询 1”的查询类型变为“生成表”查询

5）在“查询 1”的“SQL 视图”命令窗口中输入 SQL 语句，在“设计”选项卡上的“结果”组中单击“运行”，如图 3-58 所示。

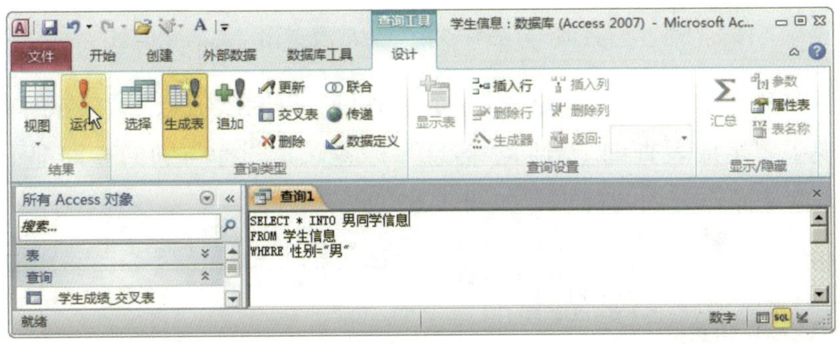


图 3-58　在“SQL 视图”命令窗口中输入 SQL 语句

6）弹出对话框提示“您正准备向新表粘贴 3 行”“确实要用选中的记录来创建新表吗？”，单击“是”，如图 3-59 所示。

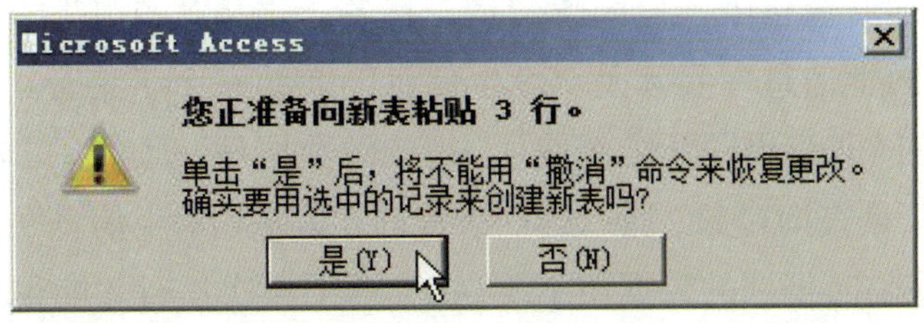


图 3-59　对话框提示是否要用选中的记录来创建新表

7）新的数据库表“男同学信息”创建并添加到了数据库中，在导航窗格中的“表”组中出现了“男同学信息”标签，其图标与“学生成绩”表相同，如图 3-60 所示。

图 3-60　新表“男同学信息”创建并添加到数据库中

8）单击快速访问工具栏中“保存”按钮，在弹出的“另存为”对话框中输入查询名称“生成表查询 _ 男同学信息”，单击“确定”，如图 3-61 所示。

图 3-61　“查询 1”名称改为“生成表查询 _ 男同学信息”

9）文档区域的“查询 1”标签变为“生成表查询 _ 男同学信息”，在导航窗格中的“查询”组中出现了“生成表查询 _ 男同学信息”标签，其图标与别的查询都不相同，后面带有感叹号，这是操作查询的标志，如图 3-62 所示。

图 3-62　新建查询设计保存在数据库中

10）右键单击导航窗格中“男同学信息”标签，选择“打开”，与原有表“学生信息”相比较，“男同学信息”实际是“学生信息”表的一个子集合，它包含的数据和项目三任务 1 中创建的“查询男同学全部信息”得到的数据是一致的。二者的区别在于，“查询男同学全部信息”是查询对象，通过运行该查询才能从“学生信息”表中得到相应数据，关闭该查询后，查询临时得到的数据便不复存在，需要再次运行才能得到，而通过运行“生成表查询 _ 男同学信息”不仅得到了相应的数据，而且生成一个新的数据库表“男同学信息”来永久保存这些数据，以便将来随时使用，如图 3-63 所示。

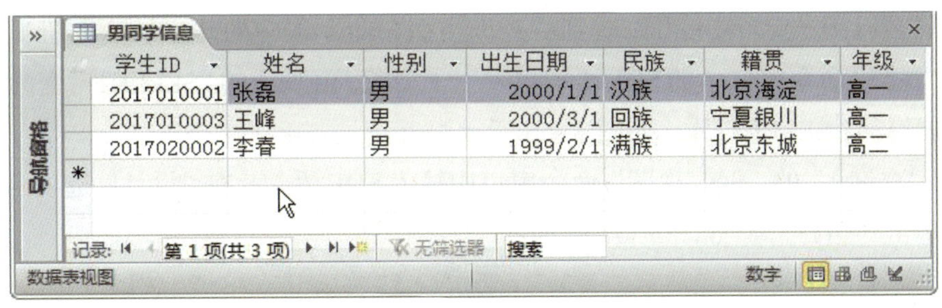

| 学生ID | 姓名 | 性别 | 出生日期 | 民族 | 籍贯 | 年级 |
|---|---|---|---|---|---|---|
| 2017010001 | 张磊 | 男 | 2000/1/1 | 汉族 | 北京海淀 | 高一 |
| 2017010003 | 王峰 | 男 | 2000/3/1 | 回族 | 宁夏银川 | 高一 |
| 2017020002 | 李春 | 男 | 1999/2/1 | 满族 | 北京东城 | 高二 |



图 3-63　打开由“生成表”查询创建的新表“男同学信息”

（2）“追加”查询

1）通过“创建”选项卡上的“查询设计”新建一个查询，切换到“SQL 视图”，在“设计”选项卡上的“查询类型”组中单击“追加”按钮，如图 3-64 所示。

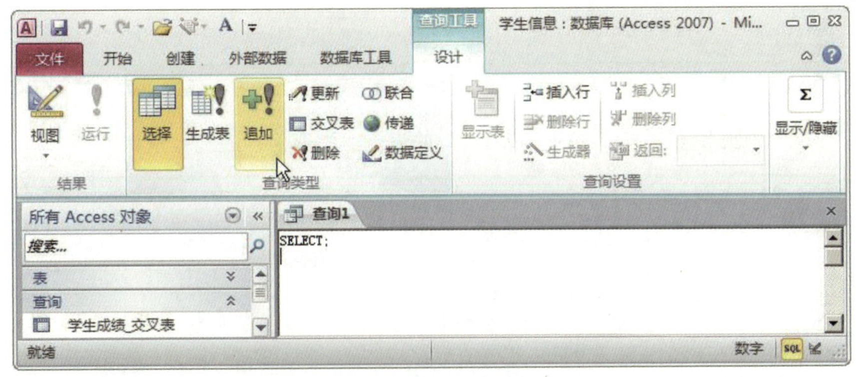



图 3-64　选择“追加”查询

2）弹出“追加”对话框，在“表名称”中选择通过该“追加”查询将要追加数据的目的数据库表的名称，如“男同学信息”，然后选择目的数据库为“当前数据库”，单击“确定”，如图 3-65 所示。

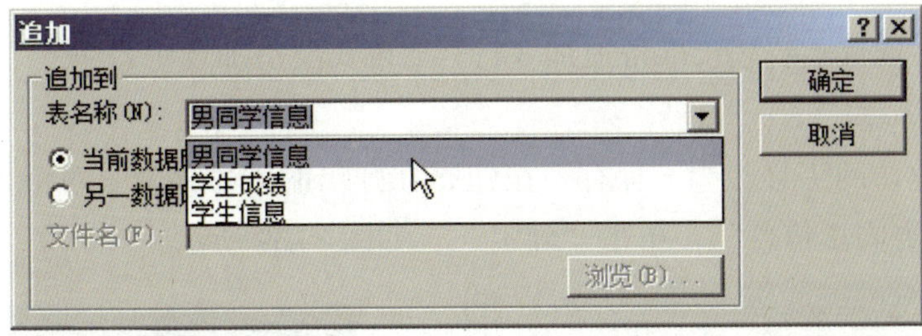



图 3-65　选择通过该“追加”查询将要追加数据的目的数据库表的名称

3）在“设计”选项卡上可以看到“查询类型”命令组中的“追加”按钮被选中，并且在“SQL 视图”命令窗口中的 SQL 语句也发生了变化，由默认的“SELECT;”变为“INSERT INTO 男同学信息 SELECT;”，如图 3–66 所示。

4）在“查询 1”的“SQL 视图”命令窗口中输入 SQL 语句，在“设计”选项卡上的“结果”组中单击“运行”，如图 3–67 所示。

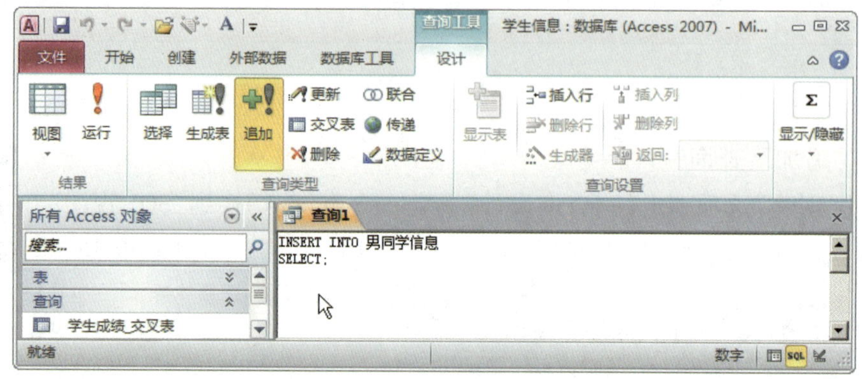


图 3–66　新建的“查询 1”的查询类型变为“追加”查询

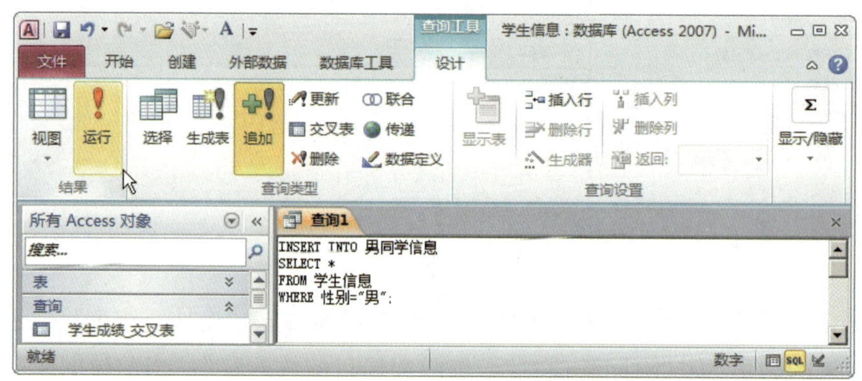


图 3–67　在“SQL 视图”命令窗口中输入 SQL 语句

5）弹出对话框提示“您正准备追加 3 行”“确实要追加选中行吗？”，单击“是”，如图 3–68 所示。

6）单击快速访问工具栏中“保存”按钮，在弹出的“另存为”对话框中输入查询名称“追加查询 _ 男同学信息”，单击“确定”，如图 3–69 所示。

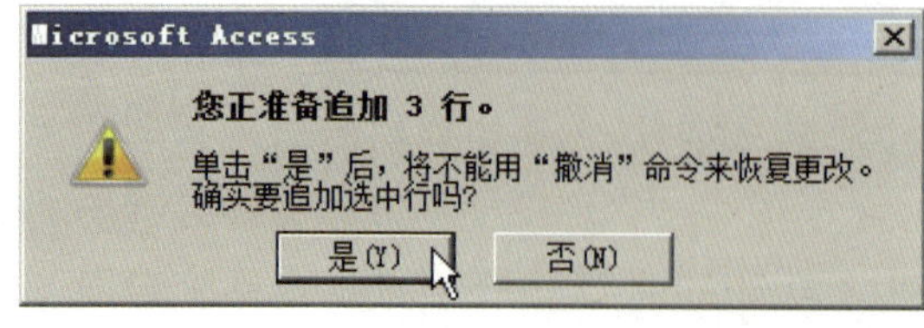

图 3–68　对话框提示是否要追加选中行　　图 3–69　“查询 1”名称改为“追加查询 _ 男同学信息”

7）文档区域的“查询 1”标签变为“追加查询 _ 男同学信息”，在导航窗格中的“查询”组中出现了“追加查询 _ 男同学信息”标签，其图标与别的查询都不相同，但与“生成表查询 _ 男同学信息”相同，后面也带有感叹号，这是操作查询的标志，如图 3–70 所示。

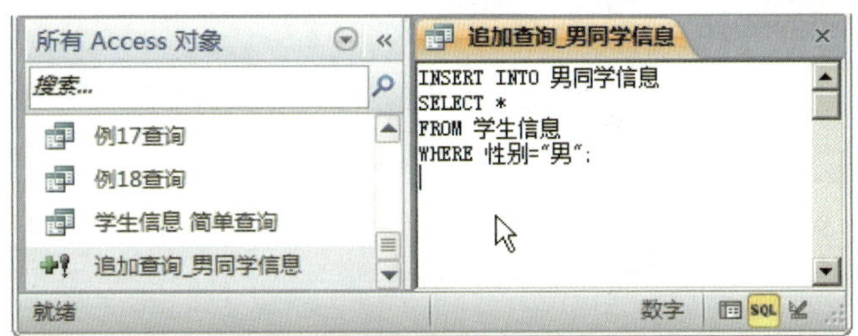


图 3–70　新建查询设计保存在数据库中

8）右键单击导航窗格中“男同学信息”表标签，选择“打开”，如图 3–71 所示，与原有表“男同学信息”（见图 3–63）相比较，运行“追加查询 _ 男同学信息”后的“男同学信息”较之前追加了三条一样的数据，由于在运行“生成表查询 _ 男同学信息”生成“男同学信息”表时没有指定该表的主键，所以可以追加重复的数据，否则会提示追加数据失败。“追加”查询可以多次运行，每次运行时，该查询都会从数据源表中检索相应的信息（如从“学生信息”表中检索“性别”等于“男”的学生全部信息），然后将选中的数据追加到目的数据库表中（如“男同学信息”表），如果此时数据源表中相关数据较之前已发生变化，则追加的数据也为变化后的新数据。“生成表”查询一般不多次运行，Access 为了保证查询的正常运行，再次运行“生成表”查询时会弹出提示，执行该次操作会先删除目的数据库表，然后再重新生成新的目的数据库表以插入相应的数据。

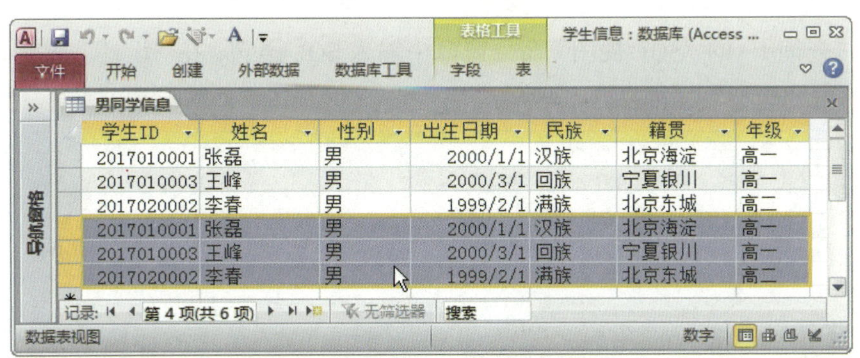


图 3–71　打开运行“追加”查询后的“男同学信息”表

（3）“更新”查询

1）通过“创建”选项卡上的“查询设计”新建一个查询，切换到“SQL 视图”，在“设计”选项卡上的“查询类型”组中单击“更新”按钮，如图 3–72 所示。

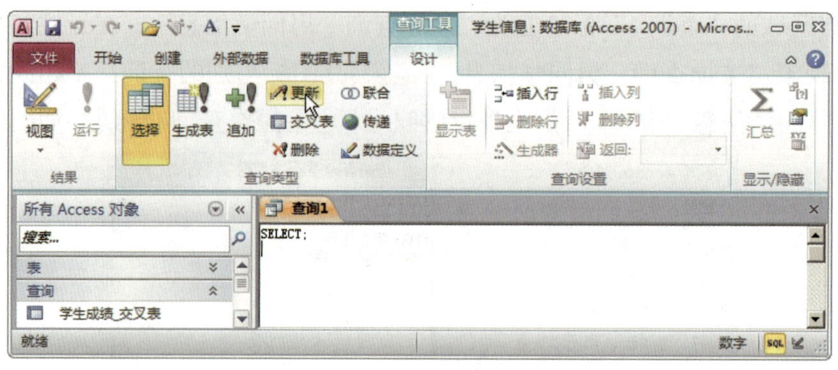


图 3-72 选择“更新”查询

2）在“设计”选项卡上可以看到“查询类型”命令组中的“更新”按钮被选中，并且在“SQL 视图”命令窗口中的 SQL 语句也发生了变化，由默认的“SELECT;”变为“UPDATE SET;”，如图 3-73 所示。

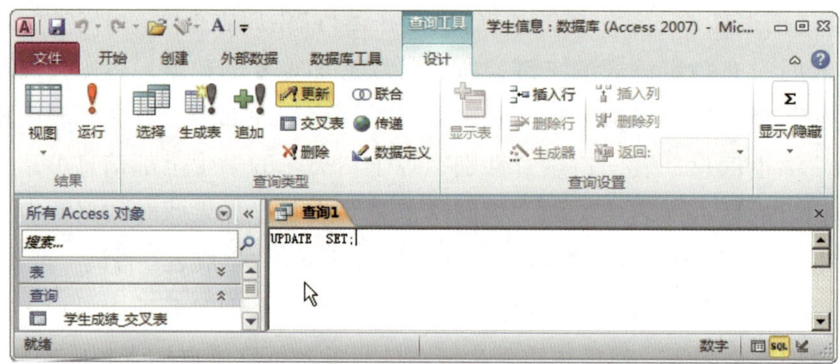


图 3-73 新建的“查询 1”的查询类型变为“更新”查询

3）在“查询 1”的“SQL 视图”命令窗口中输入 SQL 语句，在“设计”选项卡上的“结果”组中单击“运行”，如图 3-74 所示。

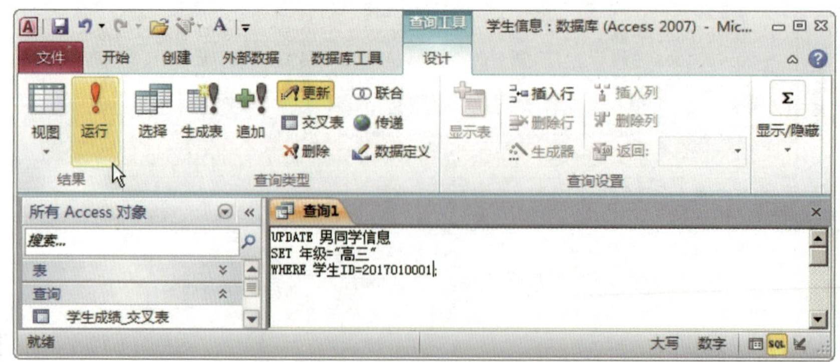


图 3-74 在“SQL 视图”命令窗口中输入 SQL 语句

4）弹出对话框提示“您正准备更新 2 行”“确实要更新这些记录吗？”，单击“是”，如图 3–75 所示。

5）单击快速访问工具栏中“保存”按钮，在弹出的“另存为”对话框中输入查询名称“更新查询 _ 男同学信息”，单击“确定”，如图 3–76 所示。

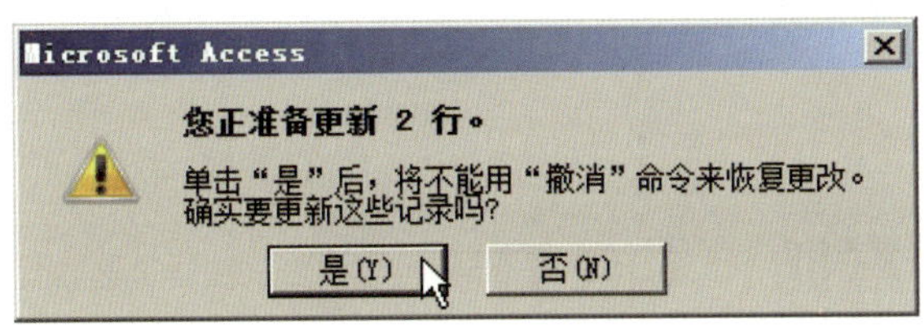


图 3–75　对话框提示是否要更新这些记录

图 3–76　“查询 1”名称改为“更新查询—男同学信息”

6）文档区域的“查询 1”标签变为“更新查询 _ 男同学信息”，在导航窗格中的“查询”组中出现了“更新查询 _ 男同学信息”标签，其图标与别的查询都不相同，但与“追加查询 _ 男同学信息”相同，也带有感叹号，这是操作查询的标志，如图 3–77 所示。

7）右键单击导航窗格中“男同学信息”表标签，选择“打开”，如图 3–78 所示，与原有表“男同学信息”（见图 3–71）相比较，运行“更新查询 _ 男同学信息”后的“男同学信息”较之前更新了两条数据，即“学生 ID”等于“2017010001”的学生的“年级”由原来的“高一”更新为“高三”。“更新”查询可以多次运行，每次运行时，该查询都会将条件表达式中的数据更新到目的数据库表中（如“男同学信息”表），无论目的数据库表中相关数据是否已与所要更新的数据一致，更新操作都会执行。

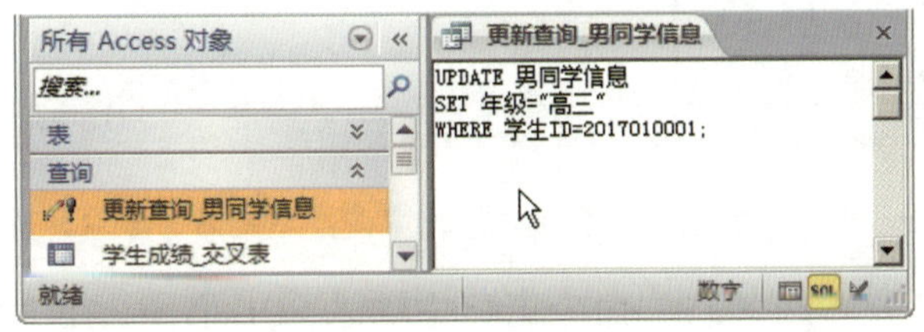


图 3–77　新建查询设计保存在数据库中

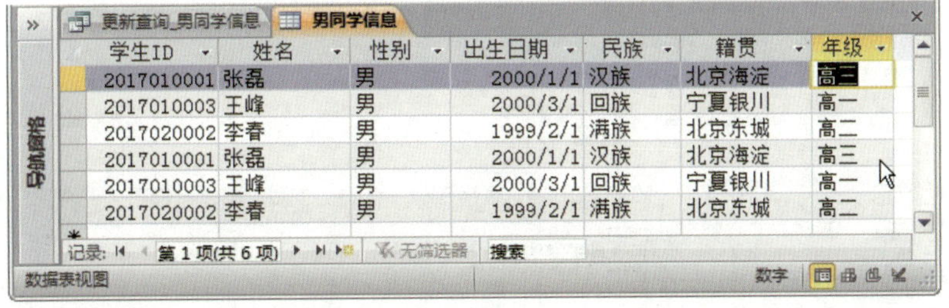

| 学生ID | 姓名 | 性别 | 出生日期 | 民族 | 籍贯 | 年级 |
| --- | --- | --- | --- | --- | --- | --- |
| 2017010001 | 张磊 | 男 | 2000/1/1 | 汉族 | 北京海淀 | 高三 |
| 2017010003 | 王峰 | 男 | 2000/3/1 | 回族 | 宁夏银川 | 高一 |
| 2017020002 | 李春 | 男 | 1999/2/1 | 满族 | 北京东城 | 高二 |
| 2017010001 | 张磊 | 男 | 2000/1/1 | 汉族 | 北京海淀 | 高三 |
| 2017010003 | 王峰 | 男 | 2000/3/1 | 回族 | 宁夏银川 | 高一 |
| 2017020002 | 李春 | 男 | 1999/2/1 | 满族 | 北京东城 | 高二 |



图 3–78　打开运行“更新”查询后的“男同学信息”表

（4）“删除”查询

1）通过“创建”选项卡上的“查询设计”新建一个查询，切换到“SQL 视图”，在“设计”选项卡上的“查询类型”组中单击“删除”按钮，如图 3-79 所示。

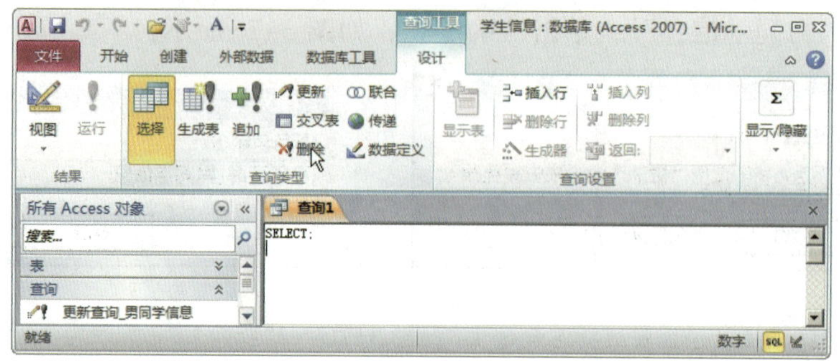

图 3-79　选择“删除”查询

2）在“设计”选项卡上可以看到“查询类型”命令组中的“删除”按钮被选中，并且在“SQL 视图”命令窗口中的 SQL 语句也发生了变化，由默认的“SELECT;”变为“DELETE *;”，如图 3-80 所示。

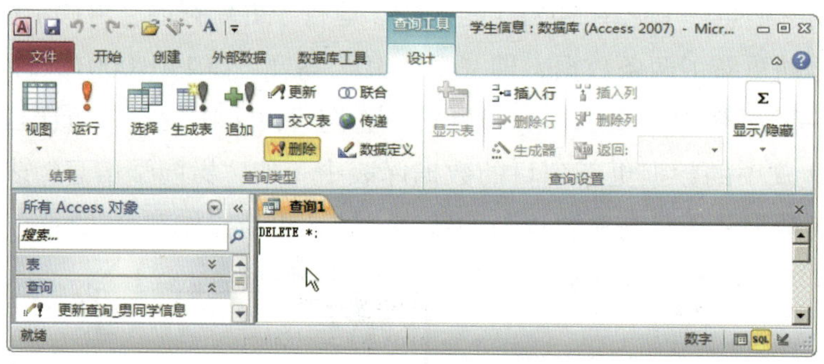

图 3-80　新建的“查询 1”的查询类型变为“删除”查询

3）在“查询 1”的“SQL 视图”命令窗口中输入 SQL 语句，在“设计”选项卡上的“结果”组中单击“运行”，如图 3-81 所示。

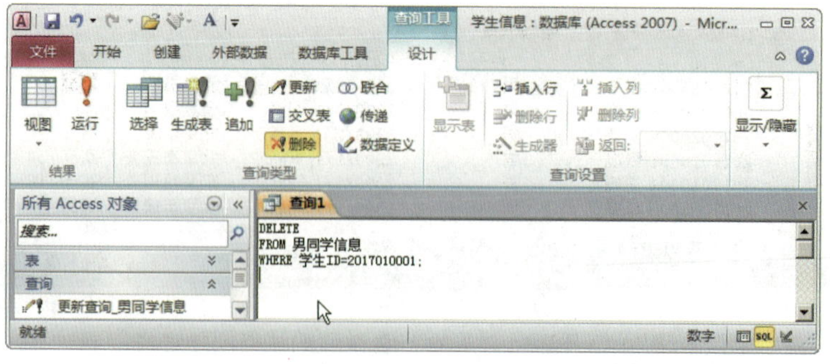

图 3-81　在“SQL 视图”命令窗口输入 SQL 语句

4）弹出对话框提示“您正准备从指定表删除 2 行”“确实要删除选中的记录吗？”，单击“是”，如图 3–82 所示。

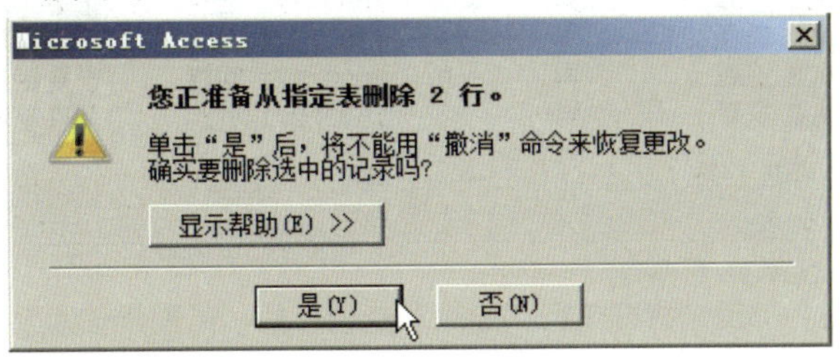


图 3–82　对话框提示是否要删除选中的记录

5）单击快速访问工具栏中“保存”按钮，在弹出的“另存为”对话框中输入查询名称“删除查询 _ 男同学信息”，单击“确定”，如图 3–83 所示。

图 3–83　“查询 1”名称改为“删除查询 _ 男同学信息”

6）文档区域的“查询 1”标签变为“删除查询 _ 男同学信息”，在导航窗格中的“查询”组中出现了“删除查询 _ 男同学信息”标签，其图标与别的查询都不相同，但与“更新查询 _ 男同学信息”相同，后面也带有感叹号，这是操作查询的标志，如图 3–84 所示。

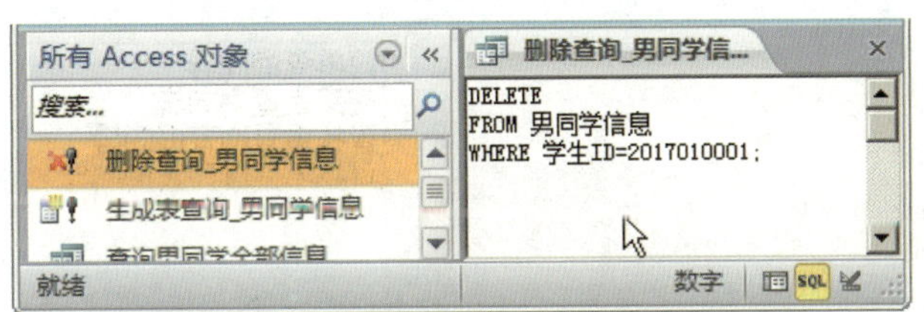


图 3–84　新建查询设计保存在数据库中

7）右键单击导航窗格中“男同学信息”表标签，选择“打开”，如图 3–85 所示，与原有表“男同学信息”（见图 3–78）相比较，运行“删除查询 _ 男同学信息”后的“男同学信息”较之前减少了两条数据，符合条件“学生 ID”等于“2017010001”的数据从“男同学信息”表中被删除。“删除”查询可以多次运行，每次运行时，该查询都会将符合条件表达式的数据从目的数据库表中（如“男同学信息”表）删除，无论目的数据库表中相关数据是否已被删除，如果已被删除，则会弹出提示删除了 0 条选中的数据。

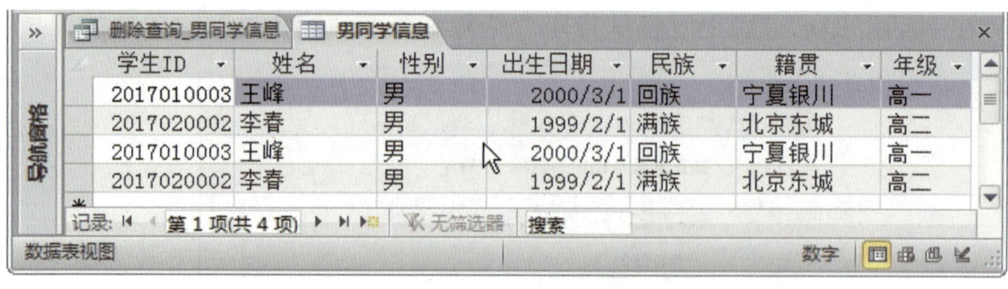


图 3-85　打开运行“删除”查询后的“男同学信息”表

### 2. 设计多表查询

下面利用多表查询的方法，查找学生成绩表中女同学的成绩信息。

（1）查找不匹配项查询

“查找不匹配项”是指将一个表（下称“表 A”）中与另一个表（下称“表 B”）不一致的记录查找并显示出来。

1）打开数据库“学生信息 .accdb”，在“创建”选项卡上单击“查询向导”，则会弹出“新建查询”对话框，选择“查找不匹配项查询向导”，单击“确定”，如图 3-86 所示。

2）进入“查找不匹配项查询向导”，选择“表：学生信息”作为表 A，即被筛选的表，单击“下一步”，如图 3-87 所示。

3）在“查找不匹配项查询向导”中选择“表：男同学信息”作为表 B，即作为筛选条件的表，单击“下一步”，如图 3-88 所示。

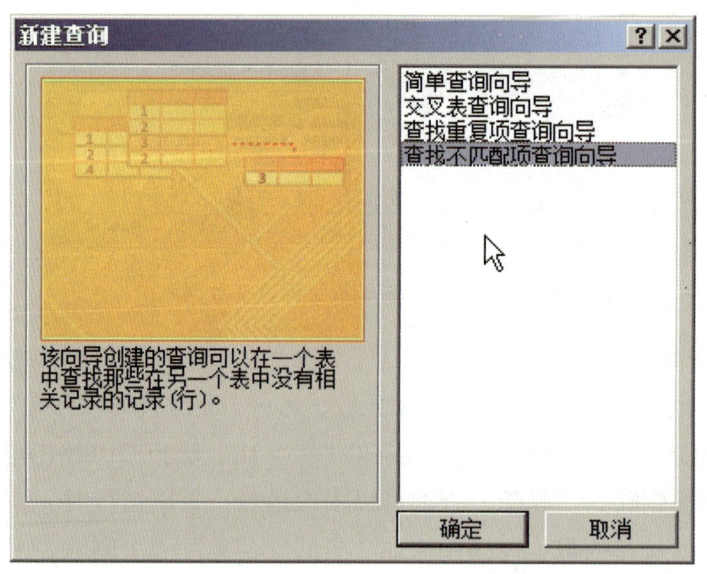


图 3-86　选择“查找不匹配项查询向导”

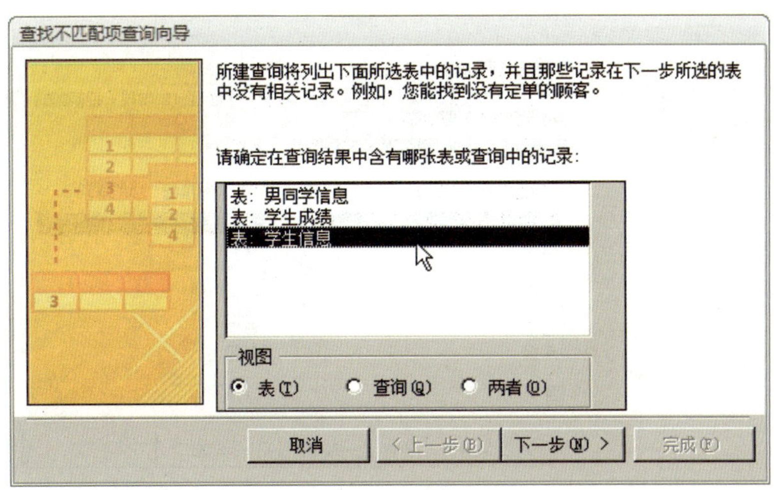


图 3-87 选择被筛选的数据库表

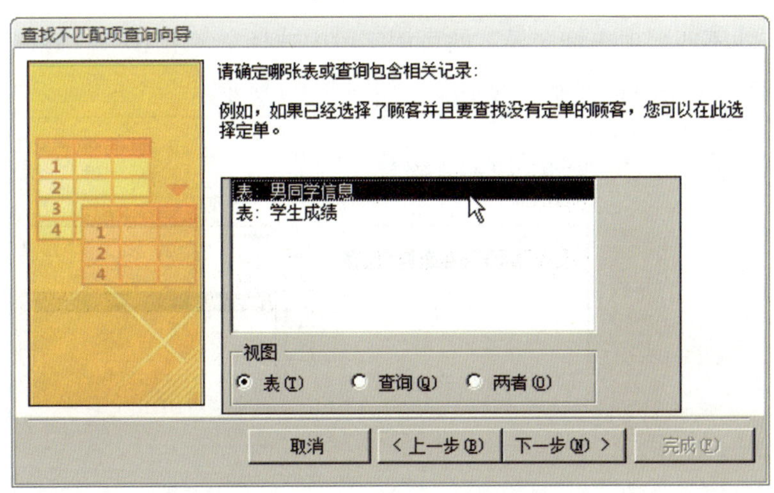


图 3-88 选择作为筛选条件的数据库表

4）在“查找不匹配项查询向导”的“学生信息”表和“男同学信息”表的可用字段中都选择“学生 ID”，作为“查找不匹配项查询”中用来匹配相关记录的关联字段，单击“<=>”按钮，对话框底部则显示“匹配字段：学生 ID <=> 学生 ID”，表示字段匹配成功，单击“下一步”，如图 3-89 所示。如果选择了不能匹配的字段，如“学生 ID”和“姓名”，则会弹出对话框提示“字段无法匹配，请选择其他字段”，需要在选择了可以匹配的字段后，才能进行下一步操作。

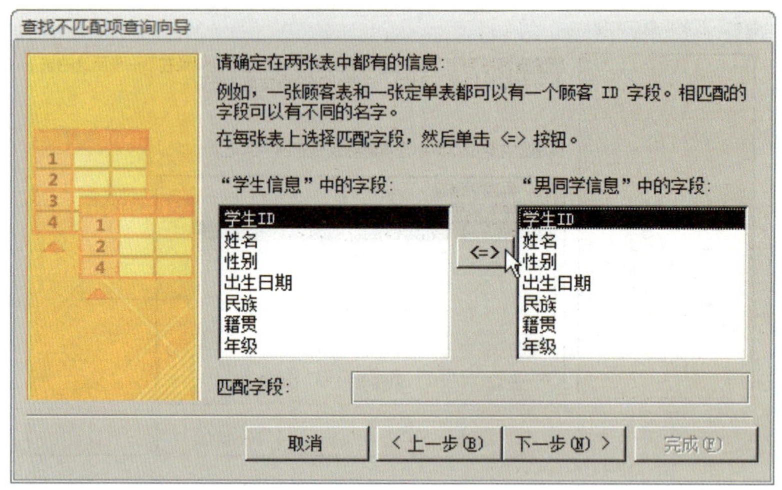


图 3-89　选择查询所需的匹配字段

5）在“查找不匹配项查询向导”的可用字段中选择“学生 ID”“姓名”“性别”和“民族”作为查询结果中将要显示的字段，如图 3-90 所示。

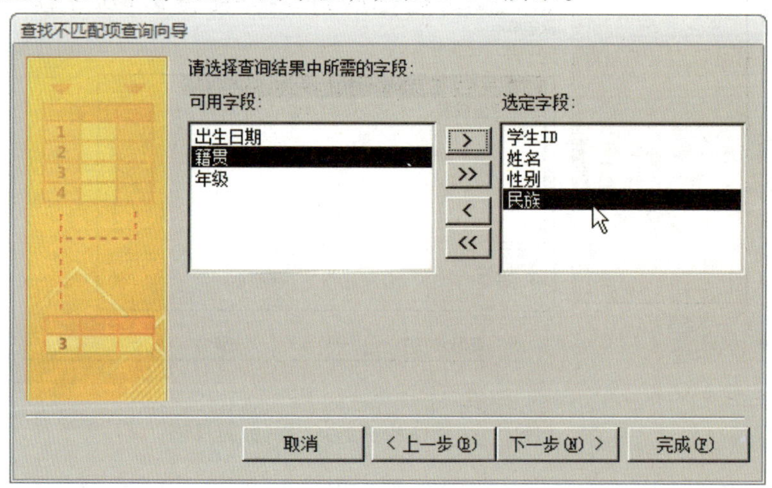


图 3-90　选择查询结果所需的字段

6）单击“下一步”，在“查找不匹配项查询向导”中为查询指定标题为“查找 学生信息 与 男同学信息 不匹配”，并选择“查看结果”。单击“完成”，如图 3-91 所示。

7）“查找 学生信息 与 男同学信息 不匹配”在文档区域随即打开，显示查找不匹配项查询的结果数据，即在“学生信息”表中有而在“男同学信息”表中没有的记录，如图 3-92 所示。通过“学生信息”表（见图 3-1）与“男同学信息”表（见图 3-85）相比较，查找不匹配项查询的结果为 6 条数据，因为这两个表中有两条数据相互匹配，即“男同学信息”表中的那两条数据（此处需注意，因为“男同学信息”表中没有设置主键，虽然显示包含 4 条数据，实际上只有两条独立的数据，另外两条为重复数据）。在导航窗格中的“查询”组中出现了“查找 学生信息 与 男同学信息 不匹配”标签，其图标与“查找学生信息的重复项”相同。

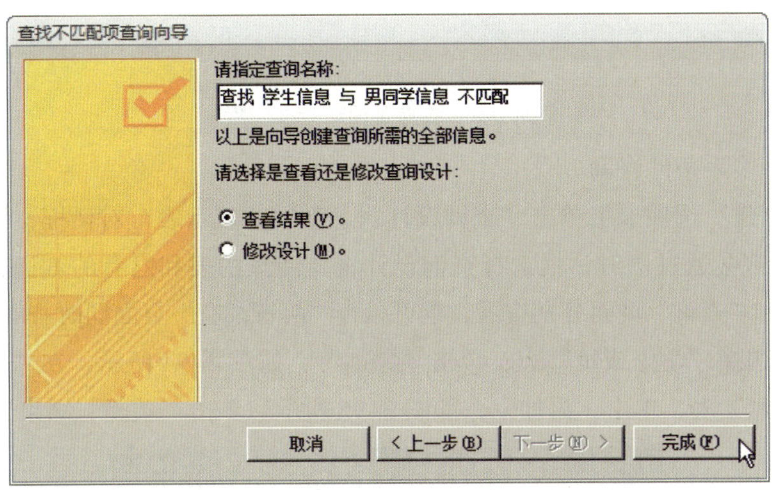


图 3-91　为查询指定标题为“查找 学生信息 与 男同学信息 不匹配”

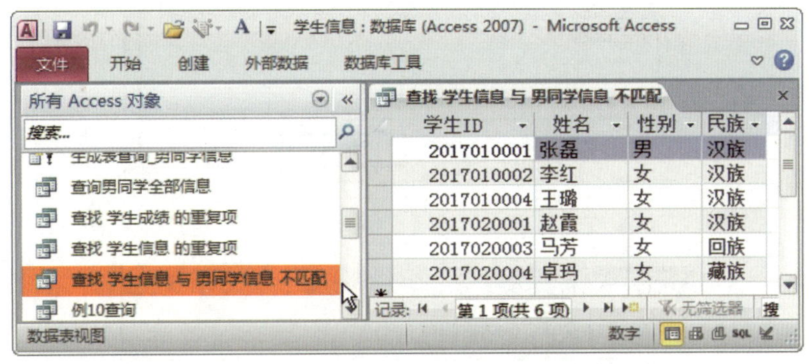

| 学生ID | 姓名 | 性别 | 民族 |
|---|---|---|---|
| 2017010001 | 张磊 | 男 | 汉族 |
| 2017010002 | 李红 | 女 | 汉族 |
| 2017010004 | 王璐 | 女 | 汉族 |
| 2017020001 | 赵霞 | 女 | 汉族 |
| 2017020003 | 马芳 | 女 | 回族 |
| 2017020004 | 卓玛 | 女 | 藏族 |

图 3-92　显示查询的结果数据

8）切换到“SQL 视图”，在“SQL 视图”命令窗口中查看该查询的 SQL 语句，如图 3-93 所示。在 FROM 子句中出现的“LEFT JOIN”即为左外部联接，对于 SQL 语句的 FROM 子句中的第一个表“学生信息”，查询包括其所有记录，而对于另一个表“男同学信息”，则只包括两个表的联接字段值彼此相同的记录，而不包括“男同学信息”表中的其他记录，在设计多表查询时常会用到有关外部联接的用法；而表达式“ON 学生信息.[学生 ID]= 男同学信息.[学生 ID]”表示查询通过“学生信息”表和“男同学信息”表的“学生 ID”字段进行联接字段值匹配，其中的“=”是“比较运算符”，用来比较符号两端的内容是否相等；其中的“学生信息.[学生 ID]”则为“标识符”，用来标识不同集合的不同对象。注意 WHERE 子句中常量“Null”的用法。

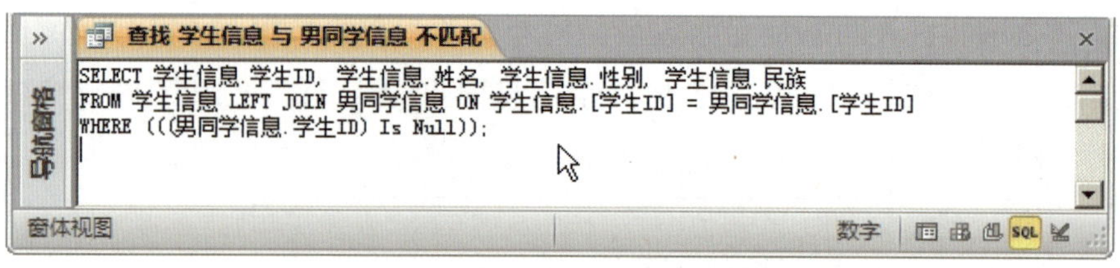


图 3-93　查看查询的 SQL 语句

（2）设计多表条件查询

1）在“创建”选项卡上单击“查询设计”，弹出“显示表”对话框，设计多表查询时常会通过该对话框选择查询设计将要涉及的表和已有的查询，可以在“表”和“查询”页面分别查看，也可以在“两者都有”页面同时查看。在“表”页面选择“学生成绩”表，单击“添加”，如图 3-94 所示，在“表”页面继续选择“学生信息”表，单击“添加”，如图 3-95 所示。单击“关闭”结束选择。

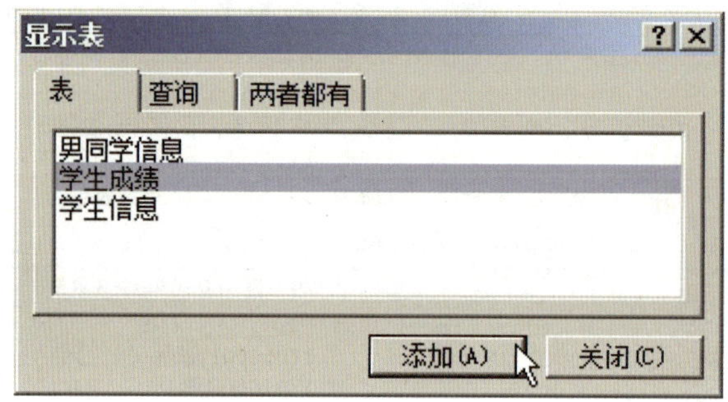


图 3-94　在“显示表”对话框中选择添加“学生成绩”表

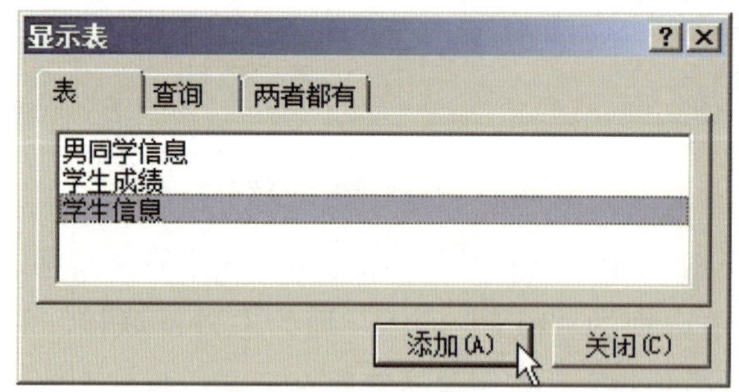


图 3-95　在“显示表”对话框中选择添加“学生信息”表

2）进入“查询设计”的默认视图“设计视图”，如图 3-96 所示。典型的查询设计视图包括上中下三个区域，在窗口上部的区域是已熟知的“设计”选项卡，包含设计查询常用的命令组合；窗口中部的区域用来查看和设定“表关系”，称为“表关系区域”；窗口下部的区域用来设计查询所涉及的各种条件，称为“条件设计区域”，通过“可视化”的操作完成复杂的条件表达式的设计。

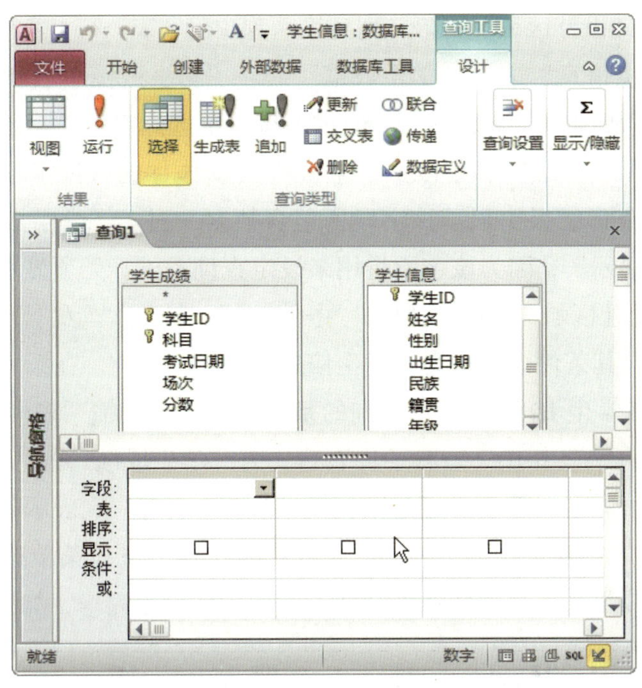

图 3-96　典型的查询设计视图

3）在“条件设计区域”的第一列中的“表”行，通过下拉菜单选择“学生信息”表，下拉菜单中只显示了在“显示表”对话框选择的两个数据库表“学生成绩”和“学生信息”，如图 3-97 所示。在第一列中的“字段”行，通过下拉菜单选择字段“学生 ID”，下拉菜单中只显示了在第一列中的“表”行选择的“学生信息”表所包含的全部字段，如图 3-98 所示。

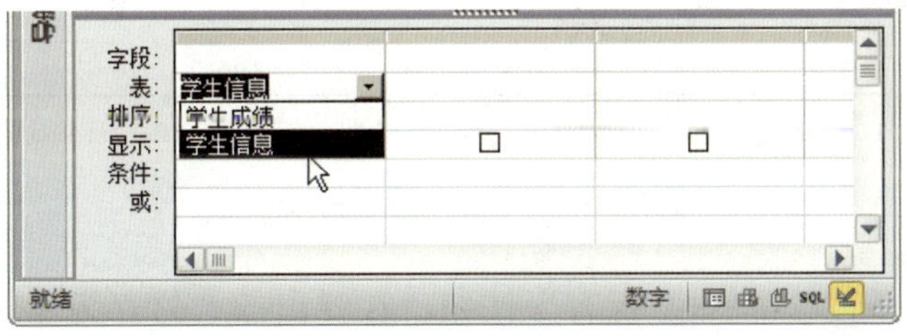

图 3-97　在“表”行选择数据库表

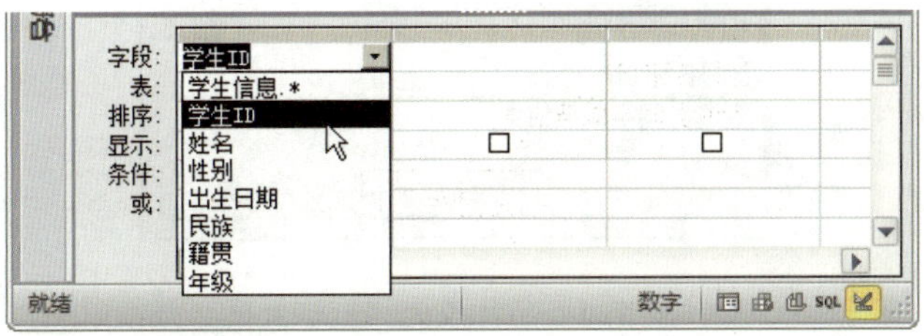

图 3-98　在“字段”行选择查询的字段

4）依次在“条件设计区域”的第二列到第六列中的“表”行，通过下拉菜单选择“学生信息”表、“学生信息”表、“学生成绩”表、“学生成绩”表和“学生成绩”表，依次在第二列到第六列中的“字段”行，通过下拉菜单选择字段“姓名”、字段“性别”、字段“科目”、字段“分数”和字段“学生 ID”。新添加的查询字段在“显示”行都会默认选中，表示在查询结果中显示该字段所包含数据，对于“学生成绩”表中字段“学生 ID”则不选中“显示”，因为该字段将用来设定查询条件，无须显示，如图 3–99 所示。

5）在“条件设计区域”的第三列的“条件”行，输入“" 女 "”，表示查询的条件为性别等于“女”，其条件表达式为：学生信息 . 性别 =" 女 "。在第六列的“条件”行，输入“[ 学生信息 ].[ 学生 ID]”，表示查询的条件为“学生成绩”表中的“学生 ID”等于“学生信息”表中的“学生 ID”，其条件表达式为“学生成绩 . 学生 ID=[ 学生信息 ].[ 学生 ID]”。在第一列的“排序”行，通过下拉菜单选择“升序”，表示将查询结果按照“学生 ID”从低到高升序排列。在第五列的“排序”行，通过下拉菜单选择“降序”，表示将查询结果按照“分数”从高到低降序排列。查询条件设定完毕，如图 3–100 所示。

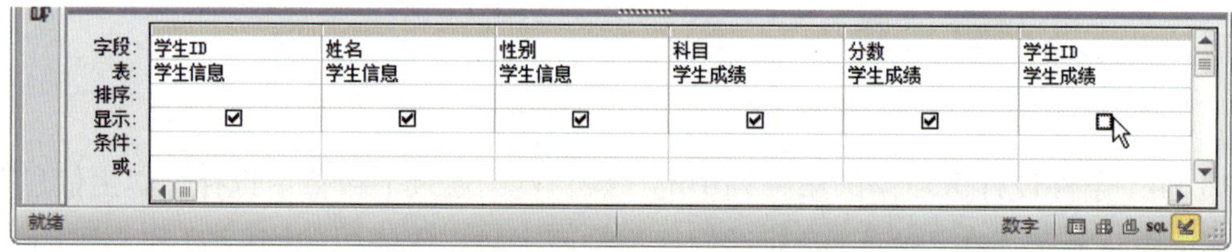


图 3–99　选择多个查询的数据库表及字段

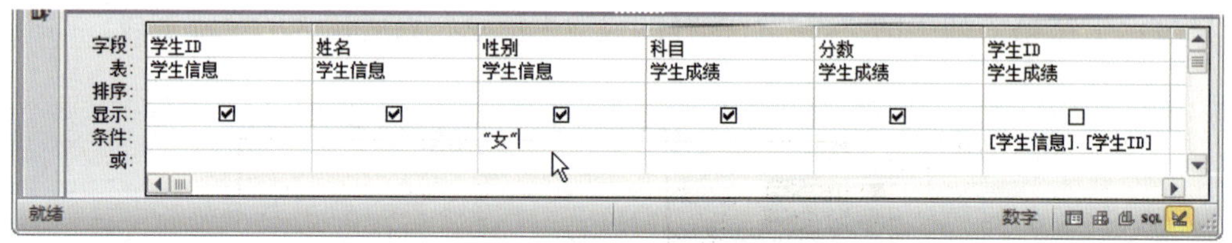


图 3–100　设定多个查询条件

6）单击快速访问工具栏中“保存”按钮，在弹出的“另存为”对话框中输入查询名称“查询女同学成绩信息”，单击“确定”，如图 3–101 所示。

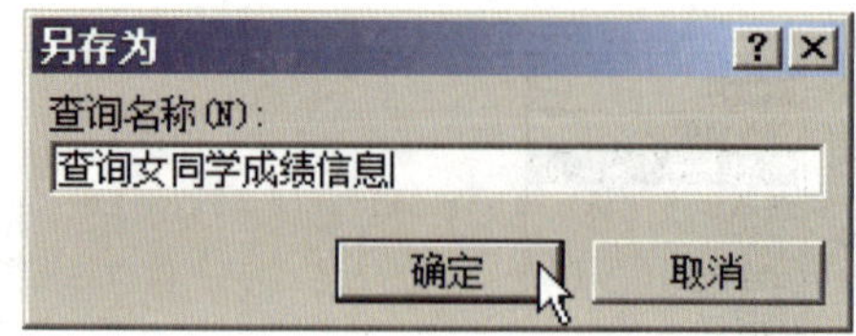


图 3–101　“查询 1”名称改为“查询女同学成绩信息”

7）文档区域的“查询 1”标签变为“查询女同学成绩信息”，在导航窗格中的“查询”组中出现了“查询女同学成绩信息”标签，其图标与“查询男同学全部信息”相同，都是“选择查询”，如图 3–102 所示。

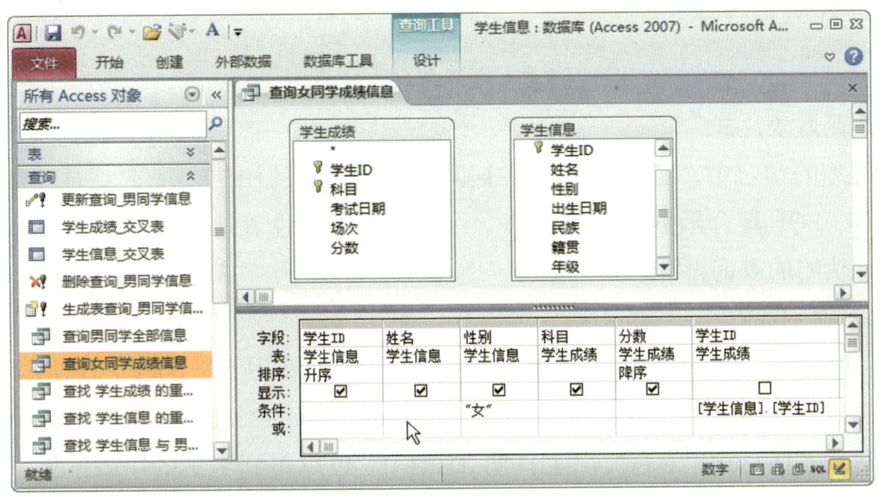

图 3–102　新建查询设计保存在数据库中

8）在“设计”选项卡上的“结果”组中单击“运行”，“查询女同学成绩信息”的“设计视图”切换为其结果数据显示，即在“学生信息”数据库表和“学生成绩”数据库表中联接查询女同学的学生信息和成绩信息，包括“学生 ID”“姓名”“性别”“科目”和“分数”，并且按照“学生 ID”从低到高升序排列，以及按照分数从高到低降序排列，如图 3–103 所示。

9）切换到“SQL 视图”，在“SQL 视图”命令窗口中查看该查询的 SQL 语句，如图 3–104 所示。与项目三任务 1“相关知识”中有关“联接查询”的例 19 中的 SQL 语句非常相似，差别是例 19 为数据库表指定了临时别名，而此处直接使用了标识符。

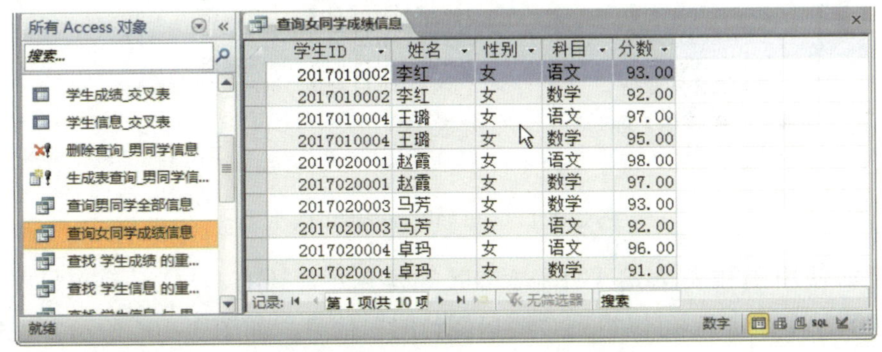

图 3–103　显示查询的结果数据

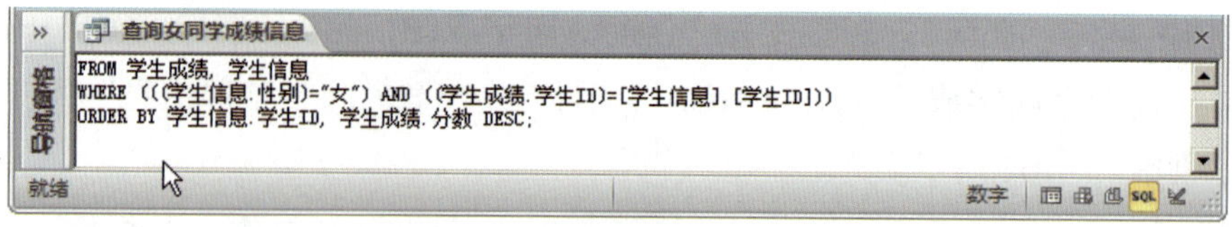


图 3-104　查看查询的 SQL 语句

### 3. 使用函数表达式

在本任务的学习中，已经涉及一些查询条件表达式的用法，现主要通过常用的“系统函数”和“SQL 聚合函数”示例，来学习使用函数条件表达式完成较为复杂的、带有计算和统计功能的查询设计。

（1）日期函数

1）日期函数 DateDiff 和 Date 通常一起使用，DateDiff 用于确定两个日期之间的差值，通常用来确定从字段标识符获取的日期和使用 Date 获取的当前日期之间的差值。例如使用函数表达式“DateDiff("yyyy", 出生日期 ,Date( ))”可以得到学生的年龄信息，而不必在数据库表中设置字段“年龄”来记录信息，因为随着时间的推移，年龄信息时常是变化的，不宜在“学生信息”表中常驻记录，如图 3-105 所示。表达式中，DateDiff 函数的第一个参数 "yyyy" 表示输出的结果以年为单位，第二个参数由“出生日期”标识符代表“学生信息”表中的相应字段，第三个参数是由 Date 函数提供的当前日期。

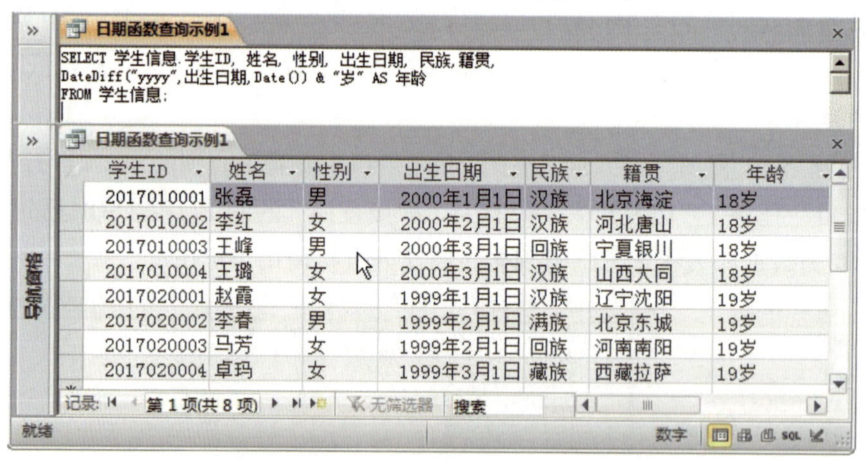


| 学生ID | 姓名 | 性别 | 出生日期 | 民族 | 籍贯 | 年龄 |
|---|---|---|---|---|---|---|
| 2017010001 | 张磊 | 男 | 2000年1月1日 | 汉族 | 北京海淀 | 18岁 |
| 2017010002 | 李红 | 女 | 2000年2月1日 | 汉族 | 河北唐山 | 18岁 |
| 2017010003 | 王峰 | 男 | 2000年3月1日 | 回族 | 宁夏银川 | 18岁 |
| 2017010004 | 王璐 | 女 | 2000年3月1日 | 汉族 | 山西大同 | 18岁 |
| 2017020001 | 赵霞 | 女 | 1999年1月1日 | 汉族 | 辽宁沈阳 | 19岁 |
| 2017020002 | 李春 | 男 | 1999年2月1日 | 满族 | 北京东城 | 19岁 |
| 2017020003 | 马芳 | 女 | 1999年2月1日 | 回族 | 河南南阳 | 19岁 |
| 2017020004 | 卓玛 | 女 | 1999年3月1日 | 藏族 | 西藏拉萨 | 19岁 |



图 3-105　日期函数查询示例 1

2）再如使用函数表达式“" 距离北京冬奥会开幕还有 " & DateDiff("d", Date( ), "2022-02-04") & " 天 "”可以得到“奥运倒计时”信息，如图 3-106 所示。表达式中，DateDiff 函数的第一个参数“d”表示输出的结果以天为单位，第二个参数是由 Date 函数提供的当前日期，第三个参数是常量值“"2022-02-04"”，表示北京冬奥会开幕日期。

表达式中，连接运算符 & 将三段不同的字符串连接起来成为一个字符串。这样的函数表达式也常用于窗体和报表的设计应用中。

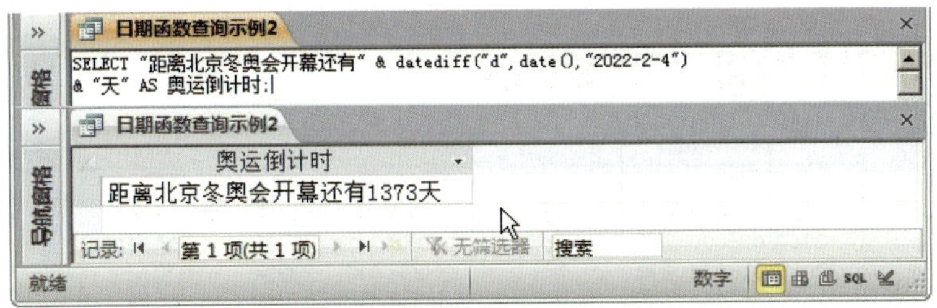


图 3-106　日期函数查询示例 2

（2）格式函数

1）格式函数 Format 主要用于为标识符应用预先设定的格式。例如，使用函数表达式"Format(Date( ),"yyyy")-Format(出生日期,"yyyy")"也可以得到学生的年龄信息，如图 3-107 所示。表达式中，Format 函数的第一个参数是由 Date 函数提供的当前日期，后者由"出生日期"标识符代表"学生信息"表中的相应字段，第二个参数""yyyy""表示将结果以四位年的格式输出。

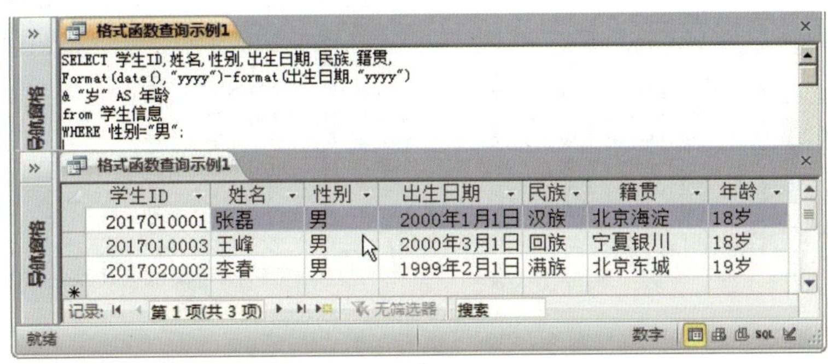


| 学生ID | 姓名 | 性别 | 出生日期 | 民族 | 籍贯 | 年龄 |
|---|---|---|---|---|---|---|
| 2017010001 | 张磊 | 男 | 2000年1月1日 | 汉族 | 北京海淀 | 18岁 |
| 2017010003 | 王峰 | 男 | 2000年3月1日 | 回族 | 宁夏银川 | 18岁 |
| 2017020002 | 李春 | 男 | 1999年2月1日 | 满族 | 北京东城 | 19岁 |

图 3-107　格式函数查询示例 1

2）再如使用函数表达式"Format(学生 ID，"0000-00-0000")"可以得到新的学生 ID 信息，如图 3-108 所示。表达式中，Format 函数的第一个参数是由"学生 ID"标识符代表"学生信息"表中的相应字段，第二个参数""0000-00-0000""表示将结果以此格式输出。

（3）选择函数

选择函数 IIf 用于计算表达式的结果（True 或 False），在计算结果为 True 时返回一个指定值，在计算结果为 False 时返回另一个指定值。例如，使用函数表达式"IIf(民族 ="汉族","否","是")"可以得出学生是否为少数民族，如图 3-109 所示。表达式中，IIf 函数的第一个参数是由表达式"民族 ="汉族""作为选择开关，如果表达式通过比较运算符"="计算得到的结果为真（True），则选择第二个参数""否""作为函数表达式的

结果输出，否则，选择第三个参数“"是"”作为函数表达式的结果输出，表示学生为少数民族。

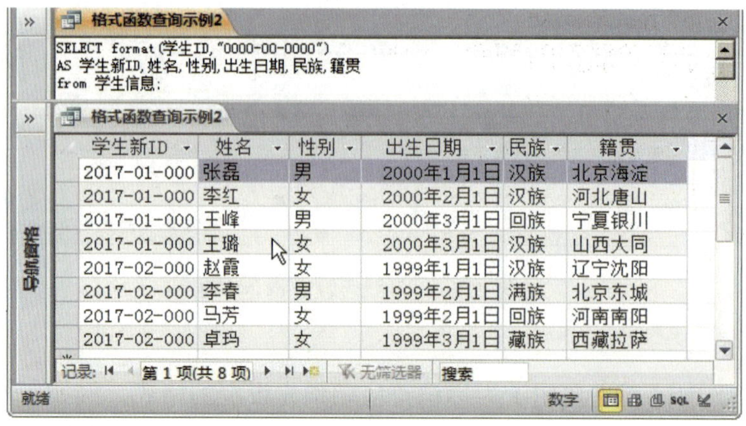


图 3-108　格式函数查询示例 2

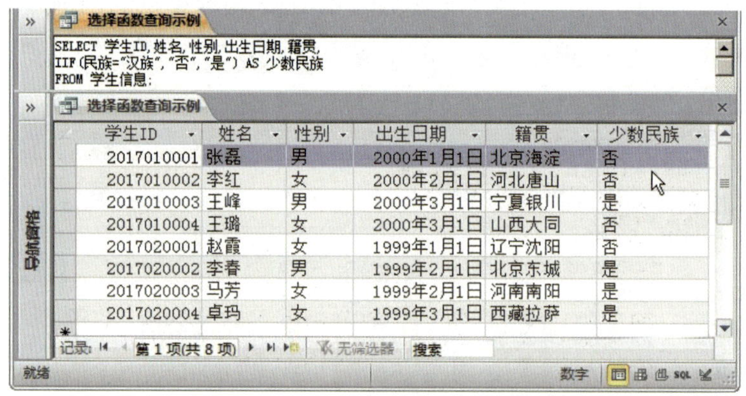


图 3-109　选择函数查询示例

（4）字符函数

字符函数 Left 用于在一个字符串中从最左边的字符开始提取若干字符，函数 Right 则用于从最右边的字符开始提取若干字符。例如，在前面的示例中，使用函数表达式“left(籍贯,2)”可以提取籍贯的一级行政区划信息，如北京、河北等，使用函数表达式“right(籍贯,2)”可以提取籍贯的二级行政区划信息，如唐山、沈阳等，如图 3-110 所示。表达式中，Left 函数和 Right 函数的第一个参数是由“籍贯”标识符代表“学生信息”表中的相应字段，第二个参数则表示所提取字符的个数，分别从“籍贯”信息的最左边和最右边开始提取 2 个字符便可以得到所需信息。

（5）均值函数

均值函数 Avg 用于计算所查询指定字段中包含的一组值的算术平均值。例如，使用函数表达式“Avg(分数)”可以计算得到学生的平均分数信息，如图 3-111 所示。表达式中，Avg 函数的参数是由“分数”标识符代表“学生成绩”表中的相应字段。

（6）计数函数

计数函数 Count 用于计算查询返回的记录数。例如，使用函数表达式“Count(学生ID)”计算女同学的个数，如图 3-112 所示。表达式中，Count 函数的参数是由“学生ID”标识符代表“学生信息”表中的相应字段。

字符函数查询示例

```
SELECT 学生ID,姓名,性别,民族,
left(籍贯,2) AS 籍贯之省区市,
right(籍贯,2) AS 籍贯之县市区
from 学生信息;
```

| 学生ID | 姓名 | 性别 | 民族 | 籍贯之省区 | 籍贯之县市 |
|---|---|---|---|---|---|
| 2017010001 | 张磊 | 男 | 汉族 | 北京 | 海淀 |
| 2017010002 | 李红 | 女 | 汉族 | 河北 | 唐山 |
| 2017010003 | 王峰 | 男 | 回族 | 宁夏 | 银川 |
| 2017010004 | 王璐 | 女 | 汉族 | 山西 | 大同 |
| 2017020001 | 赵霞 | 女 | 汉族 | 辽宁 | 沈阳 |
| 2017020002 | 李春 | 男 | 满族 | 北京 | 东城 |
| 2017020003 | 马芳 | 女 | 回族 | 河南 | 南阳 |
| 2017020004 | 卓玛 | 女 | 藏族 | 西藏 | 拉萨 |

记录：第 1 项(共 8 项) 无筛选器 搜索

就绪 数字

图 3-110 字符函数查询示例

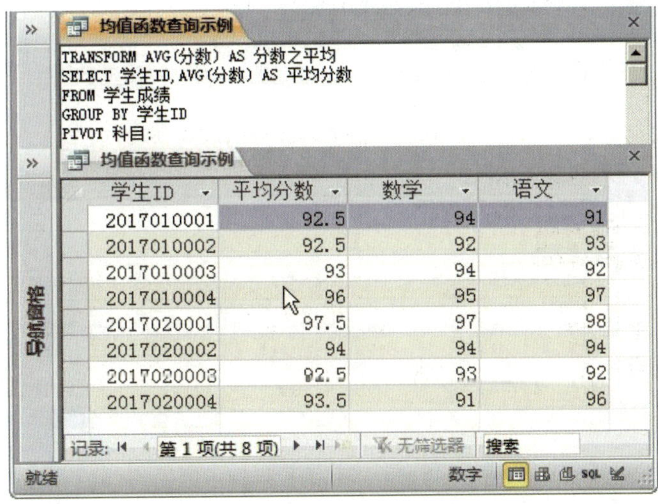


图 3-111 均值函数查询示例

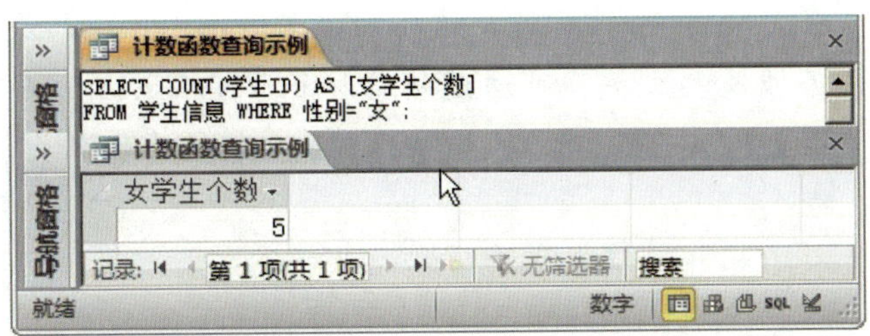


图 3-112 计数函数查询示例

（7）最值函数

最值函数 Min 用于返回在所查询指定字段内包含的一组值中的最小值，函数 Max 则用于返回一组值中的最大值。例如，使用函数表达式“Format(Min( 出生日期 ),"yyyy 年 mm 月 dd 日 ")”可以得到最早的出生日期，使用函数表达式“Format(Max( 出生日期 ),"yyyy 年 mm 月 dd 日 ")”可以得到最晚的出生日期，都按照指定格式显示，如图 3-113 所示。表达式中，Min 函数和 Max 函数的参数是由“出生日期”标识符代表“学生信息”表中的相应字段。

（8）求和函数

求和函数 Sum 用于返回在所查询指定字段中包含的一组值的总和。例如，使用函数表达式“Sum( 分数 )”可以计算得到学生的总分信息，如图 3-114 所示。表达式中，Sum 函数的参数是由“分数”标识符代表“学生成绩”表中的相应字段。

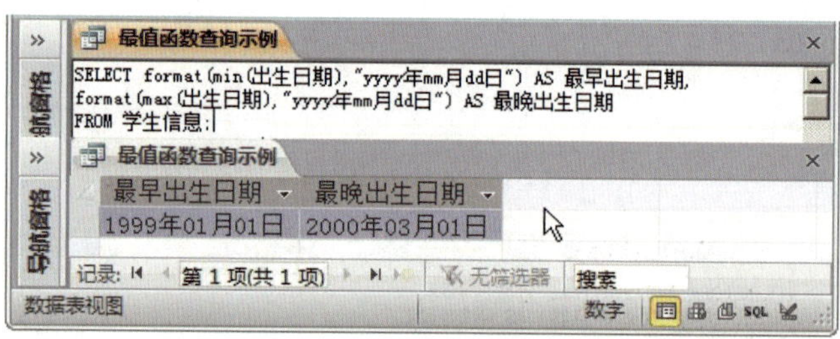


图 3-113　最值函数查询示例

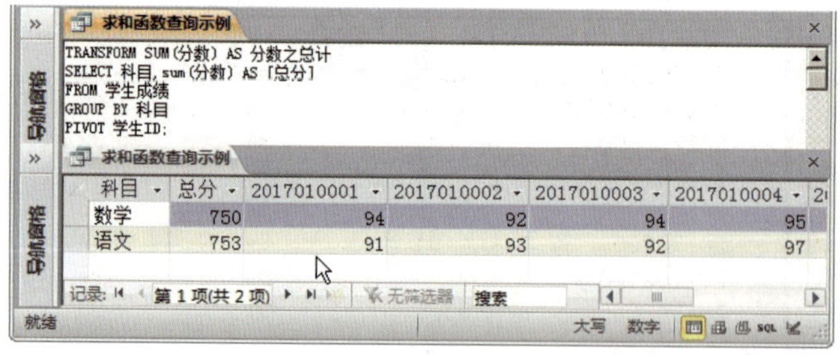


图 3-114　求和函数查询示例

本任务涉及的文件，可通过网站 http://jg.class.com.cn 下载，位于软件资源包中“中文版 Access 2010 基础与实训 / 项目三 / 任务 2”。

# 项目四　窗体及其应用

## 任务 1　创建学生信息窗体

### 学习目标

1. 了解窗体基本功能。
2. 理解区分窗体类型。
3. 掌握窗体创建方法。
4. 熟悉窗体布局视图。

### 任务描述

通过前面项目的学习，已可以使用 Access 创建数据库表来存储和组织各类有用的数据信息，能够设计常用的条件查询来从大量数据中检索和统计出符合特定需求的数据集合，可以使用 Access 出色地完成各种日常的数据管理工作了，例如：

1. 可以通过创建“学生信息”数据库来管理学生的各类信息。

2. 可以通过创建“学生信息”表和“学生成绩”表分别来存储学生的个人信息和各科目考试成绩。

3. 可以通过设计“学生信息交叉表”来统计学生的“民族”和“性别”分布情况，设计“查询女同学成绩信息”来同时在“学生信息”表和“学生成绩”表中检索女同学的个人信息和各科目考试成绩，并在同一个查询结果视图中显示出来。

本任务将在此基础上，通过创建学生信息窗体的学习任务，学习窗体的概念及其使用，解决以下问题：

1. 常用的窗体分为哪些类型，分别能完成哪些应用？

2. 如何创建简单的窗体，以展示和管理特定的信息？

3. 如何摆设窗体的界面元素，更为方便和美观地展示和管理信息？

## 相关知识

### 1. 窗体功能

数据库表和查询创建后，可以创建窗体用于输入、编辑或者显示表或查询中的数据。简单的数据库（如学生信息）可能仅使用一个窗体，复杂的数据库会使用多个复杂窗体以及子窗体。

窗体通常包含链接到表中基础字段的控件，当打开窗体时，Access 会从其中的一个或多个表中检索数据，然后用创建窗体时所选择的布局显示数据。

可以使用窗体来控制对数据的访问，如显示哪些字段或数据行。例如，某些用户可能只需要查看包含许多字段的表中的几个字段。为这些用户提供仅包含那些字段的窗体，可以更便于他们使用数据库。

可以将窗体视作窗口，通过它查看和访问数据库。有效的窗体省略了搜索所需内容的步骤，更便于使用数据库。

美观的窗体可以增加使用数据库的乐趣和效率，还有助于避免输入错误的数据。

### 2. 窗体类型

窗体在类型上的区别主要体现在它的元素和数据的布局显示方面，主要分为六类。

（1）基本窗体

采用“纵览表”布局的窗体称为基本窗体。基本窗体是最常用的一类窗体，数据按照规则的形式排列，一次只显示一个记录，可以通过窗口底部的导航栏逐个查看多个记录。在布局视图中，可以根据数据调整文本框的大小，也可以根据数据之间的关系调整文本框的位置。

（2）数据表窗体

采用“数据表”布局的窗体称为数据表窗体。数据表窗体类似于数据库表，数据按照行和列的形式排列，一次可以查看多个记录。但是，数据表窗体不能在布局视图中对窗体进行设计方面的更改。

（3）多项目窗体

采用“表格”布局的窗体称为多项目窗体。多项目窗体类似于数据表窗体，数据也排列成行和列的形式，一次可以查看多个记录，但是，多项目窗体提供了比数据表窗体更多的自定义选项，在布局视图中，可以在窗体显示数据的同时对窗体进行设计方面的更改。例如，可以根据数据调整文本框的大小，设置窗体页眉和窗体页脚。

（4）对齐窗体

采用“两端对齐”布局的窗体称为对齐窗体。对齐窗体类似于基本窗体，数据按照规则的形式排列，一次只显示一个记录，可以通过窗口底部的导航栏逐个查看多个记录。在布局视图中，各个窗体元素排列的相对紧凑，每行元素的首尾都和窗体的边界对齐。

（5）分割窗体

采用“分割”布局的窗体称为分割窗体。分割窗体可以同时提供数据的两种视图：窗体视图和数据表视图。这两种视图连接到同一数据源，并且总是保持相互同步。如果在窗体的一个部分中选择了一个字段，则会在窗体的另一部分中选择相同的字段可以在任一部分中添加、编辑或删除数据。

使用分割窗体可以在一个窗体中同时利用两种窗体类型的优势。例如，可以使用窗体的数据表部分快速定位记录，然后使用窗体部分查看或编辑记录。窗体部分以醒目而实用的方式呈现出数据表部分。

（6）空白窗体

刚创建的还未采用任何布局的窗体，称为空白窗体。空白窗体常在设计较为复杂的窗体时使用，因此不局限于以上的布局形式。空白窗体还常作为设计其他窗体之前的数据测试场所，测试成功后，再套用以上的布局形式便捷地设计窗体。

### 1. 认识窗体对象的视图

Access 2010 对于数据库窗体对象的使用提供了三种不同的视图，即“窗体视图”“布局视图”和“设计视图”，选择不同的视图可以实现不同的操作和功能。

在窗体视图中，可以显示窗体的结果数据；在布局视图中，可以调整窗体元素的布局；在设计视图中，主要是对窗体元素进行可视化设计，常用于较为复杂的窗体设计。

在不同视图间切换的主要方法包括：

（1）在文档区域右键单击窗体标签进行选择，如图 4–1 所示操作将“窗体视图”切换为“布局视图”。

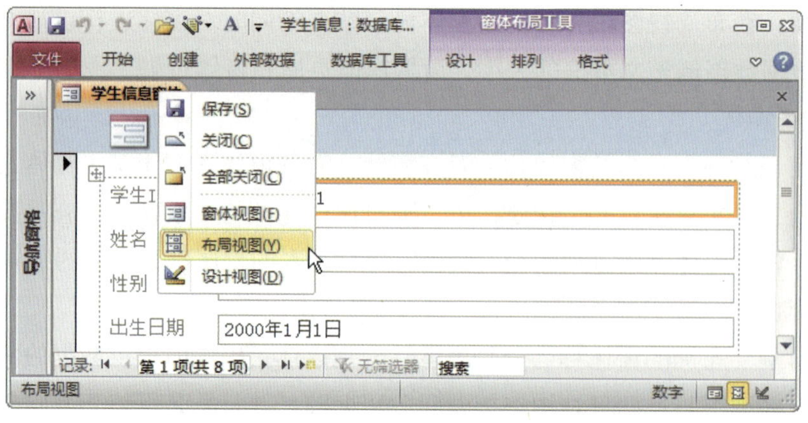

图 4-1　将“窗体视图”切换为“布局视图”

（2）在“开始”选项卡中的“视图”组进行选择，如图 4-2 所示操作将“布局视图”切换为“设计视图”。

（3）在程序状态栏最右侧的“视图”组进行选择，如图 4-3 所示操作将“设计视图”切换为“窗体视图”。

### 2. 创建窗体

（1）创建基本窗体

1）打开数据库“学生信息 .accdb”，在导航窗格选择“学生信息”数据库表，然后在“创建”选项卡上的“窗体”组中单击“窗体”，如图 4-4 所示。

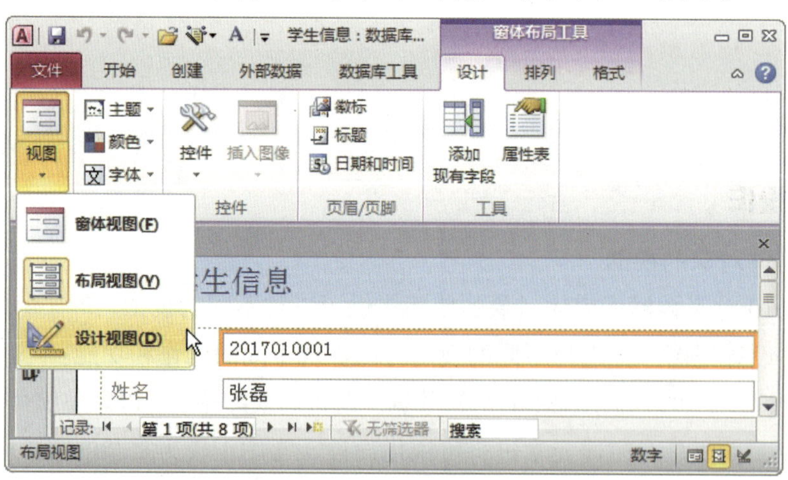

图 4-2　将“布局视图”切换为“设计视图”

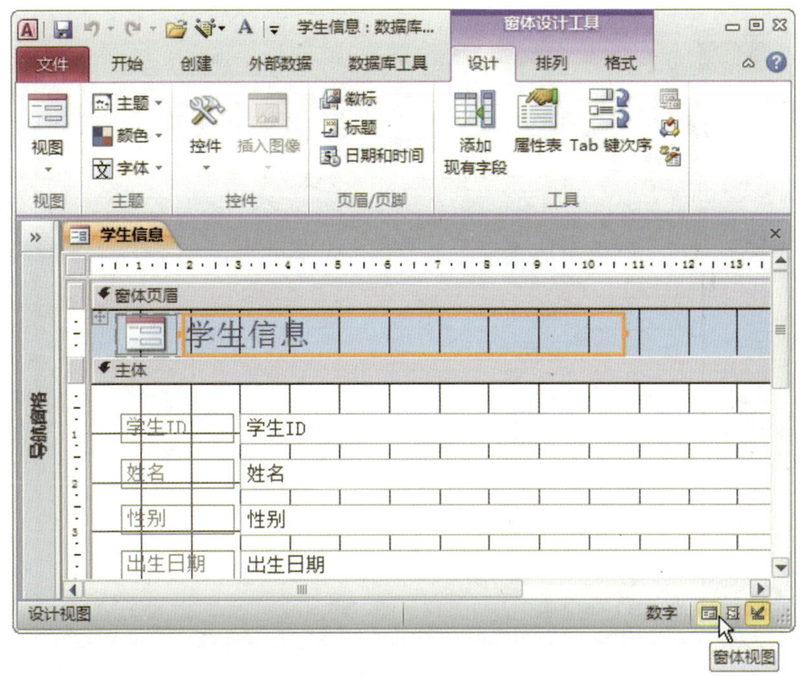


图 4-3　将“设计视图”切换为“窗体视图”

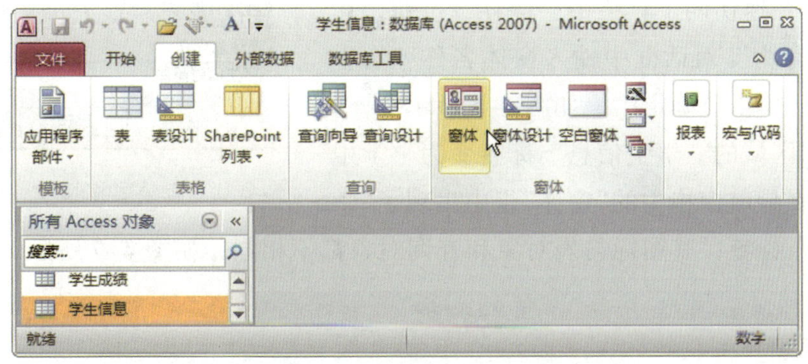


图 4-4　在“创建”选项卡上单击“窗体”

2）基本窗体“学生信息”随即在文档区域打开，默认视图为“布局视图”，“创建”选项卡也切换为“窗体布局工具”的“设计”选项卡，如图 4–5 所示。由于在创建窗体前选择了“学生信息”数据库表，Access 便自动将“学生信息”表中的有关信息加载到当前的窗体设计中，例如，文档的标签和窗体的标题都默认设置为“学生信息”，窗体的主体自动套用了“纵览表”布局形式，整齐地排列了 7 个“标签”和对应的“文本框”，“标签”的内容为“学生信息”表中的字段名称，“文本框”的内容为“学生信息”表中的对应字段在第一条记录中的数据。

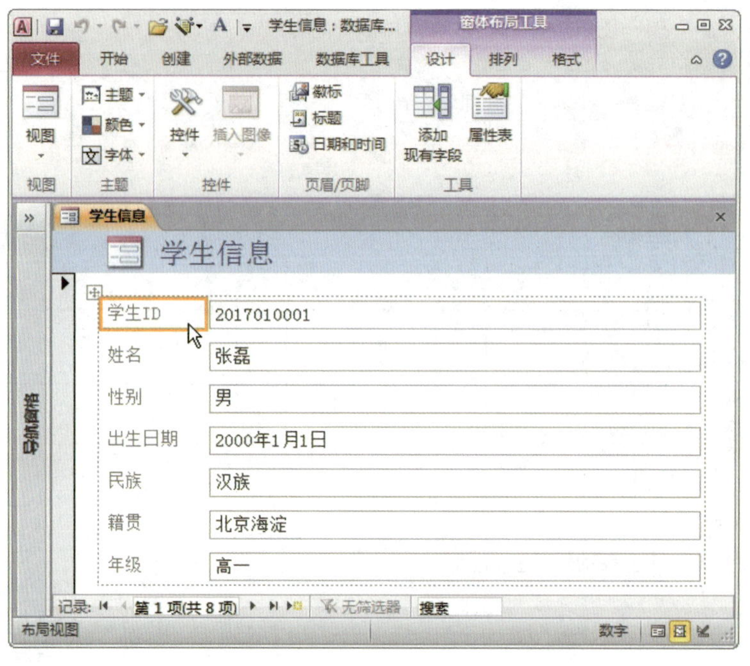


图 4-5　基本窗体“学生信息”在文档区域打开

图 4-6　窗体名称改为“学生信息窗体”

3）单击快速访问工具栏中“保存”按钮，在弹出的“另存为”对话框中输入窗体名称“学生信息窗体”，单击“确定”，如图 4-6 所示。

4）文档区域的“学生信息”标签变为“学生信息窗体”，在导航窗格中的“窗体”组中出现了“学生信息窗体”标签，其图标与表对象和查询对象都不相同，如图 4-7 所示。

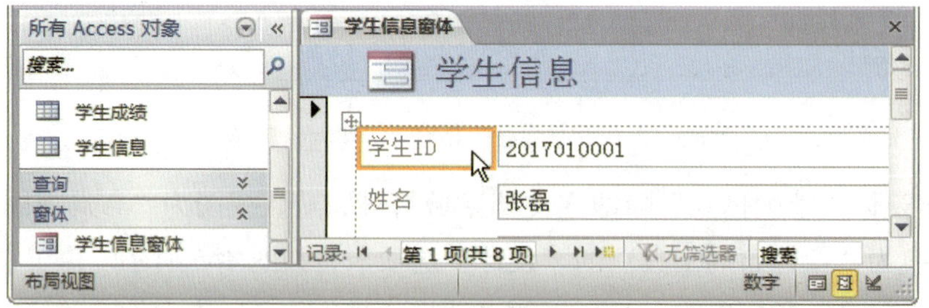


图 4-7　新建窗体设计保存在数据库中

5）切换到“窗体视图”，查看窗体的数据显示，如图 4-8 所示。通过底部的导航栏可以选择查看的记录，例如，单击按钮 ⏮ 选择“第一条记录”，单击按钮 ⏭ 选择“最后一条记录”，单击按钮 ◀ 选择“上一条记录”，单击按钮 ▶ 选择“下一条记录”。

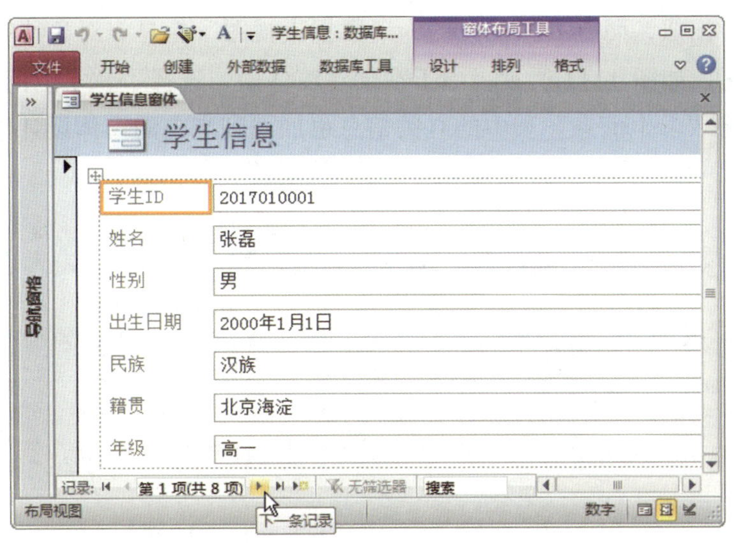


图 4-8　切换到“窗体视图”查看窗体的数据显示

6）单击按钮 ▸ 选择查看下一条记录，“学生信息”表中第二条记录的信息在窗体中加载并显示，如图 4-9 所示。

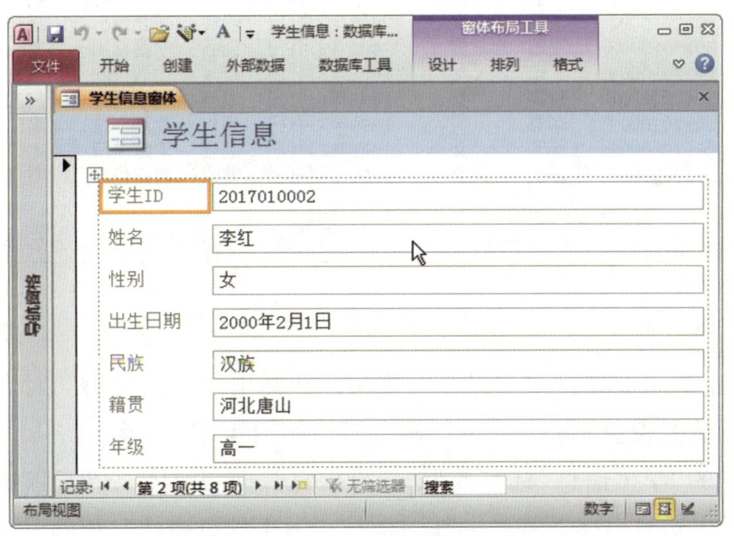


图 4-9　在窗体中选择查看下一条记录

（2）创建数据表窗体

1）在导航窗格选择“学生信息”数据库表，然后在“创建”选项卡上的“窗体”组中单击“其他窗体”，在弹出的下拉菜单中选择“数据表”，如图 4-10 所示。

2）数据表窗体“学生信息”随即在文档区域打开，窗体的外观布局看上去和“学

生信息”表极为相似，而且其默认视图为“数据表视图”，是表对象特有的视图，而非窗体对象的视图，如图 4-11 所示。由于在创建窗体前，选择了“学生信息”数据库表，Access 便自动将“学生信息”表中的有关信息也加载到当前的窗体设计中。

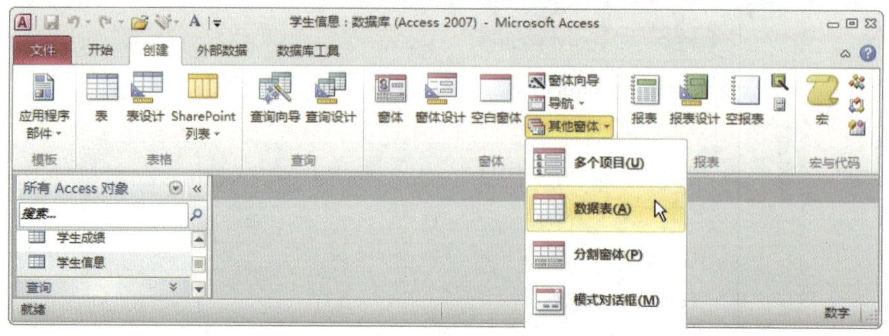


图 4-10　在“创建”选项卡上单击“数据表”

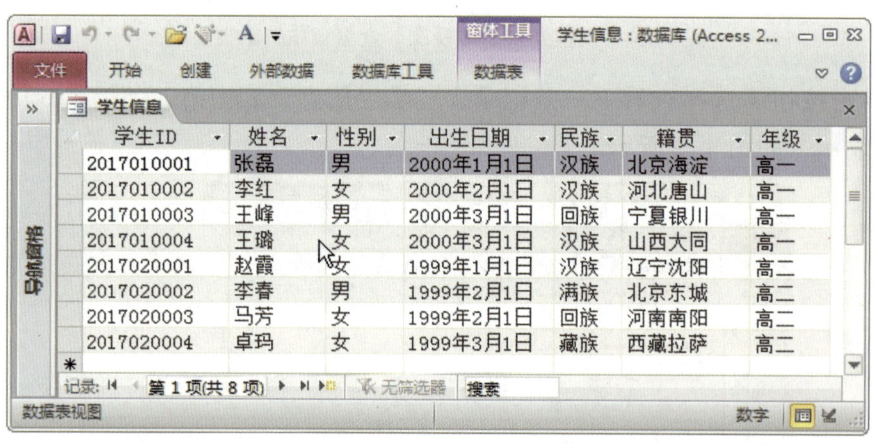


| 学生ID | 姓名 | 性别 | 出生日期 | 民族 | 籍贯 | 年级 |
|---|---|---|---|---|---|---|
| 2017010001 | 张磊 | 男 | 2000年1月1日 | 汉族 | 北京海淀 | 高一 |
| 2017010002 | 李红 | 女 | 2000年2月1日 | 汉族 | 河北唐山 | 高一 |
| 2017010003 | 王峰 | 男 | 2000年3月1日 | 回族 | 宁夏银川 | 高一 |
| 2017010004 | 王璐 | 女 | 2000年3月1日 | 汉族 | 山西大同 | 高一 |
| 2017020001 | 赵霞 | 女 | 1999年1月1日 | 汉族 | 辽宁沈阳 | 高二 |
| 2017020002 | 李春 | 男 | 1999年2月1日 | 满族 | 北京东城 | 高二 |
| 2017020003 | 马芳 | 女 | 1999年2月1日 | 回族 | 河南南阳 | 高二 |
| 2017020004 | 卓玛 | 女 | 1999年3月1日 | 藏族 | 西藏拉萨 | 高二 |

图 4-11　数据表窗体“学生信息”在文档区域打开

3）单击快速访问工具栏中“保存”按钮，在弹出的“另存为”对话框中输入窗体名称“学生信息数据表窗体”，单击“确定”，如图 4-12 所示。

4）文档区域的“学生信息”标签变为“学生信息数据表窗体”，在导航窗格中的“窗体”组中出现了“学生信息窗体”标签，其图标与“学生信息窗体”相同，如图 4-13 所示。

图 4-12　窗体名称改为“学生信息数据表窗体”

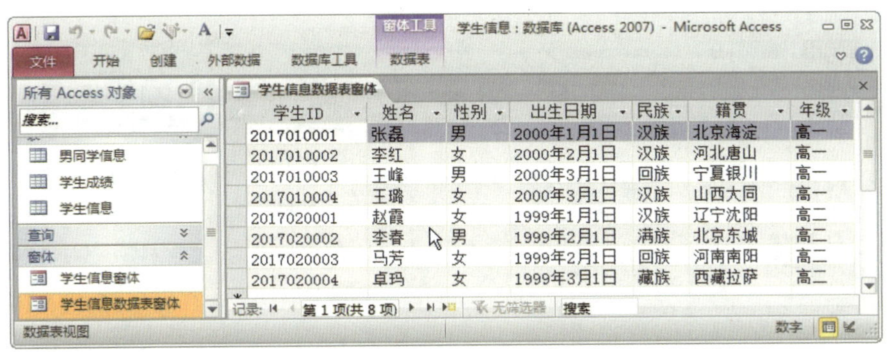

图 4-13　新建窗体设计保存在数据库中

5）查看窗体的数据显示，将第一条记录的年级信息由“高一”修改为“高二”，如图 4-14 所示。

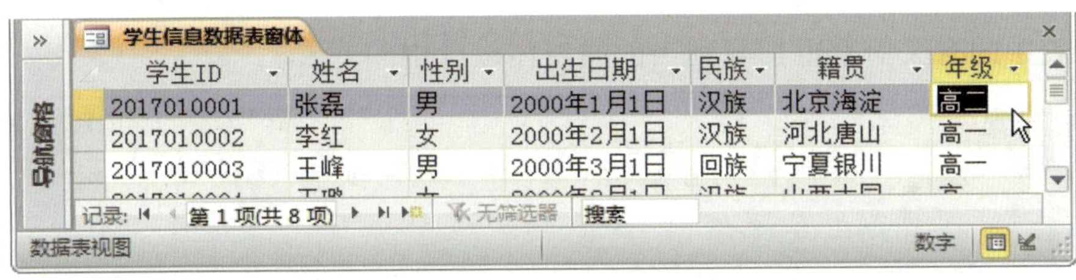

图 4-14　修改数据

6）在导航窗格中选中并打开“学生信息”表，表中第一条记录的年级信息也同样变为了“高二”，说明在窗体中可以对数据进行修改，修改的结果会及时保存到相应的数据库表中，如图 4-15 所示。

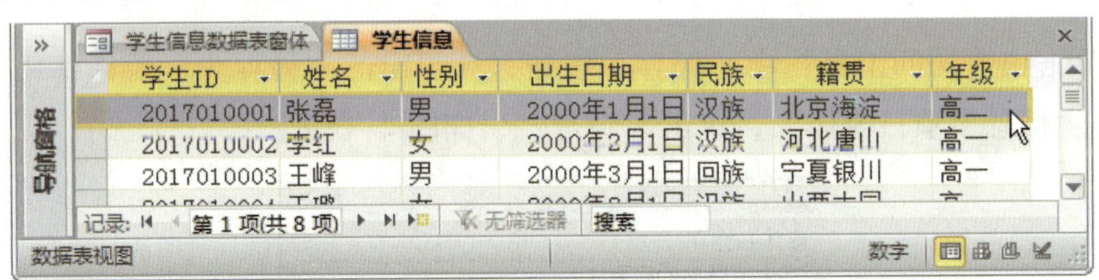

图 4-15　窗体中修改的数据已保存在数据库表中

（3）创建多项目窗体

1）在导航窗格选择“学生信息”数据库表，然后在“创建”选项卡上的“窗体”组中单击“其他窗体”中的“多个项目”，如图 4-16 所示。

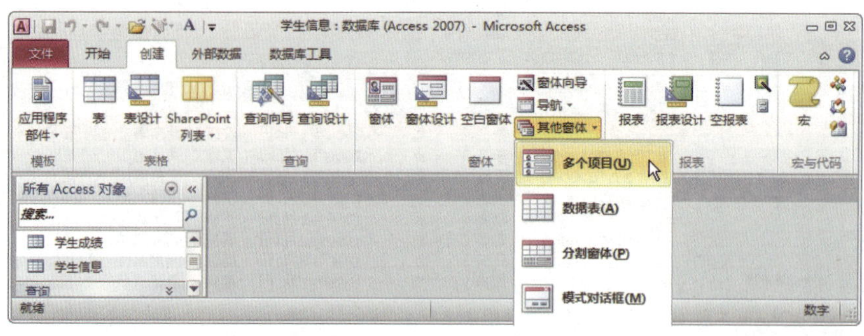


图 4-16　在“创建”选项卡上单击“多个项目”

2）多项目窗体“学生信息”随即在文档区域打开，窗体的外观布局看上去和“学生信息数据表窗体”较为相似，以列表的形式显示数据，其默认视图为“布局视图”，如图 4-17 所示。由于在创建窗体前，选择了“学生信息”数据库表，Access 便自动将“学生信息”表中的有关信息也加载到当前的窗体设计中。

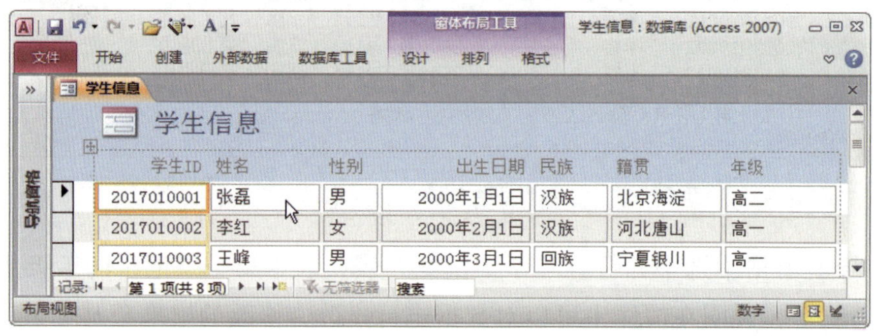


图 4-17　多项目窗体“学生信息”在文档区域打开

3）单击快速访问工具栏中“保存”按钮，在弹出的“另存为”对话框中输入窗体名称“学生信息多项目窗体”，单击“确定”，如图 4-18 所示。

图 4-18　窗体名称改为“学生信息多项目窗体”

4）文档区域的“学生信息”标签变为“学生信息多项目窗体”，在导航窗格中的“窗体”组中出现了“学生信息多项目窗体”标签，其图标与其他窗体对象都相同，如图 4-19 所示。

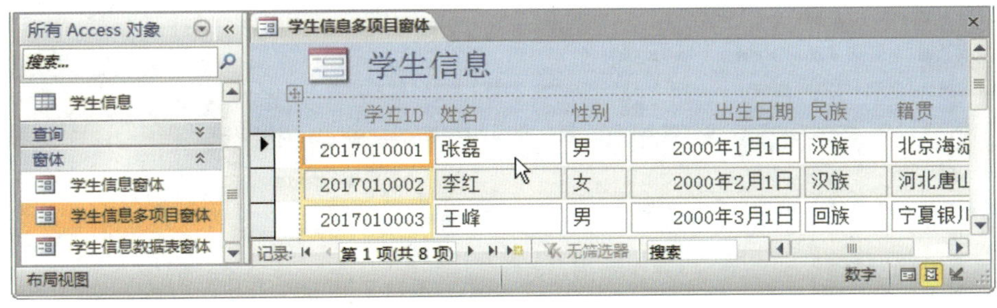


图 4-19　新建窗体设计保存在数据库中

5）切换到“窗体视图”，查看窗体的数据显示，并新增一条记录，如图 4-20 所示。

图 4-20　切换到“窗体视图”并新增一条记录

6）在导航窗格中选中并打开“学生信息”表，表中出现了刚新增的那条记录，说明在窗体中可以增加新的记录，增加的结果会及时保存到相应的数据库表中，如图 4-21 所示。

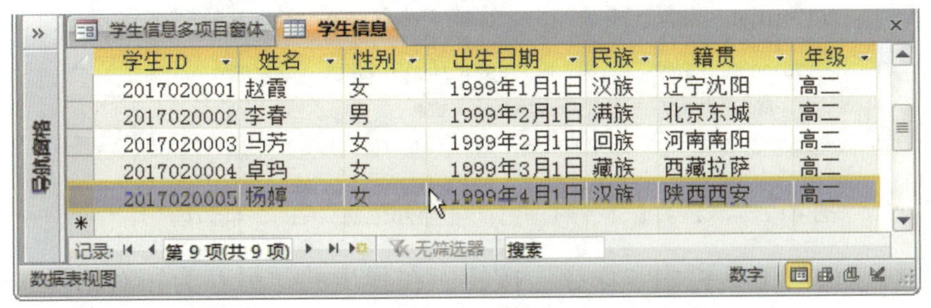


图 4-21　窗体中修改的数据已保存在数据库表中

（4）创建分割窗体

1）在导航窗格选择查询对象“查询男同学全部信息”，然后在“创建”选项卡上的“窗体”组中单击“其他窗体”中的“分割窗体”，如图 4-22 所示。

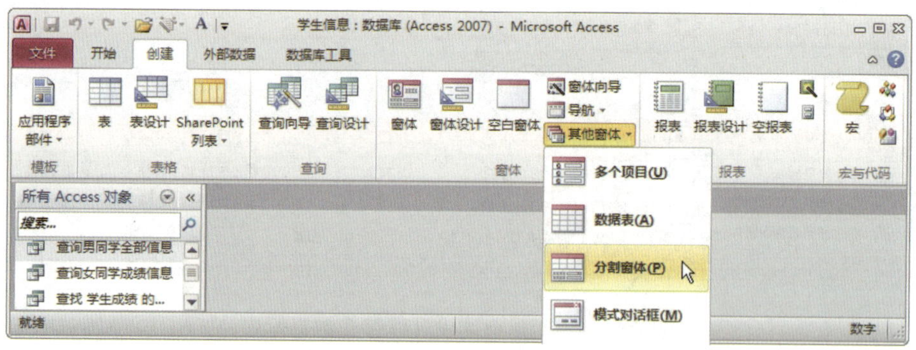


图 4-22　在“创建”选项卡上单击“分割窗体”

2）分割窗体“查询男同学全部信息”随即在文档区域打开，窗体分割为上下两部分，上部实际是基本窗体，下部是数据表窗体，如图 4-23 所示。由于在创建窗体前，选择了“查询男同学全部信息”，Access 便自动将“查询男同学全部信息”中的有关信息加载到当前的窗体设计中。

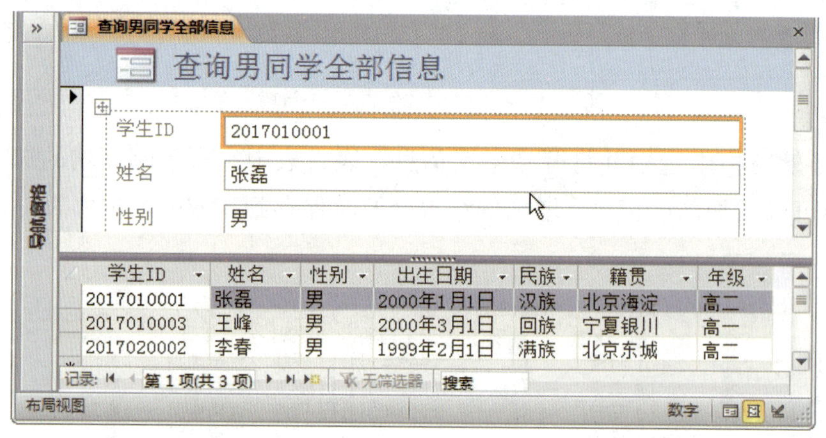


图 4-23　分割窗体“查询男同学全部信息”在文档区域打开

3）单击快速访问工具栏中“保存”按钮，在弹出的“另存为”对话框中输入窗体名称“查询男同学全部信息分割窗体”，单击“确定”，如图 4-24 所示。

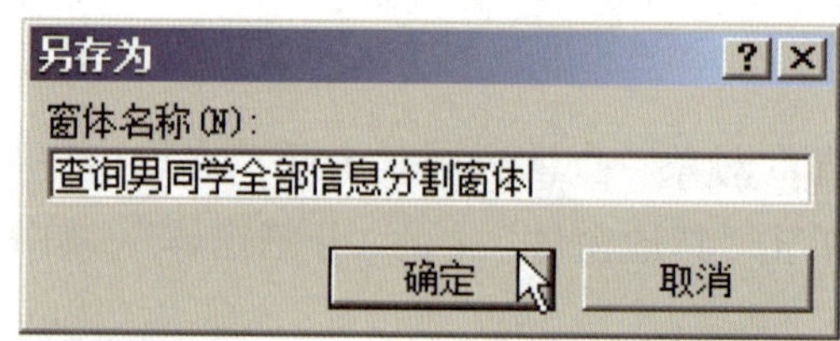


图 4-24　窗体名称改为“查询男同学全部信息分割窗体”

4）文档区域的“查询男同学全部信息”标签变为“查询男同学全部信息分割窗体”，在导航窗格中的“窗体”组中出现了“查询男同学全部信息分割窗体”标签，其图标与其他窗体对象都相同，如图 4–25 所示。

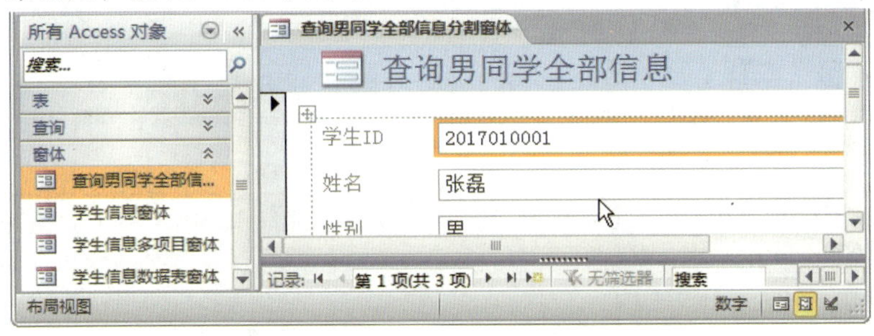


图 4–25　新建窗体设计保存在数据库中

5）切换到“窗体视图”，查看窗体的数据显示，如图 4–26 所示。

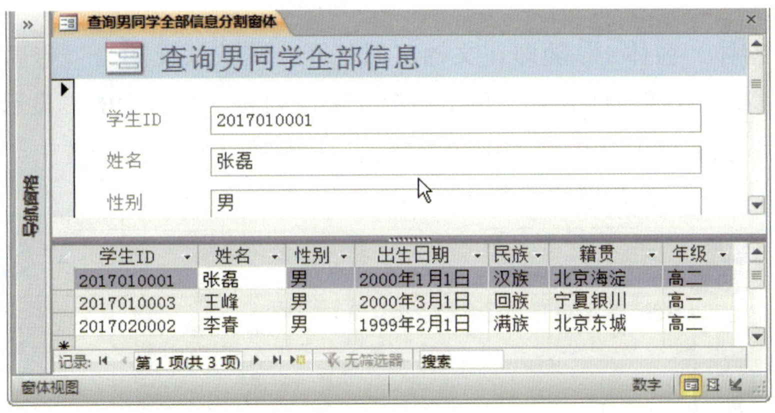


图 4–26　切换到“窗体视图”查看窗体的数据显示

6）在下部的数据表窗体中单击选中第三条记录，上部的基本窗体中同步加载该记录并显示，如图 4–27 所示。

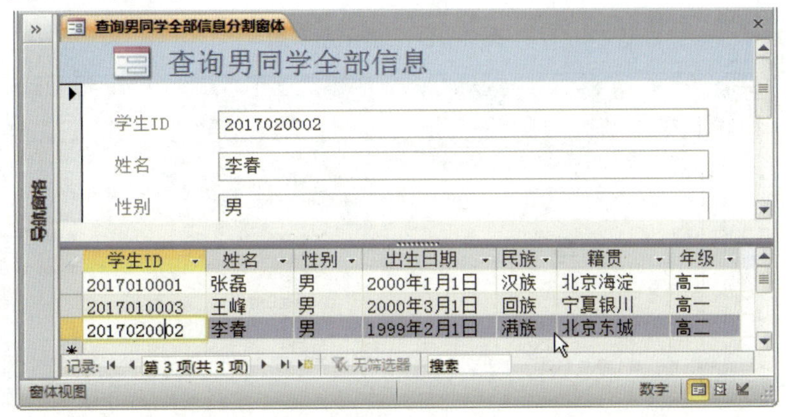


图 4–27　在数据表窗体中选择查看第三条记录

（5）创建空白窗体

1）在“创建”选项卡上的“窗体”组中单击“空白窗体”，如图 4-28 所示。

图 4-28　在“创建”选项卡上单击“空白窗体”

2）空白窗体“窗体 1”随即在文档区域打开，其默认视图为“布局视图”，窗体中一片空白，没有任何窗体元素。单击右侧“字段列表”窗口中的“显示所有表”，如图 4-29 所示，在右侧的字段列表中包含数据库中的两个表，单击选中“学生成绩”表中的字段“学生 ID”，并拖拽至窗体区域中，如图 4-30 所示。

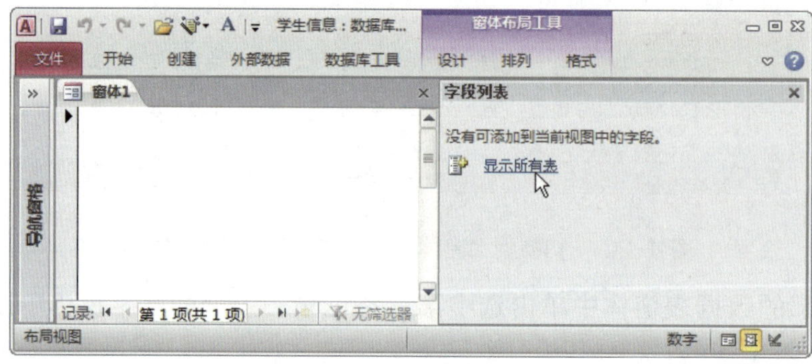


图 4-29　显示所有表

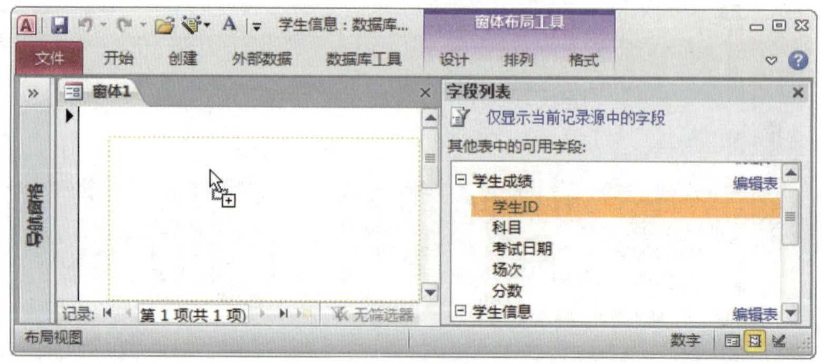


图 4-30　从字段列表拖拽字段至窗体区域中

3）一对“标签”和“文本框”以“堆叠”方式显示在空白窗体区域中，“标签”的内容为拖拽的字段名称，“文本框”的内容为“学生成绩”表中的对应字段在第一条记录中的数据。单击“文本框”下面的快捷提示按钮，选择弹出菜单中的“以表格式布局显示”，如图 4–31 所示。

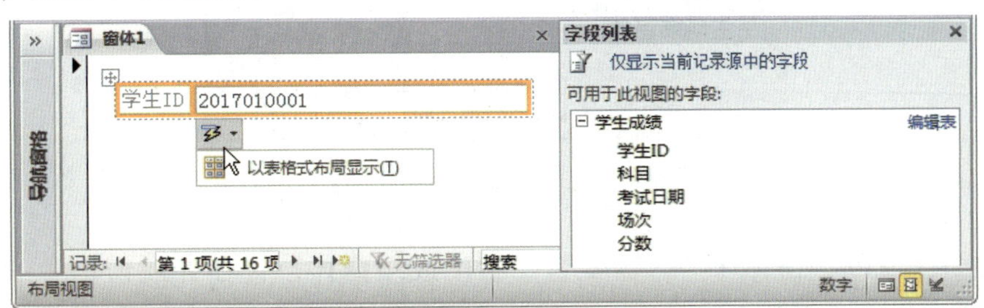


图 4–31　选择“快捷提示”菜单“以表格式布局显示”

4）以“堆叠方式”显示的“标签”和“文本框”变为以“表格式布局”显示。单击“文本框”下面的快捷提示按钮，选择弹出菜单中的“以堆叠方式显示”，如图 4–32 所示。

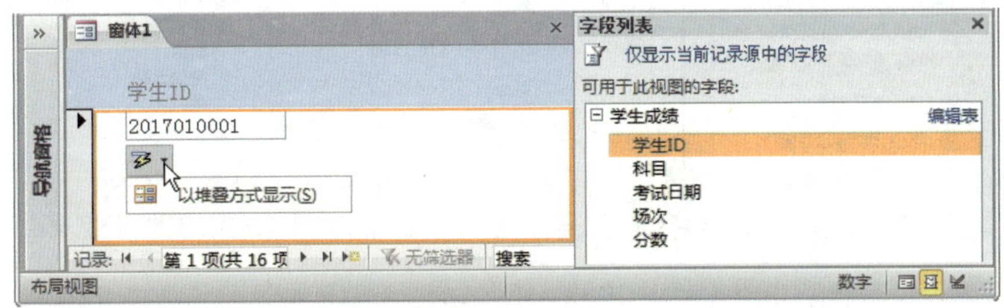


图 4–32　选择“快捷提示”菜单“以堆叠方式显示”

5）以“表格式布局”显示的“标签”和“文本框”又变回以“堆叠方式”显示。单击选中“学生成绩”表中的其他字段，并依次拖拽至窗体区域中，如图 4–33 所示。

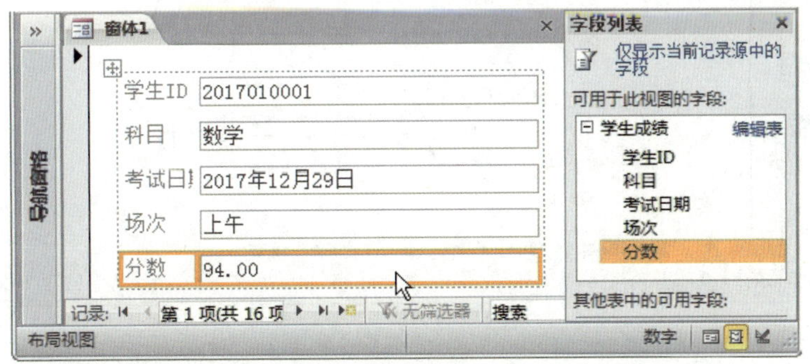


图 4–33　从字段列表依次拖拽字段至窗体区域中

6）单击快速访问工具栏中“保存”按钮，在弹出的“另存为”对话框中输入窗体名称“学生成绩窗体”，单击“确定”，如图 4–34 所示。

图 4–34　窗体名称改为“学生成绩窗体”

7）文档区域的“窗体 1”标签变为“学生成绩窗体”，在导航窗格中的“窗体”组中出现了“学生成绩窗体”标签，如图 4–35 所示。

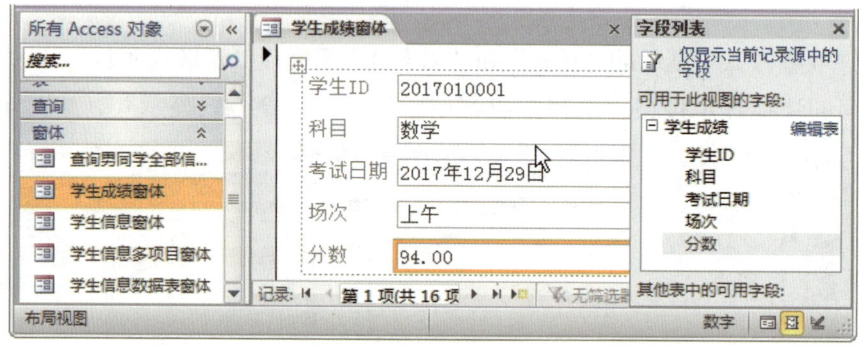


图 4–35　新建窗体设计保存在数据库中

8）切换到“窗体视图”，查看窗体的数据显示，如图 4–36 所示。

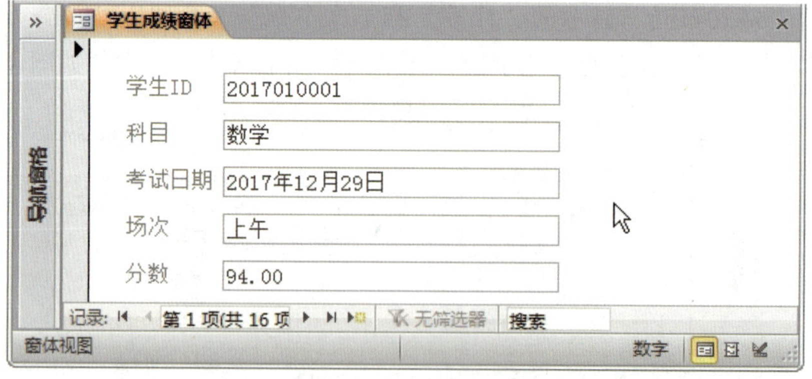


图 4–36　切换到“窗体视图”查看窗体的数据显示

（6）创建窗体向导

1）在导航窗格选择“学生信息”数据库表，然后在“创建”选项卡上的“窗体”组中单击“窗体向导”，如图 4-37 所示。

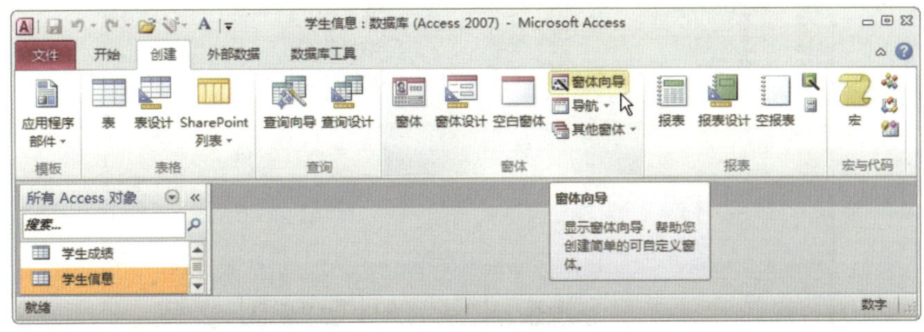


图 4-37　在“创建”选项卡上单击“窗体向导”

2）弹出“窗体向导”对话框，在“表 / 查询”下拉菜单中选择窗体的数据源，包括数据库表和选择查询（不包括操作查询），在“可用字段”列表中选择将要在窗体上显示的字段，由于在创建窗体前，选择了“学生信息”数据库表，Access 便自动将“学生信息”表作为“表 / 查询”下拉菜单的默认选择，将该表包含的全部字段从“可用字段”列表中选择到“选定字段”列表中，单击“下一步”，如图 4-38 所示。

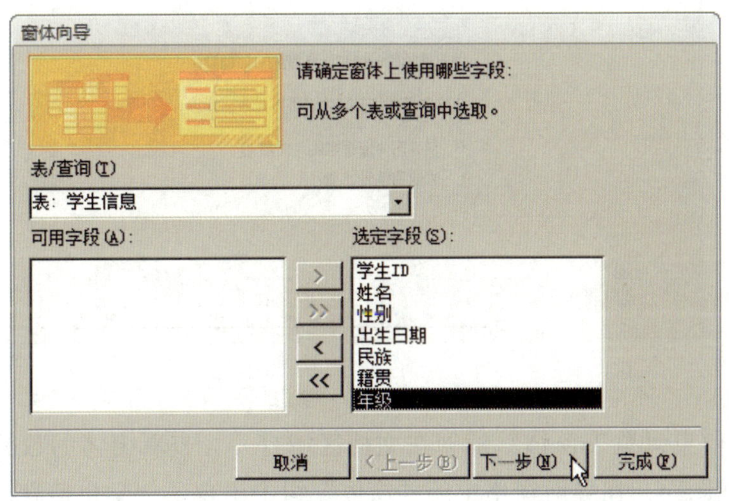


图 4-38　选择窗体的数据源和字段

3）在“窗体向导”中选择窗体使用的布局，选项包括“纵览表”“表格”“数据表”和“两端对齐”，此处选择“纵览表”，单击“下一步”，如图 4-39 所示。

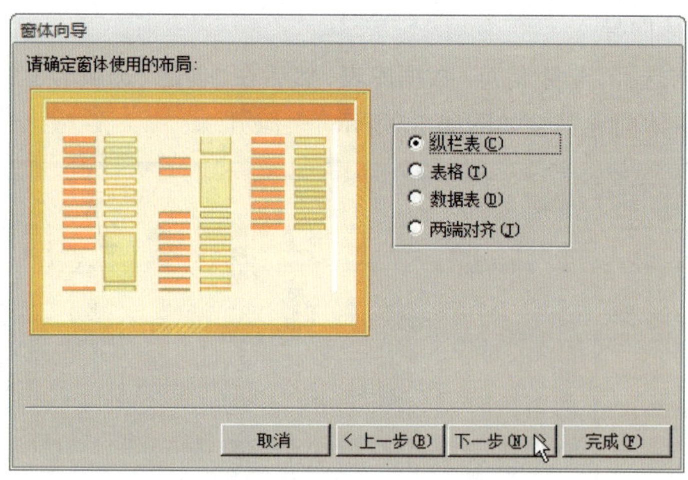


图 4-39　选择窗体使用的布局

4）在“窗体向导”中为窗体指定标题为“学生信息纵览表窗体”，并选择“打开窗体查看或输入信息”，单击“完成”，如图 4-40 所示。

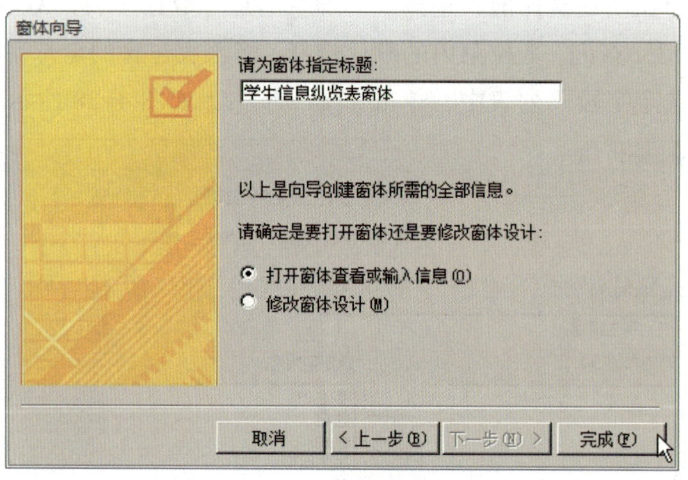


图 4-40　为窗体指定标题为“学生信息纵览表窗体”

5）“学生信息纵览表窗体”随即在文档区域打开，查看窗体的数据显示，其默认视图为“窗体视图”，在导航窗格中的“窗体”组中出现了“学生信息纵览表窗体”标签，如图 4-41 所示。实际上，使用“纵览表”布局的窗体即为“基本窗体”。另外，也可在“布局视图”中调整文本框大小，使各字段数据文本框大小一致。

6）如果在“窗体向导”中选择“表格”布局，为窗体指定标题为“学生信息表格窗体”，则窗体创建完成后在文档区域打开，其默认视图为“窗体视图”，如图 4-42 所示。实际上，使用“表格”布局的窗体即为“多项目窗体”。

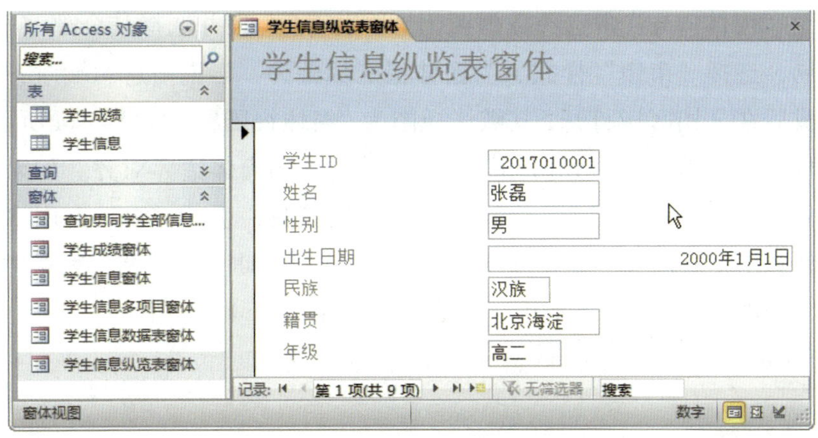


图 4-41　选择“纵览表”布局的窗体

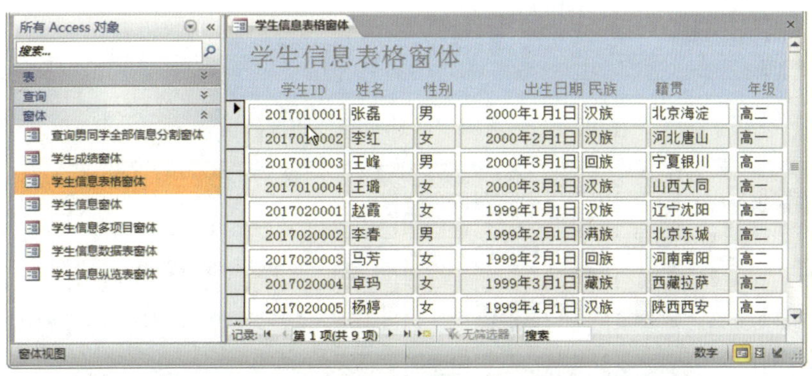


图 4-42　选择“表格”布局的窗体

7）如果在“窗体向导”中选择数据源为“学生成绩”表并选择其全部字段，选择“数据表”布局，选择“办公室”样式，为窗体指定标题为“学生成绩数据表窗体”，则窗体创建完成后在文档区域打开，其默认视图为“数据表视图”，如图 4-43 所示。实际上，使用“数据表”布局的窗体即为“数据表窗体”。

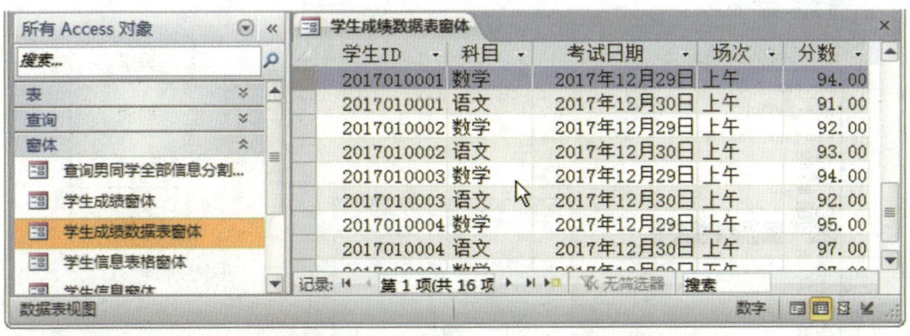


图 4-43　选择“数据表”布局的窗体

8）如果在“窗体向导”中选择数据源为“学生信息”表并选择其全部字段，选择“两端对齐”布局，选择“市镇”样式，为窗体指定标题为“学生信息两端对齐窗体”，则窗体创建完成后在文档区域打开，其默认视图为“窗体视图”，如图 4–44 所示。使用“两端对齐”布局的窗体即为“对齐窗体”，其窗体元素与窗体边界对齐。如果要选择使用“样式”，先切换到“布局视图”，单击快速访问工具栏上的“自动套用格式”按钮，再选择“自动套用格式向导”，如图 4–45 所示，在“自动套用格式”窗口中，选择“办公室”样式，如图 4–46 所示，单击“确定”，效果如图 4–47 所示。

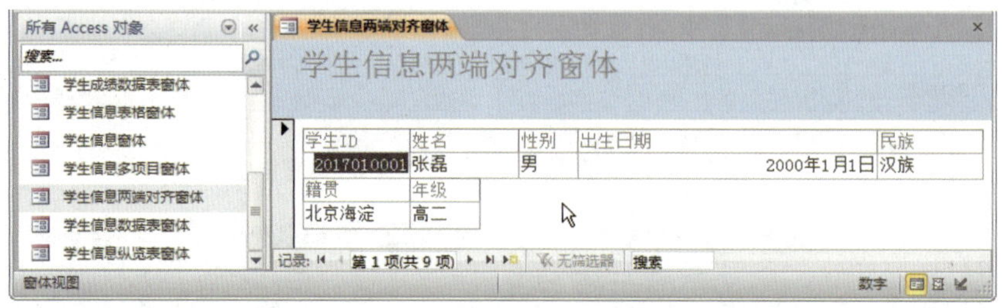


图 4–44　选择“两端对齐”布局的窗体

图 4–45　选择“自动套用格式向导”

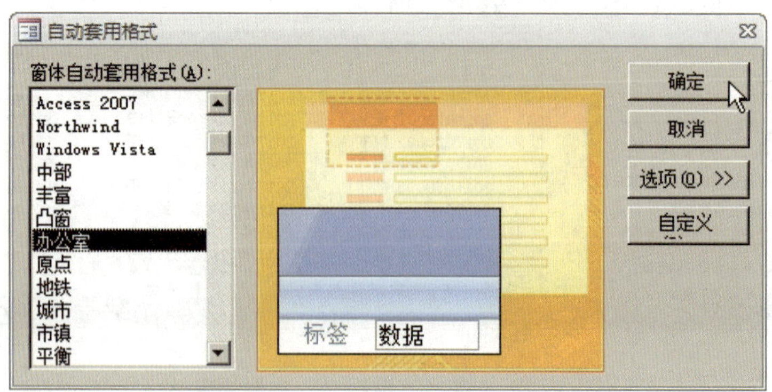


图 4–46　选择“办公室”样式

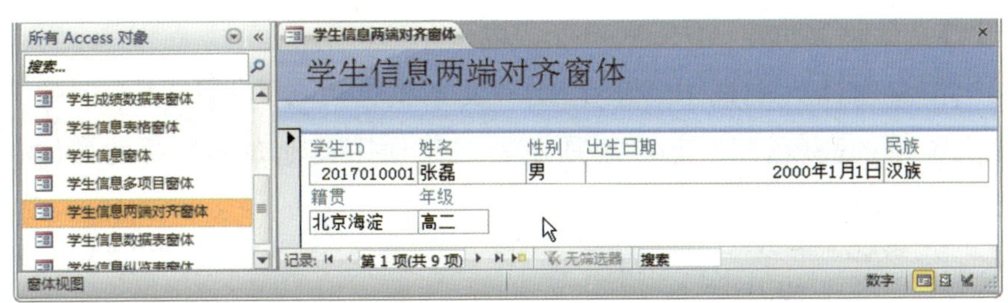


图 4-47　选择“两端对齐”布局和“办公室”样式的窗体

### 3. 认识窗体基本操作

对窗体的基本操作主要包括以下内容，可参照项目二任务 1 中的“表基本操作”进行练习：

（1）“打开窗体”，查看窗体的数据显示。

（2）“关闭窗体”，关闭窗体对象。

（3）“保存窗体”，将对窗体所做的修改保存到数据库中。

（4）“删除窗体”，将窗体从数据库中删除。

（5）“复制窗体”，复制窗体对象，以便粘贴到数据库中。

（6）“剪切窗体”，复制窗体对象，以便粘贴到数据库中，同时删除原有窗体。

（7）“粘贴窗体”，将复制的窗体对象粘贴到数据库中。

（8）“重命名窗体”，重新命名窗体对象。

（9）“隐藏窗体”，将窗体对象在原有浏览组中隐藏显示。

（10）“窗体属性”，查看或修改窗体对象的属性信息。

### 4. 设置窗体外观

（1）设置文本框宽度

打开“学生信息窗体”，切换到“布局视图”，选中“学生 ID”文本框，直接拖拽该文本框的右侧边界即可改变整列文本框的宽度，如图 4-48 所示。对于使用其他布局形式的窗体，设置文本框的宽度都可以采用类似操作。

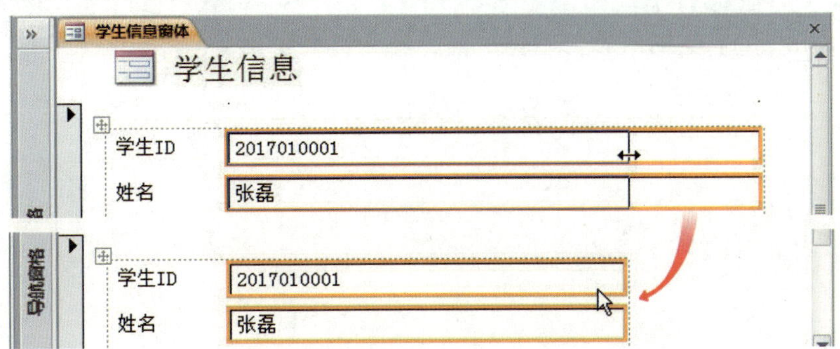


图 4-48　拖拽文本框的右侧边界可改变整列文本框的宽度

（2）设置文本框高度

在“学生信息窗体”中选中“学生 ID”文本框，直接拖拽该文本框的下侧边界，即可改变该文本框的高度，如图 4–49 所示。对于使用其他布局形式的窗体，设置文本框的高度都可以采用类似操作。

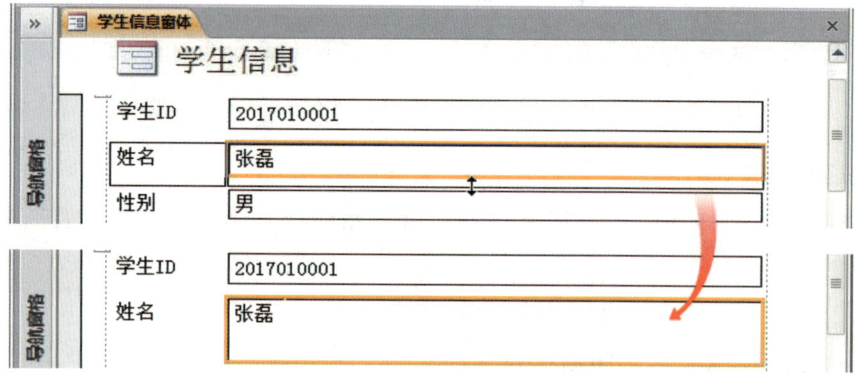


图 4–49　拖拽文本框的下侧边界可改变该文本框的高度

（3）设置字体

对窗体的字体设置可参照项目二任务 2 中的“设置表外观”进行练习。

（4）设置徽标

1）在“学生信息窗体”中选中窗体徽标，然后在“设计”选项卡上的“页眉 / 页脚”组中单击“徽标”，如图 4–50 所示。在弹出的“插入图片”对话框选择将要插入的徽标图片，单击“确定”，如图 4–51 所示。

2）新的徽标显示在“学生信息窗体”中，如图 4–52 所示。

图 4–50　在“设计”选项卡上单击“徽标”

图 4-51　选择将要插入的徽标图片

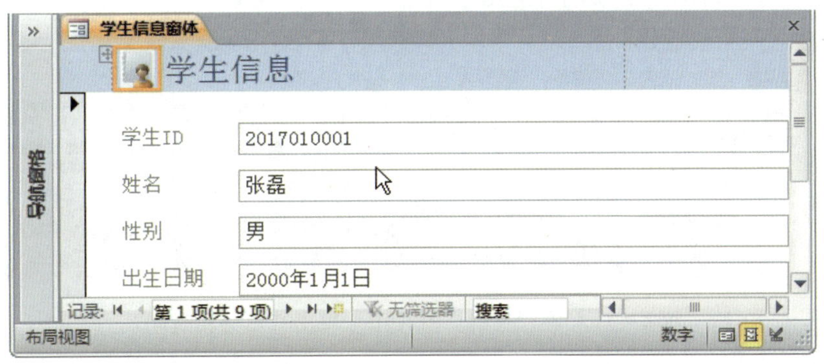

图 4-52　新的徽标显示在“学生信息窗体”中

（5）设置标题

1）在“学生信息窗体”中选中窗体标题，然后在“设计”选项卡上的“页眉 / 页脚”组中单击“标题”，如图 4-53 所示。在窗体标题编辑区域输入新的标题“学生信息浏览窗口”，按回车键确认，如图 4-54 所示。

图 4-53　在“设计”选项卡上单击“标题”

图 4-54　输入新的标题“学生信息浏览窗口”

2）新的标题显示在“学生信息窗体”中，如图 4-55 所示。

图 4-55　新的标题显示在“学生信息窗体”中

（6）设置日期和时间

1）在“学生信息窗体”中选中窗体顶部，然后在“设计”选项卡上的“页眉 / 页脚”组中单击“日期和时间”，如图 4-56 所示。

图 4-56　在“设计”选项卡上单击“日期和时间”

2）在弹出的“日期和时间”对话框选择将插入的系统当前的“日期”和“时间”，并选择默认的显示格式，单击“确定”，如图 4-57 所示。

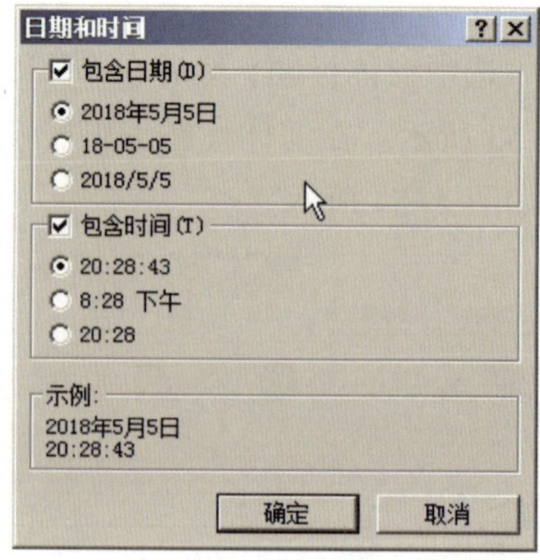


图 4-57　选择将插入的系统当前的“日期”和“时间”

3）保存并关闭“学生信息窗体”，在导航窗格中选中并重新打开该窗体，其默认视图为“窗体视图”，系统当前的“日期”和“时间”在窗体顶部的右侧区域显示出来，将来每次打开该窗体时都会加载显示系统当前的“日期”和“时间”，如图 4–58 所示。

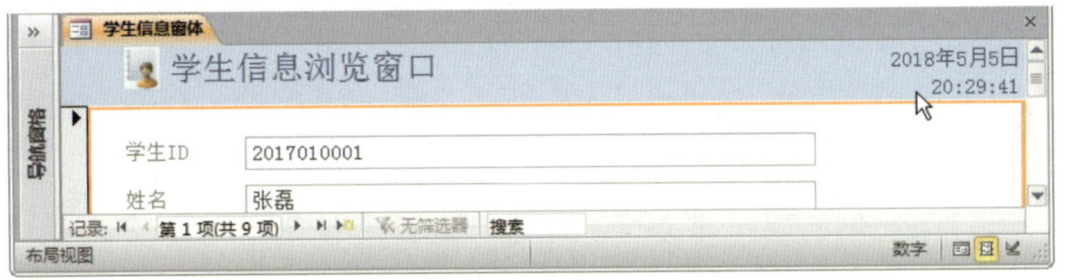


图 4–58　打开窗体加载显示系统当前的“日期”和“时间”

（7）自动套用格式

1）切换到“布局视图”，单击快速工具栏上的“自动套用格式”按钮，再选择“自动套用格式向导”，选择“市镇”样式，如图 4–59 所示。

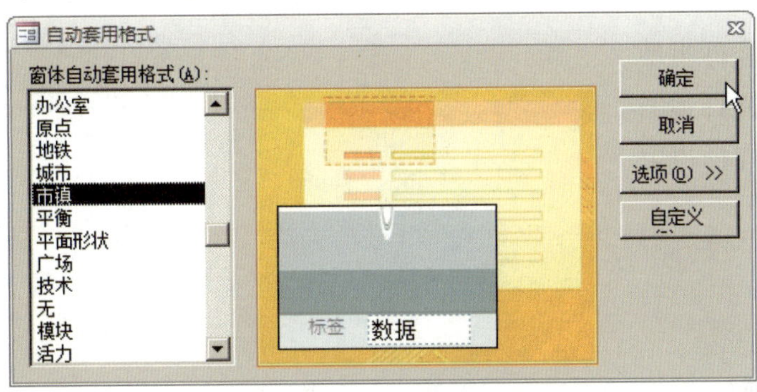


图 4–59　选用“自动套用格式”

2）切换到“窗体视图”，可见原有的默认格式自动套用为“市镇”格式显示，如图 4–57 所示。Access 提供了 25 种格式可供选择，也可以单击格式样式库底部的“自动套用格式向导”进行更为详细的格式设置或者创建并保存自定义的格式以套用在窗体中。

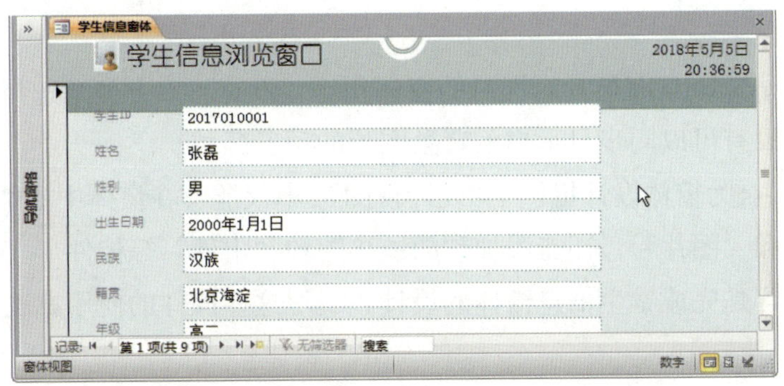


图 4–60　自动套用“市镇”格式显示

本任务涉及的文件，可通过网站 http://jg.class.com.cn 下载，位于软件资源包“中文版 Access 2010 基础与实训 / 项目四 / 任务 1”。

# 任务 2　设计学生信息窗体

1. 熟悉窗体控件类型。
2. 掌握窗体设计视图。
3. 熟悉控件属性设置。

使用美观的窗体可以方便、直观地展示和管理特定的信息，Access 中的窗体与在其他应用程序中遇到的窗体有很多差别，例如：

1. 和进入 Windows 操作系统时的登录窗体相比，Access 中的窗体没有可以方便地选择“用户名”的组合框（下拉菜单），也没有可以通过单击来执行“登录”或“重新启动”操作的“按钮”。

2. 和设置 Windows 桌面显示属性时的窗体相比，没有可以方便地选择“桌面背景”的“列表框”，也没有可以同步显示桌面背景图片的预览区域。

实际上，Access 为窗体设计提供了“设计视图”，不仅能够在窗体中添加“下拉菜单”“选项框”“按钮”和“图片”，还能添加“超链接”和“附件”等控件。

本任务的内容是完成学生信息窗体的设计，学习这些控件的使用方法。

## 相关知识

### 1. 窗体控件

在窗体对象中承载各类信息或者可以选择执行操作的元素称为窗体控件。

（1）基本控件

最常用的窗体基本控件有以下五种，在项目四任务 1 的“设置窗体外观”中已经有所接触：

1）文本框，用来显示、输入和修改数据库表中的记录。

2）标签，用来显示不可更改的信息，例如字段的名称。

3）标题，用来显示窗体的主题。

4）徽标，使用图片表征窗体的主题。

5）日期和时间，加载显示系统当前的日期和时间。

（2）常用控件

在设计相对复杂的窗体时经常用到以下五种窗体控件：

1）组合框，用来通过下拉菜单选择一个选项来触发一个事件，例如，在绑定了“学生信息”表字段“学生 ID”的组合框中选择不同的“学生 ID”可以查看对应的学生个人信息。

2）列表框，用来通过列表中选择一个选项来触发一个事件，功能和组合框相似。

3）图表，用来以图表的形式显示数据库中的特定统计信息。

4）图像，使用图像来显示某类信息，例如，显示学生的照片。

5）按钮，用来通过单击来触发一个事件，例如，关闭窗体。

（3）特殊控件

在设计具有某些特殊功能的窗体时可能还会用到以下六种特殊窗体控件：

1）复选框，用于表示相关联的选项是否选中的状态。

2）单选框，用于表示在一组相关联的选项中选中的选项。

3）选项组，将相互关联的选项（包括复选框或单选框）放在一组中使用。

4）矩形，将相互关联的窗体控件放在矩形框图中，以区别于其他窗体控件。

5）选项卡，用来在多个选择页面存放显示不同种类信息，常与矩形一起使用。

6）子窗体，用来通过直接加载已有的窗体或创建新的窗体作为母窗体的一部分共同显示数据库中的信息。

### 2. 控件属性

和设计数据库表时要通过设置字段的属性信息一样，在窗体设计时也可以通过设置控件的属性信息，以完成特定的功能。

控件的属性按照其功能主要分为五类：

（1）格式，对影响外观显示的属性进行更精确的设置，如高度、宽度、字体、字号和对齐方式等。

（2）数据，对影响所显示的数据内容的属性进行设置，如控件来源、文本格式、默认值和有效性规则等。

（3）事件，选择当对控件进行操作时将要触发的事件，如单击、双击、获取焦点、更改和鼠标按下等。

（4）其他，对影响控件使用的其他类别属性进行设置，如名称、控件提示文本、Tab 键索引和输入法模式等。

（5）全部，对影响控件使用的以上全部属性进行设置。

## 实践操作

### 1. 查看窗体设计

（1）查看基本窗体的设计

1）打开数据库“学生信息 .accdb”，右键单击导航窗格中“学生信息窗体”标签，选择“打开”，默认视图为“窗体视图”，如图 4-61 所示。

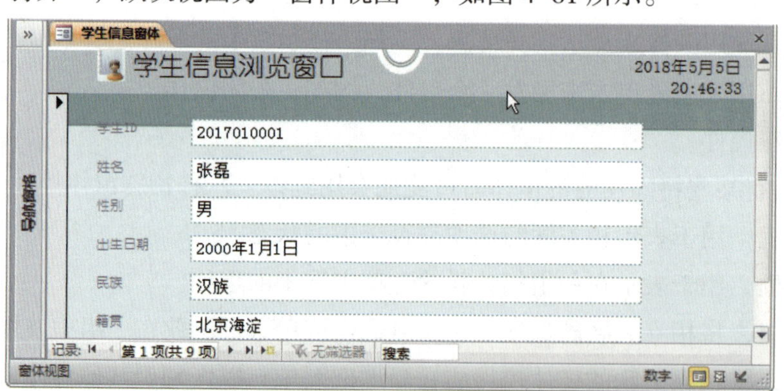


图 4-61　打开“学生信息窗体”

2）在文档区域右键单击窗体标签，选择“设计视图”，切换为“学生信息窗体”的设计界面，“开始”选项卡也切换为“窗体设计工具”的“设计”子选项卡，如图 4-62 所示。在文档区域，窗体被分为“窗体页眉”“主体”和“窗体页脚”三个区域，其中“窗体页眉”主要放置“标题”“徽标”和“日期和时间”等窗体的辅助数据显示控件，而“主体”主要放置“标签”“文本框”“图像”和“子窗体”等窗体的主体数据显示控件，“窗体页脚”主要放置“页码”等窗体的辅助数据显示控件，一般不在“窗体页脚”展开设计工作，而主要在“窗体页眉”和“主体”中进行设计。

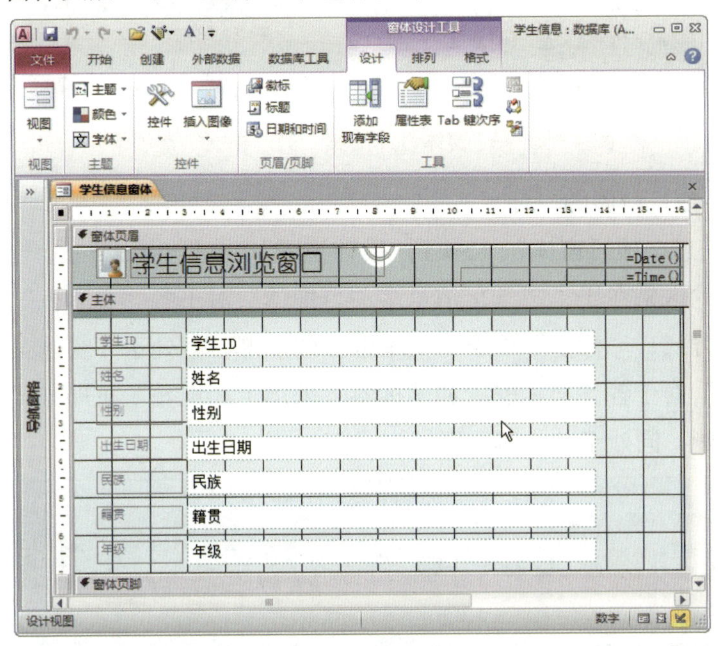

图 4-62　基本窗体的“设计视图”

3）“窗体设计工具”的“设计”选项卡中的“控件”组在进行窗体设计中发挥主要的作用，通过添加各类控件，使得窗体界面友好而且丰富，如图 4-63 所示。

4）“窗体设计工具”的“排列”选项卡及“格式”选项卡中的相关命令组在进行窗体设计布局中发挥主要的作用，通过设置控件布局，使得窗体界面有序而且美观，如图 4-64 和图 4-65 所示。

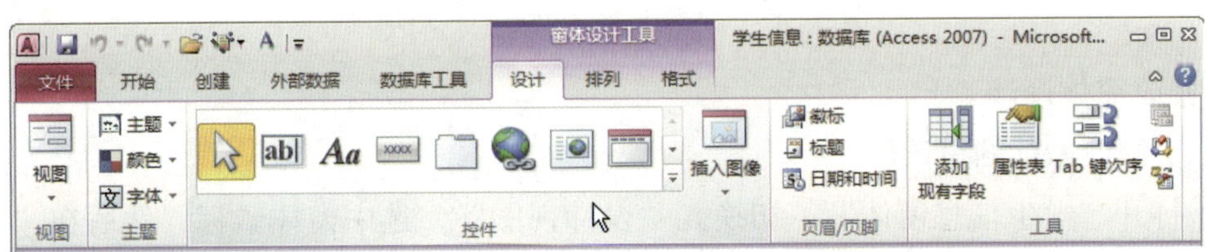

图 4-63　“窗体设计工具”的“设计”选项卡

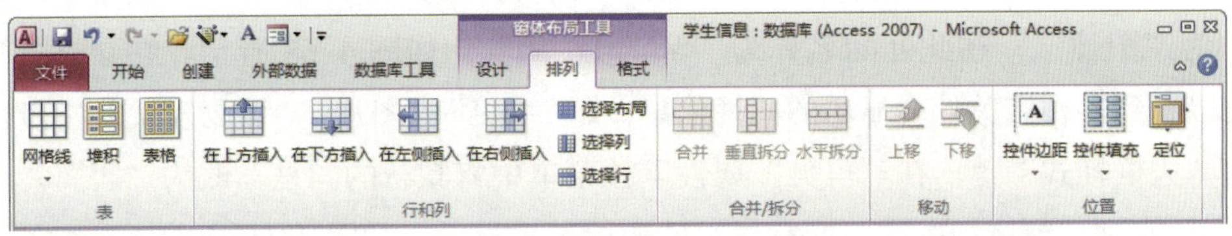

图 4-64　“窗体设计工具”的“排列”选项卡

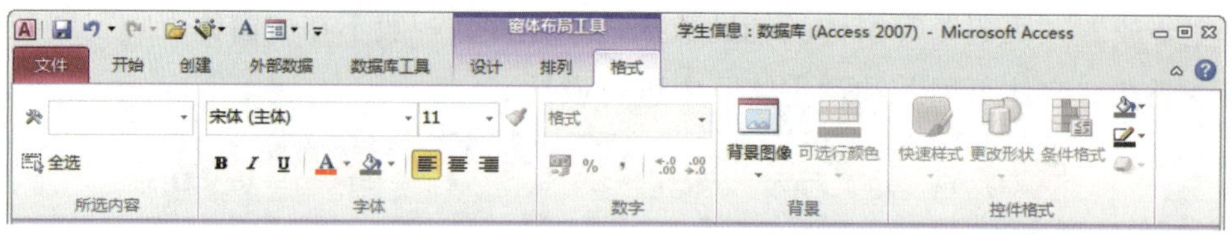

图 4-65 “窗体设计工具”的“格式”选项卡

（2）查看多项目窗体的设计

打开“学生信息多项目窗体”，切换到“设计视图”，如图 4-66 所示。与“学生信息窗体”进行比较，主要的区别在于，“学生信息多项目窗体”对于各“文本框”和“标签”采用了“表格”布局方式，“标签”位于“文本框”的上部，且处于“窗体页眉”区域中，而“学生信息窗体”对于各“文本框”和“标签”采用了“堆叠”布局方式，“标签”位于“文本框”的左侧，同处于“主体”区域中。

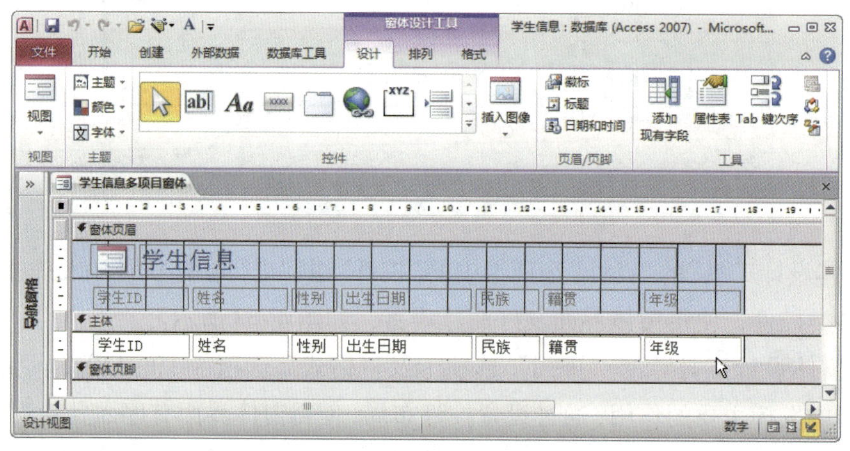

图 4-66 多项目窗体的“设计视图”

## 2. 修改窗体设计

（1）修改徽标的设计

1）打开“学生信息窗体”，切换到“设计视图”，选中窗体徽标，然后在“设计”选项卡上的“工具”组中单击“属性表”，如图 4-67 所示。

2）“属性表”在窗体的右侧打开，从“属性表”的顶部可以看到，实际上“徽标”的类型为“图像”，在此处的名称为“Auto_Logo0”，如图 4-68 所示。在“格式”属性页面可以看到多种有关外观显示的属性信息，如“可见”“图片”“缩放模式”“宽度”“高度”和“边框样式”等。在“可见”属性下拉菜单中将默认的“是”改为“否”。

3）切换到“窗体视图”，原有显示的徽标不再显示，如图 4-69 所示。

4）切换回“设计视图”，在“可见”属性下拉菜单中将“否”改回默认的“是”，在“特殊效果”属性下拉菜单中将默认的“平面”改为“蚀刻”，如图 4-70 所示。

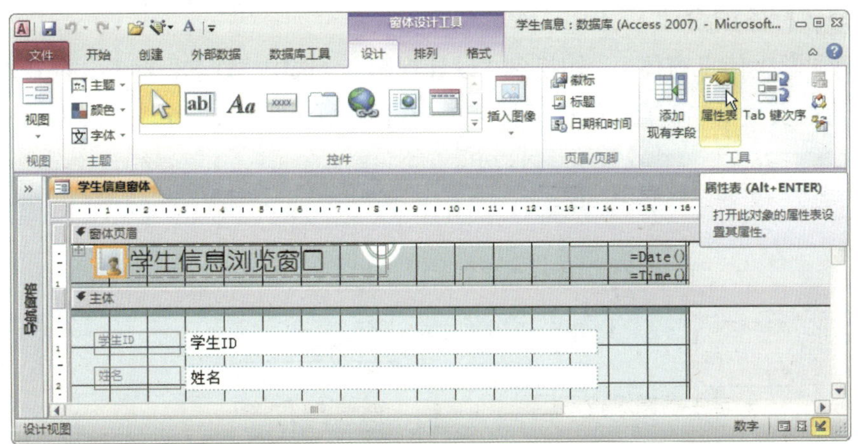


图 4-67　在“设计”选项卡上单击“属性表”

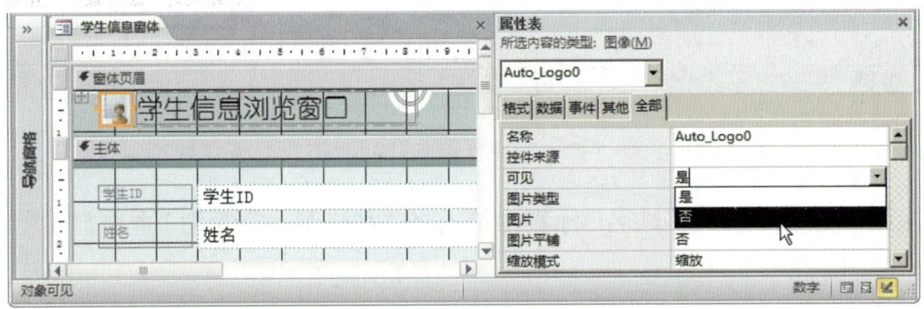


图 4-68　将“可见”属性由默认的“是”改为“否”

图 4-69　原有显示的徽标不再显示

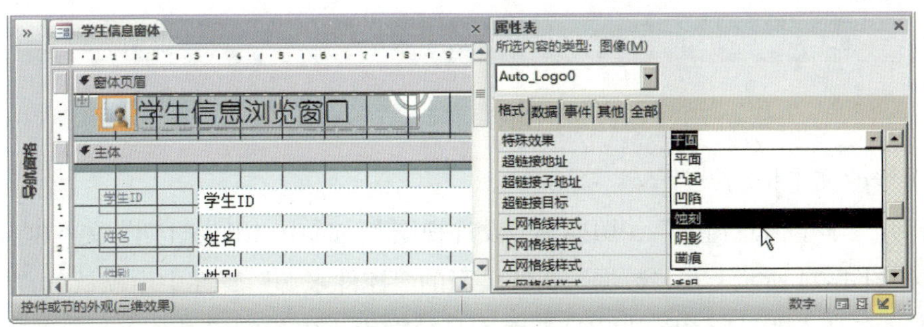


图 4-70　将“特殊效果”属性由默认的“平面”改为“蚀刻”

5）切换到“窗体视图”，徽标再次显示，且表现为“蚀刻”效果，如图 4–71 所示。

（2）修改标签的设计

1）打开“学生信息窗体”，切换到“设计视图”，选中“姓名”标签，打开“属性表”，在“其他”属性页面的“垂直”属性下拉菜单中将默认的“否”改为“是”，如图 4–72 所示。

图 4–71　徽标再次显示，且表现为“蚀刻”效果

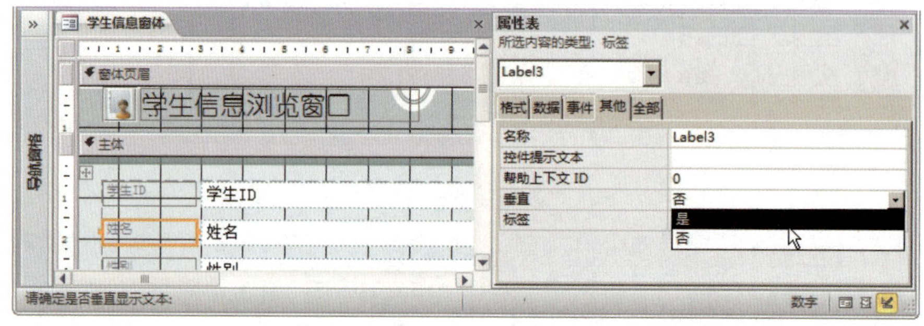


图 4–72　将“垂直”属性由默认的“否”改为“是”

2）切换到“窗体视图”，“姓名”标签由原有的“水平显示”变为“垂直显示”，如图 4–73 所示。

图 4–73　标签由原有的“水平显示”变为“垂直显示”

（3）修改文本框的设计

1）打开“学生信息窗体”，切换到“设计视图”，选中“出生日期”文本框，打开“属性表”，如图 4–74 所示。在“数据”属性页面的“控件来源”属性中由默认的“出生日期”改为“=Date( )”，即显示系统当前日期而不是数据库表中相应记录。

2）切换到“窗体视图”，“出生日期”文本框由原有的从数据库表中读取的记录“2000 年 1 月 1 日”变为系统当前日期（此处为“2018 年 5 月 5 日”），如图 4–75 所示。

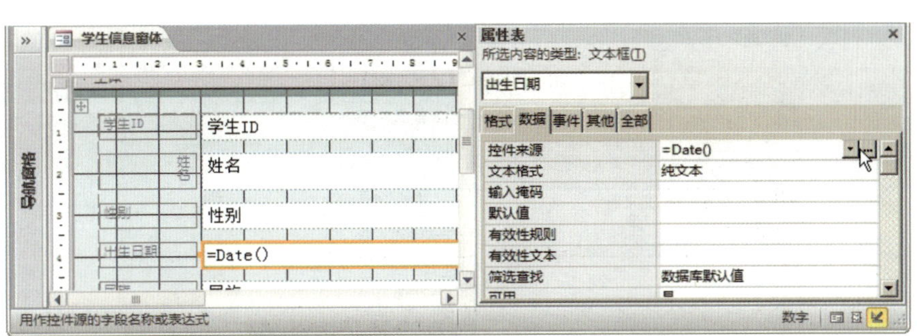

图 4-74　将“控件来源”属性由默认的“出生日期”改为“=Date()”

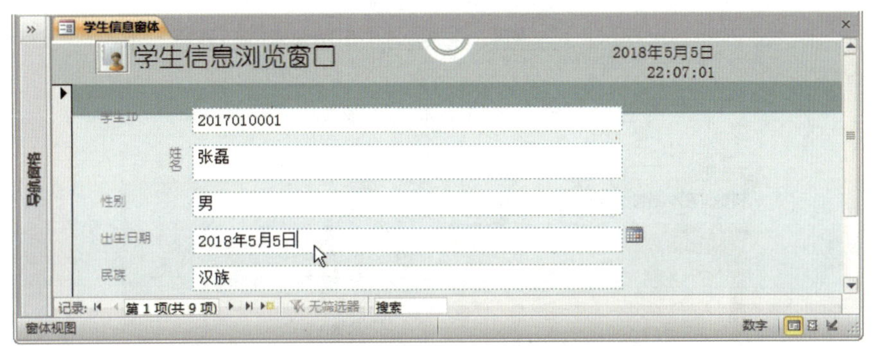

图 4-75　文本框由原有数据库记录变为系统当前日期

### 3. 创建应用窗体设计

利用“学生成绩交叉表”作为数据源设计一个较复杂的窗体，使用图表控件显示学生各科目成绩，并使用组合框控件提供学生的“姓名”信息，设计的主要步骤包括：创建新窗体，添加图表控件，添加组合框控件，设置组合框控件属性，测试窗体整体设计效果。

（1）创建新窗体

1）打开数据库“学生信息.accdb”，在“创建”选项卡上的“窗体”组中单击“窗体向导”，弹出“窗体向导”对话框，在“表/查询”下拉菜单中选择窗体的数据源“查询：学生成绩_交叉表”，将该查询包含的全部字段从“可用字段”列表中选择到“选定字段”列表中，单击“下一步”，如图 4-76 所示。将窗体的布局设为“表格”，单击“下一步”，如图 4-77 所示。

2）在“窗体向导”中为窗体指定标题为“学生成绩_交叉表窗体”，并选择“修改窗体设计”，单击“完成”，如图 4-78 所示。

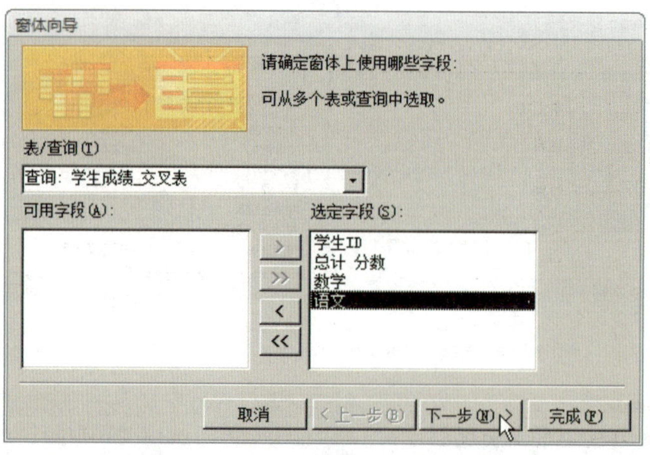


图 4-76　选择窗体的数据源和字段

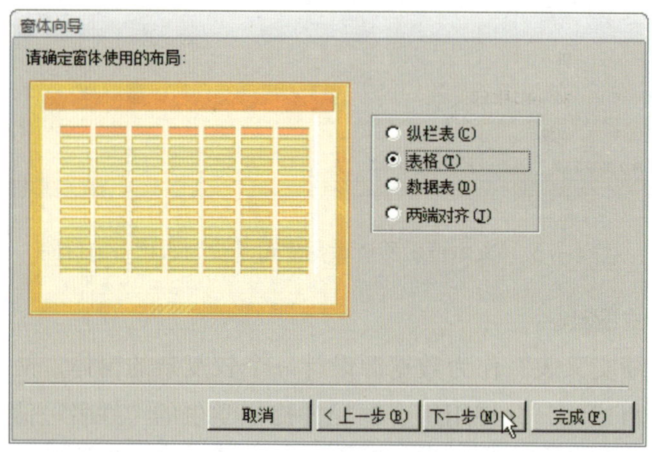


图 4-77　选择窗体使用的布局

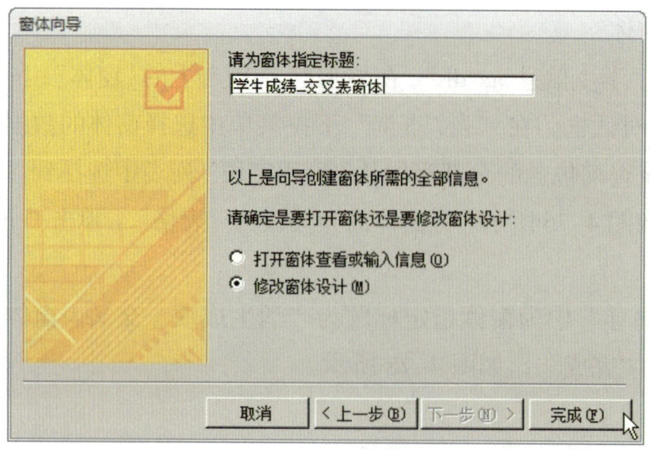


图 4-78　为窗体指定标题为“学生成绩_交叉表窗体”

3）“学生成绩_交叉表窗体”在文档区域随即打开，其默认视图为“设计视图”，查看窗体的设计显示，如图 4–79 所示。

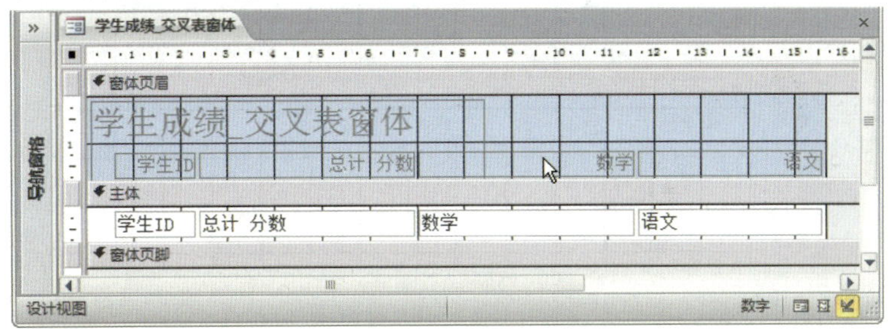


图 4–79　查看窗体的设计显示

4）对“学生 ID”“总计分数”“数学”和“语文”四个“文本框”及对应“标签”的宽度和位置进行调整，使其显得比例均匀，如图 4–80 所示。

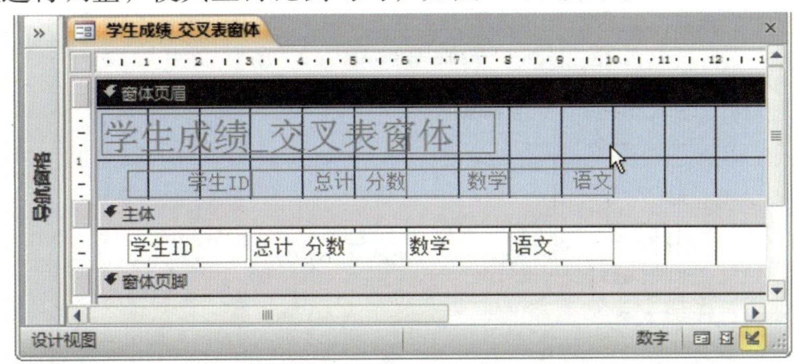


图 4–80　调整文本框的宽度和位置

（2）添加图表控件

1）在“设计”选项卡上的“控件”组中单击“图表”，如图 4–81 所示。

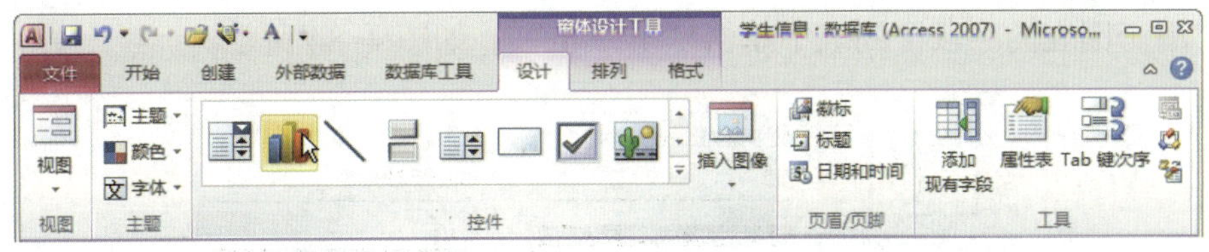


图 4–81　在“设计”选项卡上单击“图表”

2）移动鼠标指针至窗体设计主体区域中的适当位置，单击左键向窗体添加图表控件，如图 4–82 所示。

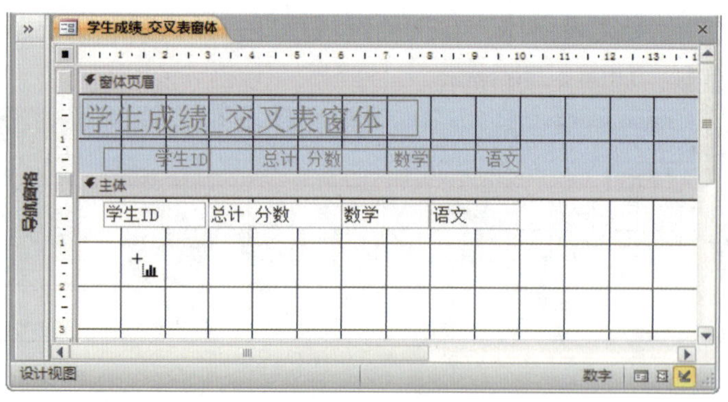


图 4-82　单击左键向窗体添加图表控件

3）弹出“图表向导”对话框，选择“表：学生成绩”作为用于创建图表的数据源，如图 4-83 所示。

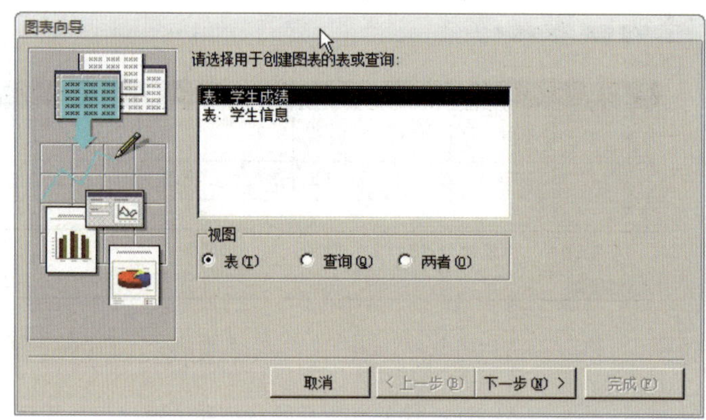


图 4-83　选择“表：学生成绩”作为用于创建图表的数据源

4）在“图表向导”中将字段“学生 ID”“科目”和“分数”从“可用字段”列表中选择到“用于图表的字段”列表中单击“下一步”，如图 4-84 所示。

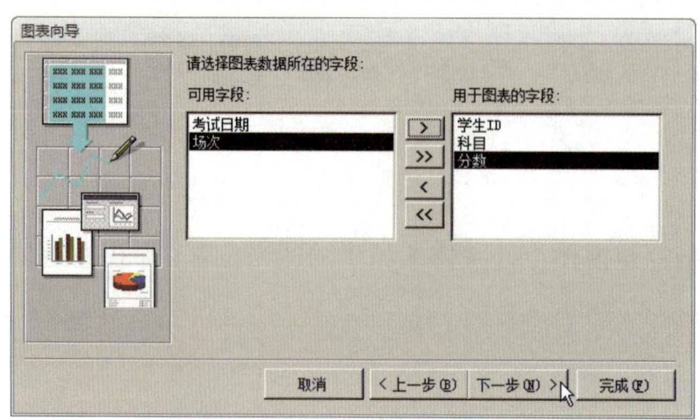


图 4-84　选择“用于图表的字段”

5）在“图表向导”中选择“三维柱状图”，单击“下一步”，如图 4-85 所示。

6）在“图表向导”中指定数据在图表中的布局方式，单击“下一步”，如图 4-86 所示。

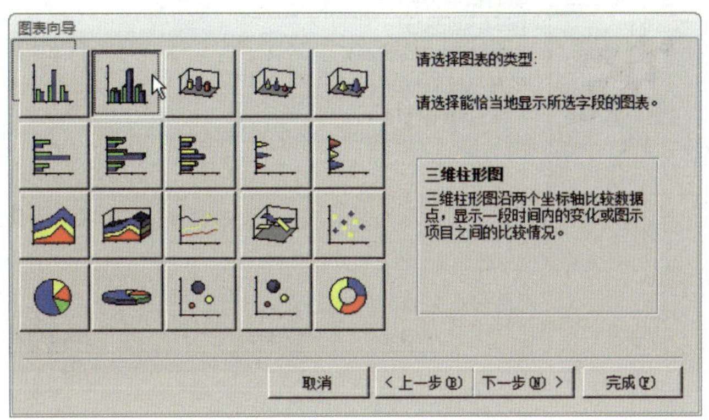


图 4-85　选择图表类型

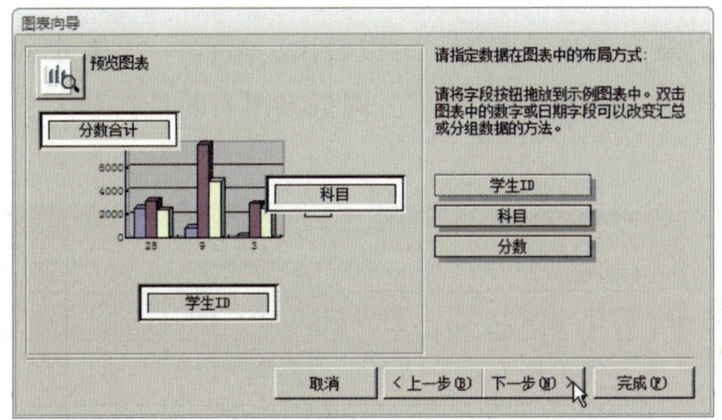


图 4-86　指定数据在图表中的布局方式

7）在“图表向导”中选择“学生 ID”作为链接字段，单击“下一步”，如图 4-87 所示。

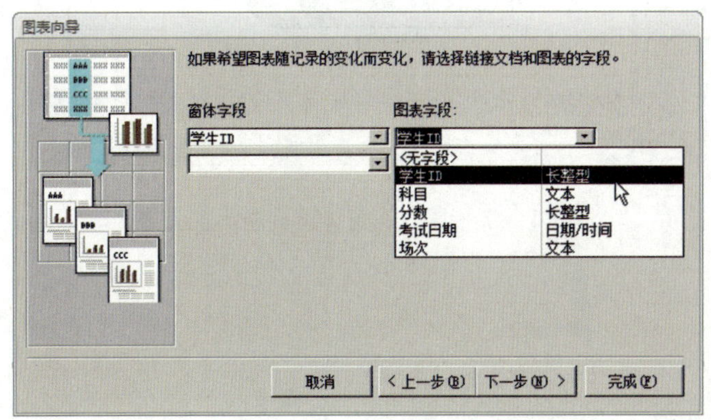


图 4-87　选择链接字段

8）在“图表向导”中输入标题“学生各科目成绩表”，单击“完成”，如图 4-88 所示。

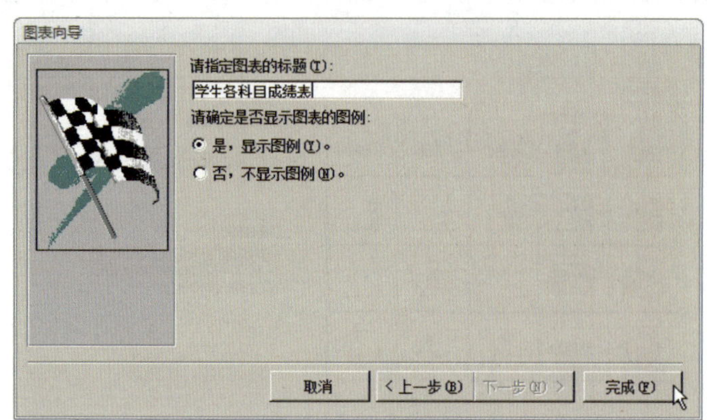


图 4-88　输入图表的标题

9）图表“学生各科目成绩表”在窗体设计中添加完成，保存窗体，重新打开后以其数据源的第一条记录为例显示图例，可以看出，Access 2010 中的图表和 Excel 2010 中的图表样式是一样的，如图 4-89 所示。调整该图表的位置和大小，使其与主体区域中其他控件对齐。

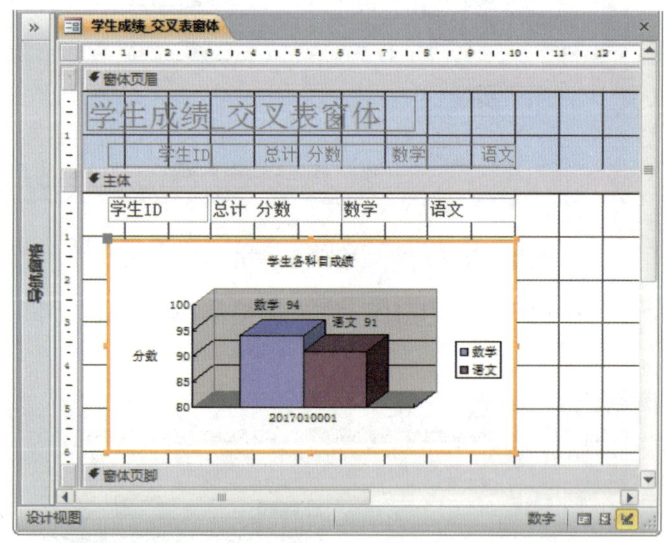


图 4-89　图表在窗体设计中添加完成

（3）添加组合框控件一

1）在“设计”选项卡上的“控件”组中单击“组合框”，如图 4–90 所示。

2）移动鼠标指针至窗体设计主体区域中的适当位置，单击左键向窗体添加组合框控件一，如图 4–91 所示。

3）弹出“组合框向导”对话框，组合框获取其数值的方式包括三个：“使用组合框获取其他表或查询中的值”“自行键入所需的值”和“在基于组合框中选定的值而创建的窗体上查找记录”，此处选择第三个选项，单击“下一步”，如图 4–92 所示。

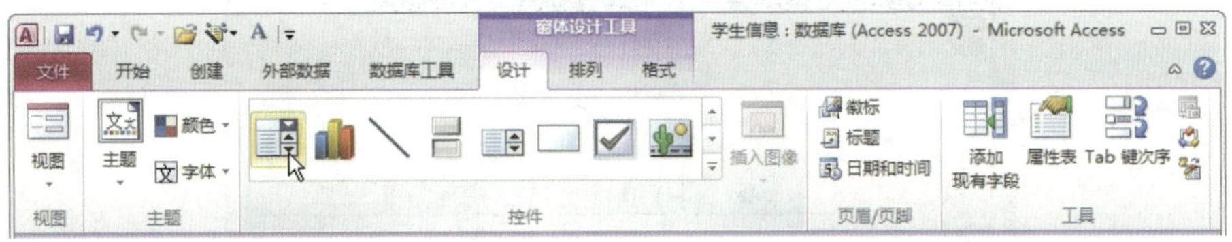


图 4–90　在“设计”选项卡上单击“组合框”

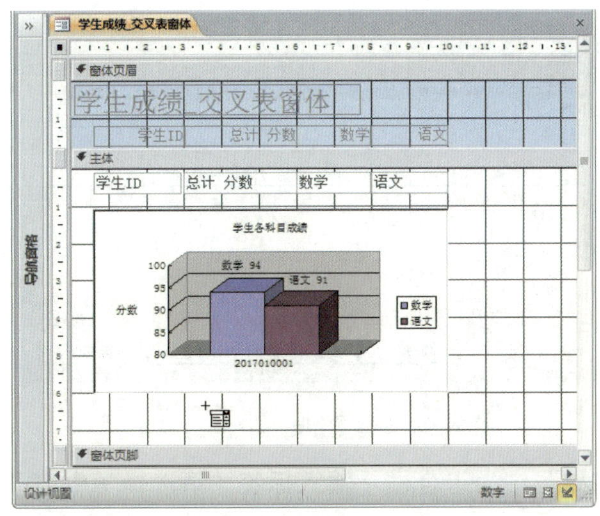


图 4–91　单击左键向窗体添加组合框控件一

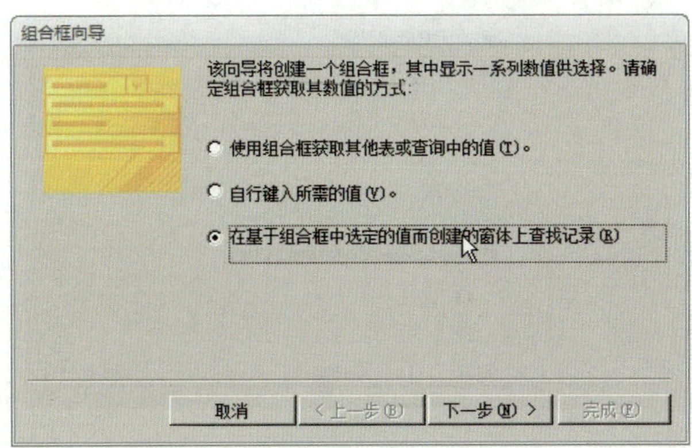


图 4–92　选择组合框获取其数值的方式

4）在“组合框向导”中将字段“学生 ID”从“可用字段”列表中选择到“用于图表的字段”列表中单击“下一步”，如图 4-93 所示。

5）在“组合框向导”中指定组合框中列的宽度，单击“下一步”，如图 4-94 所示。

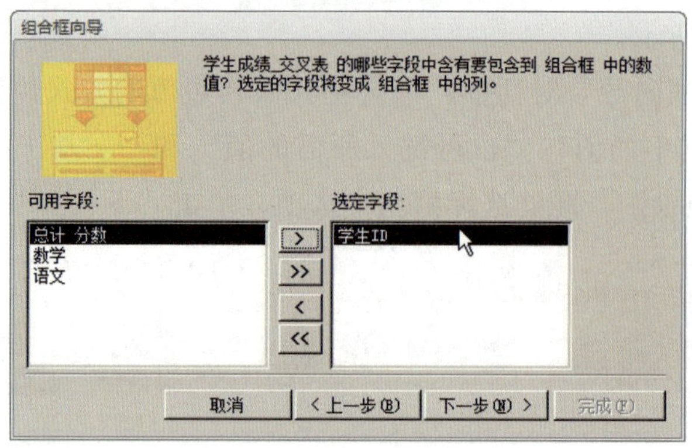


图 4-93　选择用作组合框中列的字段

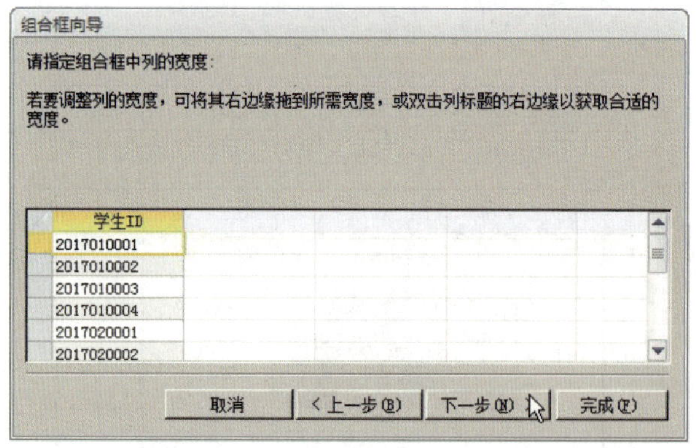


图 4-94　指定组合框中列的宽度

6）在“组合框向导”中为组合框一输入标签“请选择学生 ID”，单击“完成”，如图 4-95 所示。

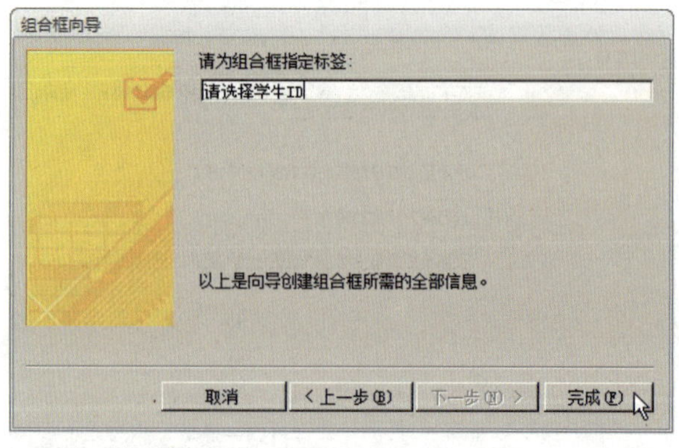


图 4-95　为组合框一输入标签

7）组合框一“请选择学生 ID”在窗体设计中添加完成，如图 4-96 所示。调整该组合框的位置和大小，使其与主体区域中其他控件对齐。

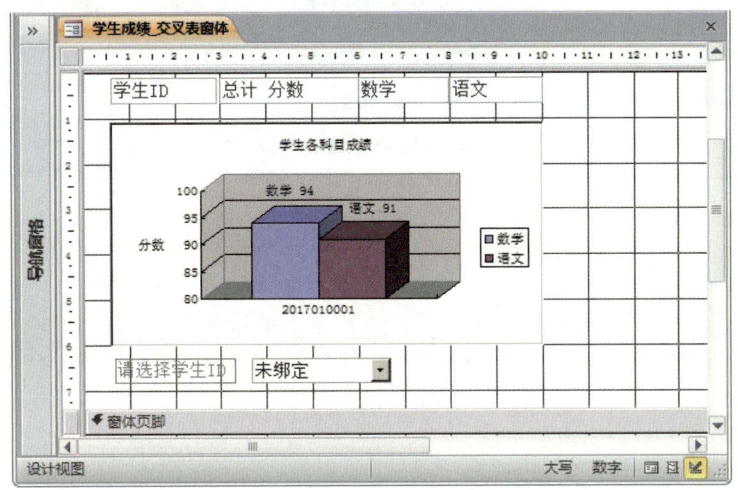


图 4-96　组合框一在窗体设计中添加完成

（4）添加组合框控件二

1）在“设计”选项卡上的“控件”组中单击“组合框”，移动鼠标指针至窗体设计主体区域中的适当位置，单击左键向窗体添加组合框控件二，如图 4-97 所示。

2）在“组合框向导”中，此处选择第一个选项，单击“下一步”，如图 4-98 所示。

3）在“组合框向导”中选择“表：学生信息”为组合框提供数值，单击“下一步”，如图 4-99 所示。在添加组合框控件一时，自动选择“学生成绩_交叉表”为其提供数值。

4）在“组合框向导”中将字段“学生 ID”和“姓名”从“可用字段”列表中选择到“用于图表的字段”列表中单击“下一步”，如图 4-100 所示。

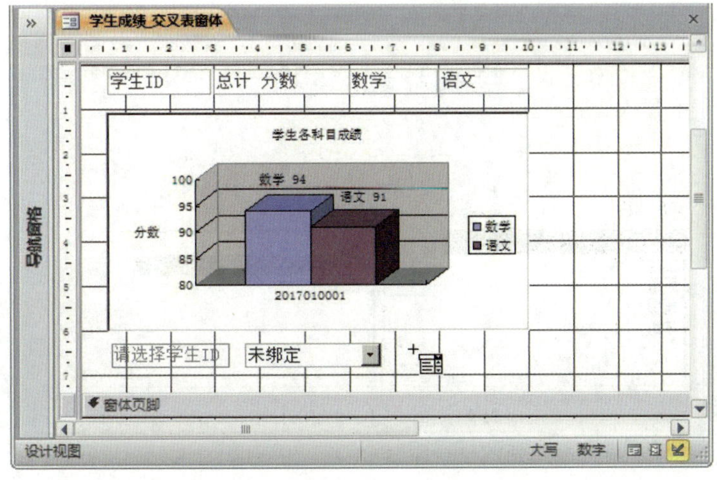


图 4-97　单击左键向窗体添加组合框控件二

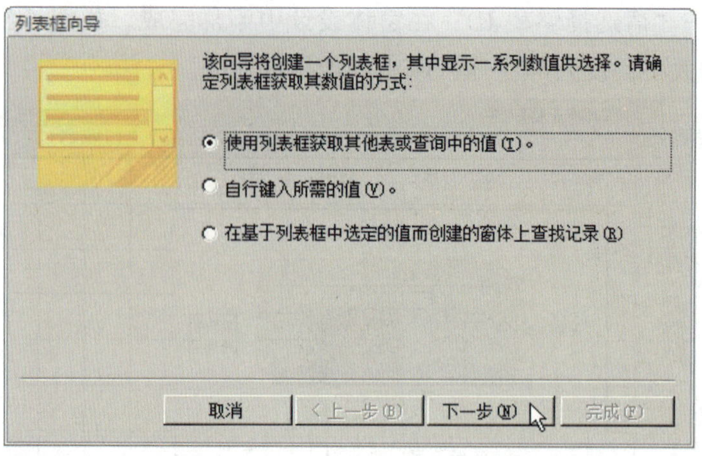


图 4-98　选择组合框获取其数值的方式

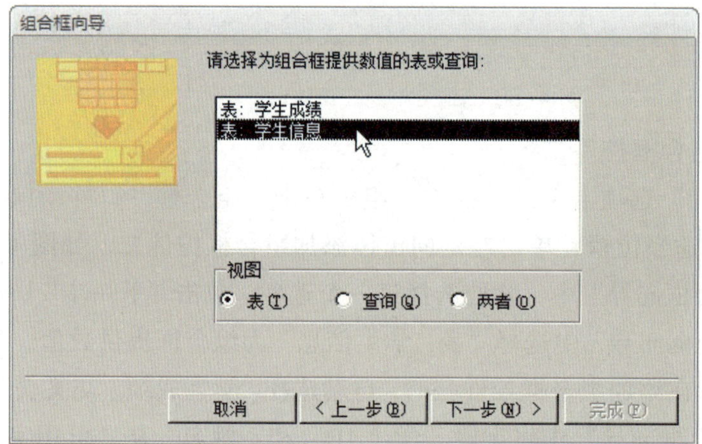


图 4-99　选择“表：学生信息”为组合框提供数值

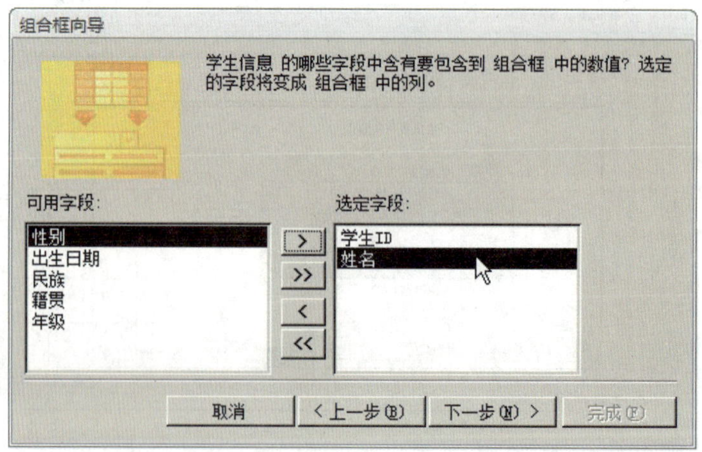


图 4-100　选择用作组合框中列的字段

5）在“组合框向导”中选择字段“学生 ID”为组合框的记录进行“升序”排列，单击“下一步”，如图 4-101 所示。

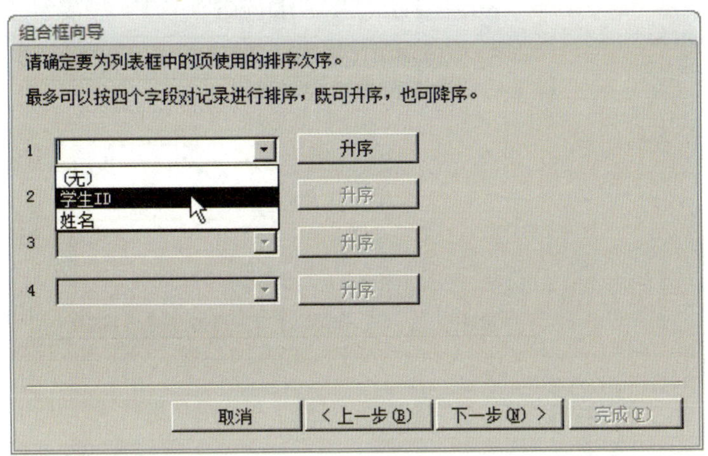


图 4-101　选择字段为组合框的记录进行排序

6）在“组合框向导”中指定组合框中列的宽度，并选择“隐藏键列”，单击“下一步”，如图 4-102 所示。

7）在“组合框向导”中选择“记忆该数值供以后使用”，单击“下一步”，如图 4-103 所示。

8）在“组合框向导”中为组合框二输入标签“姓名”，单击“完成”，如图 4-104 所示。

9）组合框二“姓名”在窗体设计中添加完成，如图 4-105 所示。调整该组合框的位置和大小，使其与主体区域中其他控件对齐。

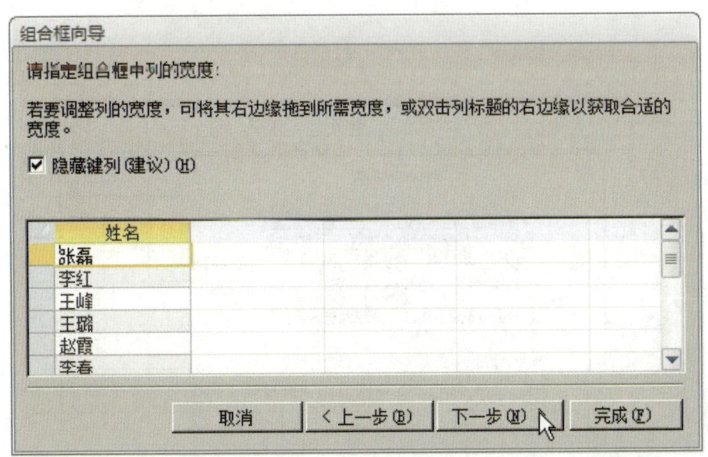


图 4-102　指定组合框中列的宽度

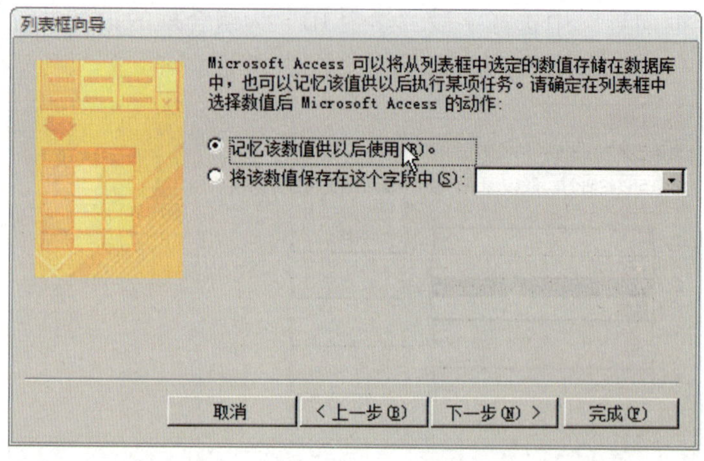


图 4-103　选择“记忆该数值供以后使用”

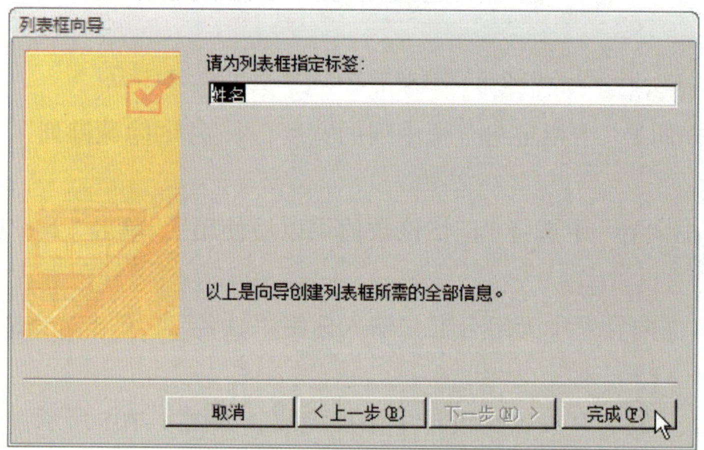


图 4-104　为组合框二输入标签

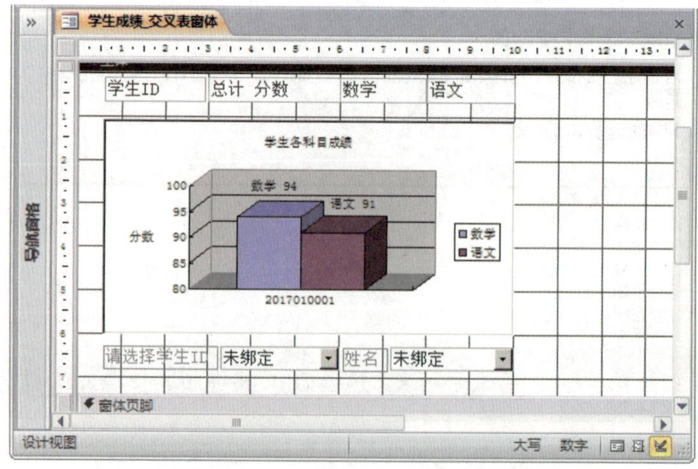


图 4-105　组合框二在窗体设计中添加完成

（5）设置组合框控件属性

1）选中组合框一“请选择学生 ID”，然后在“格式”选项卡上的“工具”组中单击“属性表”，“属性表”在窗体的右侧打开，从“属性表”的顶部可以看到，所选内容的类型为“组合框”，在此处的名称为“Combo14”。在“格式”属性页面的“字体名称”属性下拉菜单中将默认的“宋体”改为“幼圆”，如图 4-106 所示，因为后续窗体套用的格式“市镇”中有关组合框的字体均为“幼圆”，而添加新的组合框时，系统默认将其字体设置为“宋体”，修改为“幼圆”可以与原有格式保持统一。

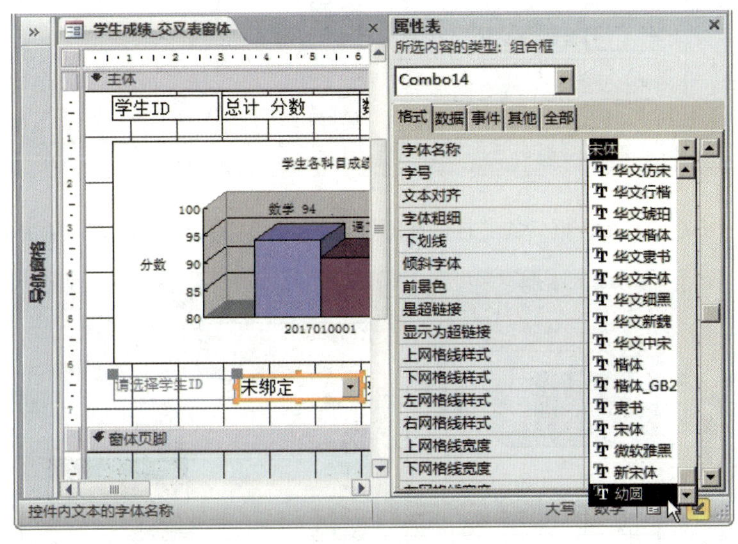


图 4-106　将组合框一的“字体”属性由默认的“宋体”改为“幼圆”

2）选中组合框二“姓名”，打开“属性表”，从“属性表”的顶部可以看到，所选内容的类型也为“组合框”，在此处的名称为“Combo16”。在“数据”属性页面的“控件来源”属性下拉菜单中将默认的“无”改为“学生 ID”，如图 4-107 所示，目的是和“学生成绩_交叉表”中的字段“学生 ID”进行绑定，从而使得“姓名”组合框在窗体中数据索引字段“学生 ID”变化时，能够自动从“学生信息”表中检索出和该“学生 ID”对应的学生“姓名”并显示，以起到类似多表查询中从多个表中通过关联字段检索相关信息的作用，因为单靠“学生成绩_交叉表”不能提供有关学生的个人信息。

3）组合框二“姓名”中的文字由“未绑定”变为“学生 ID”，说明“控件来源”绑定成功。在“格式”属性页面的“字体名称”属性下拉菜单中将默认的“宋体”也改为“幼圆”，在“背景样式”属性下拉菜单中将默认的“常规”改为“透明”，如图 4-108 所示。在“边框样式”属性下拉菜单中将默认的“实线”也改为“透明”，如图 4-109 所示。

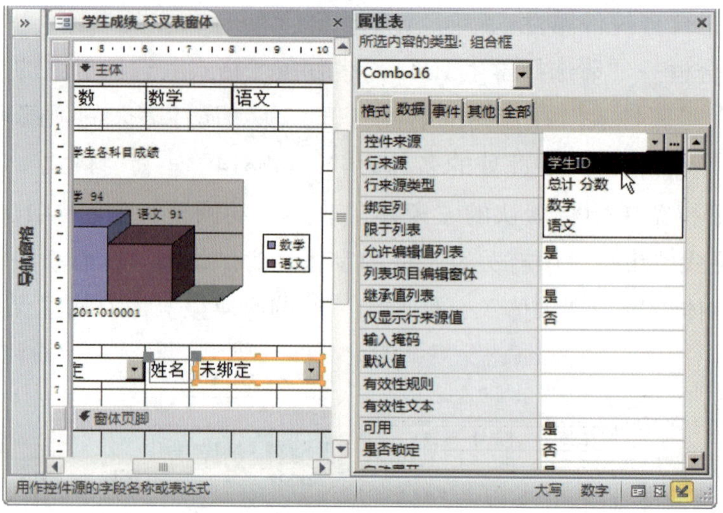


图 4-107　将组合框二的“控件来源”属性由默认的“无”改为“学生 ID”

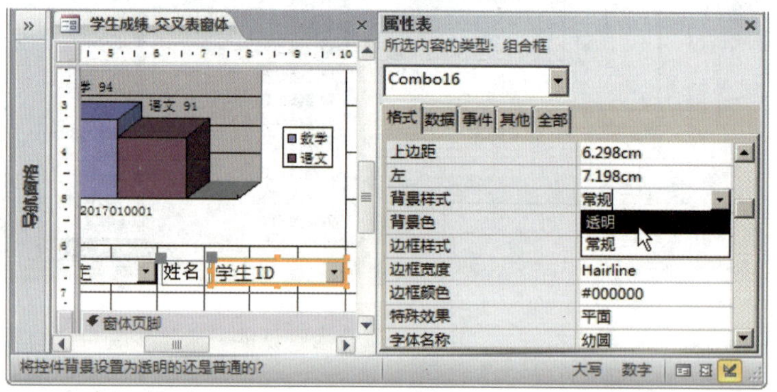


图 4-108　将组合框二的“背景样式”属性由默认的“常规”改为“透明”

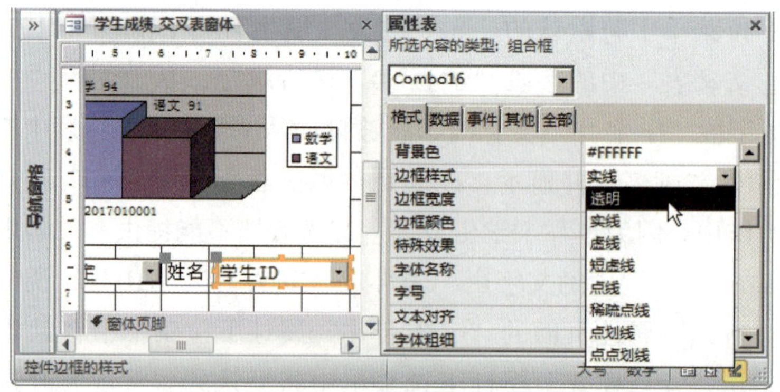


图 4-109　将组合框二的“边框样式”属性由默认的“实线”改为“透明”

（6）测试窗体整体设计效果

1）控件的添加和设置工作完成后的“学生成绩_交叉表窗体”设计界面如图 4–110 所示。

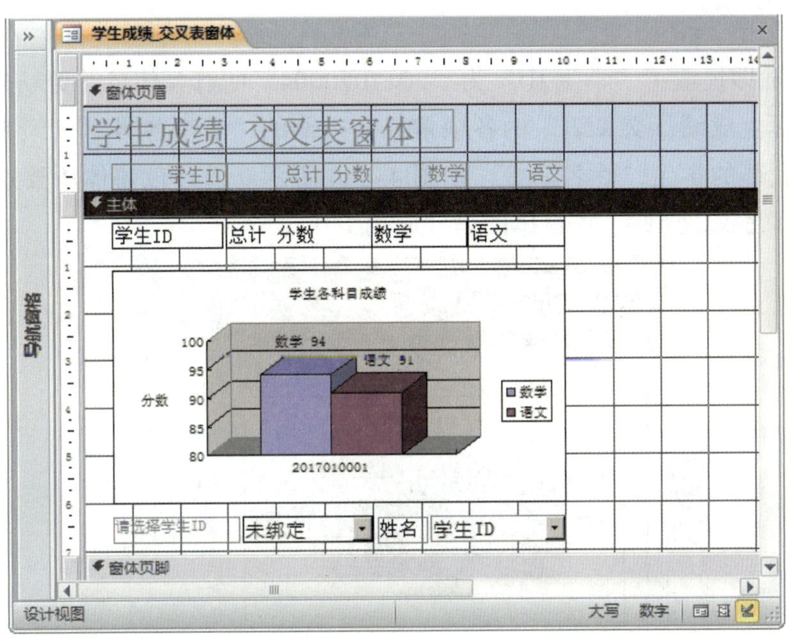


图 4–110　控件的添加和设置工作完成后的窗体设计界面

2）打开“属性表”，从对象下拉菜单中选择“窗体”，然后在“格式”属性页面的“默认视图”属性下拉菜单中将默认的“连续窗体”改为“单个窗体”，如图 4–111 所示。由于“学生各科目成绩表”的添加，使得窗体一次只能显示一名学生的成绩情况。

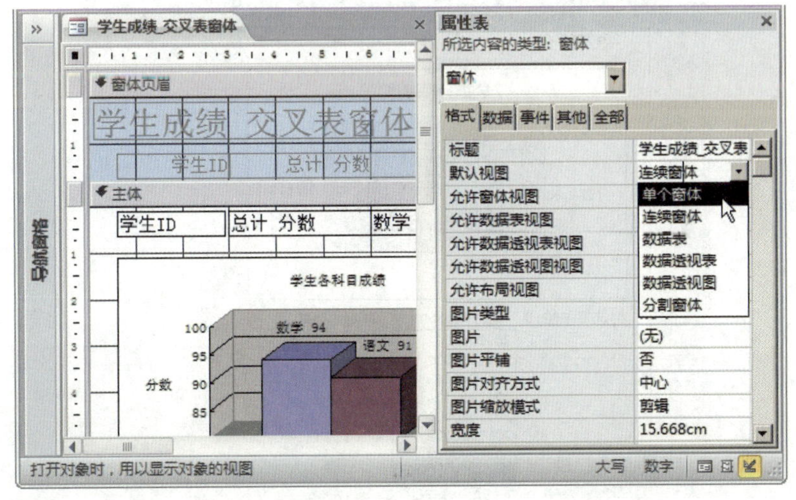


图 4–111　将窗体的“默认视图”属性由默认的“连续窗体”改为“单个窗体”

3）利用快速访问工具栏上的“自动套用格式”按钮，为窗体套用样式“市镇”，窗体切换到“窗体视图”，查看窗体的数据显示，如图 4-112 所示。

4）在“请选择学生 ID”下拉菜单中选择其他选项，如“2017020004”，如图 4-113 所示。

5）窗体随即提取了“学生 ID”为“2017020004”的有关信息并更新显示，包括上部的原有“学生成绩 _ 交叉表”的各项信息，中部的“学生各科目成绩表”的图表及数字信息，底部的学生“姓名”等，如图 4-114 所示。设计该窗体所要达到的效果经测试已经全部完成，至此，该窗体的设计应用工作完毕。

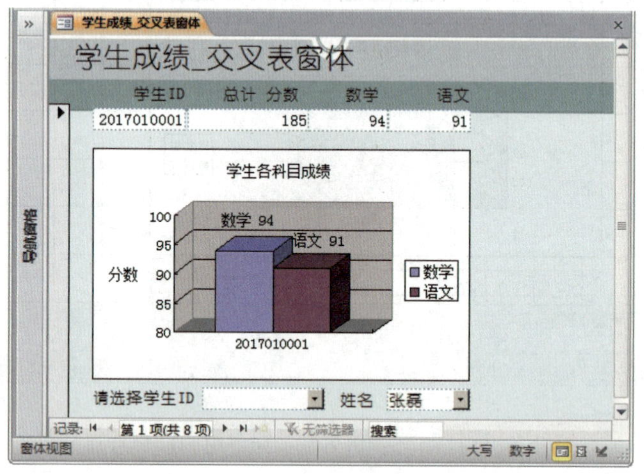


图 4-112 查看窗体的数据显示

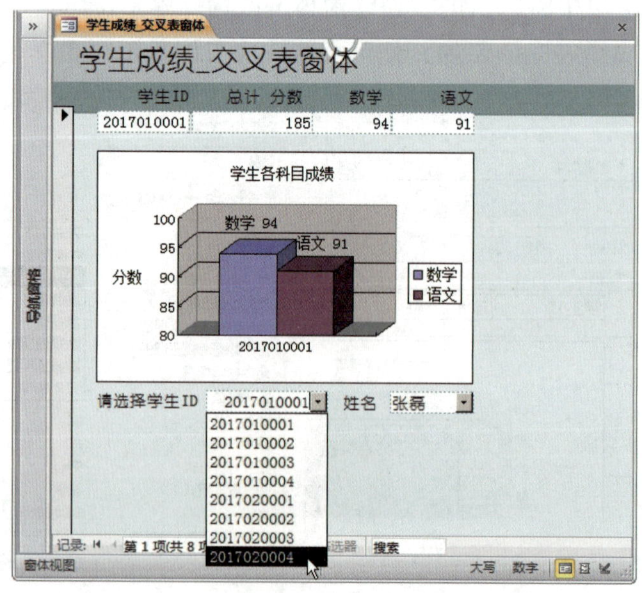


图 4-113 在“请选择学生 ID”下拉菜单中选择其他选项

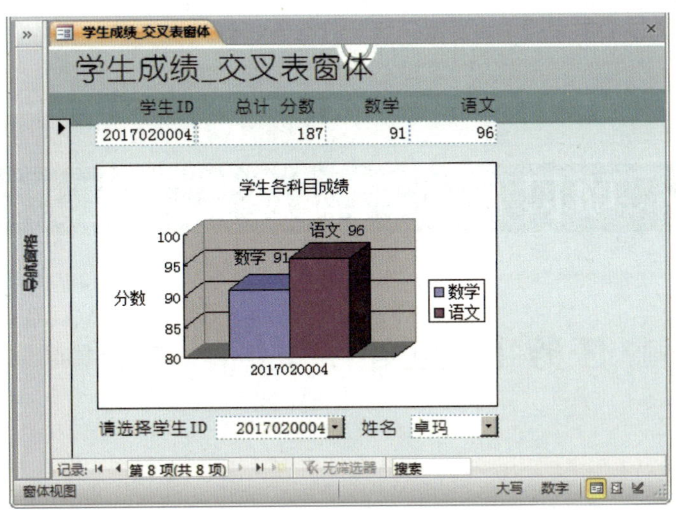


图 4-114　窗体随即提取有关信息并更新显示

**教学资源**

本任务涉及的文件，可通过网站 http://jg.class.com.cn 下载，位于软件资源包中“中文版 Access 2010 基础与实训 / 项目四 / 任务 2”。

# 项目五　报表及其应用

## 任务 1　创建学生信息报表

### 学习目标

1. 了解报表基本功能。
2. 理解区分报表类型。
3. 掌握报表创建方法。
4. 熟悉报表布局视图。

### 任务描述

设计美观的窗体为使用 Access 管理数据提供了友好而且高效的入口，可以通过窗体输入和编辑数据库表中的记录，而作为管理数据的出口，报表则提供了丰富的样式，只需单击几下鼠标便可以快速生成既引人注目，又易于理解的报表，并按照需要的方式显示数据，为报表打印做好准备。

本任务的内容是完成学生信息报表的创建，通过实际体验和总结解决如下的问题：

1. 常用的报表分为哪些类型，分别在怎样的情况下选择不同类型的报表？
2. 如何创建简单的报表，按照需要的方式显示数据？
3. 对报表外观如何进行调整，更为简洁和有效地显示数据？
4. 对报表页面如何进行设置，打印输出合适的报表数据？

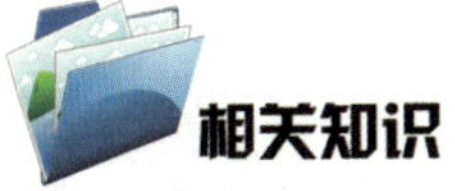

## 相关知识

### 1. 报表功能

数据库表和查询创建后，可以创建报表来显示和打印表或查询中的数据。简单的数据库（如学生信息）可能仅使用一个报表，复杂的数据库会使用多个复杂报表以及子报表。

如同窗体一样，报表也包含链接到表中基础字段的控件，当打开报表时，Access 会从其中的一个或多个表中检索数据，然后用创建报表时所选择的布局显示数据。

可以使用报表来显示和打印特定的静态数据，例如，可以使用报表打印学生的个人信息表，也可以使用报表打印学生考试成绩明细表。

可以使用带有计算功能的控件通过表达式加载显示特定的统计数据，例如，显示当前的页码和总页数，或者为报表显示的记录提供更详细的汇总信息。

还可以使用 Access 专门提供的标准标签来设计和打印，例如，信封和学生卡片等的各类标签。

### 2. 报表类型

按照基本功能，报表可以分为两类：用于显示和打印各类静态信息和统计信息的报表，称为普通报表；用于显示和打印各类标签的报表，称为标签。

对于普通报表，按照报表界面元素是否进行分组显示，可以分为两类：

（1）未分组显示或者无须分组显示的报表，称为未分组报表。

（2）分组显示的报表，称为分组报表。

对于未分组报表，和窗体类似，按照报表元素的布局显示，可以分为四类：

（1）采用“表格”布局的报表，称为基本报表。

（2）采用“纵览表”布局的报表，称为纵览报表。

（3）采用“两端对齐”布局的报表，称为对齐报表。

（4）刚创建的还未采用任何布局的报表，称为空报表。

对于分组报表，按照报表元素分组显示的布局，可以分为三类：

（1）采用“递阶”布局的报表，称为递阶分组报表。

（2）采用“块”布局的报表，称为块分组报表。

（3）采用“大纲”布局的报表，称为大纲分组报表。

## 实践操作

### 1. 认识报表对象的视图

Access 2010 对于数据库报表对象的使用提供了四种不同的视图：在“报表视图”中，可以显示报表的结果数据；在“布局视图”中，可以调整报表元素的布局；在“设计视图”中，可以对报表元素进行可视化设计，常用于较为复杂的窗体设计；在“打印预览”中，可以查看报表的打印效果以及打印报表。

在不同视图间的切换的方法如下：

（1）在文档区域右键单击查询标签进行选择，如图 5-1 所示操作将“报表视图”切换为“布局视图”。

（2）在“开始”选项卡中的“视图”组进行选择，如图 5-2 所示操作将“布局视图”切换为“设计视图”。

（3）在程序状态栏最右侧的“视图”组进行选择，如图 5-3 所示操作将“设计视图”切换为“打印预览”。

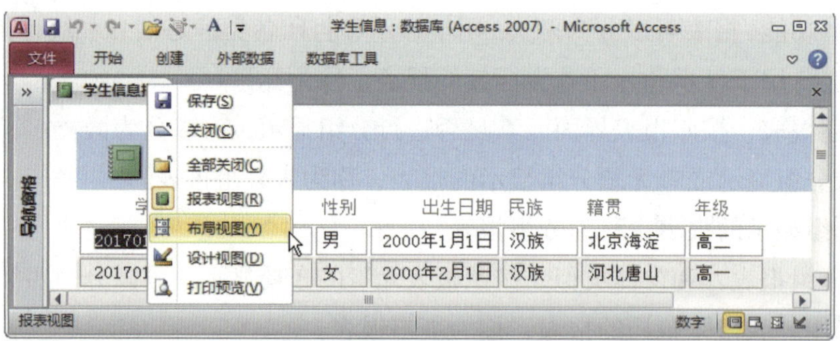


图 5-1　将“报表视图”切换为“布局视图”

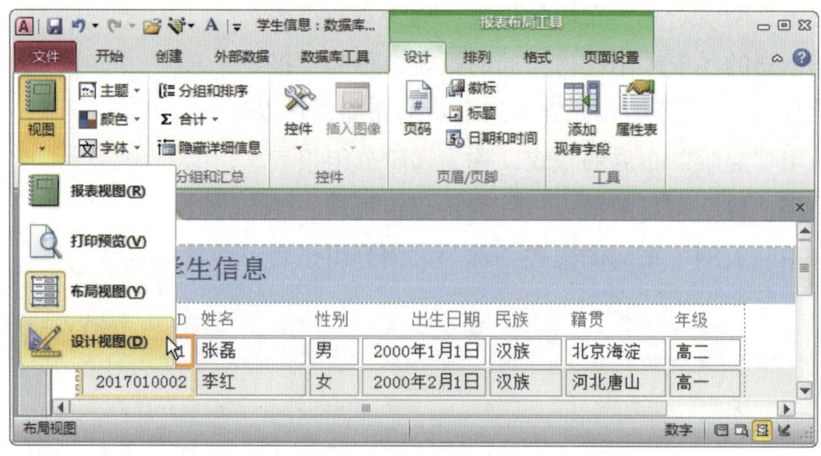


图 5-2　将“布局视图”切换为“设计视图”

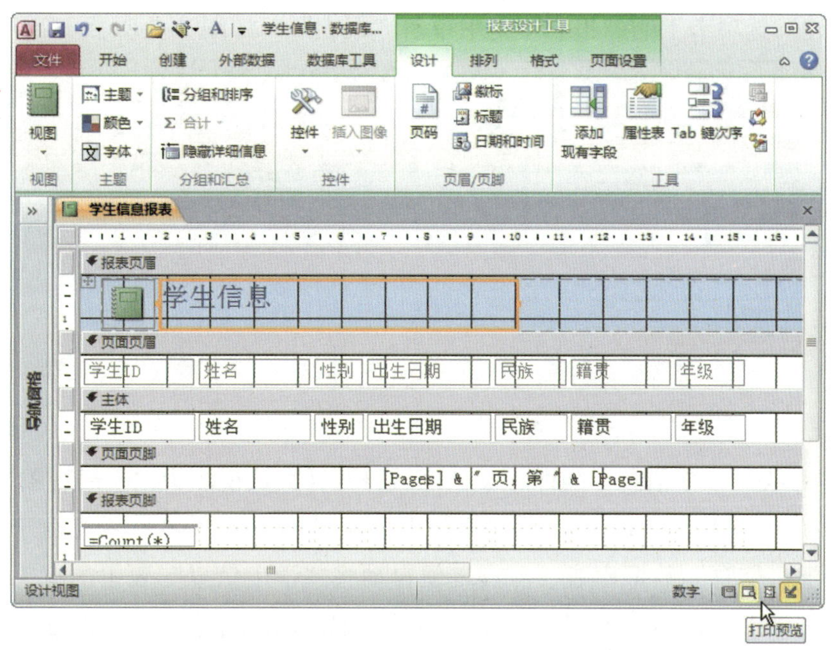

图 5–3 将“设计视图”切换为“打印预览”

（4）右键单击“开始”选项卡上的“视图”组，选择“添加到快速访问工具栏”，以方便将来的使用。单击“快速访问工具栏”上新添加的“视图”下拉按钮，在下拉菜单中进行选择，如图 5–4 所示操作将“打印预览”切换为“报表视图”。

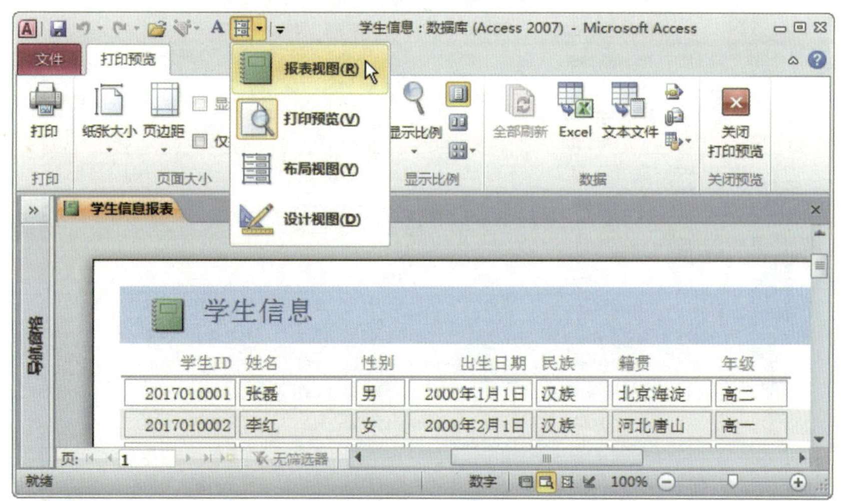

图 5–4 将“打印预览”切换为“报表视图”

## 2. 创建报表

（1）基本报表

1）打开数据库“学生信息.accdb”，在导航窗格选择“学生信息”数据库表，

然后在“创建”选项卡上的“报表”组中单击“报表”，如图 5-5 所示。

图 5-5 在“创建”选项卡上单击“报表”

2）基本报表“学生信息”随即在文档区域打开，默认视图为“布局视图”，“创建”选项卡也切换为“报表布局工具”的“设计”选项卡，如图 5-6 所示。由于在创建报表前选择了“学生信息”数据库表，Access 便自动将“学生信息”表中的有关信息加载到当前的报表设计中，在报表数据的下面紧随显示记录的统计数字，以及在报表的最下面显示有关页码的信息。例如，文档的标签和报表的标题都默认设置为“学生信息”，报表的主体自动套用了“表格”布局形式，以表格形式整齐地排列了 7 个“标签”和对应的“文本框”，“标签”的内容为“学生信息”表中的字段名称，“文本框”的内容依次为“学生信息”表中的全部 9 条记录。

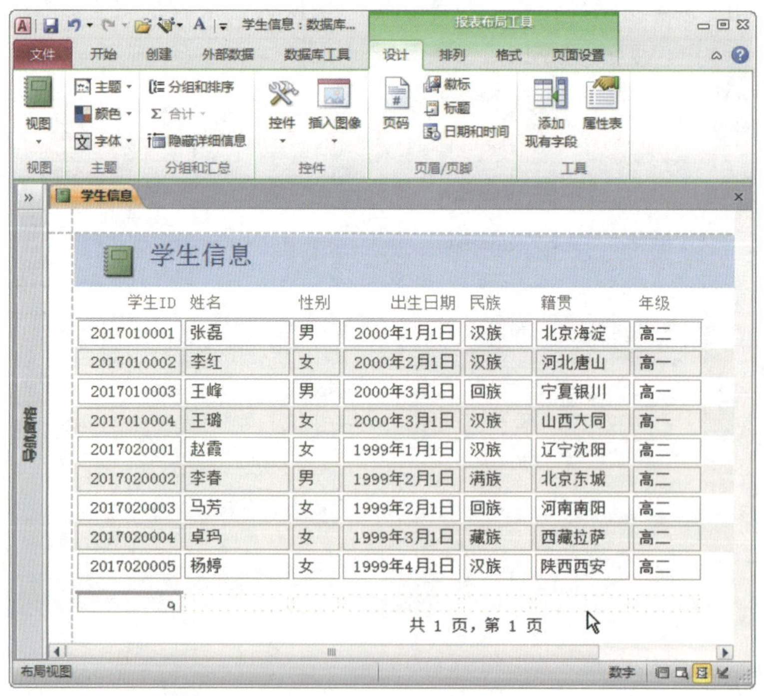


学生信息

| 学生ID | 姓名 | 性别 | 出生日期 | 民族 | 籍贯 | 年级 |
|---|---|---|---|---|---|---|
| 2017010001 | 张磊 | 男 | 2000年1月1日 | 汉族 | 北京海淀 | 高二 |
| 2017010002 | 李红 | 女 | 2000年2月1日 | 汉族 | 河北唐山 | 高一 |
| 2017010003 | 王峰 | 男 | 2000年3月1日 | 回族 | 宁夏银川 | 高一 |
| 2017010004 | 王璐 | 女 | 2000年3月1日 | 汉族 | 山西大同 | 高一 |
| 2017020001 | 赵霞 | 女 | 1999年1月1日 | 汉族 | 辽宁沈阳 | 高二 |
| 2017020002 | 李春 | 男 | 1999年2月1日 | 满族 | 北京东城 | 高二 |
| 2017020003 | 马芳 | 女 | 1999年2月1日 | 回族 | 河南南阳 | 高二 |
| 2017020004 | 卓玛 | 女 | 1999年3月1日 | 藏族 | 西藏拉萨 | 高二 |
| 2017020005 | 杨婷 | 女 | 1999年4月1日 | 汉族 | 陕西西安 | 高二 |

9

图 5-6 基本报表“学生信息”在文档区域打开

3）单击快速访问工具栏中“保存”按钮，在弹出的“另存为”对话框中输入报表名称“学生信息报表”，单击“确定”，如图 5-7 所示。

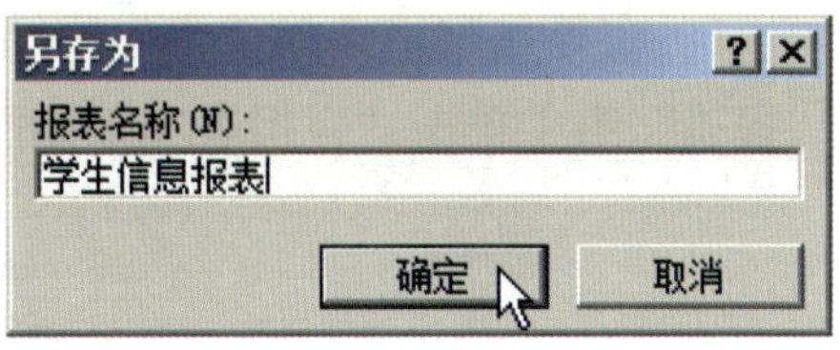


图 5-7　报表名称改为“学生信息报表”

4）文档区域的“学生信息”标签变为“学生信息报表”，在导航窗格中的“报表”组中出现了“学生信息报表”标签，其图标与表对象、查询对象和窗体对象都不相同，如图 5-8 所示。

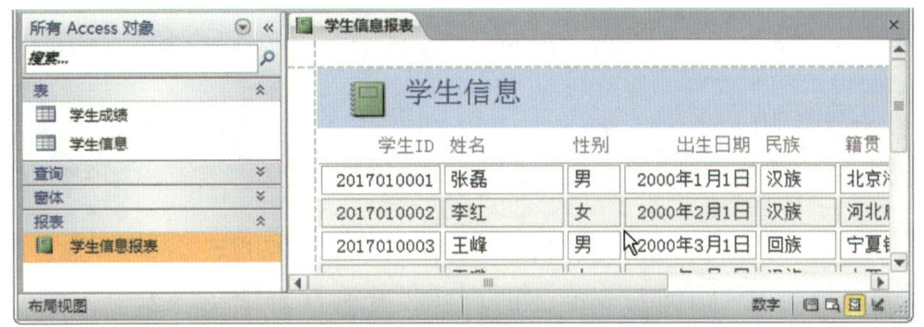


图 5-8　新建报表设计保存在数据库中

5）切换到“报表视图”，查看报表的数据显示，如图 5-9 所示。报表对象的数据显示与窗体对象有所不同，报表中的数据是静态数据，只能浏览或者打印，而窗体中的数据是动态数据，不仅能够浏览，而且可以对数据库表的记录进行修改或者添加新的记录，甚至可以将记录从数据库表中删除。

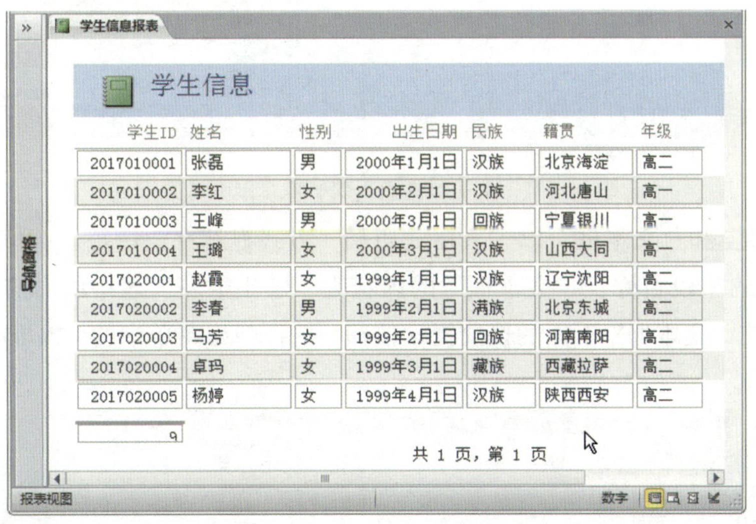


图 5-9　切换到“报表视图”查看报表的数据显示

（2）空报表

1）在导航窗格选择“学生成绩”数据库表，然后在“创建”选项卡上的“报表”组中单击“空报表”，如图 5-10 所示。

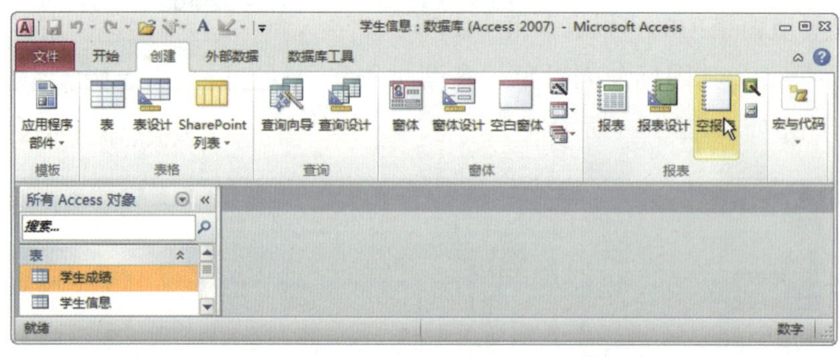

图 5-10　在“创建”选项卡上单击“空报表”

2）空报表“报表 1”随即在文档区域打开，其默认视图为“布局视图”，报表中显示为空白，没有任何报表元素。在右侧的字段列表单击选中“学生成绩”表中的字段“学生 ID”，并拖拽至报表区域中，如图 5-11 所示。

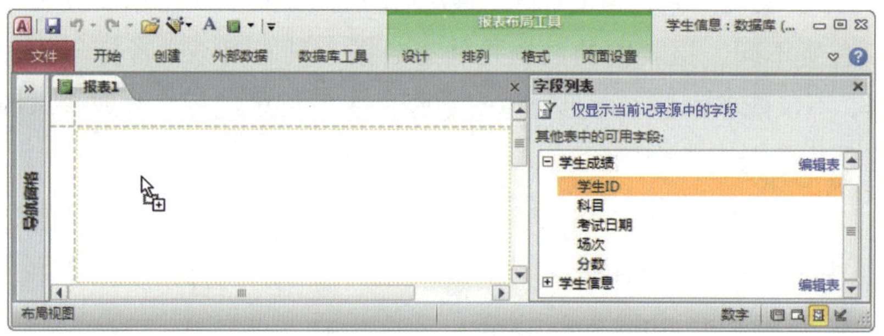

图 5-11　从字段列表拖拽字段至报表区域中

3）“标签”和“文本框”以“表格式布局”方式显示在空白报表区域中，“标签”的内容为拖拽的字段名称，“文本框”的内容为“学生成绩”表中的对应字段全部记录中的数据。单击“文本框”下面的快捷提示按钮，选择弹出菜单中的“以堆叠方式显示”，如图 5-12 所示。

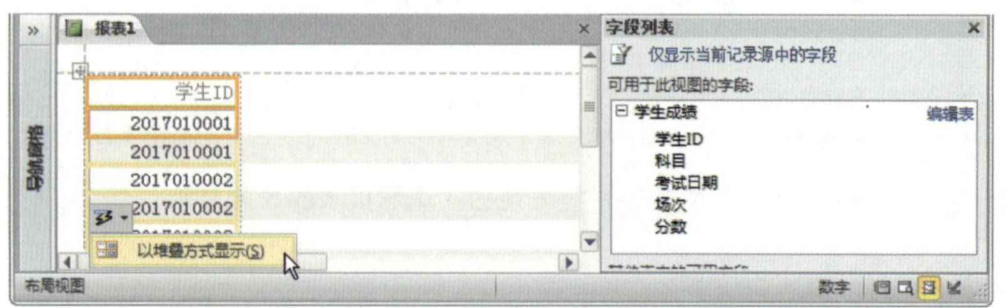

图 5-12　选择“快捷提示”菜单“以堆叠方式显示”

4）以“表格式布局”显示的“标签”和“文本框”变为以“堆叠方式”显示。单击“文本框”下面的快捷提示按钮，选择弹出菜单中的“以表格式布局显示”，如图 5-13 所示。

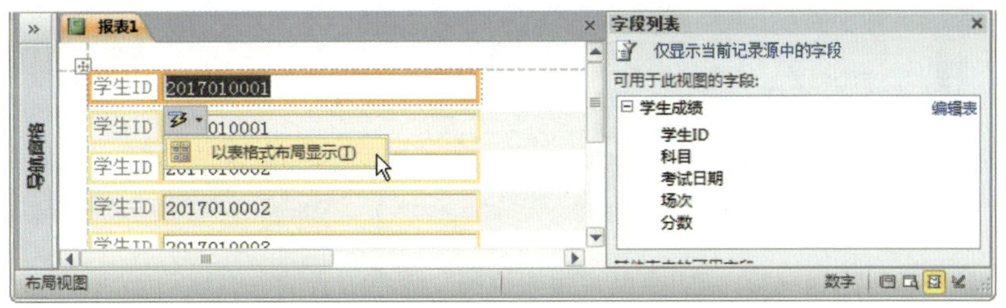


图 5-13　选择“快捷提示”菜单“以表格式布局显示”

5）以“堆叠方式”显示的“标签”和“文本框”又变回以“表格式布局”显示。单击选中“学生成绩”表中的其他字段，并依次拖拽至报表区域中，如图 5-14 所示。

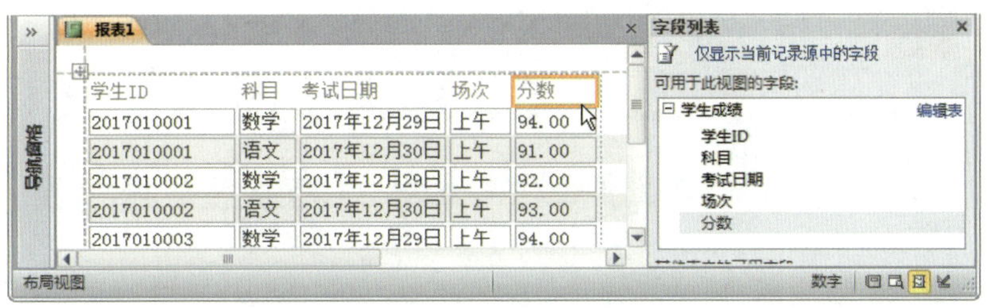


图 5-14　从字段列表依次拖拽字段至报表区域中

6）单击快速访问工具栏中“保存”按钮，在弹出的“另存为”对话框中输入报表名称“学生成绩报表”，单击“确定”，如图 5-15 所示。

7）文档区域的“报表 1”标签变为“学生成绩报表”，在导航窗格中的“报表”组中出现了“学生成绩报表”标签，如图 5-16 所示。

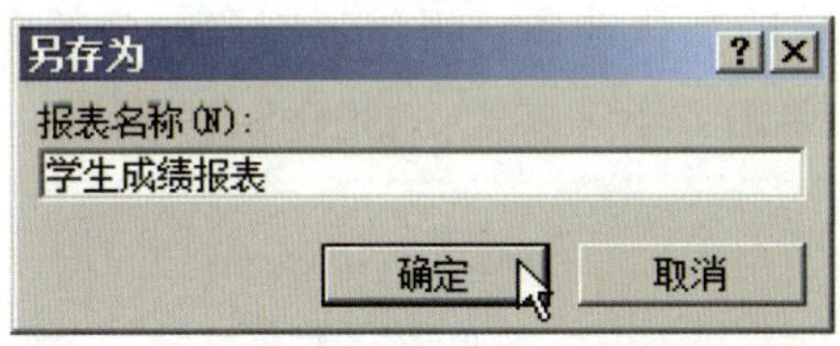


图 5-15　报表名称改为“学生成绩报表”

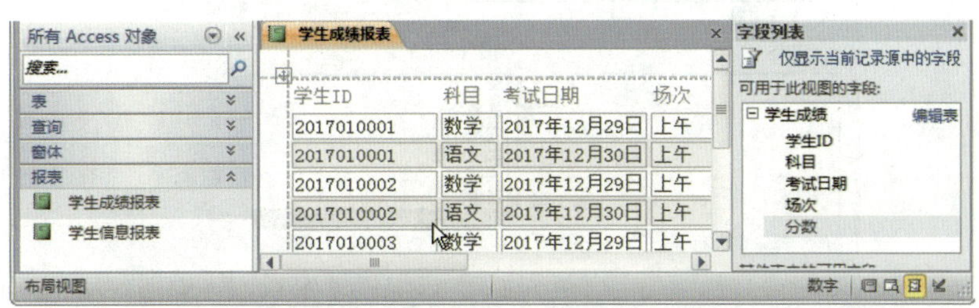


图 5-16　新建报表设计保存在数据库中

8）切换到“报表视图”，查看报表的数据显示，如图 5-17 所示。

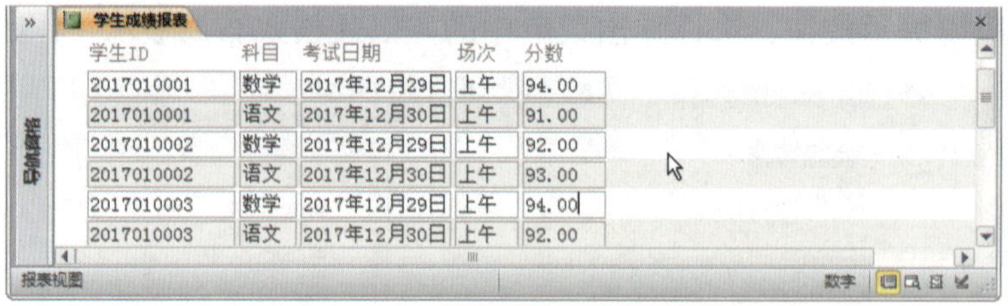


图 5-17　切换到“报表视图”查看报表的数据显示

（3）未分组报表

1）在导航窗格选择“学生信息”数据库表，然后在“创建”选项卡上的“报表”组中单击“报表向导”，如图 5-18 所示。

图 5-18　在“创建”选项卡上单击“报表向导”

2）弹出“报表向导”对话框，在“表 / 查询”下拉菜单中选择窗体的数据源，包括数据库表和选择查询（不包括操作查询），在“可用字段”列表中选择将要在报表上显示的字段，由于在创建报表前已选择“学生信息”数据库表，Access 便自动将“学生信息”表作为“表 / 查询”下拉菜单的默认选择，将该表包含的全部字段从“可用字段”列表中选择到“选定字段”列表中单击“下一步”，如图 5-19 所示。

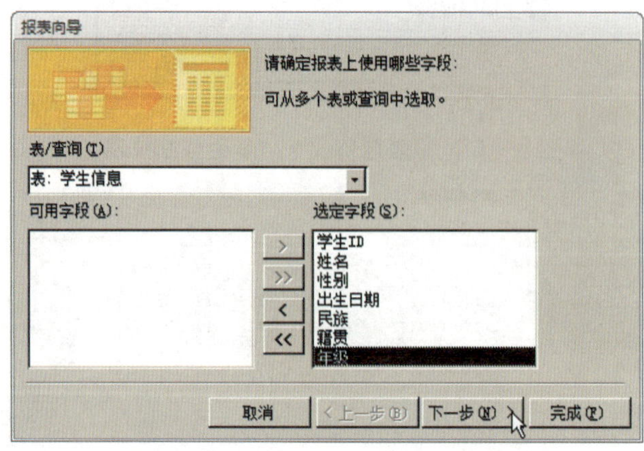


图 5-19　选择报表的数据源和字段

3）将要创建的报表为未分组报表，在“报表向导”中不选择任何分组级别，单击“下一步”，如图 5–20 所示。

图 5–20　不选择任何分组级别

4）在“报表向导”中选择记录所用的排序次序，此处选择以“学生 ID”进行升序排列，单击“下一步”，如图 5–21 所示。

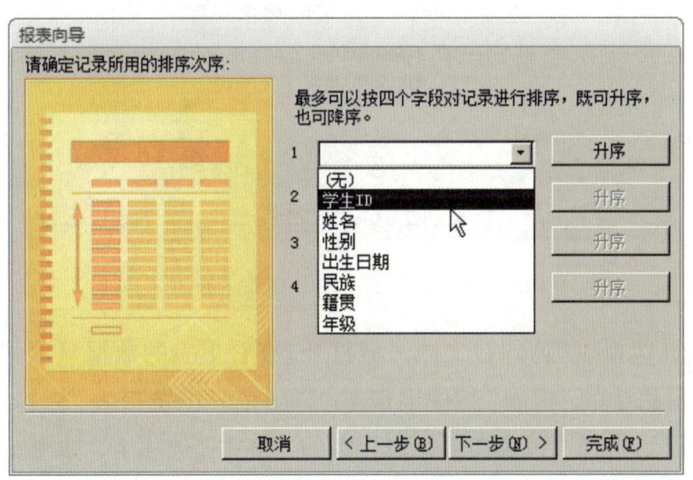


图 5–21　选择记录所用的排序次序

5）在“报表向导”中选择报表使用的布局，选项包括“纵栏表”“表格”和“两端对齐”，此处选择“纵览表”，如图 5–22 所示，单击“下一步”继续。

6）在“报表向导”中为报表指定标题为“学生信息纵览报表”，并选择“预览报表”，单击“完成”，如图 5–23 所示。

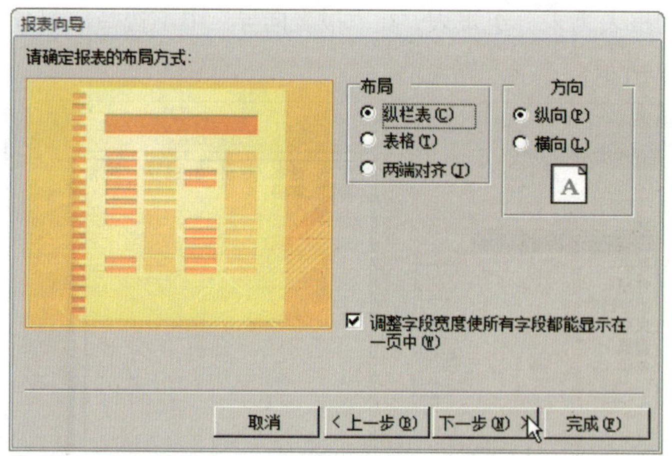


图 5-22　选择报表使用的布局

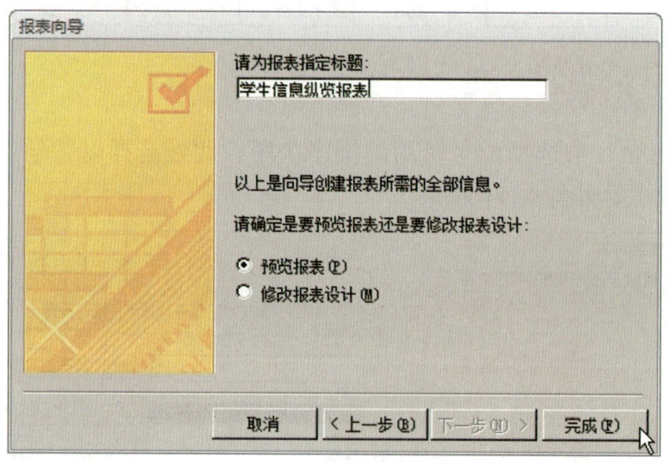


图 5-23　为报表指定标题为“学生信息纵览报表”

7)“学生信息纵览报表”随即在文档区域打开,查看报表的数据显示,其默认视图为“打印预览”,在导航窗格中的“报表”组中出现了“学生信息纵览报表”标签,如图 5-24 所示。切换到“布局视图”,选择“报表布局工具”中的“格式”选项卡,如图 5-25 所示,在“字体”命令组中选择文本对齐方式,调整后的效果如图 5-26 所示。使用“纵览表”布局的未分组报表即为“纵览报表”。

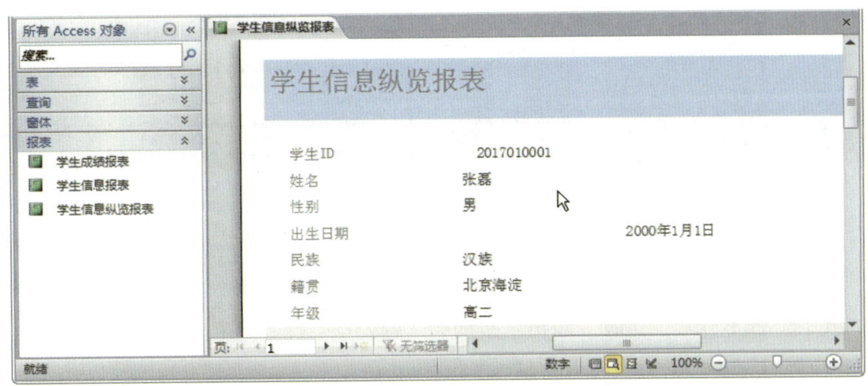


图 5-24　选择“纵览表”布局的未分组报表

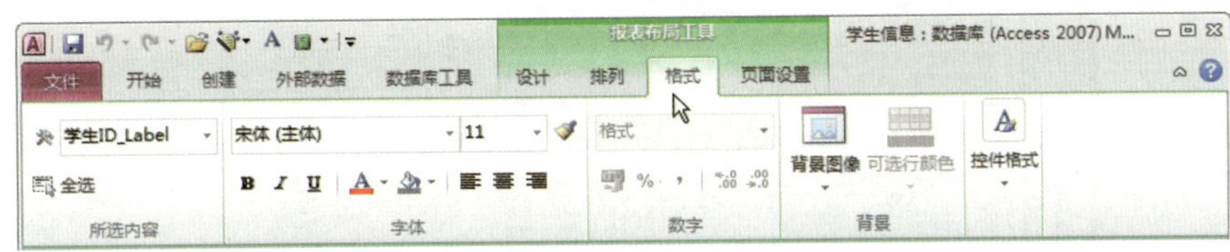


图 5-25　选择“格式”选项卡

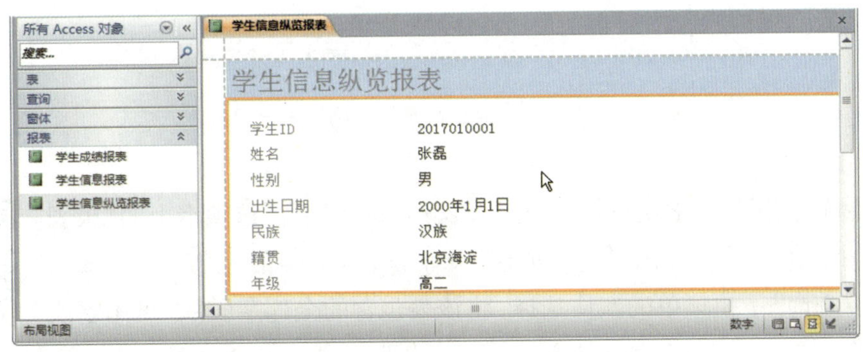


图 5-26　调整文本对齐方式

8）如果在“报表向导”中选择“表格”布局，为报表指定标题为“学生信息表格报表”，利用快速访问工具栏上的“自动套用格式”，调整报表布局，采用“办公室”样式，报表创建完成后在文档区域打开，其默认视图为“打印预览”，如图 5-27 所示。实际上，使用“表格”布局的未分组报表即为“基本报表”。

9）如果在“报表向导”中选择“两端对齐”布局，选择“Northwind”样式，为报表指定标题为“学生信息两端对齐报表”，报表创建完成后在文档区域打开，其默认视图为“打印预览”，如图 5-28 所示。使用“两端对齐”布局的未分组报表即为“对齐报表”，其报表元素与报表边界对齐。

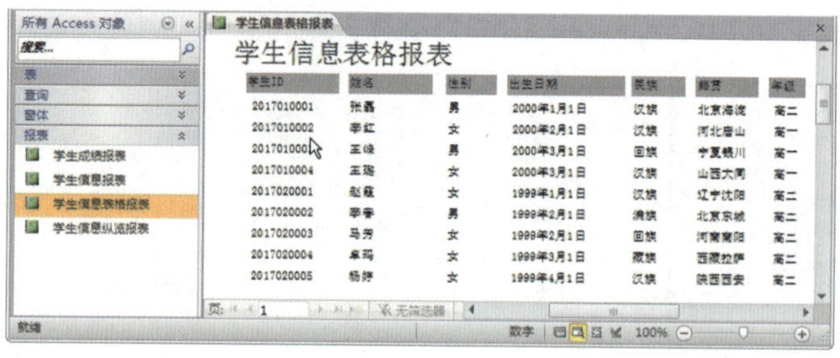


图 5-27　选择“表格”布局和“办公室”样式的未分组报表

图 5-28　选择“两端对齐”布局的未分组报表

（4）分组报表

1）在导航窗格选择“学生成绩”数据库表，然后在“创建”选项卡上的“报表”组中单击“报表向导”，弹出“报表向导”对话框，Access 自动将“学生成绩”表作为“表/查询”下拉菜单的默认选择，将该表包含的全部字段从“可用字段”列表中选择到“选定字段”列表中单击“下一步”，如图 5-29 所示。

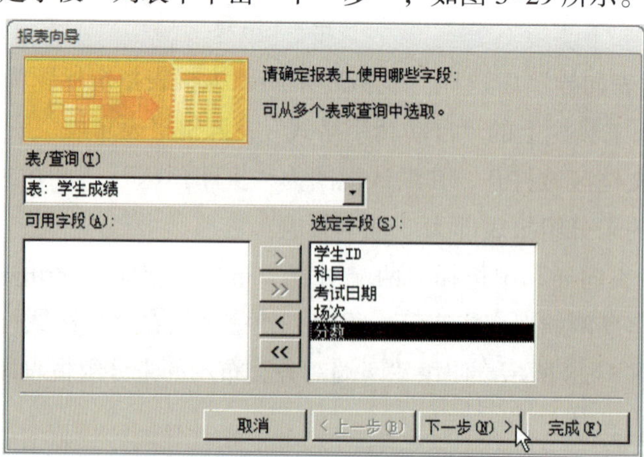


图 5-29　选择报表的数据源和字段

2）在“报表向导”中选择字段“学生 ID”作为一级分组，对话框右侧随即显示分组后的预览示意，单击“下一步”，如图 5-30 所示。

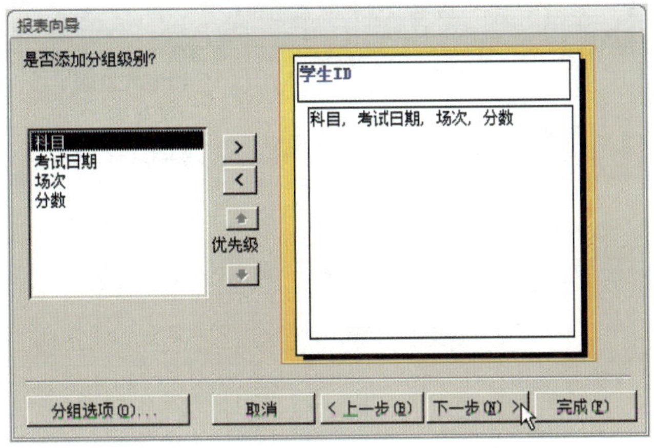


图 5-30　选择“学生 ID”作为一级分组

3）在“报表向导”中不选择记录所用的排序次序，单击“汇总选项”，如图 5-31 所示。弹出“汇总选项”对话框，选择计算“分数”的“汇总”和“平均”，并选择“显示明细和汇总”，单击“确定”，回到“报表向导”，单击“下一步”，如图 5-32 所示。

4）在“报表向导”中选择报表使用的布局，选项包括“递阶”“块”和“大纲”，此处选择“递阶”，如图 5-33 所示，单击“下一步”继续。

5）在“报表向导”中为报表指定标题为“学生成绩递阶分组报表”，并选择“预览报表”，单击“完成”，如图 5-34 所示。

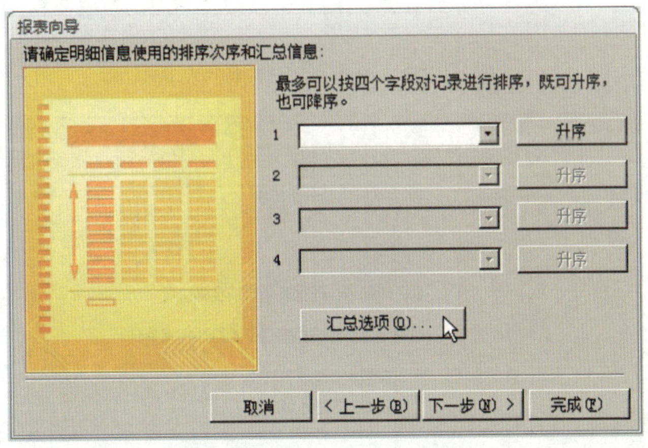


图 5-31　选择“汇总选项”

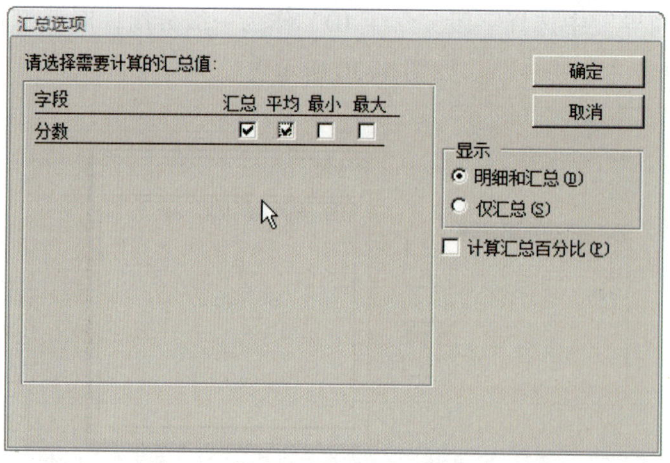


图 5-32　选择需要计算的汇总值

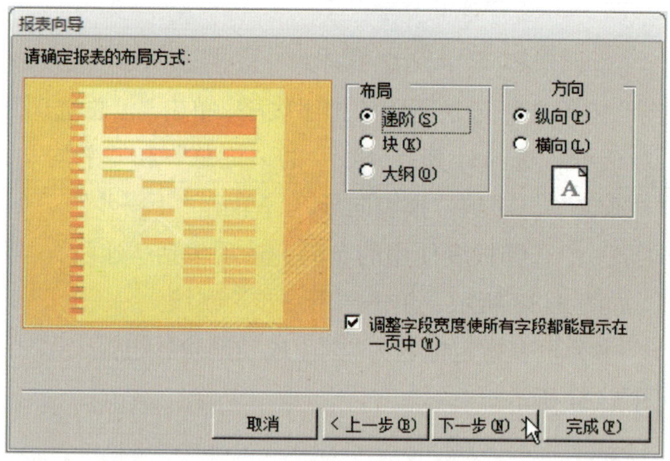


图 5-33　选择报表使用的布局

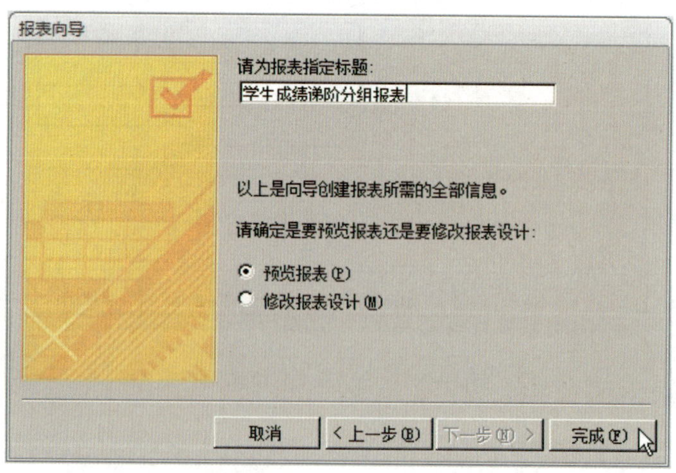


图 5-34　为报表指定标题为“学生成绩递阶分组报表”

6）“学生成绩递阶分组报表”在文档区域随即打开，查看报表的数据显示，其默认视图为“打印预览”，如图 5–35 所示。使用“递阶”布局的分组报表即为“递阶分组报表”，由于字段“学生 ID”作为一级分组，其对应记录单独占据一行显示，其他字段对应的记录向下错开一行以表示“递阶”显示。在“汇总选项”中已选择计算“分数”的“汇总”和“平均”，并选择“显示明细和汇总”，因此，在每条记录下面还显示了相关的汇总信息，例如，分数的“总计”和“平均值”，即分别为“总分”和“平均分”。

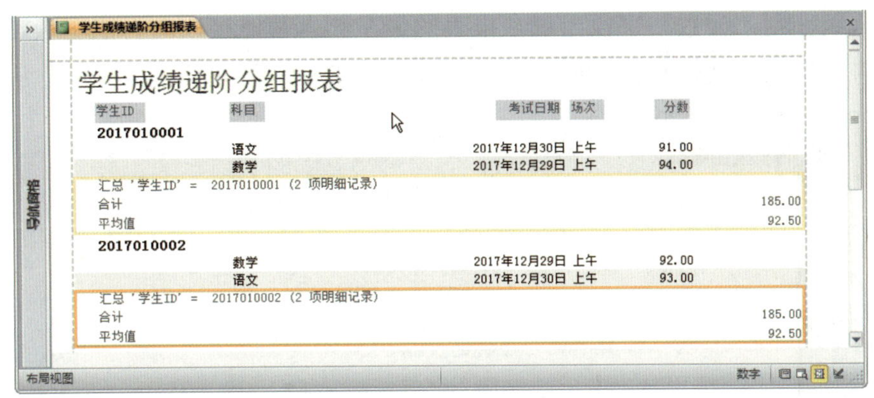


图 5–35　选择“递阶”布局的分组报表

7）如果在如图 5–31 所示步骤的“报表向导”中没有选择“汇总选项”，则创建的报表中不会显示相关的汇总信息，仅显示数据源中的相关静态信息，布局调整后如图 5–36 所示。与在图 5–17 中选择了“表格”布局的未分组报表“学生成绩报表”相比，由于“学生成绩递阶分组报表”中的字段“学生 ID”作为一级分组，报表中每组数据的“学生 ID”信息仅出现一次，而在“学生成绩报表”中出现了两次，这也就是在创建报表时选择分组报表的原因。

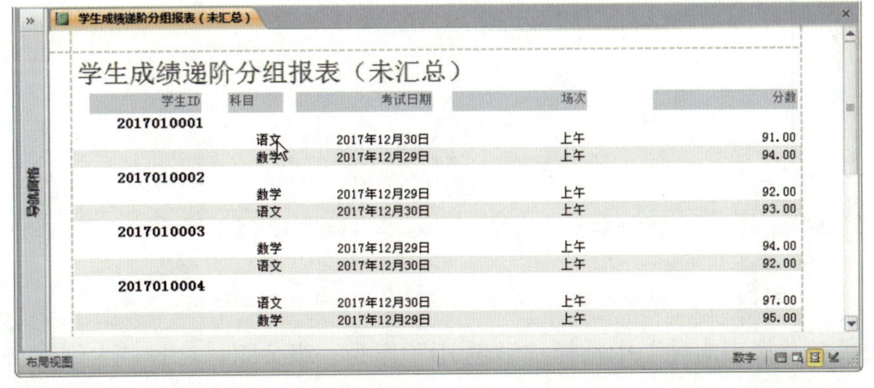


图 5–36　未选择“汇总选项”的“学生成绩递阶分组报表”

8）如果在“报表向导”中选择“学生 ID”作为一级分组，选择“块”布局，为报表指定标题为“学生成绩块分组报表”，报表创建完成后在文档区域打开，其默认视图为“打印预览”，布局调整后如图 5-37 所示。使用“块”布局的分组报表即为“块分组报表”，由于字段“学生 ID”作为一级分组，报表中每组数据的“学生 ID”信息仅出现一次。与“学生成绩递阶分组报表”相比，“学生 ID”对应记录没有单独占据一行显示，其他字段对应的记录作为一个“块状区域”跟随其后显示。如果在“报表向导”中选择“分数”作为一级分组，则“分数”字段出现在报表的最左侧，其他字段向右依次顺延，该报表的意图是将学生的成绩信息以相同“分数”进行分组显示，并按照“分数”从低到高进行排列，布局调整后如图 5-38 所示。

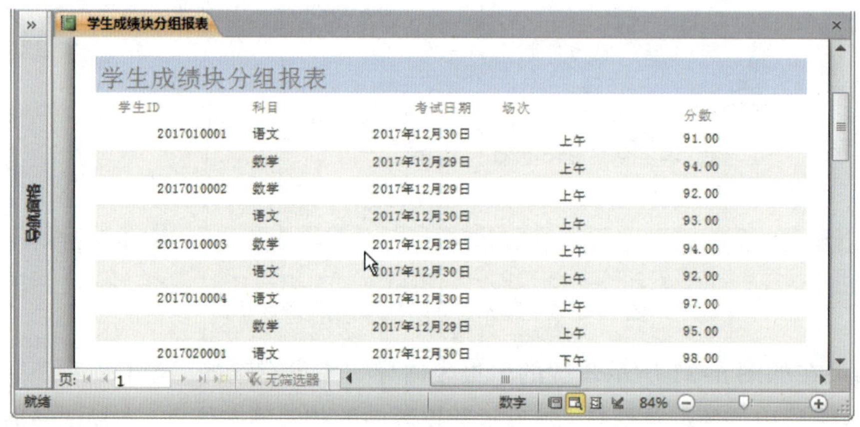


学生成绩块分组报表

| 学生ID | 科目 | 考试日期 | 场次 | 分数 |
|---|---|---|---|---|
| 2017010001 | 语文 | 2017年12月30日 | 上午 | 91.00 |
| | 数学 | 2017年12月29日 | 上午 | 94.00 |
| 2017010002 | 数学 | 2017年12月29日 | 上午 | 92.00 |
| | 语文 | 2017年12月30日 | 上午 | 93.00 |
| 2017010003 | 数学 | 2017年12月29日 | 上午 | 94.00 |
| | 语文 | 2017年12月30日 | 上午 | 92.00 |
| 2017010004 | 语文 | 2017年12月30日 | 上午 | 97.00 |
| | 数学 | 2017年12月29日 | 上午 | 95.00 |
| 2017020001 | 语文 | 2017年12月30日 | 下午 | 98.00 |

图 5-37 选择“块”布局的分组报表

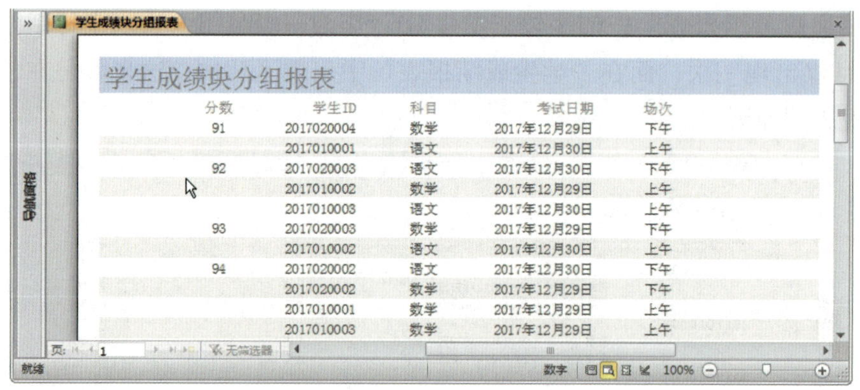


学生成绩块分组报表

| 分数 | 学生ID | 科目 | 考试日期 | 场次 |
|---|---|---|---|---|
| 91 | 2017020004 | 数学 | 2017年12月29日 | 下午 |
| | 2017010001 | 语文 | 2017年12月30日 | 上午 |
| 92 | 2017020003 | 语文 | 2017年12月30日 | 下午 |
| | 2017010002 | 数学 | 2017年12月29日 | 上午 |
| | 2017010003 | 语文 | 2017年12月30日 | 上午 |
| 93 | 2017020003 | 数学 | 2017年12月29日 | 下午 |
| | 2017010002 | 语文 | 2017年12月30日 | 上午 |
| 94 | 2017020002 | 语文 | 2017年12月30日 | 下午 |
| | 2017020002 | 数学 | 2017年12月29日 | 下午 |
| | 2017010001 | 数学 | 2017年12月29日 | 上午 |
| | 2017010003 | 数学 | 2017年12月29日 | 上午 |

图 5-38 选择“分数”作为一级分组的“学生成绩块分组报表”

9）如果在“报表向导”中选择“学生 ID”作为一级分组，选择“大纲”布局，为报表指定标题为“学生成绩大纲分组报表”，报表创建完成后在文档区域打开，其默认视图为“打印预览”，如图 5-39 所示。使用“大纲”布局的分组报表即为“大纲分组报表”，由于字段“学生 ID”作为一级分组，报表中每组数据的“学生 ID”信息仅出现一次。与“学生成绩递阶分组报表”相比，“学生 ID”标签及其对应记录单独占据一行显示，类似于常见的“大纲”，其他字段标签及其对应的记录向下错开一行作为“大纲”的详细内容跟随其后显示。如果在“报表向导”中选择“分数”作为一级分组，则“分数”字段出现在报表的最左侧，其他字段向右依次顺延，该报表的意图与“学生成绩块分组报表”相同，如图 5-40 所示。相比而言，“学生成绩大纲分组报表”的数据显示效果最为清晰，其次是“学生成绩递阶分组报表”，“学生成绩块分组报表”的数据显示可能会引起各组数据的混淆。

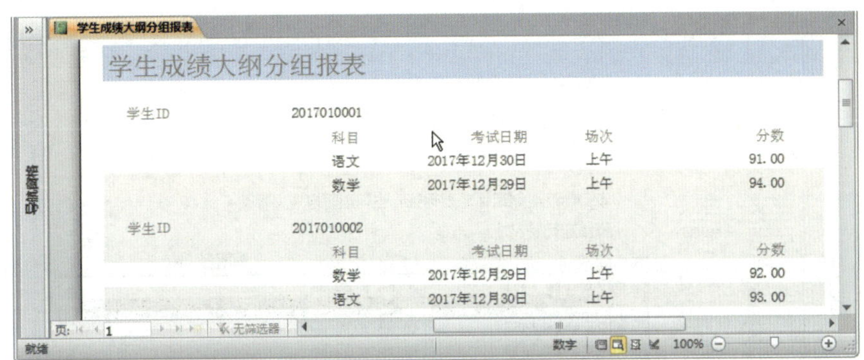


图 5-39　选择“大纲”布局

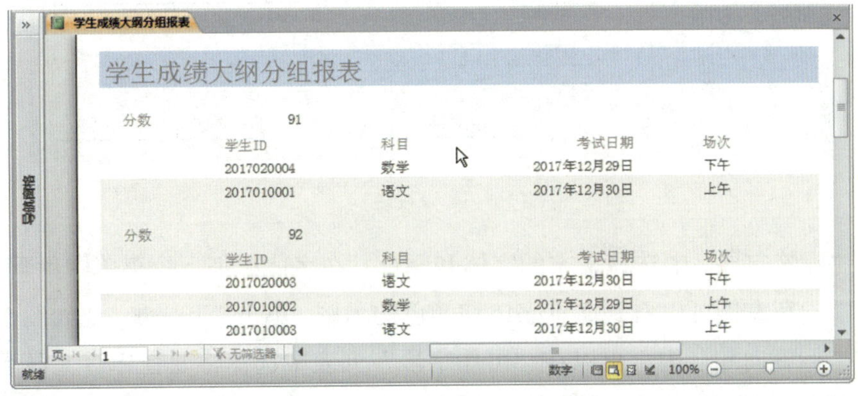


图 5-40　选择“分数”作为一级分组的“学生成绩大纲分组报表”

（5）标签

1）在导航窗格选择“学生信息”数据库表，然后在“创建”选项卡上的“报表”组中单击“标签”，如图 5-41 所示。

2）弹出“标签向导”对话框，通过“按厂商选择”下拉菜单选择某个打印机厂商，在“标签尺寸”列表中选择创建标签时将要使用的该厂商所预设的某个常用

标签尺寸，此处选择“Durable”厂商型号为“Durable 1452”的标签尺寸，单击“下一步”，如图 5-42 所示。也可以单击“自定义”，根据实际需要创建自定义的标签尺寸，然后选择“显示自定义标签尺寸”，在“标签尺寸”列表中选择所创建的自定义标签尺寸。

图 5-41　在“创建”选项卡上单击“标签”

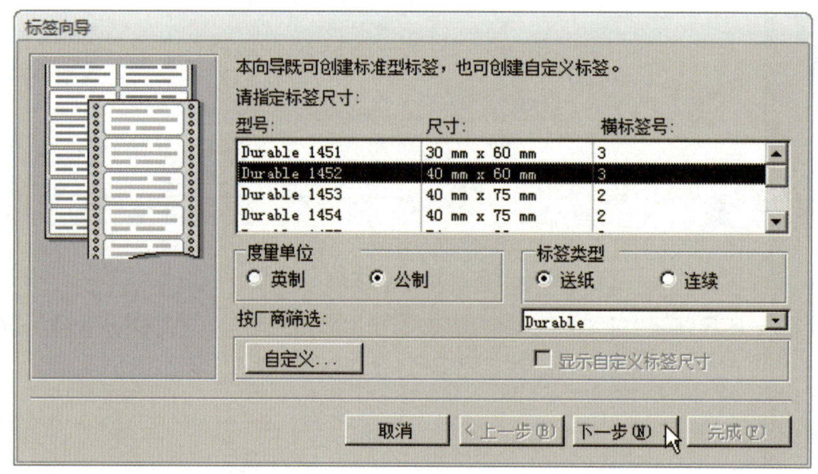


图 5-42　选择标签尺寸

3）在“标签向导”中选择文本的字体和颜色，在字体粗细下拉菜单中由默认的“细”改为“半粗”，在左侧可以看到文本字体和颜色的示例，单击“下一步”，如图 5-43 所示。

4）在“标签向导”中，可以在“可用字段”列表中选择将要在标签上显示的字段，由于在创建报表前，选择了“学生信息”数据库表，Access 便自动将“学生信息”表的全部字段放在“可用字段”列表中，将需要显示的字段从“可用字段”列表中选择到“原型标签”列表中，并做适当的编辑，其中右侧的由大括号包围的内容是从“可用字段”列表中选择得到的，而其他内容则需要输入，可以通过按回车键换行显示，注意各字段的顺序已稍做调整，单击“下一步”，如图 5-44 所示。

5）在“标签向导”中选择按照字段“学生 ID”进行排序（默认为升序），单击“下一步”，如图 5-45 所示。

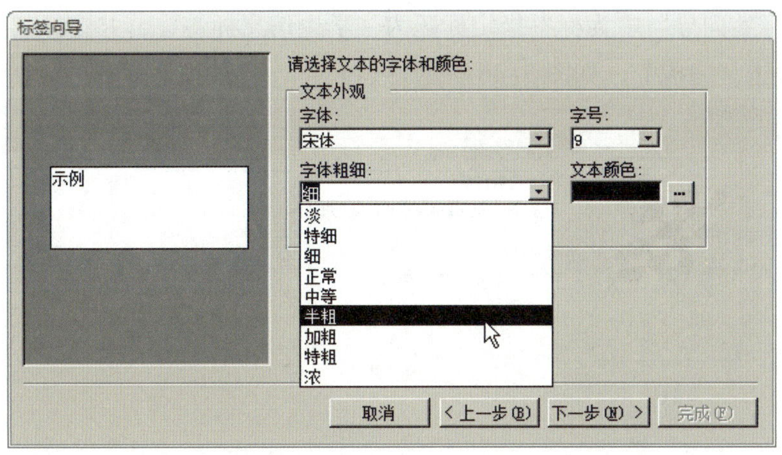


图 5-43　选择文本的字体和颜色

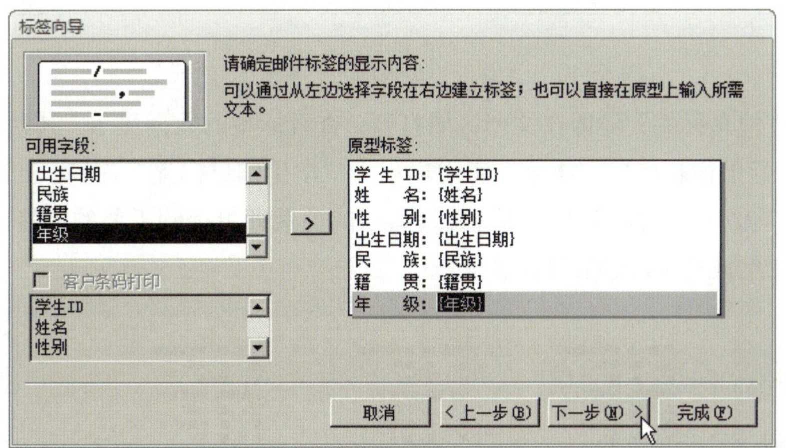


图 5-44　选择标签的显示内容

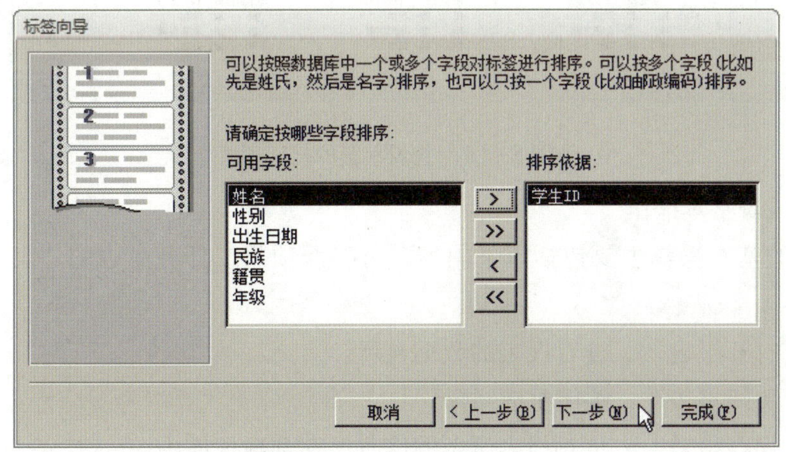


图 5-45　选择排序的字段

6）在“标签向导”中为标签指定标题为“学生信息标签”，并选择“查看标签的打印预览”，单击“完成”，如图 5-46 所示。

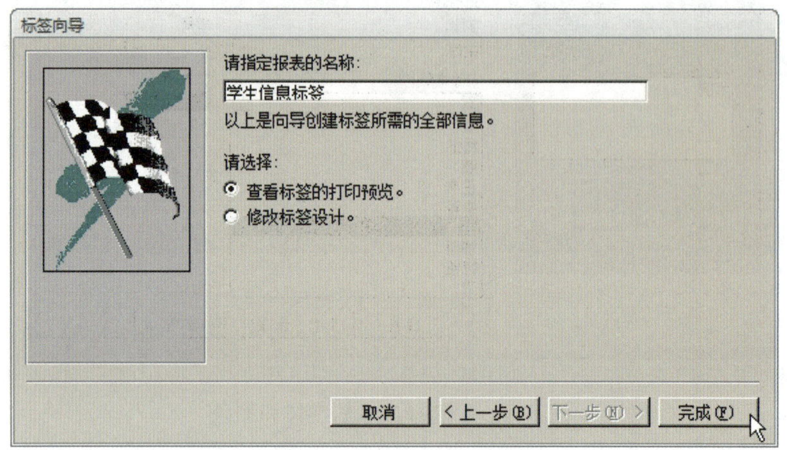


图 5-46　为标签指定标题为“学生信息标签”

7）“学生信息标签”随即在文档区域打开，查看标签的数据显示，其默认视图为“打印预览”，在导航窗格中的“报表”组中出现了“学生信息标签”标签，如图 5-47 所示。使用相应的打印机和纸张打印标签后，经过适当的剪裁即可得到需要的标签，可以贴于“档案袋”外侧或者加工为其他某种标签。

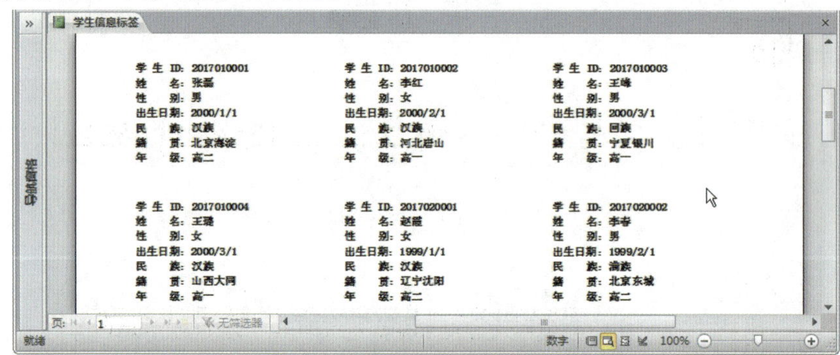


图 5-47　查看标签的打印预览

### 3. 认识报表基本操作

对报表的基本操作主要包括以下内容，可参照项目二任务 1 中的“表基本操作”进行练习：

（1）“打开报表”，查看报表的数据显示。

（2）“关闭报表”，关闭报表对象。

（3）“保存报表”，将对报表所做的修改保存到数据库中。

（4）“删除报表”，将报表从数据库中删除。

（5）“复制报表”，复制报表对象，以便粘贴到数据库中。

（6）“剪切报表”，复制报表对象，以便粘贴到数据库中，同时删除原有报表。

（7）“粘贴报表”，将复制的报表对象粘贴到数据库中。

（8）“重命名报表”，重新命名报表对象。

（9）“隐藏报表”，将报表对象在原有浏览组中隐藏显示。

（10）“打印报表”，将报表的数据显示通过打印机输出。

（11）“打印预览”，将报表的数据显示在“打印预览”视图中显示。

（12）“报表属性”，查看或修改报表对象的属性信息。

### 4. 设置报表外观

（1）设置页码

1）打开“学生信息表格报表”，切换到“布局视图”，在“设计”选项卡上的“页眉/页脚”组中单击“页码”，如图 5-48 所示。

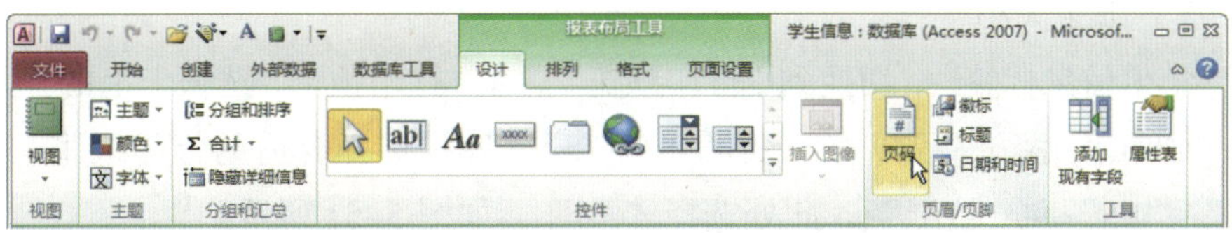

图 5-48　在“设计”选项卡上单击“页码”

2）在弹出的“页码”对话框选择插入页码的格式为“第 N 页，共 M 页”，选择位置为“页面底端（页脚）”，选择对齐方式为“中”，并选择“首页显示页码”，单击“确定”，如图 5-49 所示。

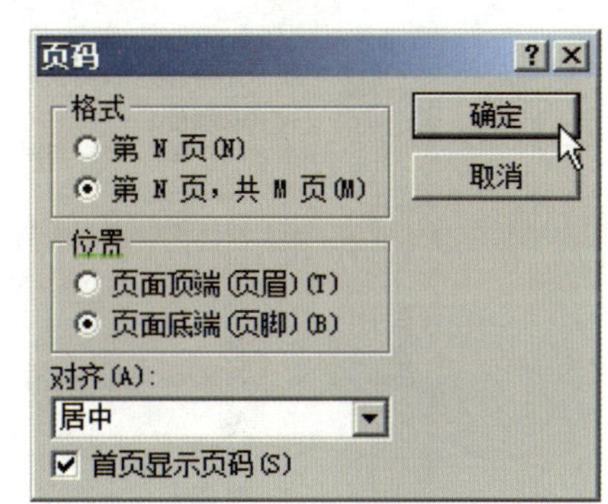


图 5-49　选择将插入页码的格式和位置

3）新插入的页码“共 1 页，第 1 页”在报表的页面底部显示，如图 5-50 所示。

（2）设置其他属性

对报表外观的设置操作包括的其他内容，可参照项目四任务 1 中的“设置窗体外观”进行练习：

1）设置文本框宽度。

2）设置文本框高度。

3）设置字体。

4）设置徽标。

5）设置标题。

6）设置日期和时间。

7）自动套用格式。

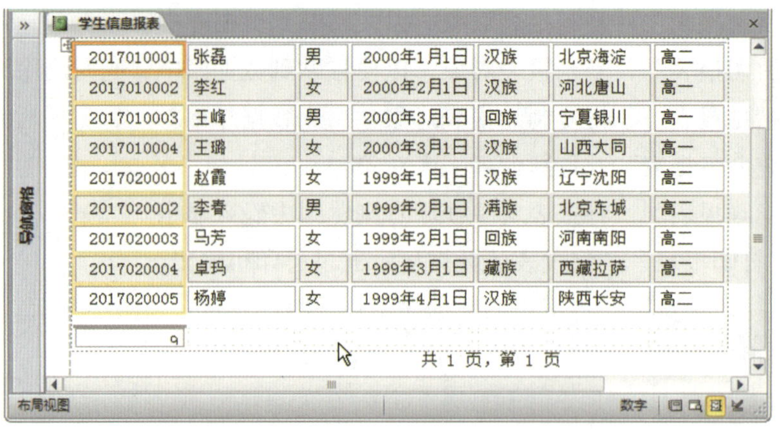

图 5-50　新插入的页码在报表的页面底部显示

### 5. 报表打印预览

（1）设置纸张大小

打开“学生信息标签”，切换到“打印预览”，在“打印预览”选项卡上的“页面布局”组中单击“纸张大小”，可以在“纸张大小”样式库中选择合适的打印纸张，常用的纸张为“A4”“B5”和“信纸”，此处选择“A4”，如图 5-51 所示。

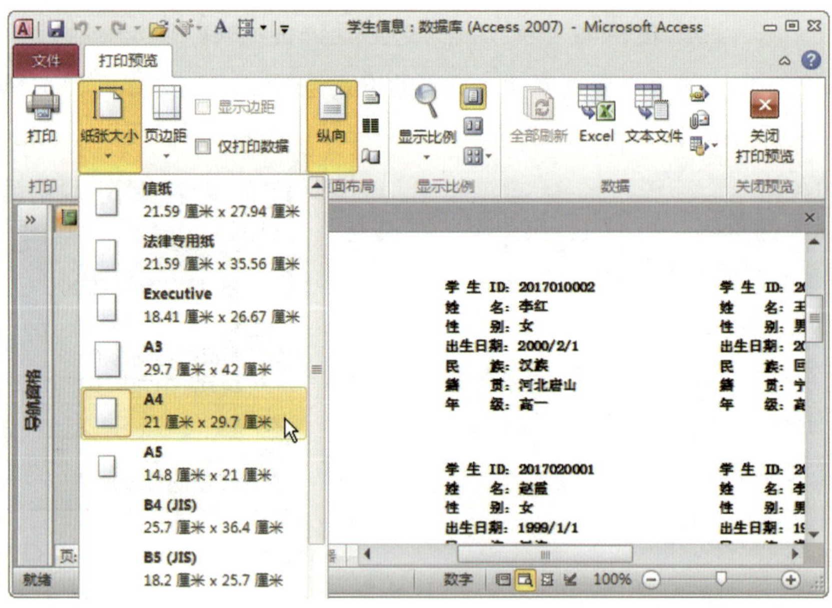

图 5-51　在“纸张大小”样式库中选择合适的打印纸张

（2）设置打印方向

在“打印预览”选项卡上的“页面布局”组中单击“横向”或“纵向”，可以选择合适的打印方向，此处选择默认选项“纵向”，如图 5-52 所示。

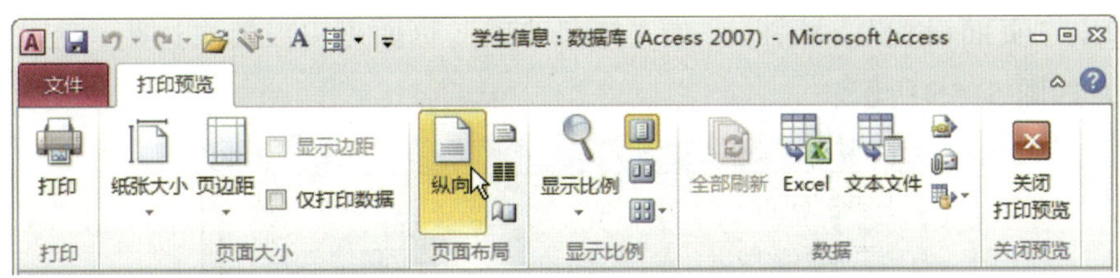

图 5-52　选择合适的打印方向

（3）设置页边距

在“打印预览”选项卡上的“页面大小”组中单击“页边距”，可以在“页边距”样式库中选择合适的页边距，常用的选项为“普通”“宽”和“窄”，也可以选择“自定义设置”，如图 5-53 所示。

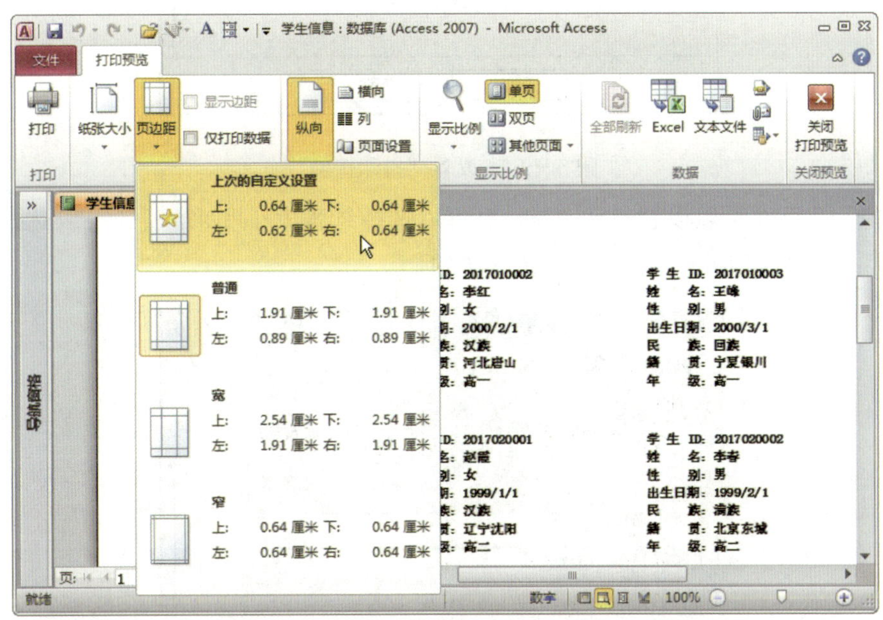

图 5-53　在“页边距”样式库中选择合适的页边距

（4）设置其他页面参数

1）在“打印预览”选项卡上的“页面布局”组中单击“页面设置”，如图 5-54 所示。

图 5-54　选择“页面设置”

2）弹出“页面设置”对话框，在“打印选项”页面可以设置页边距，还可以选择只打印数据，如图 5-55 所示。

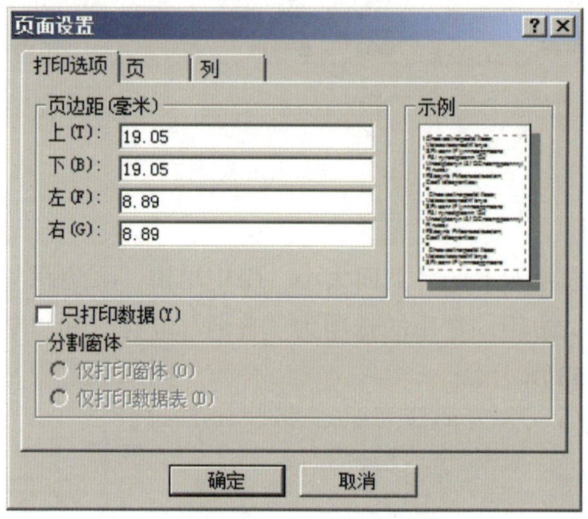


图 5-55　设置“打印选项”

3）在“页”页面可以设置打印方向，也可以选择纸张大小和来源，还可以选择使用“默认打印机”或者使用指定打印机，如图 5-56 所示。

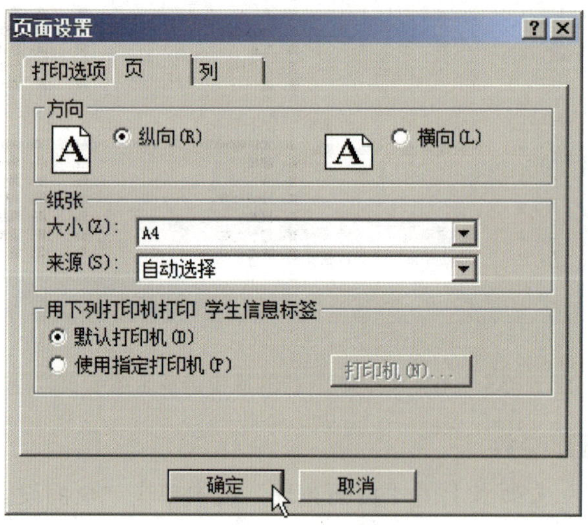


图 5-56　设置“页”

4）在“列”页面可以进行网格设置，包括“列数”“行间距”和“列间距”，也可以设置列尺寸，包括“宽度”和“高度”，还可以选择列布局，即“先列后行”或者“先行后列”，单击“确定”，如图 5-57 所示。

（5）打印报表

1）在“打印预览”选项卡上的“打印”组中单击“打印”，如图 5–58 所示。

2）弹出“打印”对话框，从下拉列表中选择打印报表将要使用的打印机，此处选择“HP LaserJet 400 M401 PCL 6”打印机，单击“属性”按钮可以查看所选打印机的详细属性信息；也可以选择“打印到文件”，打印报表时会输出到一个预打印文件，可以在 Access 2010 关闭后再进行打印输出。默认的“打印范围”是“全部内容”，也可以选择打印指定页码的报表内容。默认的“打印份数”为 1 份，选择打印多份时，还可以选择是否“逐份打印”。设置完毕后，单击“确定”即可开始打印报表，如图 5–59 所示。

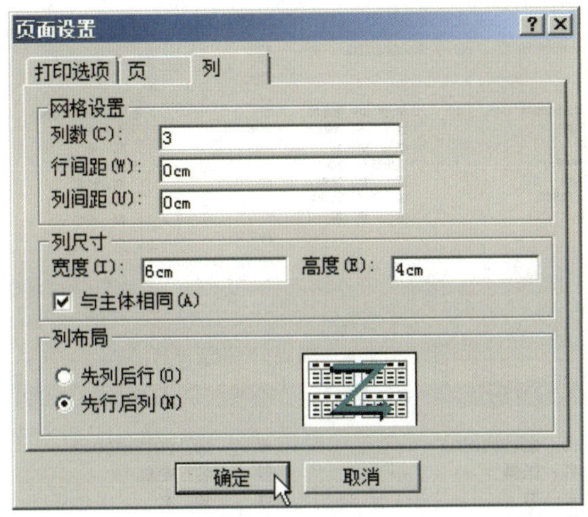


图 5–57　设置“列”

图 5–58　选择“打印”

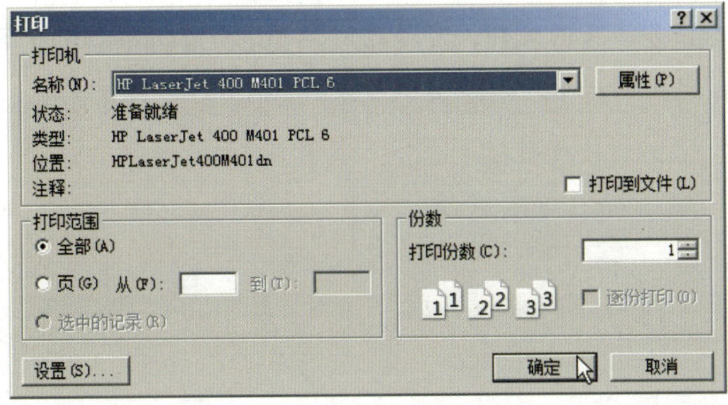


图 5–59　打印设置

（6）设置显示比例

在“打印预览”选项卡上的“显示比例”组中单击“显示比例”，在下拉菜单中选择合适的显示比例，此处将默认的“100%”改为“150%”，如图 5-60 和图 5-61 所示。也可以通过程序状态栏最右侧的按钮调整合适的显示比例。

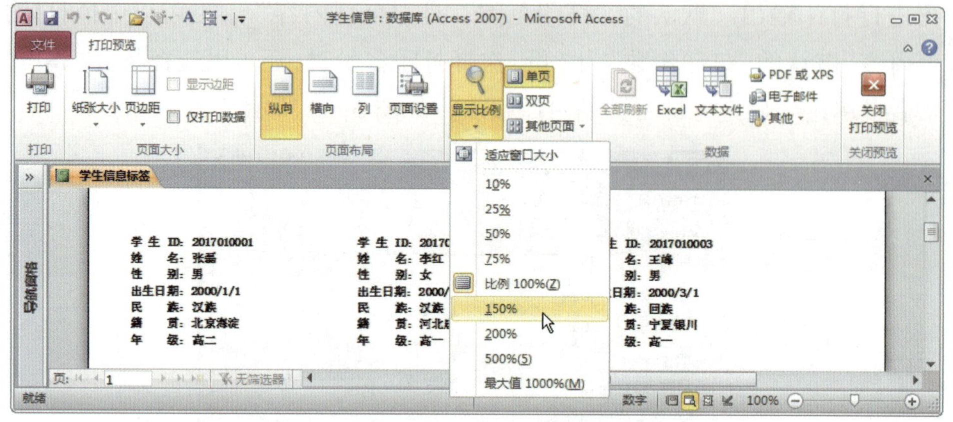


图 5-60　选择“显示比例”

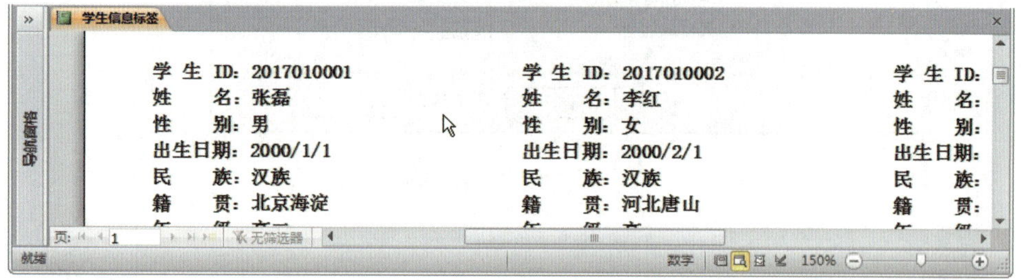


图 5-61　显示比例为 150%

本任务涉及的文件，可通过网站 http://jg.class.com.cn 下载，位于软件资源包“中文版 Access 2010 基础与实训 / 项目五 / 任务 1”。

# 任务 2　设计学生信息报表

## 学习目标

1. 熟悉报表设计思路。
2. 掌握报表设计视图。
3. 熟悉报表控件设置。

## 任务描述

报表的设计与窗体的设计较为相似，主要是通过向报表中添加具有各种不同功能的控件来检索、计算并加载显示，并通过对这些控件所具有的丰富属性进行适当的设置以充分发挥其强大的功能，例如：

1. 添加文本框显示数据表中的记录或者通过函数统计的信息。
2. 添加标签显示辅助说明性质的文字，增加报表的可读性。
3. 添加图像显示学生照片等信息，丰富报表所显示的内容。

本任务的内容是设计一个相对复杂的学生信息报表，从而掌握 Access 在数据输出打印方面所具有的强大功能。

## 相关知识

### 1. 报表设计思路

一般的报表设计思路包括以下步骤：

（1）创建报表的草图

此步骤并不是必需的。因为“报表向导”已提供了足以满足需要的初始报表设计。但是，如果该向导不能满足设计的需要，那么通过在纸上绘制报表草图并标明每个字段的布局及其名称，将对创建报表大有裨益。此外，还可以使用 Word 2010 或 Visio 2010 等程序创建报表的模型。

（2）选定控件的区域

每个报表都包含一个或多个报表区域，其中主体区域则是每个报表所共有的，对于报表所基于的表或查询中的每个记录，主体区域会重复一次。其他报表区域则是可选区域，重复率较低，通常用于显示一组记录、一页报表或整个报表的通用信息。

（3）确定控件的排列

多数未分组报表都是套用表格或堆叠布局排列的，也可以将所需的记录和字段按照设计需要任意排列。

1）当报表中的字段相对较少，而且希望用简单的列表格式显示时，可使用表格布局。

2）当报表中的字段相对较多，无法使用表格布局显示时，常采用堆叠布局，也称为纵栏表布局。

3）当报表中含有大量的字段，如果使用堆叠布局，每个记录将占据更多的垂直空间，这样不仅浪费纸张，还会增加阅读报表的难度，此时宜采用两端对齐布局。

对于分组报表，则根据分组显示的布局需要，可以选择递阶布局、块布局和大纲布局，也可以将所需的记录和字段按照设计需要任意分组排列。

（4）设置控件的属性

向报表添加控件时，Access 会为各控件设置默认的属性，可以根据特定的功能重新设置空间的各类详细属性，以满足报表设计的需要。

### 2. 报表区域

如同窗体通过三个窗体区域（“窗体页眉”“主体”和“窗体页脚”）将窗体划分为三个承载不同类别信息的空间一样，报表也被划分为多个区域，而且较窗体的划分更为详细，包括七个区域，按照在报表设计中出现的次序分别为：

（1）报表页眉

报表页眉仅在报表开头显示一次。使用报表页眉可以放置通常可能出现在封面上的信息，如徽标、标题或日期。如果将使用聚合函数（如 Sum）的计算控件放在报表页眉中，则计算后的总和是针对整个报表的。报表页眉显示在页面页眉之前。

（2）页面页眉

页面页眉显示在每一页面的顶部。例如，使用页面页眉可以在每一页面上重复报表的标题。

（3）分组页眉

分组页眉显示在每个新记录分组的开头。使用分组页眉可以显示分组名称。例如，在按“姓名”分组的报表中，可以使用分组页眉显示学生姓名。如果将使用聚合函数（如 Sum）的计算控件放在分组页眉中，则总计是针对当前分组的。

（4）主体

主体对于数据源中的每一行记录只显示一次。该区域是构成报表主要部分的控件所在的位置。

（5）分组页脚

分组页脚显示在每一分组的结尾。使用分组页脚可以显示分组的汇总信息。

（6）页面页脚

页面页脚显示在每一页面的结尾。使用页面页脚可以显示页码或每页的特定信息。

（7）报表页脚

报表页脚仅在报表结尾显示一次。使用报表页脚可以显示针对整个报表的报表汇总或其他汇总信息。

在设计视图中，报表页脚显示在页面页脚的下方。但是，在打印或预览报表时，在最后一页上，报表页脚位于页面页脚的上方，紧靠最后一个组页脚或明细行之后。

## 实践操作

### 1. 查看报表设计

（1）查看未分组报表的设计

1）打开数据库“学生信息 .accdb”，右键单击导航窗格中“学生信息报表”标签，选择“设计视图”，打开“学生信息报表”的设计界面，“开始”选项卡也切换为“报表设计工具”的“设计”选项卡，如图 5-62 所示。在文档区域，报表被分为“报表页眉”“页面页眉”“主体”“页面页脚”和“报表页脚”五个区域，其中“报表页眉”主要放置“标题”“徽标”和“日期和时间”等报表的辅助数据显示控件，“页面页眉”和“主体”主要放置“标签”“文本框”“图像”和“子报表”等报表的主体数据显示控件，“页面页脚”和“报表页脚”主要放置“页码”和“计数”等报表的辅助数据显示控件。

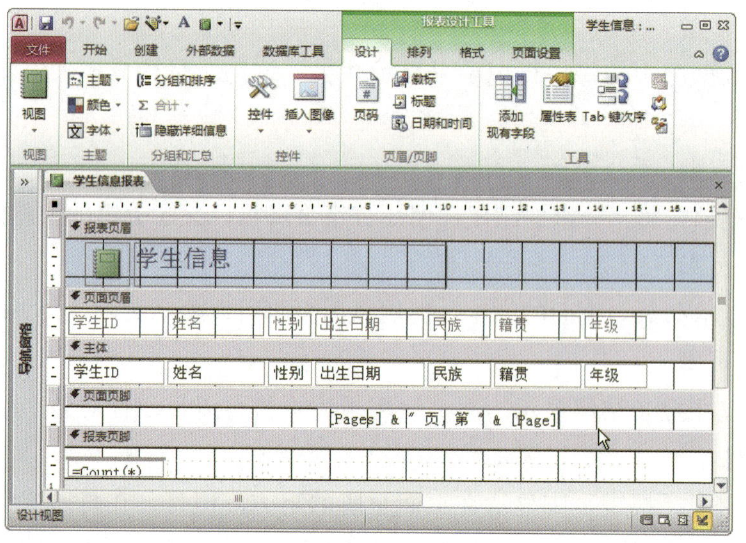


图 5-62　未分组报表的“设计视图”

2）“报表设计工具”的“设计”选项卡中的“控件”组在进行报表设计中发挥主要的作用，通过添加各类控件，使得报表界面友好、内容丰富，如图 5-63 所示。

图 5-63　“报表设计工具”的“设计”选项卡

3）“报表设计工具”的“排列”和“格式”选项卡中的命令主要用于进行报表布局设计，通过设置控件的布局，使得报表界面有序、美观，如图 5-64 和图 5-65 所示。

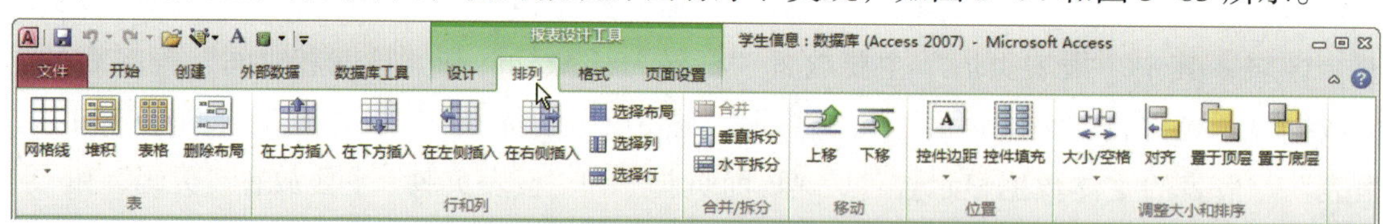


图 5-64　“报表设计工具”的“排列”选项卡

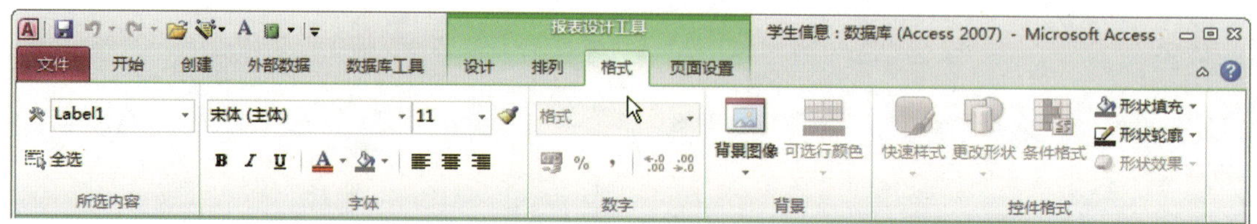


图 5-65　“报表设计工具”的“格式”选项卡

4）“报表设计工具”的“页面设置”选项卡中的“页面布局”主要用于进行报表页面布局设计，使得报表页面符合打印输出的需要，如图 5-66 所示。

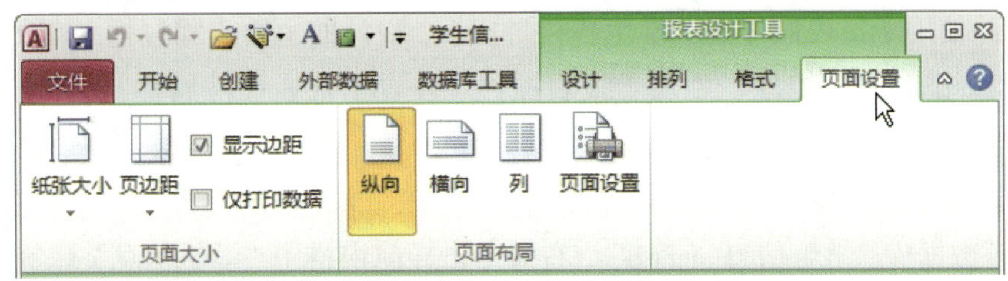


图 5-66 “报表设计工具”的“页面设置”选项卡

（2）查看分组报表的设计

打开“学生成绩递阶分组报表”，切换到“设计视图”，如图 5-67 所示。与“学生信息报表”进行比较，主要的区别在于，“学生成绩递阶分组报表”中出现了两个分组报表特有的报表区域“分组页眉”和“分组页脚”，由于字段“学生 ID”作为一级分组，对应的区域为图中的“学生 ID 页眉”和“学生 ID 页脚”。其中“学生 ID 页眉”中放置与分组对应的“文本框”，“学生 ID 页脚”则放置该分组对应的“明细和汇总”信息。

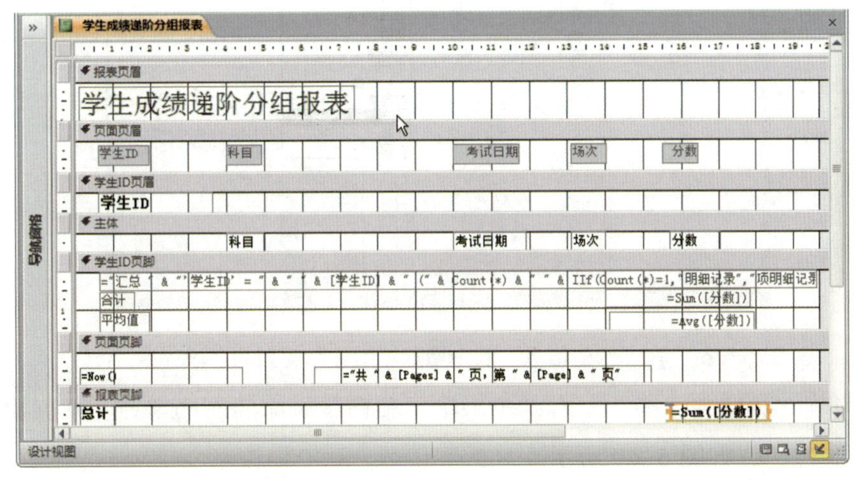


图 5-67 分组报表的“设计视图”

### 2. 修改报表设计

对报表设计的修改操作主要包括以下内容，可参照项目四任务 2 中的“修改窗体设计”进行练习：

（1）修改徽标的设计。

（2）修改标签的设计。

（3）修改文本框的设计。

### 3. 创建应用报表设计

利用“学生信息”作为数据源设计一个较复杂的报表，使用附件控件提供学生的“照片”信息，并使用子报表控件显示学生各科目成绩，设计的主要步骤包括：修改数据库表、创建新报表、添加附件控件、添加子报表控件、设置子报表控件属性、测试报表整体设计效果。

（1）修改数据库表

1）打开数据库“学生信息 .accdb”，右键单击导航窗格中“学生信息”标签，选择“设计视图”，打开“学生信息”的设计界面，增加一个新的字段“照片”，在“数据类型”下拉列表中将默认的“文本”改为“附件”，如图 5-68 所示。

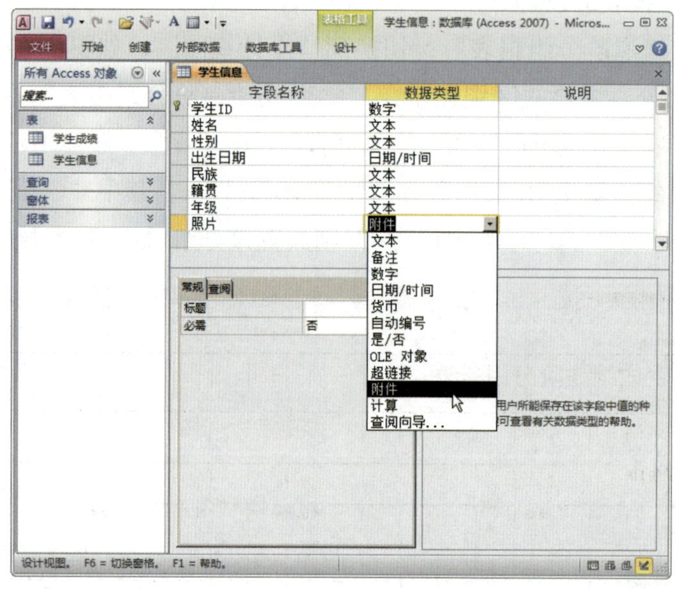

图 5-68　在“学生信息”表中增加“附件”类型的字段“照片”

2）切换到“数据表视图”，右键单击第一条记录对应的新增字段，在弹出的菜单中选择“管理附件”，如图 5-69 所示。

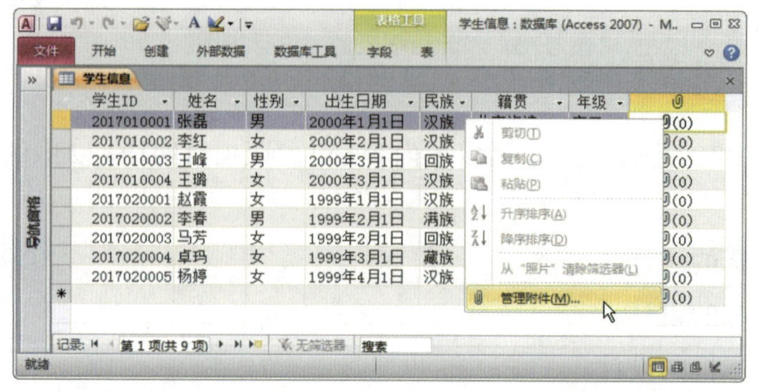

图 5-69　右键单击新增字段，选择“管理附件”

3）弹出“附件”对话框，单击“添加”，如图 5-70 所示。

4）弹出“选择文件”对话框，选择与该记录对应的图片文件，单击“打开”，如图 5-71 所示。

图 5-70　添加附件

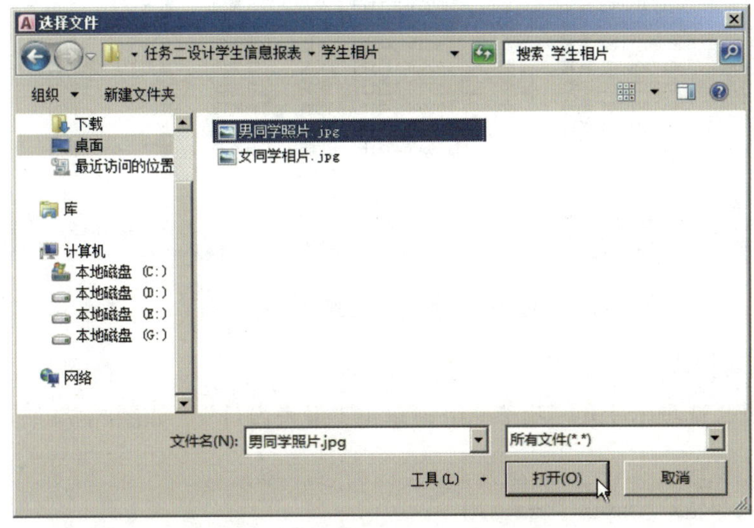


图 5-71　选择与记录对应的图片文件

5）返回“附件”对话框，可见刚才选择的图片文件名称出现在附件列表框中单击“确定”，如图 5-72 所示。

6）数据库表“学生信息”中第一条记录对应的附件字段由“（0）”变为“（1）”，说明成功地添加了一个附件文件，如图 5-73 所示。重复类似操作，为其余记录添加对应的附件文件，此处为男同学添加“男同学照片 .jpg”，为女同学添加“女同学照片 .jpg”。

图 5-72　选择的图片文件名称出现在附件列表框中

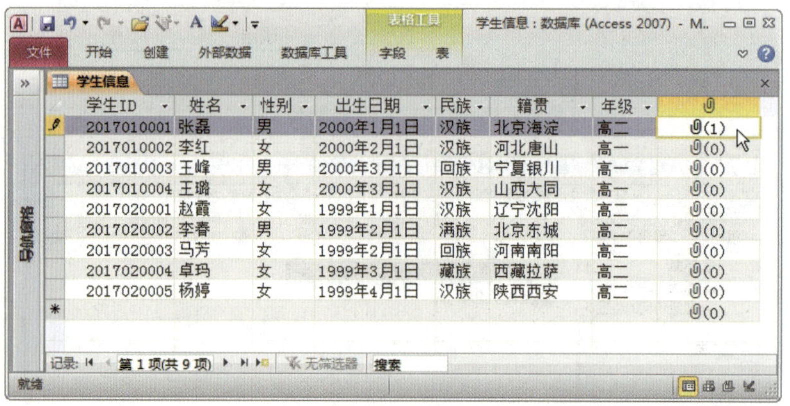


图 5-73　成功地添加了一个附件文件

（2）创建新报表

1）在“创建”选项卡上的“报表”组中单击“报表设计”，如图 5-74 所示。

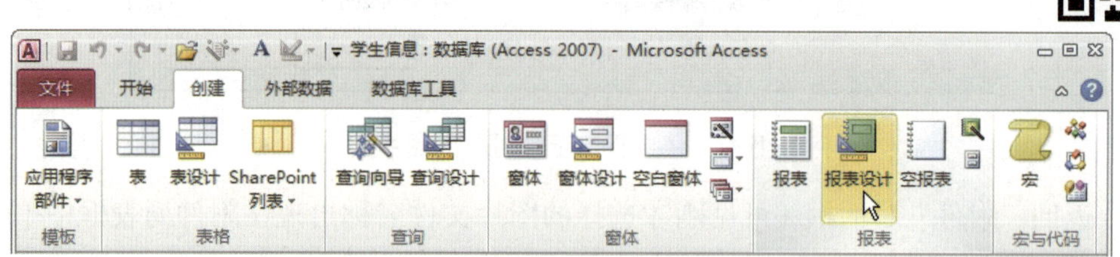


图 5-74　在“创建”选项卡上单击“报表设计”

2）空报表“报表 1”随即在文档区域打开，其默认视图为“设计视图”，除了显示“页面页眉”“主体”和“页面页脚”三个报表区域标签外，报表中没有任何报表元素。在“设计”选项卡的“工具”组中单击“添加现有字段”，如图 5-75 所示。在右侧窗口“字段列表”中单击“显示所有表”，数据库中所有的表会显示出来，双击“学生信息表”，然后选中“学生信息”表中的字段“学生 ID”，并拖拽至报表主体区域中，如图 5-76 所示。

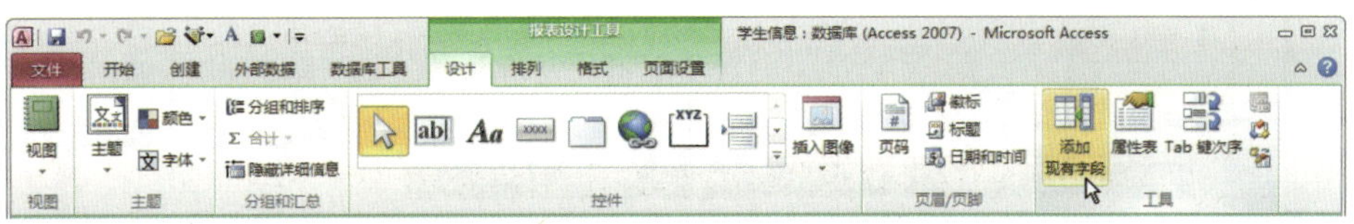

图 5-75　在“设计”选项卡上单击“添加现有字段”

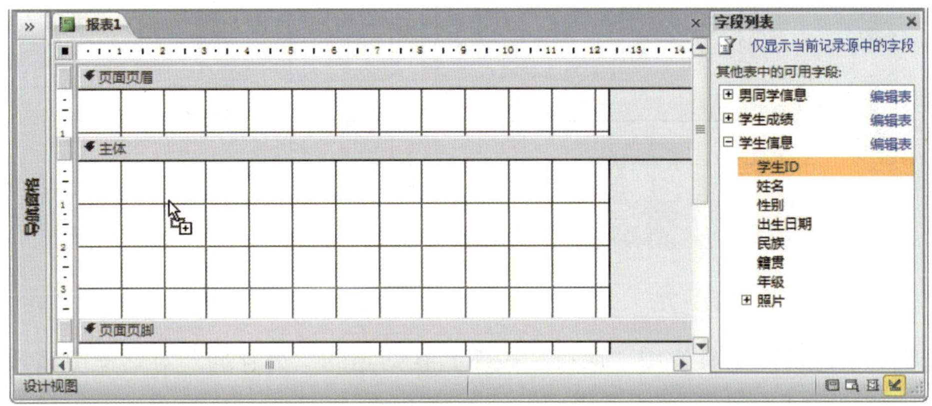

图 5-76　从字段列表拖拽字段至报表主体区域中

3）“标签”和“文本框”以堆叠方式显示在报表主体区域中，如图 5-77 所示。

4）选中“学生信息”表中的其他字段，并依次拖拽至报表区域中，并分别对“标签”和“文本框”的宽度和位置进行调整，使其显得比例均匀，如图 5-78 所示。

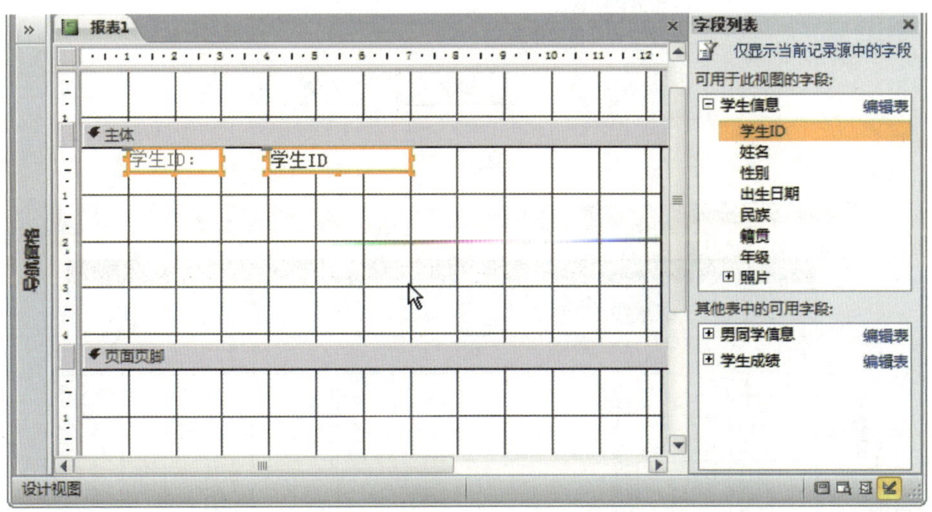

图 5-77　“标签”和“文本框”显示在报表主体区域中

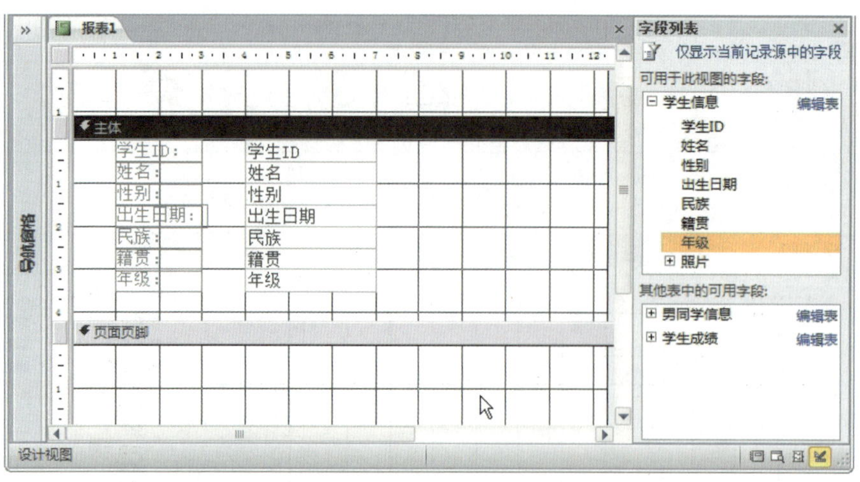

图 5-78　从字段列表拖拽字段至报表主体区域中

5）单击快速访问工具栏中“保存”按钮，在弹出的“另存为”对话框中输入报表名称“学生详细信息报表”，单击“确定”，如图 5-79 所示。

6）在“设计”选项卡上的“页眉 / 页脚”组中单击“标题”，则在“学生详细信息报表”的设计界面中增加了两个报表区域“报表页眉”和“报表页脚”，将出现在“报表页眉”中的“标题”修改为“学生详细信息报表”，如图 5-80 所示。

图 5-79　将报表名称改为“学生详细信息报表”

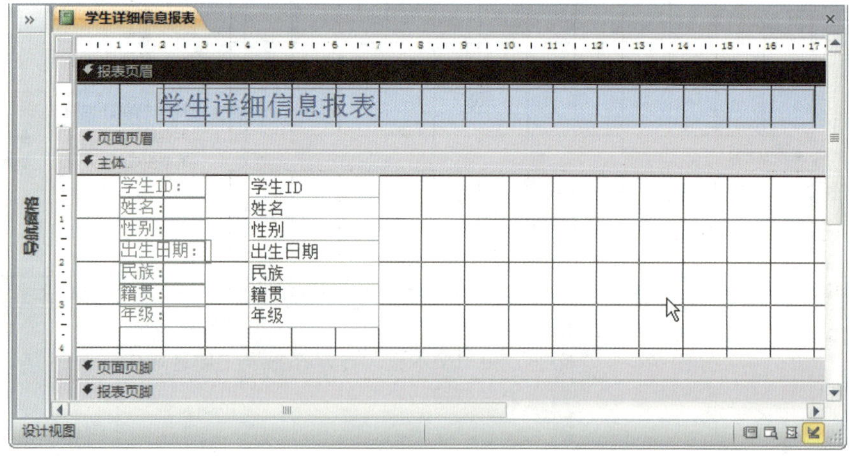

图 5-80　为报表新增标题“学生详细信息报表”

7）切换到“打印预览”，查看报表的数据显示，如图 5–81 所示。

（3）添加附件控件

1）在“设计”选项卡上的“控件”组中单击“附件”，如图 5–82 所示。

2）移动鼠标指针至报表设计主体区域中的适当位置，单击左键向报表添加附件控件，如图 5–83 所示。

3）选中新增的附件控件，然后在“设计”选项卡上的“工具”组中单击“属性表”，“属性表”在窗体的右侧打开，从“属性表”的顶部可以看到，所选内容的类型为“附件”，在此处的名称为“Attachment17”，将控件的标签删除，然后把控件的文本框移动到适当位置，并在“数据”属性页面的“控件来源”属性下拉菜单中将默认的“无”改为“照片”，目的是和“学生信息”表中的字段“照片”进行绑定，如图 5–84 所示。

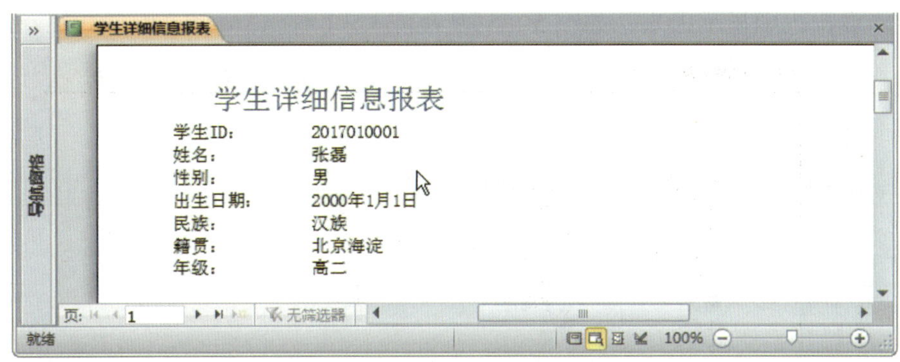


图 5–81　查看报表的打印预览

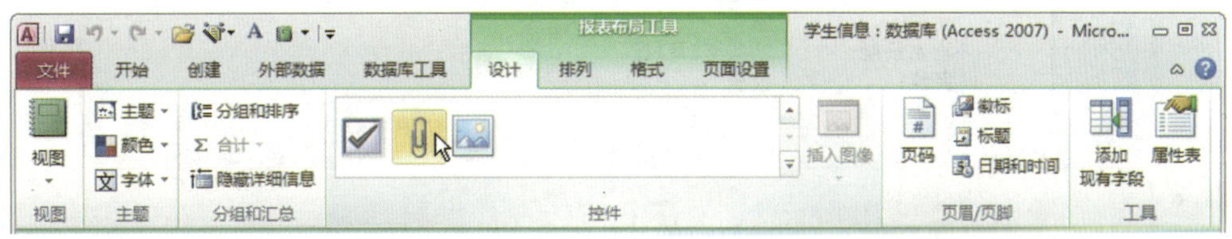


图 5–82　在“设计”选项卡上单击“附件”

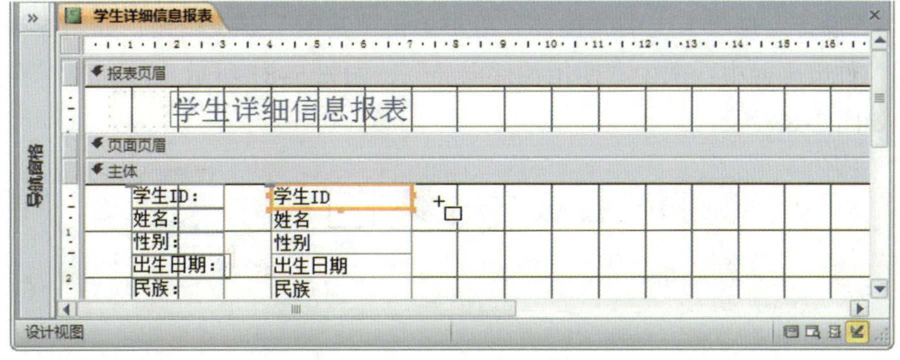


图 5–83　单击左键向窗体添知附件控件

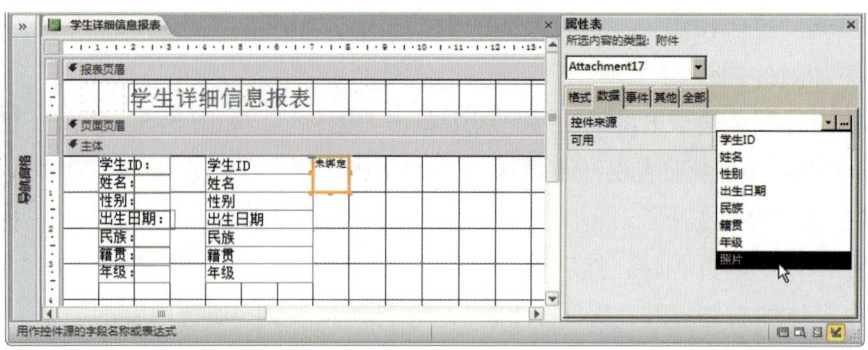


图 5-84　将附件控件的“控件来源”属性由默认的“无”改为“照片”

4）切换到“打印预览”，查看报表的数据显示，可见每条记录对应的照片信息已通过附件控件在报表中显示出来，如图 5-85 所示。

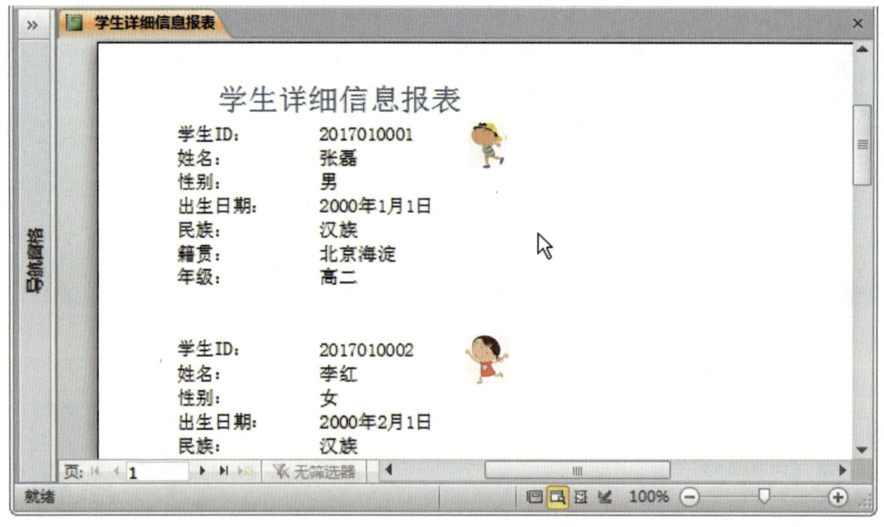


图 5-85　记录对应的照片信息在报表中显示出来

（4）添加子报表控件

1）在“设计”选项卡上的“控件”组中单击“其他”下拉按钮，如图 5-86 所示。在弹出的控件组画面中，选中“使用控件向导”，如图 5-87 所示。再单击“子窗体 / 子报表”，如图 5-88 所示。

图 5-86　选择“其他”下拉按钮

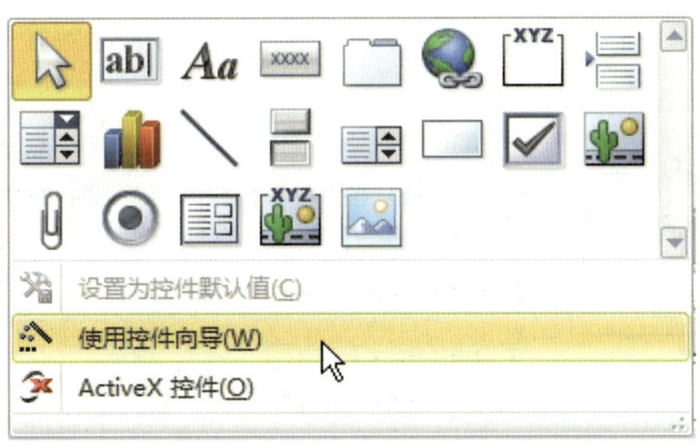


图 5-87　选中“使用控件向导”

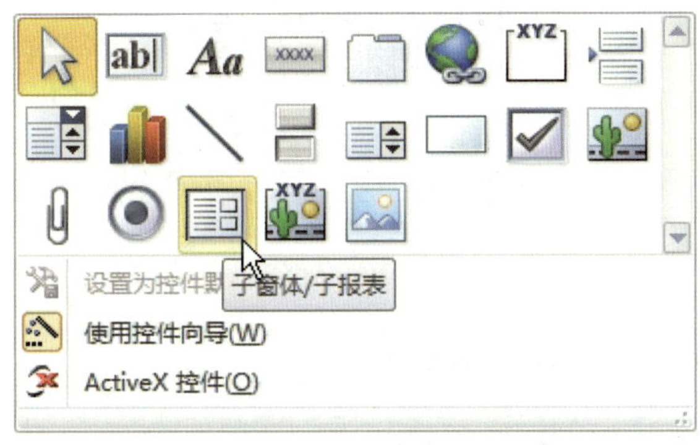


图 5-88　单击“子窗体 / 子报表”

2）移动鼠标指针至报表设计主体区域中的适当位置，单击左键向报表添加子报表控件，如图 5-89 所示。

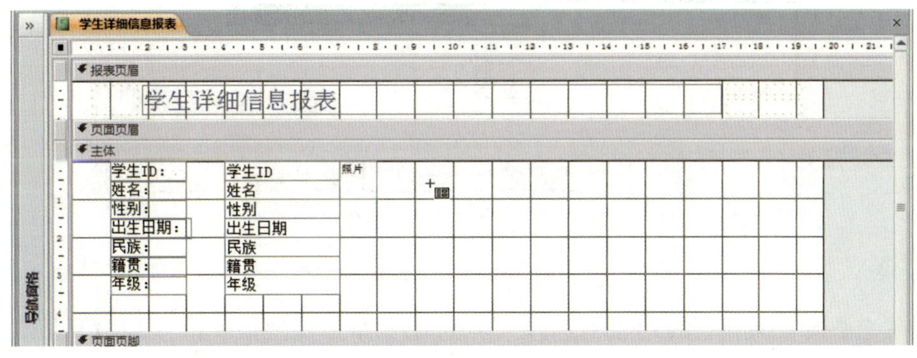


图 5-89　单击左键向报表添加子报表控件

3）弹出“子报表向导”对话框，在此对话框中设置子报表获取数据来源的方式，有“使用现有的表和查询”和“使用现有的报表和窗体”两个选项，此处选择第一个选项，单击“下一步”，如图 5-90 所示。

4）在“子报表向导”中选择“表：学生成绩”作为子报表的数据来源，将字段“学

生 ID”“科目”和“分数”从“可用字段”列表中选择到“选定字段”列表中，单击“下一步”，如图 5-91 所示。

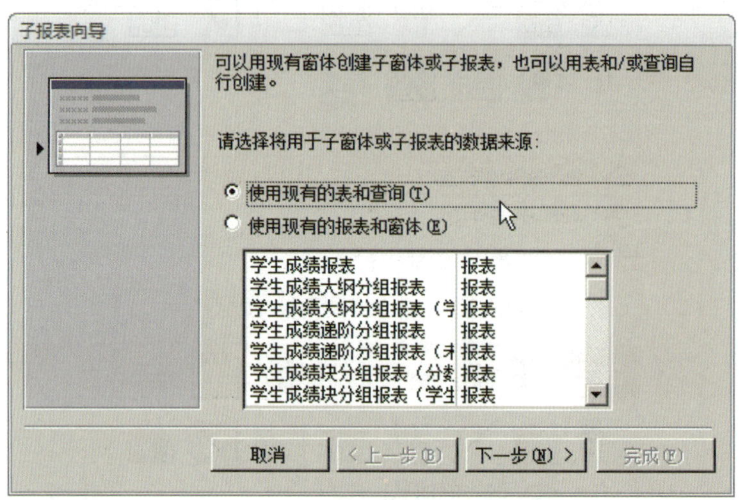


图 5-90 选择子报表获取数据来源的方式

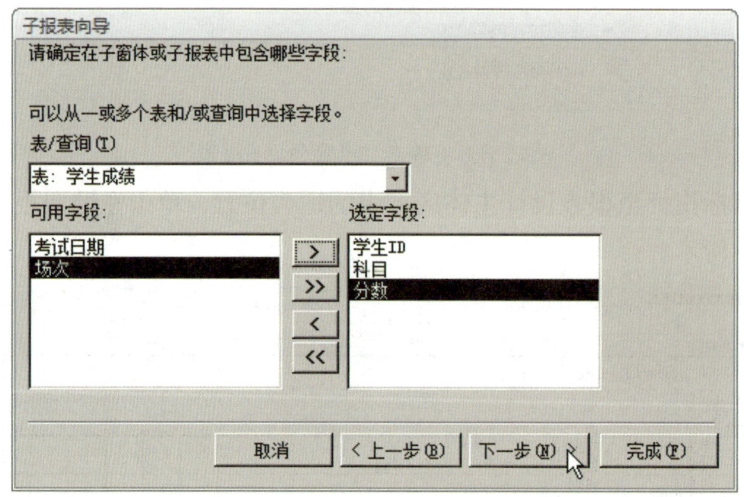


图 5-91 选择子报表的数据来源和字段

5）在“子报表向导”的列表中选择“学生 ID”作为将主报表链接到该子报表的字段，单击“下一步”，如图 5-92 所示。

6）在“子报表向导”中为子报表输入名称“学生详细信息 - 成绩子报表”，单击“完成”，如图 5-93 所示。

7）“学生详细信息 - 成绩子报表”在报表设计中添加完成，如图 5-94 所示。调整该子报表的位置和大小，使其与主报表区域中其他控件对齐。

8）切换到“打印预览”，查看报表的数据显示，可见每条记录对应的成绩信息已通过子报表控件在报表中显示出来，如图 5-95 所示。

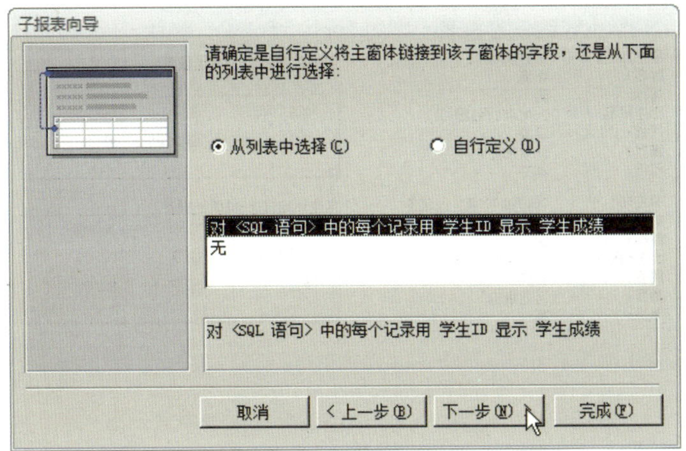


图 5-92　选择“学生 ID”作为将主报表链接到该子报表的字段

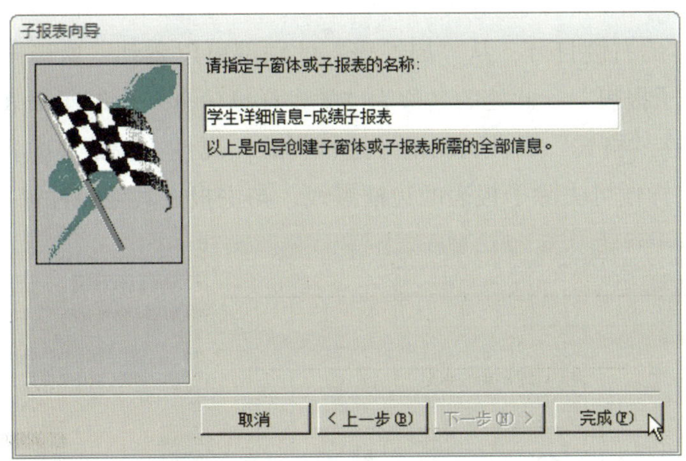


图 5-93　为子报表输入名称

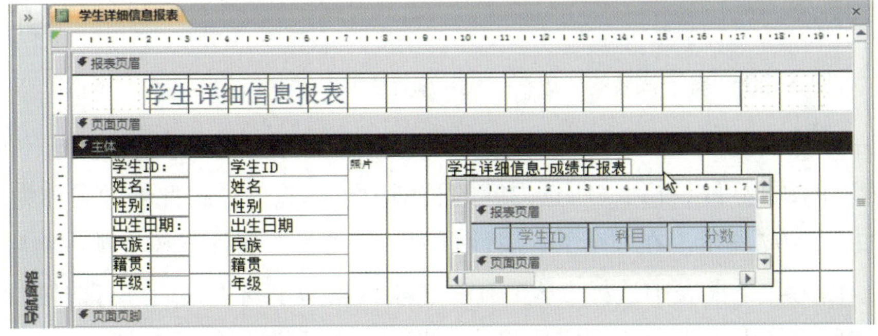


图 5-94　子报表在报表设计中添加完成

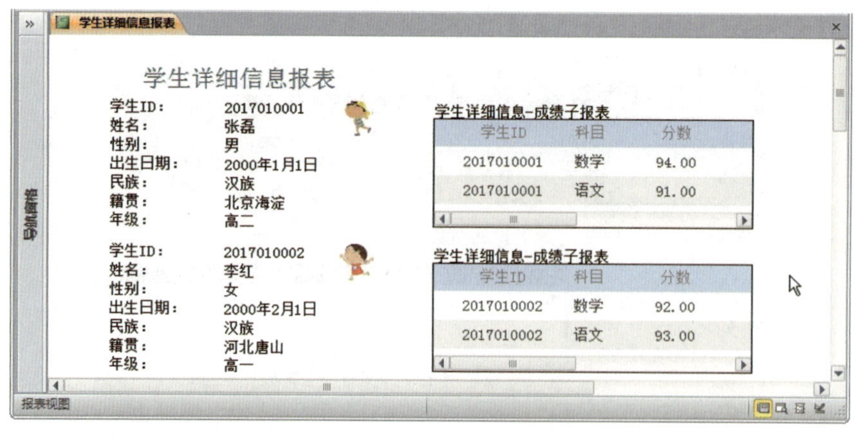


图 5-95　记录对应的成绩信息在报表中显示出来

（5）设置子报表控件属性

1）选中子报表控件，然后在“设计”选项卡上的“工具”组中单击“属性表”，“属性表”在窗体的右侧打开，从“属性表”的顶部可以看到，所选内容的类型为“子窗体 / 子报表”，此处的名称为“学生详细信息 – 成绩子报表”，如图 5–96 所示。在“格式”属性页面的“边框样式”属性下拉菜单中将默认的“实线”改为“透明”，这样便可去除子报表的边框黑线，与主报表其他控件保持风格一致。

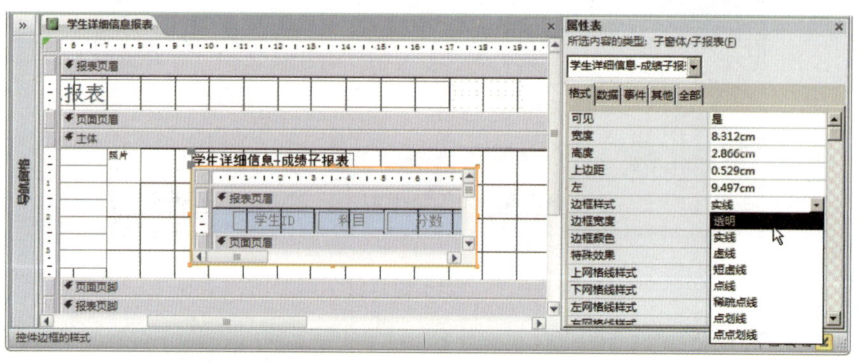


图 5–96　将子报表的“边框样式”属性由默认的“实线”改为“透明”

2）选中子报表控件中处于“报表页眉”区域的“学生 ID”标签，打开“属性表”，从“属性表”的顶部可以看到，所选内容的类型为“标签”，在此处的名称为“学生 ID_Label”，如图 5–97 所示。在“全部”属性页面的“可见”属性下拉菜单中将默认的“是”改为“否”，因为在子报表中选择“学生 ID”字段只是为了与主报表进行链接，而有关“学生 ID”的信息已经由主报表相同字段提供，将其“可见”属性设置为“否”则可以在子报表中隐去该标签的内容。

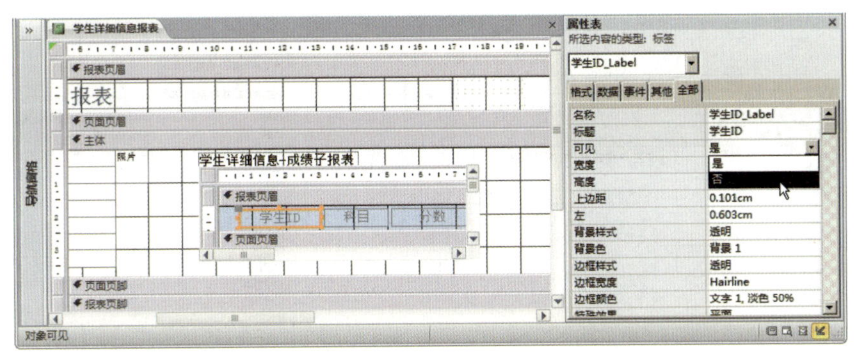

图 5-97 将子报表中“学生 ID”标签的“可见”属性由默认的“是”改为“否”

3）选中子报表控件中处于“报表主体”区域的“学生 ID”文本框，打开“属性表”，从“属性表”的顶部可以看到，所选内容的类型为“文本框”，在此处的名称为“学生 ID”，如图 5-98 所示。同样，在“全部”属性页面的“可见”属性下拉菜单中将默认的“是”改为“否”，则可以在子报表中隐去该文本框的内容。

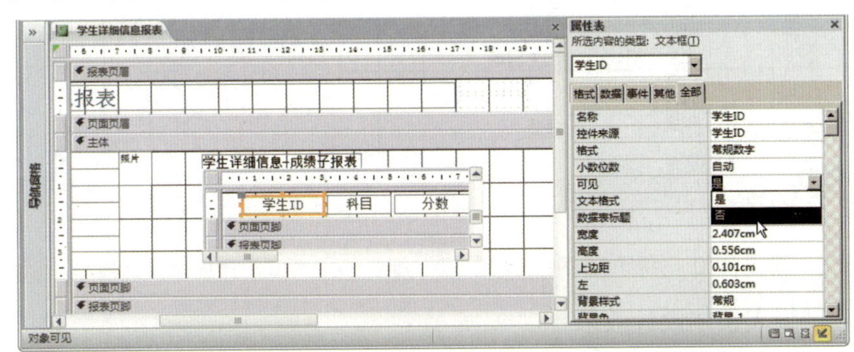

图 5-98 将子报表中“学生 ID”文本框的“可见”属性由默认的“是”改为“否”

4）选中子报表控件对应的标签，打开“属性表”，从“属性表”的顶部可以看到，所选内容的类型为“标签”，在此处的名称为“学生详细信息 - 成绩子报表标签”，如图 5-99 所示。在“全部”属性页面的“标题”属性文本框中将默认的“学生详细信息 - 成绩子报表”改为“各科目成绩”，因为原有标题是系统根据子报表的名称自动设置的，修改后的标题较为简捷实用。

5）选中子报表控件中处于“报表页眉”区域的“学生 ID”标签，直接拖拽该标签的右侧边界，将其宽度缩减为最小，如图 5-100 所示。因为子报表中所选字段的默认布局为“表格”，对应标签的宽度被调整的同时，对应文本框的宽度也做了相应调整，并且，其右侧其余字段的标签和文本框位置向左移动，这样做的目的是填补由于“学生 ID”标签和文本框隐藏显示后产生的空白。选中子报表控件以及对应的标签，重新调整其位置和大小，使其与主报表中其他控件对齐。

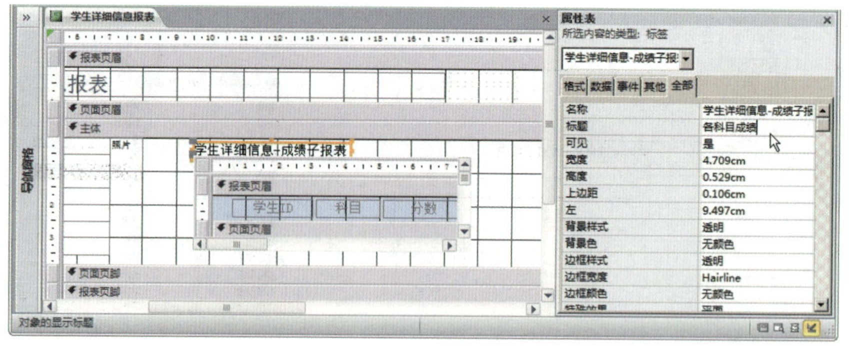

图 5-99　将子报表对应标签的“标题”属性改为“各科目成绩”

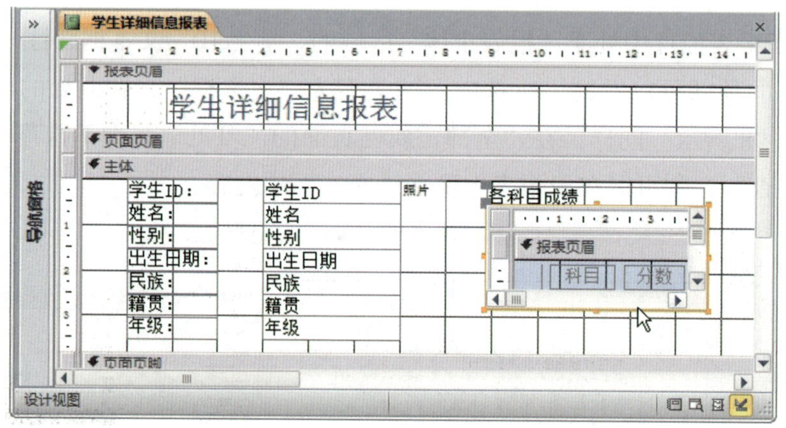

图 5-100　将子报表中“学生 ID”标签和文本框的宽度缩减为最小

（6）测试报表整体设计效果

1）控件的添加和设置工作完成后，切换到“打印预览”，查看“学生详细信息报表”的数据显示，如图 5-101 所示。如果出现如图 5-102 所示对话框，说明报表宽度比页面宽度宽，需调小报表宽度，单击“取消”返回设计视图，当鼠标指针指向报表右边界时会由箭头变成十字形状，向左拖动到合适位置即可，如图 5-103 所示。通过对子报表控件相关属性的调整，除去了原有边框，隐去了重复的“学生 ID”信息，与主报表的其他控件从外观上基本统一起来。通过界面底部的导航栏可以查看该报表其他页面的信息，该报表共有 2 页，当前为第 1 页。

2）在“打印预览”选项卡上的“显示比例”组中单击“双页”，如图 5-104 所示。

3）原来单页显示的报表在打印预览区域中呈现双页显示，如图 5-105 所示。使用“双页”或者其他多页显示，可以迅速浏览整个报表的全貌，而不必逐页浏览，此时鼠标指针变为“放大镜”形状，在报表上单击即可放大至 100% 的显示比例。设计该报表所要达到的效果经测试已经全部完成，至此，该报表的设计应用工作完毕。

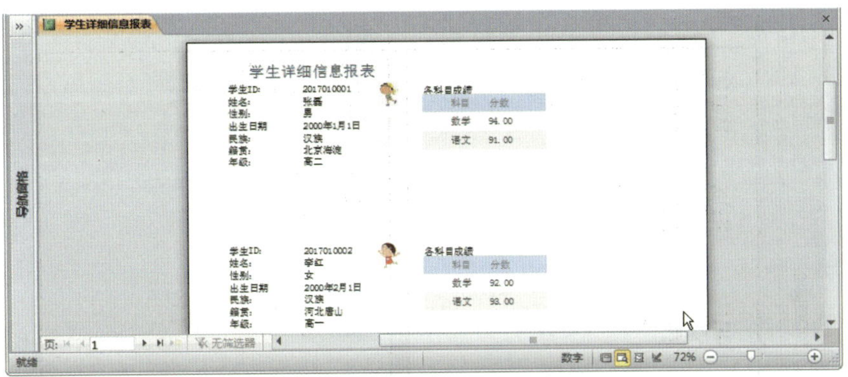

图 5-101　查看报表的打印预览

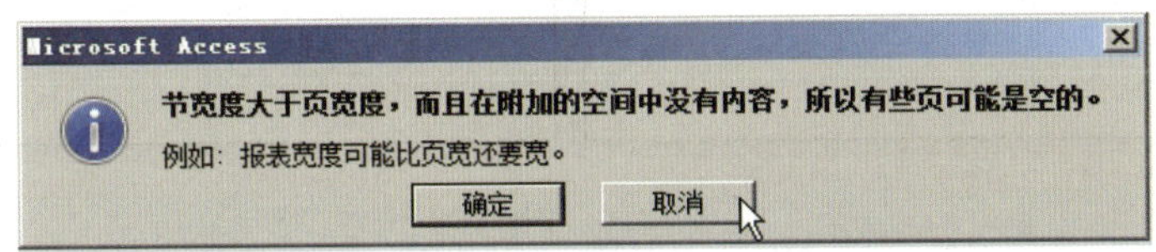


图 5-102　“报表宽度可能比页宽还要宽”提示

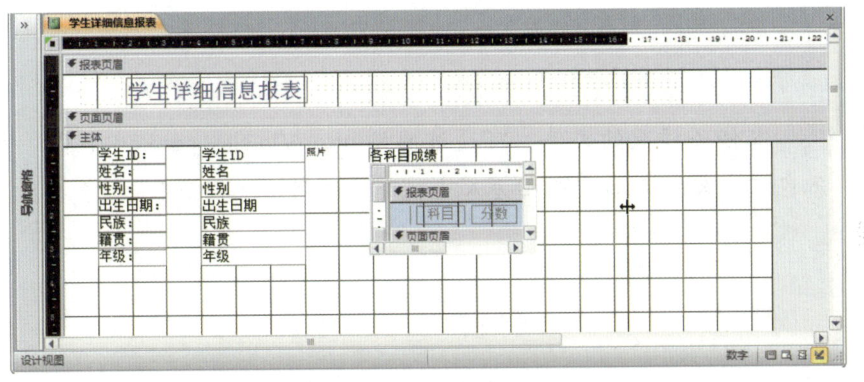

图 5-103　调整报表宽度

图 5-104　选择双页显示

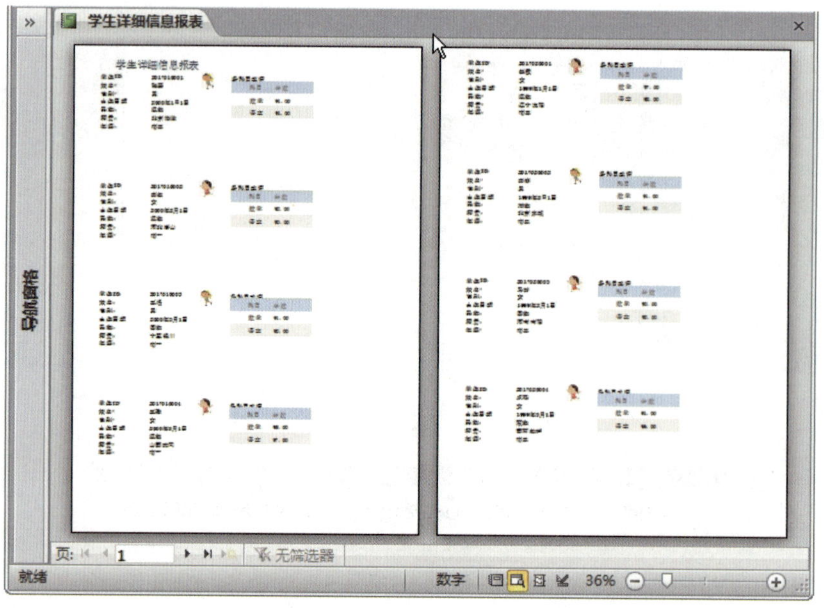


图 5-105　查看报表的双页显示

本任务涉及的文件，可通过网站 http://jg.class.com.cn 下载，位于软件资源包“中文版 Access 2010 基础与实训 / 项目五 / 任务 2”。

# 项目六　综合运用

## 任务　设计学生信息管理系统

学习目标

1. 熟悉 Access 整体操作流程。
2. 掌握数据库系统设计思路。

任务描述

有了前五个项目的基础，就可以使用 Access 进行各种日常数据管理工作了，包括：创建数据库表，用于存储和组织各类有用的数据信息；设计常用的条件查询，用于从大量数据中检索和统计出符合特定需求的数据集合；设计美观的窗体方便，直观地管理特定的信息；设计实用的报表，用于展示各类数据以及统计信息。

将以上这些内容有机地结合起来，便能实现常用的数据库管理系统的设计应用。

本任务以前面介绍的“学生信息”数据库为基础，在回顾各数据库对象的设计应用的同时，熟悉 Access 整体操作流程，开发完成一个典型的数据库管理系统——学生信息管理系统。

相关知识

### 1. 系统设计思路

一般的数据库管理系统设计思路包括以下步骤：

（1）系统需求分析

对于数据库管理系统的设计开发来说，作为首要步骤的系统需求分析是至关重要的，良好的系统需求分析为系统设计指引了一条正确的道路。

（2）系统详细设计

系统详细设计是数据库管理系统设计开发中的主要工作，针对系统需求分析的各项功能要求，逐个完成数据库对象的设计开发。在简单的数据库管理系统的设计开发过程中，如“学生信息管理系统”，只需要一位开发人员即可完成，对于相对复杂的系统，则需要多位开发人员共同完成。

（3）系统数据测试

系统详细设计完成后，可以利用模拟的数据或者用户提供的数据进行系统数据测试，通过对各项功能要求的测试，验证系统需求分析的完整性和系统性，测试系统详细设计工作的准确性以及是否符合用户的使用习惯等。

（4）系统设计完善

经过严格的系统数据测试，往往会发现系统中存在的若干问题。对于较复杂或较严重的问题，需要重新回到系统需求分析阶段，重新确定该部分系统功能和系统框架，然后重新进行系统详细设计；对于较简单的细节问题，只需对系统中相关对象的内容或属性进行修改或设置即可。对于完善后的系统，重新进行系统的和针对性的测试，以验证功能是否完善。

### 2. 系统需求分析

一般的系统需求分析的主要内容包括：

（1）确定系统功能

例如，“学生信息管理系统”的功能主要包括：

1）通过表管理学生的各类信息，包括学生个人信息和学生成绩信息。

2）通过查询统计学生的单科分数和总分。

3）通过窗体录入和编辑学生的个人信息以及利用查询展示学生的单科分数和总分。

4）通过报表展示学生个人信息。

（2）设计系统框架

例如，“学生信息管理系统”的框架为两个数据库表，若干个数据库查询、窗体和报表，以及相互之间的关系。

### 3. 系统详细设计

系统详细设计针对系统需求分析的各项功能要求，逐个完成数据库对象的设计开发。

（1）系统设计内容

例如，针对“学生信息管理系统”的功能需求，应完成如下设计工作：

1）创建“学生信息管理系统”数据库，用于管理系统的各类对象。

2）设计“学生个人信息”表和“学生成绩信息”表，分别用于存储学生的个人信息和各科目考试成绩信息，其中“学生个人信息”表由窗体作为接口来录入和编辑，而“学生成绩信息”表则采用导入 Excel 工作表的方式接收数据。

3）设计“学生成绩信息交叉表”查询，用于统计学生的单科分数和总分。

4）设计“学生个人信息窗体”，用于录入和编辑学生的个人信息；设计“学生成绩分布状况窗体”，用图表展示按照科目和分数分类的学生成绩分布状况；设计“学生成绩信息交叉表窗体”，利用查询“学生成绩信息交叉表”来展示学生的单科分数和总分。

5）设计“学生个人信息报表”，用于打印输出学生的个人信息。

（2）系统设计步骤

一般的系统设计步骤按照设计数据库表、查询、窗体和报表的先后顺序完成，也可以按照功能模块的需要调整设计开发的顺序，对于较复杂的系统设计，还可以首先完成系统原型设计，然后再逐步完善各模块设计。

## 实践操作

### 1. 设计表

（1）新建空白数据库

1）通过“开始”菜单或桌面快捷方式启动 Access。

2）单击“文件”菜单中“新建”下的“空数据库”，如图 6-1 所示。

3）在页面右下部的“文件名”框中输入文件名“学生信息管理系统.accdb”，如图 6-2 所示。

图 6-1　新建空数据库

图 6-2　为空数据库输入文件名

4）单击“创建”，将创建新的数据库“学生信息管理系统 .accdb”，并且在文档区域中打开一个新的空数据库表，空数据库创建完成，如图 6–3 所示。

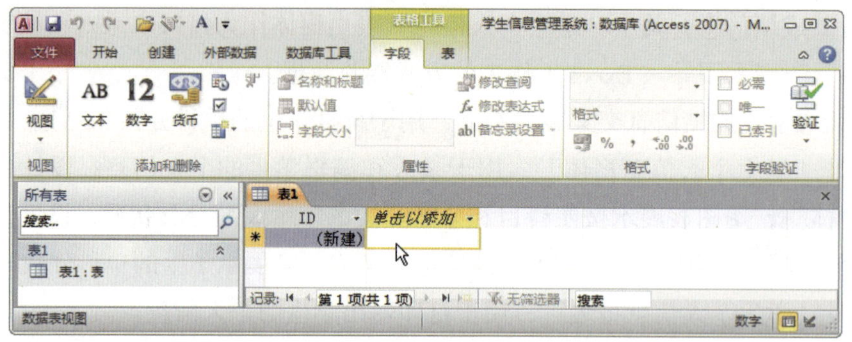


图 6–3　空数据库创建完成

（2）设计学生个人信息表

1）右键单击文档区域“表 1”标签，选择“保存”，在弹出的“另存为”对话框中将“表 1”更改为“学生个人信息”，如图 6–4 所示。

2）单击“确定”，“学生个人信息”空白表创建完成，如图 6–5 所示。

3）切换到“设计视图”，在“学生个人信息”字段表“字段名称”列的第 2 行输入“学生 ID”，系统自动设置其数据类型为“文本”，通过下拉列表将其修改为“数字”类型，如图 6–6 所示。

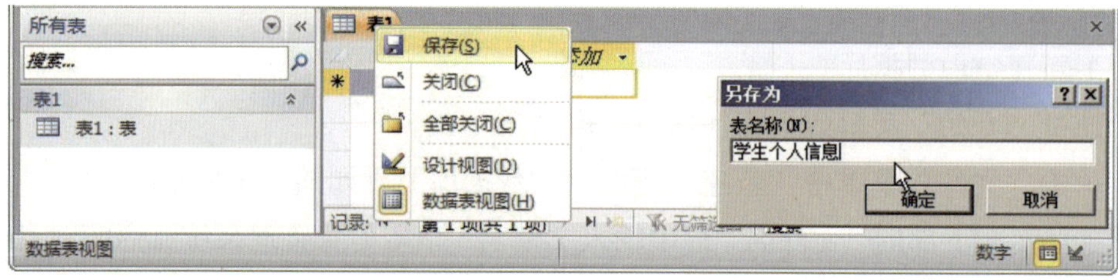


图 6–4　将“表 1”名称改为“学生个人信息”

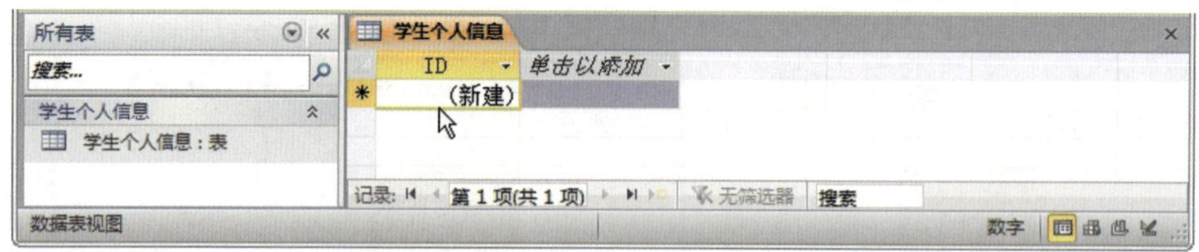


图 6–5　“学生个人信息”空白表创建完成

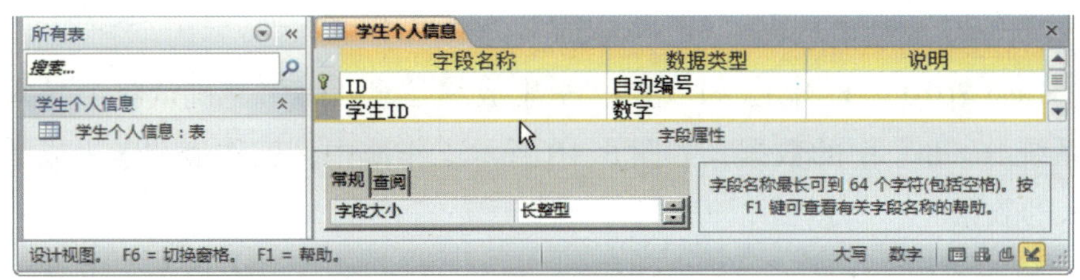


图 6-6　添加字段“学生 ID”

4）在“学生个人信息”字段表的“字段名称”列的第 3 行至第 9 行依次输入“姓名”“性别”“出生日期”“民族”“籍贯”“年级”和“照片”，依次设置其数据类型为“文本”“文本”“日期 / 时间”“文本”“文本”“文本”和“附件”，如图 6-7 所示。

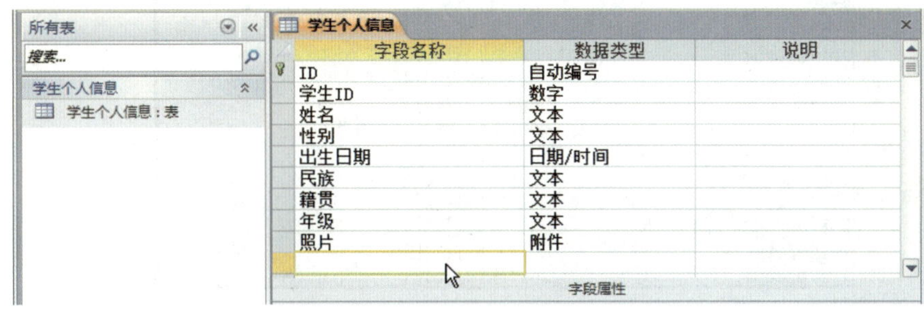


图 6-7　添加其余字段

5）选择字段“学生 ID”，在“设计”选项卡上的“工具”组中单击“主键”，将字段设置为主键，该字段前显示钥匙状图标，同时，原有系统字段“ID”被取消主键属性，将其从字段表中删除，保存表设计，如图 6-8 所示。

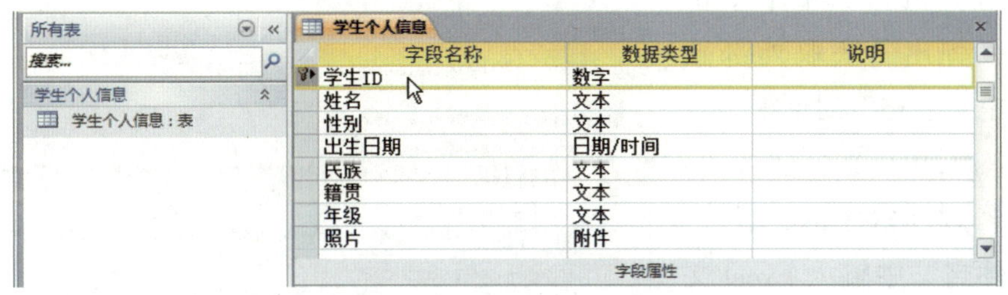


图 6-8　设置字段“学生 ID”为主键

6）切换到“数据表视图”，“学生个人信息”包含在 8 个字段，不包含数据，为空数据库表，如图 6-9 所示。

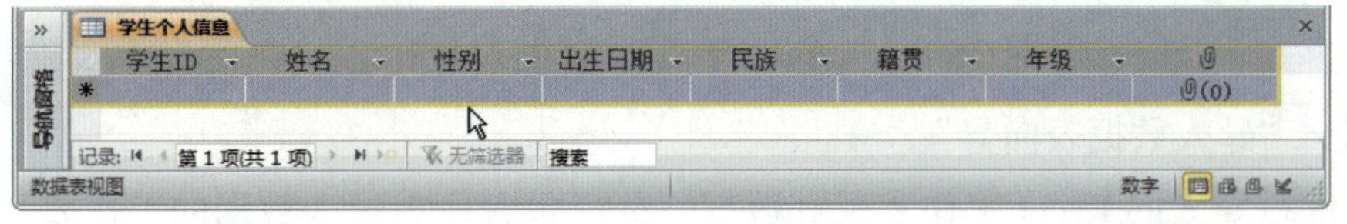


图 6-9　切换到“数据表视图”

（3）设计学生成绩信息表

1）在 Excel 2010 中打开 Execl 文件“学生成绩信息 .xlsx”，确认将要导入的“学生信息管理系统 .accdb”中的数据，如图 6–10 所示工作簿中，工作表“学生成绩信息”即为将要导入的数据。

| | A | B | C | D | E |
|---|---|---|---|---|---|
| 1 | 学生ID | 科目 | 考试日期 | 场次 | 分数 |
| 2 | 2017010001 | 数学 | 2017年12月29日 | 上午 | 94 |
| 3 | 2017010001 | 语文 | 2017年12月30日 | 上午 | 91 |
| 4 | 2017010002 | 数学 | 2017年12月29日 | 上午 | 92 |
| 5 | 2017010002 | 语文 | 2017年12月30日 | 上午 | 93 |
| 6 | 2017010003 | 数学 | 2017年12月29日 | 上午 | 94 |
| 7 | 2017010003 | 语文 | 2017年12月30日 | 上午 | 92 |
| 8 | 2017010004 | 数学 | 2017年12月29日 | 上午 | 95 |
| 9 | 2017010004 | 语文 | 2017年12月30日 | 上午 | 97 |
| 10 | 2017020001 | 数学 | 2017年12月29日 | 下午 | 97 |
| 11 | 2017020001 | 语文 | 2017年12月30日 | 下午 | 98 |
| 12 | 2017020002 | 数学 | 2017年12月29日 | 下午 | 94 |
| 13 | 2017020002 | 语文 | 2017年12月30日 | 下午 | 94 |
| 14 | 2017020003 | 数学 | 2017年12月29日 | 下午 | 93 |
| 15 | 2017020003 | 语文 | 2017年12月30日 | 下午 | 92 |
| 16 | 2017020004 | 数学 | 2017年12月29日 | 下午 | 91 |
| 17 | 2017020004 | 语文 | 2017年12月30日 | 下午 | 96 |

学生成绩信息.xlsx - Microsoft Excel；平均值: 672352731.6　计数: 85　求和: 32272931119

图 6–10　工作表“学生成绩信息”中将要导入的数据

2）在“外部数据”选项卡上的“导入并链接”组中单击“Excel”，弹出“获取外部数据 –Excel 电子表格”对话框，首先指定数据源，单击“浏览”按钮，打开需要导入数据的 Excel 文件，或在“文件名”中输入 Excel 文件的完整路径，然后在“指定数据在当前数据库中的存储方式和存储位置”中选择“将源数据导入当前数据库的新表中”，如图 6–11 所示。

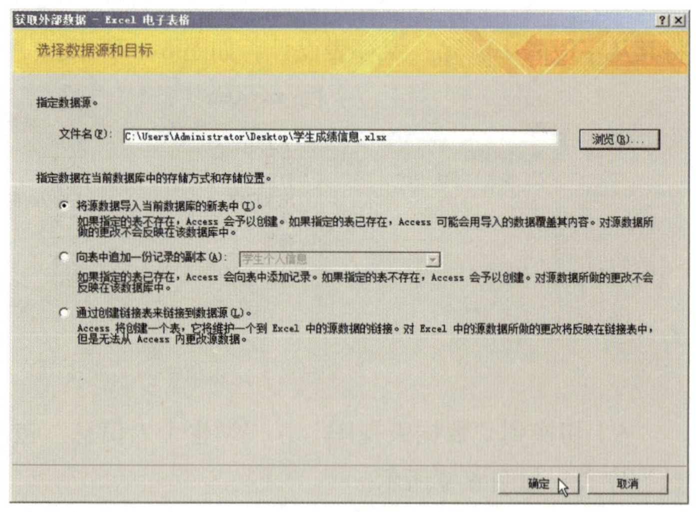


图 6–11　选择数据的源和目标

3）进入“导入数据表向导”，展现出可进行导入的 Excel 工作表及其数据，选择包含所需导入数据的工作表“学生成绩信息”，单击“下一步”，如图 6–12 所示。

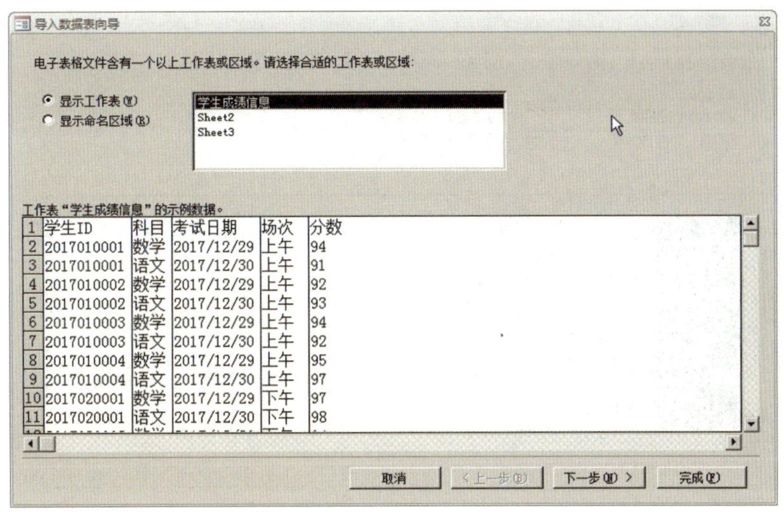


图 6–12 选择包含所需导入数据的工作表“学生成绩信息”

4）在“导入数据表向导”中选择“第一行包含列标题”，这样 Access 就可以用 Excel 工作表第一行的列标题作为表的字段名称，单击“下一步”，如图 6–13 所示。

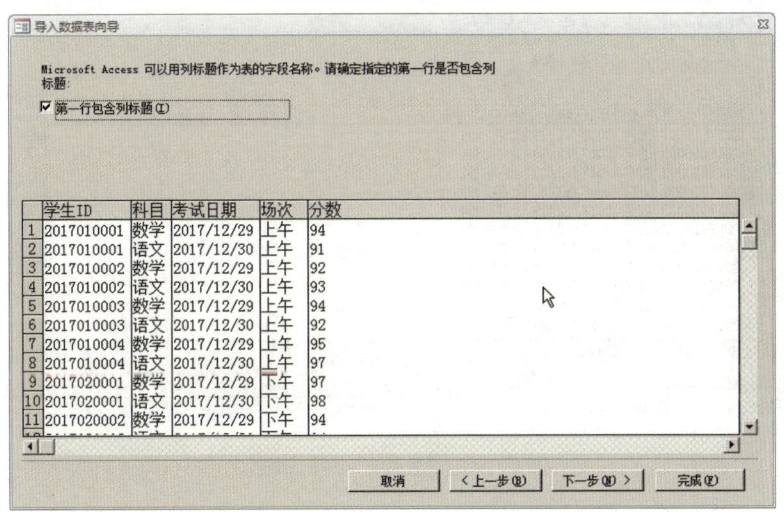


图 6–13 选择用 Excel 工作表第一行的列标题作为表的字段名称

5）在“导入数据表向导”中指定有关正在导入的每一个字段的信息，包括修改默认字段的“名称”“索引”和“数据类型”，单击“下一步”，如图 6–14 所示。

6）在“导入数据表向导”中为新表定义一个主键，用来唯一地表示表中的每个记录，此处选择“不要主键”，单击“下一步”，如图 6–15 所示。因为“学生成绩信息”表需要两个字段“学生 ID”和“科目”作为联合主键，而此处只能设定一个主键，所以要在

数据导入后再设置主键。

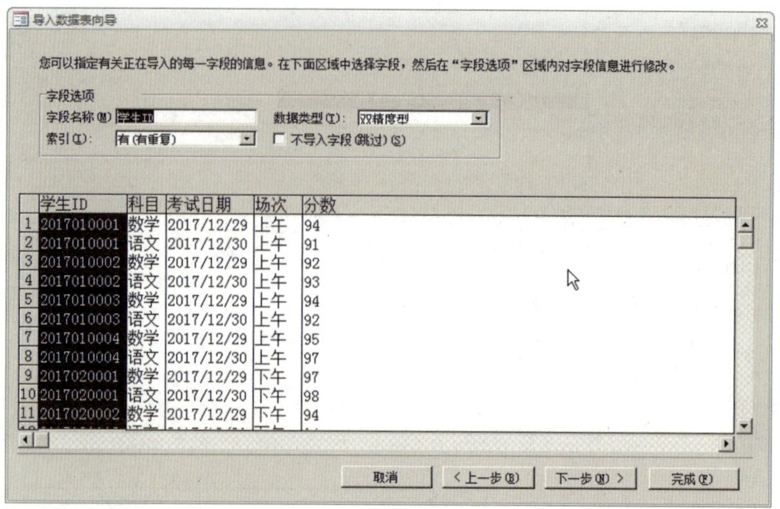


图 6-14　指定有关正在导入的每一个字段的信息

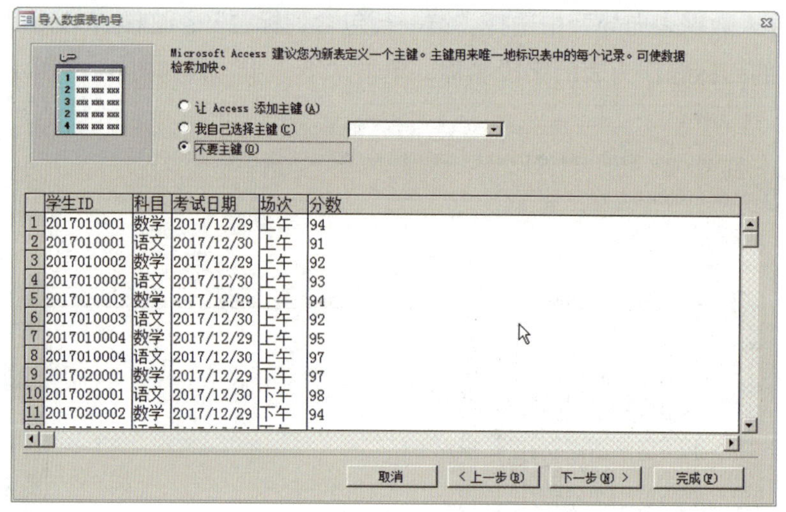


图 6-15　选择“不要主键”

7)在“导入数据表向导”中输入目的表的名称“学生成绩信息”，单击“完成”，如图 6-16 所示。

8）弹出“获取外部数据 -Excel 电子表格”对话框，提示用户完成向“学生成绩信息”表导入文件“学生成绩信息 .xlsx”，此处不勾选“保存导入步骤”，如图 6-17 所示。

9）导入操作执行完成，图 6-10 所示的 Excel 工作表数据通过“导入数据表向导”导入到了 Access 数据库“学生信息管理系统 .accdb”中，并创建了一个新表“学生成绩信息”来装载导入的数据，在导航窗格中打开新表，在文档区域中查看其数据，包括新导入的 5

个字段名称和 16 行 5 列数据，如图 6-18 所示。

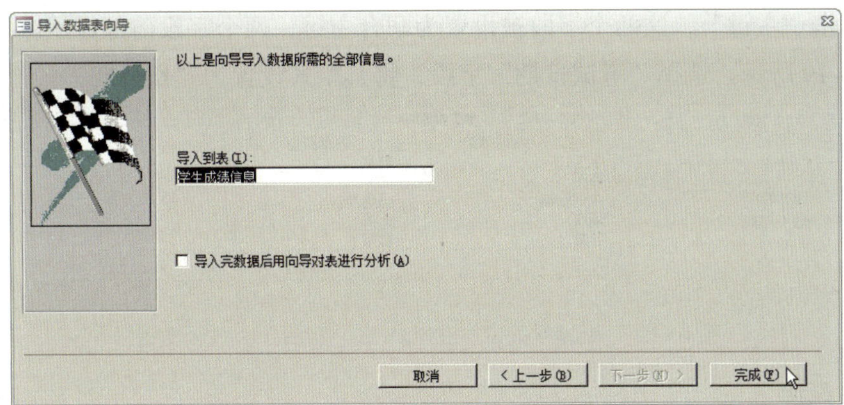


图 6-16　输入目的表的名称“学生成绩信息”

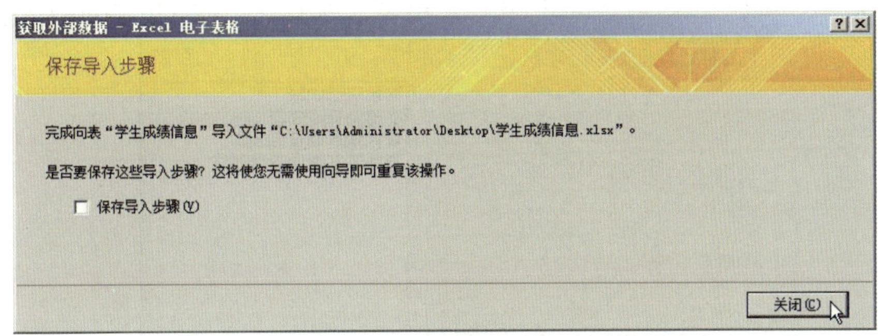


图 6-17　不保存导入步骤

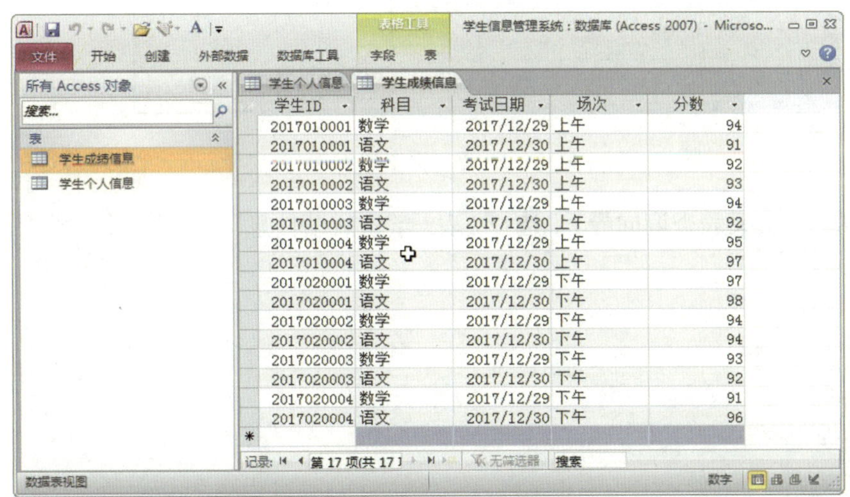

| 学生ID | 科目 | 考试日期 | 场次 | 分数 |
|---|---|---|---|---|
| 2017010001 | 数学 | 2017/12/29 | 上午 | 94 |
| 2017010001 | 语文 | 2017/12/30 | 上午 | 91 |
| 2017010002 | 数学 | 2017/12/29 | 上午 | 92 |
| 2017010002 | 语文 | 2017/12/30 | 上午 | 93 |
| 2017010003 | 数学 | 2017/12/29 | 上午 | 94 |
| 2017010003 | 语文 | 2017/12/30 | 上午 | 92 |
| 2017010004 | 数学 | 2017/12/29 | 上午 | 95 |
| 2017010004 | 语文 | 2017/12/30 | 上午 | 97 |
| 2017020001 | 数学 | 2017/12/29 | 下午 | 97 |
| 2017020001 | 语文 | 2017/12/30 | 下午 | 98 |
| 2017020002 | 数学 | 2017/12/29 | 下午 | 94 |
| 2017020002 | 语文 | 2017/12/30 | 下午 | 94 |
| 2017020003 | 数学 | 2017/12/29 | 下午 | 93 |
| 2017020003 | 语文 | 2017/12/30 | 下午 | 92 |
| 2017020004 | 数学 | 2017/12/29 | 下午 | 91 |
| 2017020004 | 语文 | 2017/12/30 | 下午 | 96 |



图 6-18　Excel 数据导入到了 Access 数据库的“学生成绩信息”表中

10）切换到“设计视图”，选择字段“学生 ID”和“科目”，在“设计”选项卡上的“工具”组中单击“主键”，这两个字段被设置为联合主键，两个字段前都显示“钥匙”状图标，如图 6-19 所示。选择“考试日期”字段，将其格式设置为“长日期”。

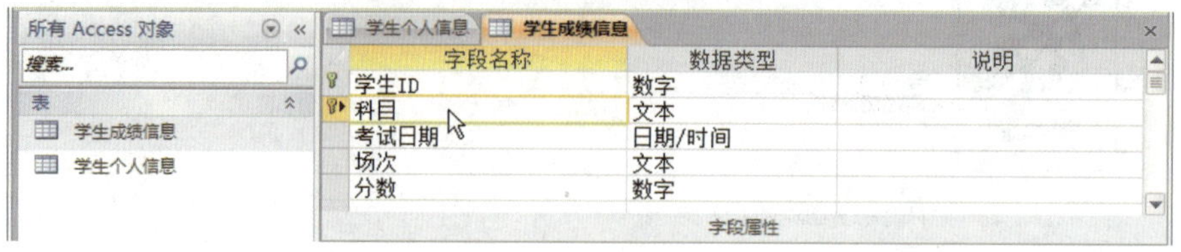


图 6-19　设置字段“学生 ID”和“科目”为联合主键

## 2. 设计查询

（1）在“创建”选项卡上的“查询”组中单击“查询向导”，弹出“新建查询”对话框，选择“交叉表查询向导”，单击“确定”，如图 6-20 所示。

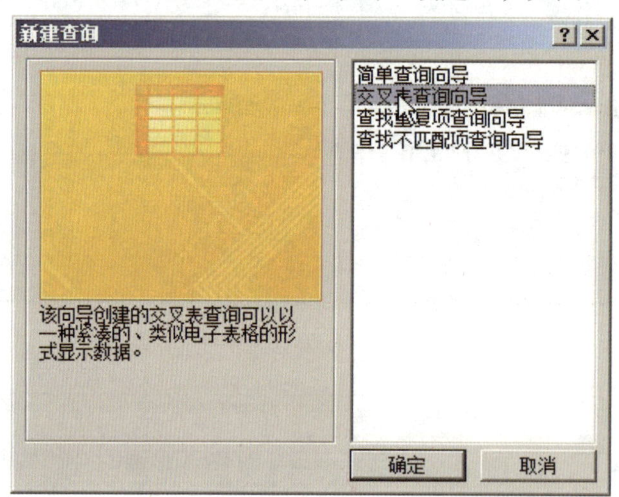


图 6-20　选择“交叉表查询向导”

（2）进入“交叉表查询向导”，选择“表：学生成绩信息”，单击“下一步”，如图 6-21 所示。

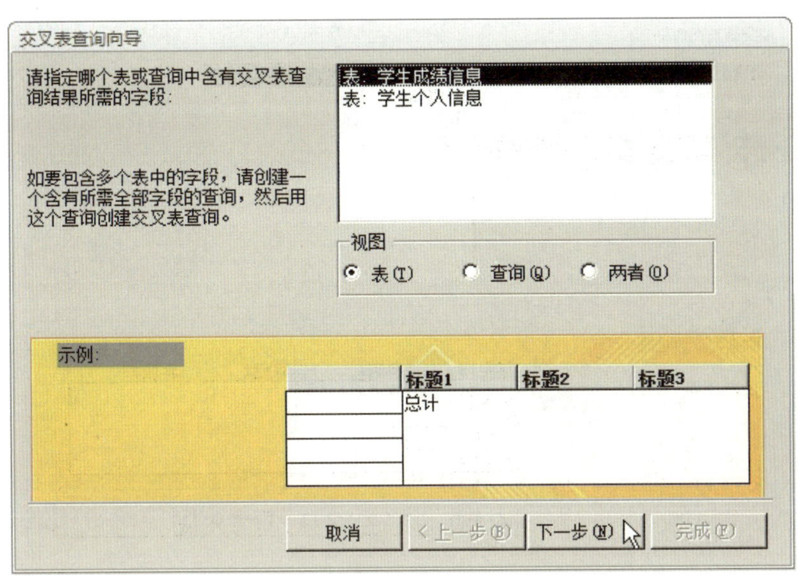


图 6-21　选择“表：学生成绩信息”

（3）在“交叉表查询向导”的“可用字段”中选定字段“学生 ID”作为交叉表的行标题，单击“下一步”，如图 6-22 所示。

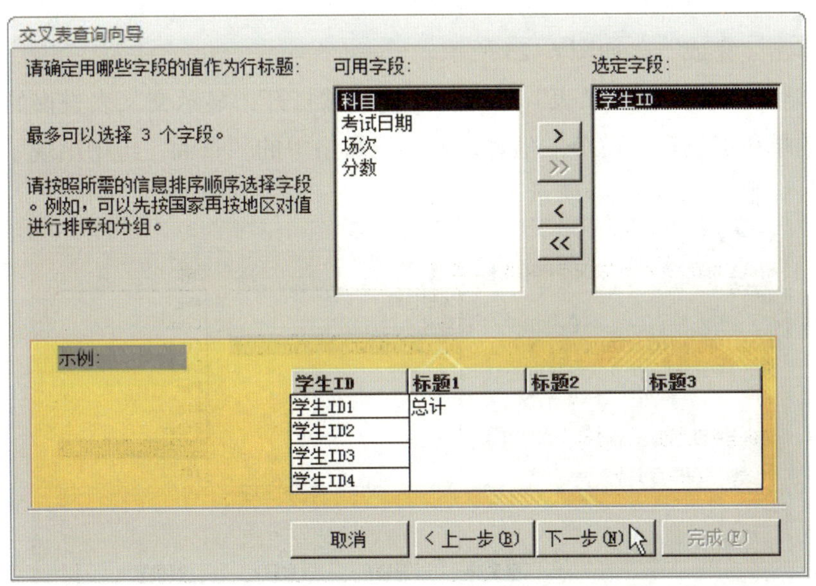


图 6-22　选择“学生 ID”作为交叉表的行标题

（4）在“交叉表查询向导”中选定字段“科目”作为交叉表的列标题，单击“下一步”，如图 6-23 所示。

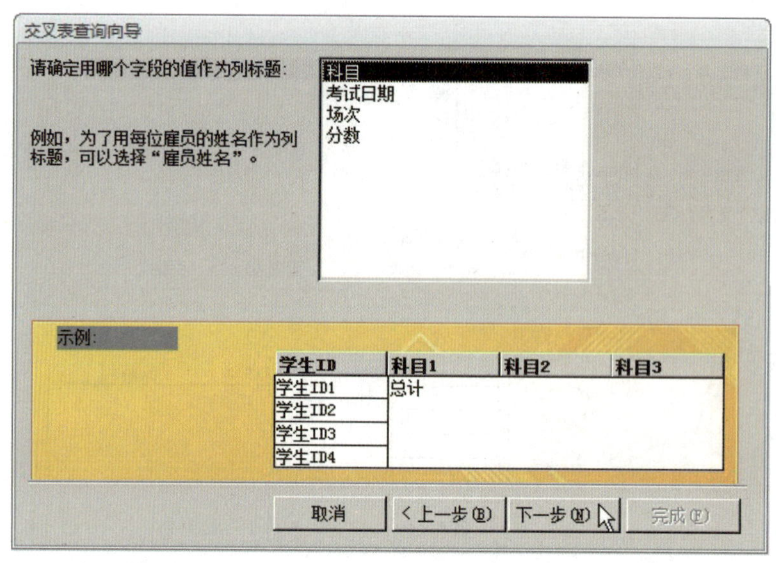


图 6-23　选择"科目"作为交叉表的列标题

（5）在"交叉表查询向导"中选定字段"分数"和函数"汇总"作为交叉表的交叉点计算公式，单击"下一步"，如图 6-24 所示。

（6）在"交叉表查询向导"中为查询指定标题为"学生成绩信息交叉表"，并选择"查看查询"，单击"完成"，如图 6-25 所示。

（7）"学生成绩信息交叉表"随即在文档区域打开，显示交叉表查询的结果数据，即每个学生的单科成绩和"总分"信息，在导航窗格中的"查询"组中出现了"学生成绩信息交叉表"标签，如图 6-26 所示。

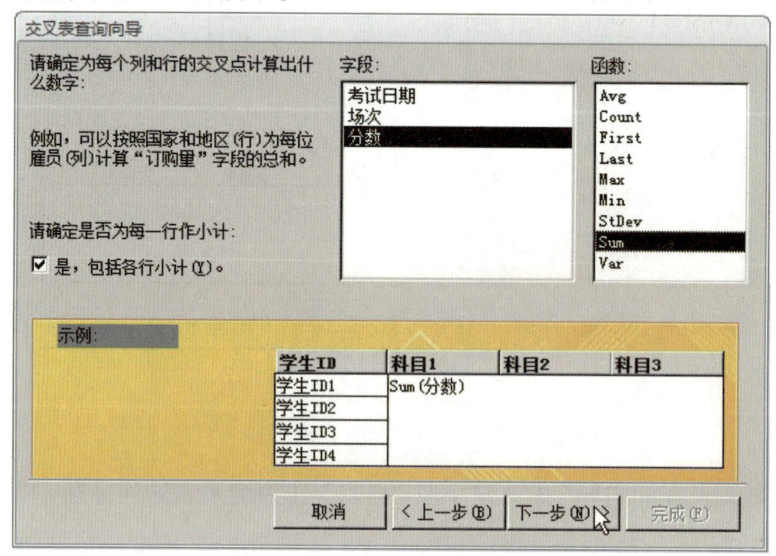


图 6-24　选择"分数"和"汇总"作为交叉表的交叉点计算公式

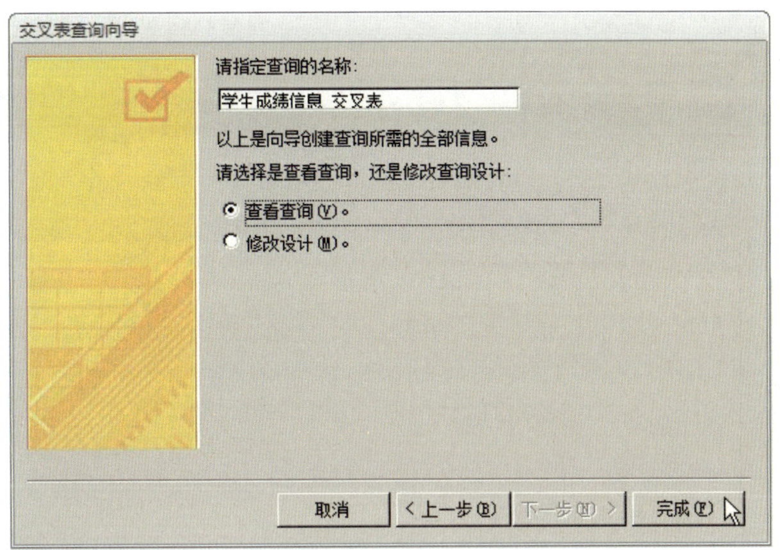


图 6-25　为查询指定标题为“学生成绩信息交叉表”

图 6-26　显示交叉表查询的结果数据

### 3. 设计窗体

（1）创建学生个人信息窗体

1）在导航窗格选择“学生个人信息”数据库表，然后在“创建”选项卡上的“窗体”组中单击“窗体”，“学生个人信息”窗体随即在文档区域打开，默认视图为“布局视图”，“创建”选项卡也切换为“窗体布局工具”的“设计”选项卡，如图 6–27 所示。由于在创建窗体前，选择了“学生个人信息”数据库表，Access 便自动将“学生个人信息”表中的有关信息加载到当前的窗体设计中。例如，文档的标签和窗体的标题都默认设置为“学生个人信息”，窗体的主体自动套用了“纵览表”布局形式，整齐地排列了 8 个“标签”和对应的“文本框”。“标签”的内容为“学生个人信息”表中的字段名称，“文本框”的内容为空，因为“学生个人信息”表不包含数据。

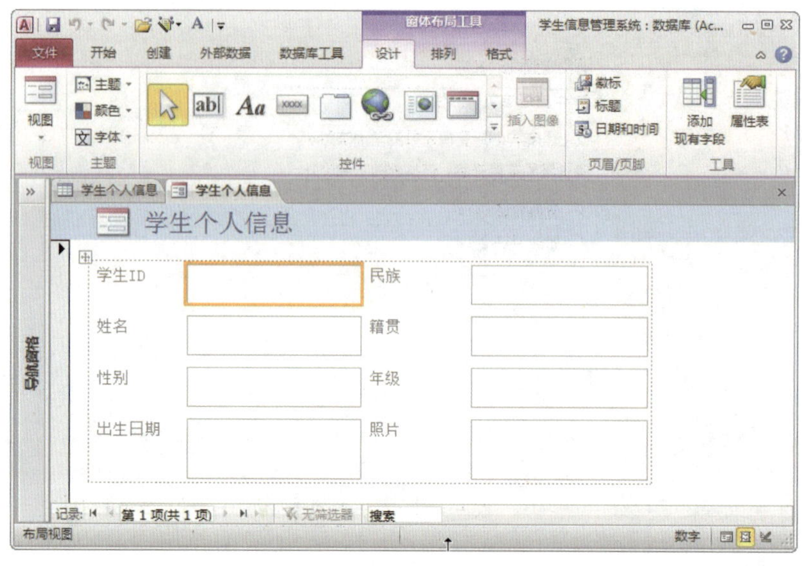


图 6-27　“学生个人信息”窗体在文档区域打开

2）单击快速访问工具栏中“保存”按钮，在弹出的“另存为”对话框中输入窗体名称“学生个人信息窗体”，单击“确定”，如图 6-28 所示。

3）文档区域的“学生个人信息”标签变为“学生个人信息窗体”，在导航窗格中的“窗体”组中出现了“学生个人信息窗体”标签，其图标与表对象和查询对象都不相同，如图 6-29 所示。在“布局视图”中调整好标签及文本框的大小和位置。

图 6-28　窗体名称改为“学生个人信息窗体”

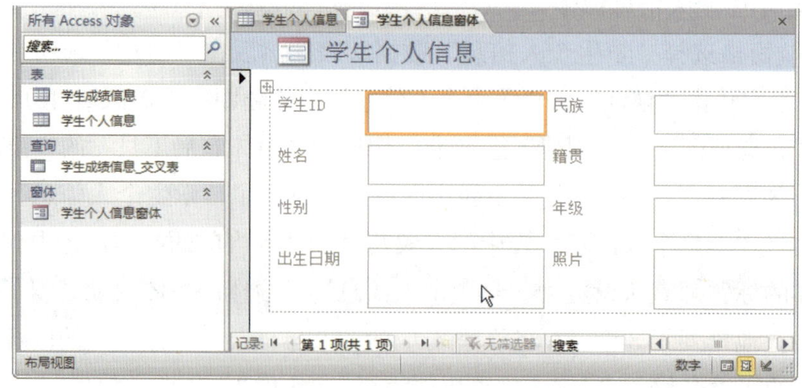


图 6-29　新建窗体设计保存在数据库中

（2）添加按钮控件

1）切换到“设计视图”，查看窗体的设计显示。在“设计”选项卡上的“控件”组中单击“按钮”，移动鼠标指针至窗体设计主体区域中的适当位置，单击左键向窗体添加按钮控件，如图 6–30 所示。

2）弹出“命令按钮向导”对话框，此处选择“记录导航”类别和“转至前一项记录”操作，单击“下一步”，如图 6–31 所示。在“命令按钮向导”中选择“图片”“移至上一项”，单击“下一步”，如图 6–32 所示。在“命令按钮向导”中输入按钮的名称“按钮 – 上一条记录”，单击“完成”，如图 6–33 所示。

3）“按钮 – 上一条记录”在窗体设计中添加完成，如图 6–34 所示。调整该按钮的位置和大小，使其与主体区域中的网格对齐。

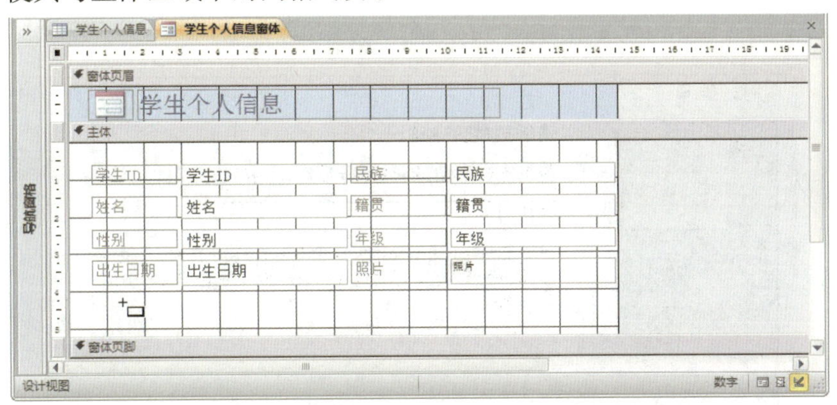


图 6–30　单击左键向窗体添加按钮控件

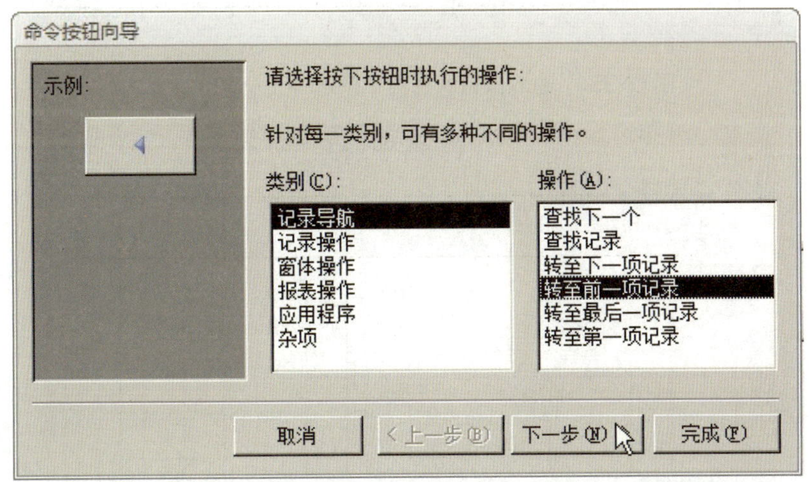


图 6–31　选择“记录导航”类别和“转至前一项记录”操作

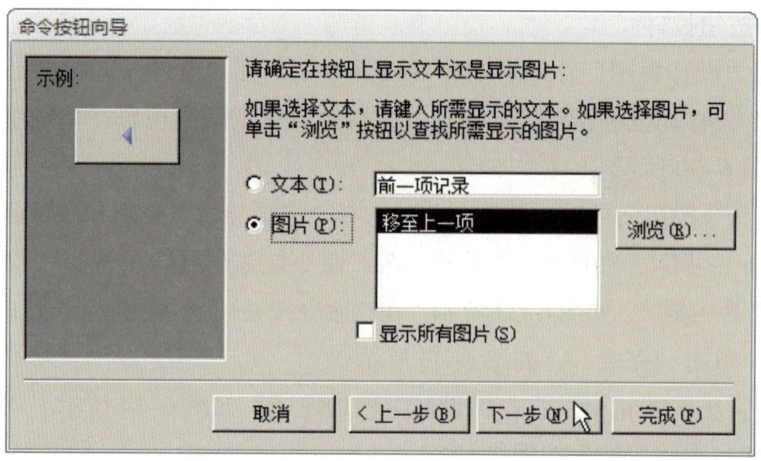


图 6-32　选择图片“移至上一项”

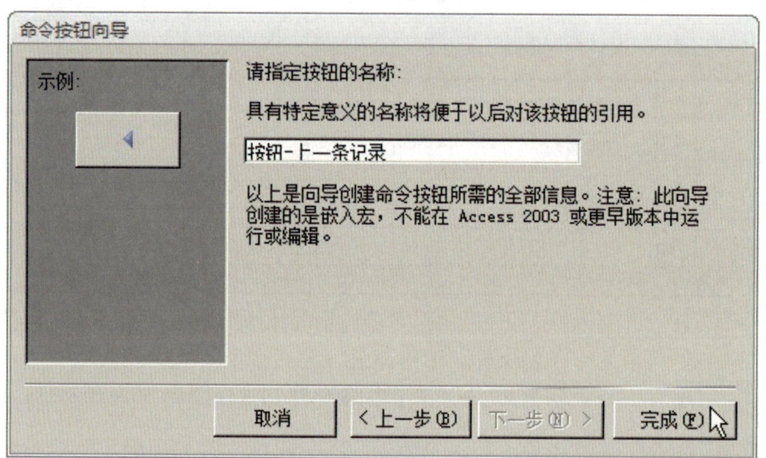


图 6-33　输入按钮的名称“按钮 - 上一条记录”

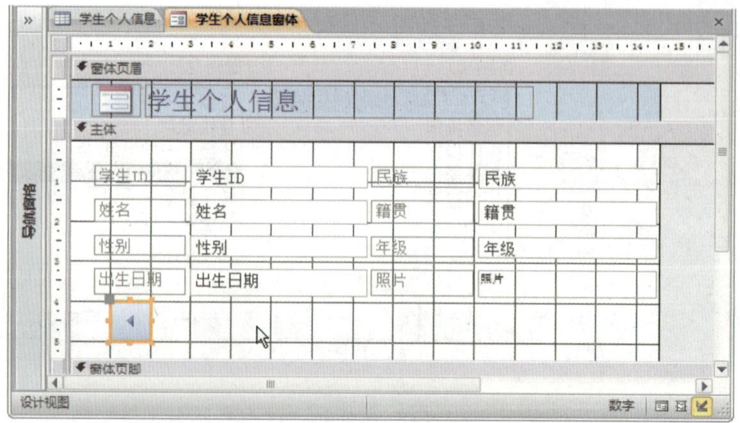


图 6-34　“按钮 - 上一条记录”在窗体设计中添加完成

4）添加新的按钮，在“命令按钮向导”中选择“记录导航”类别和“转至下一项记录”操作，选择图片“移至下一项”，输入按钮的名称。“按钮 – 下一条记录”在窗体设计中添加完成，考虑到“照片”的高度，可以将“照片”文本框的高度适当调大。调整该按钮的位置和大小，使其与主体区域中的网格以及“按钮 – 上一条记录”对齐，如图 6–35 所示。

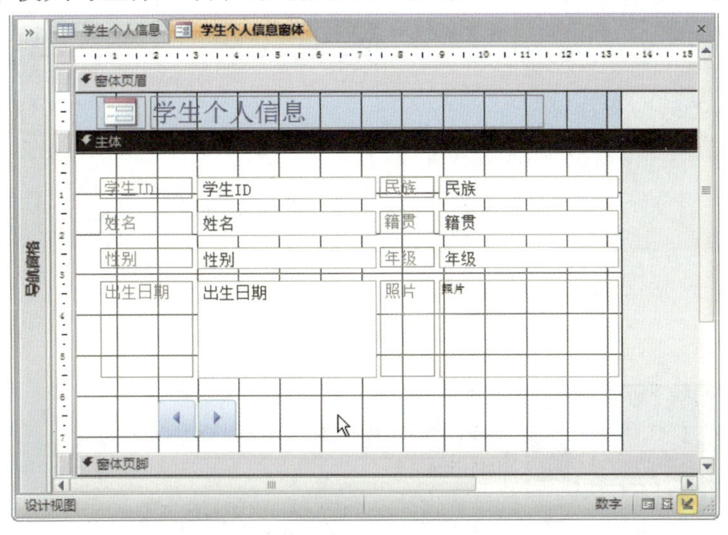


图 6–35　“按钮 – 下一条记录”在窗体设计中添加完成

5）添加新的按钮，在“命令按钮向导”中选择“记录操作”类别和“添加新记录”操作，单击“下一步”，如图 6–36 所示。在“命令按钮向导”中选择“图片”“转至新对象”，单击“下一步”，如图 6–37 所示。在“命令按钮向导”中输入按钮的名称“按钮 – 添加记录”，单击“完成”，如图 6–38 所示。

6）“按钮—添加记录”在窗体设计中添加完成，如图 6–39 所示。调整该按钮的位置和大小，使其与主体区域中的网格以及其他按钮对齐。

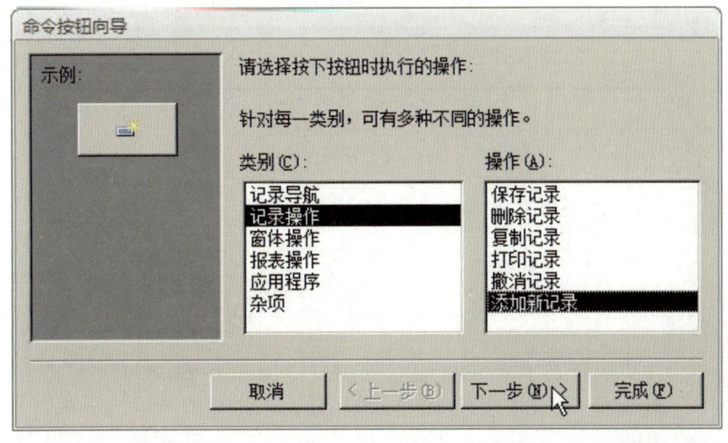


图 6–36　选择“记录操作”类别和“添加新记录”操作

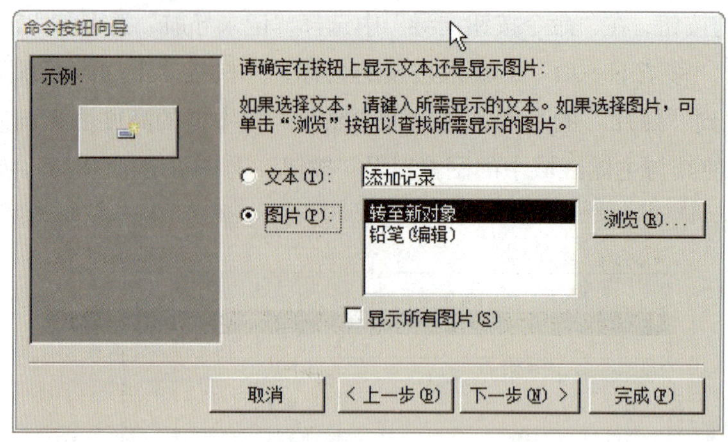


图 6-37　选择图片“转至新对象”

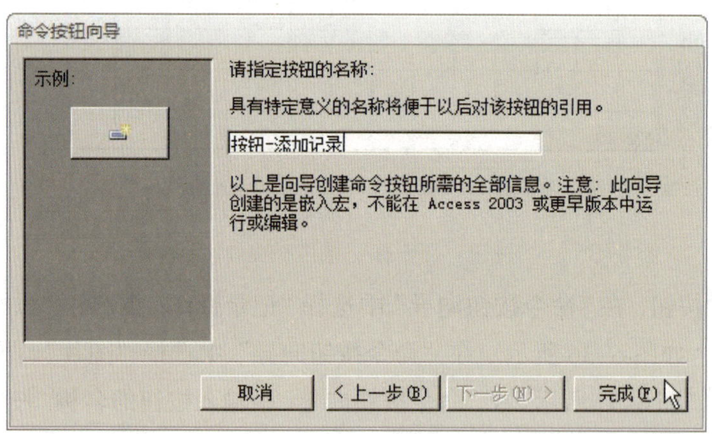


图 6-38　输入按钮的名称“按钮 - 添加记录”

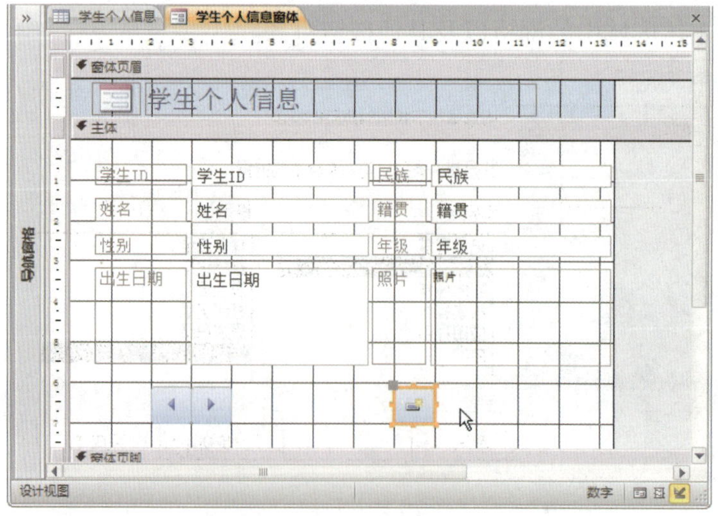


图 6-39　“按钮 - 添加记录”在窗体设计中添加完成

7）添加新的按钮，在“命令按钮向导”中选择“记录操作”类别和“保存记录”操作，选择图片“保存记录”，输入按钮的名称。“按钮—保存记录”在窗体设计中添加完成。添加新的按钮，在“命令按钮向导”中选择“记录操作”类别和“删除记录”操作，选择图片“删除记录”，输入按钮的名称。“按钮—删除记录”在窗体设计中添加完成，如图6–40所示。调整这些按钮的位置和大小，使其与主体区域中的网格以及其他按钮对齐。

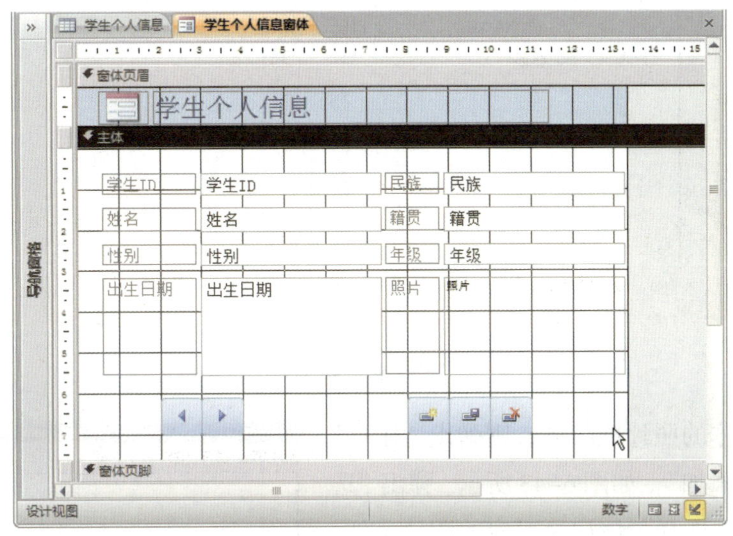


图 6–40　“按钮 – 保存记录”和“按钮 – 删除记录”在窗体设计中添加完成

（3）测试学生个人信息窗体设计效果

1）切换到“窗体视图”，查看窗体的数据显示，如图 6–41 所示。由于窗体的数据源“学生个人信息”表不包含数据，此处窗体中也不显示任何数据。

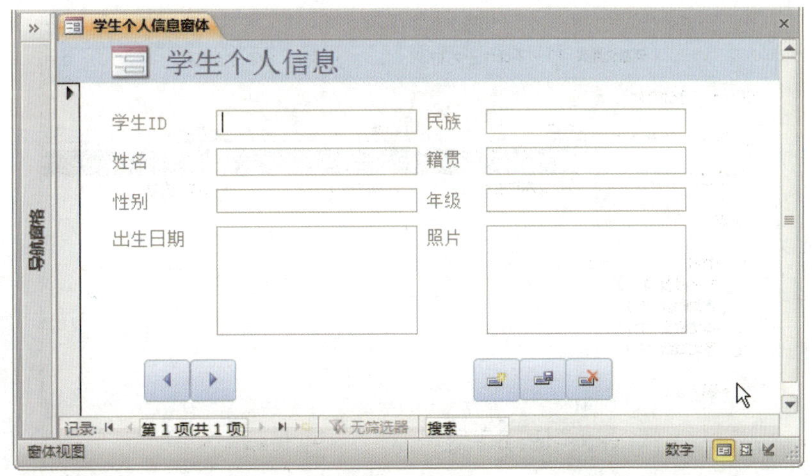


图 6–41　查看窗体的数据显示

2）在窗体的文本框“学生 ID”“姓名”“性别”“出生日期”“民族”“籍贯”“年级”中依次输入学生的第 1 条记录“2017010001”“张磊”“男”“2000 年 1 月 1 日”“汉族”“北京海淀”和“高一”，如图 6–42 所示。

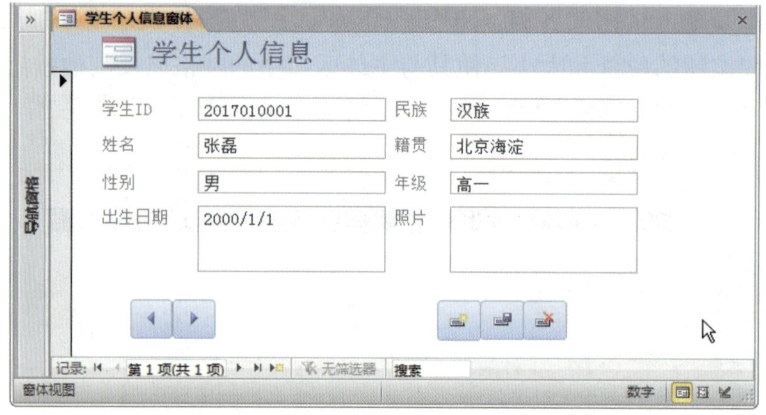


图 6–42　录入第 1 条记录

3）双击窗体的照片框区域，则弹出“附件”对话框，单击“添加”，如图 6–43 所示。弹出“选择文件”对话框，选择与该记录对应的图片文件，单击“打开”，如图 6–44 所示。返回“附件”对话框，可见刚才选择的图片文件名称出现在附件列表框中单击“确定”，如图 6–45 所示。

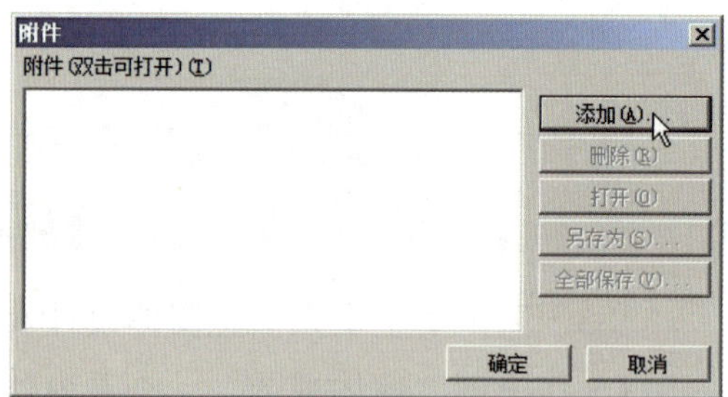


图 6–43　添加附件

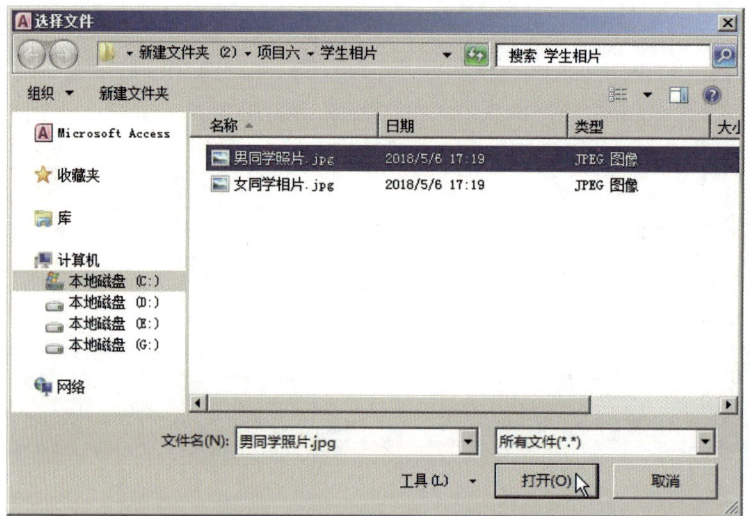


图 6–44　选择与记录对应的图片文件

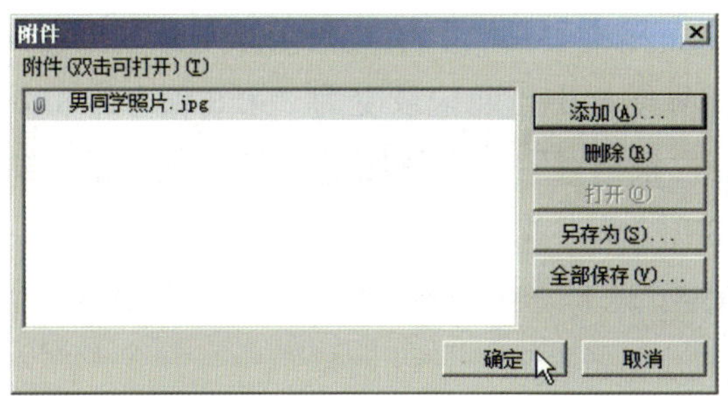


图 6–45　选择的图片文件名称出现在附件列表框中

4）窗体的照片区域显示了所添加的图片信息，如图 6–46 所示。单击“按钮–保存记录”，该条记录则保存在数据库中。

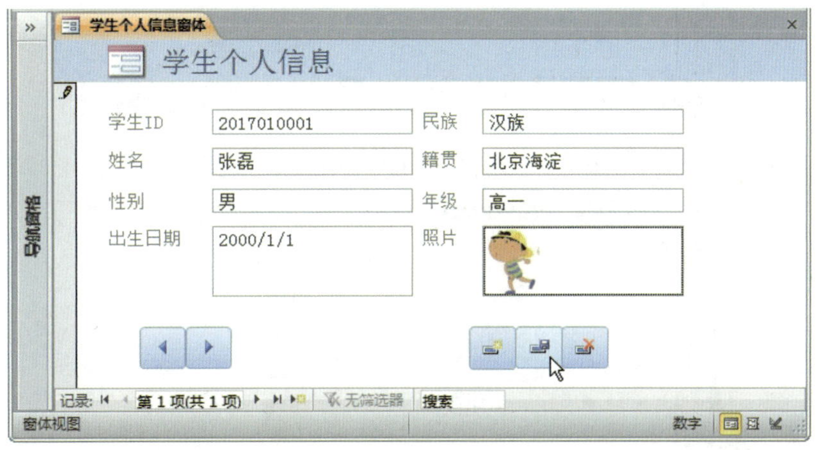


图 6–46　照片区域显示了所添加的图片信息

5）在导航窗格中选中并打开“学生个人信息”表，表中出现了刚新增的第 1 条记录，说明在窗体中可以增加新的记录，增加的结果会及时保存到相应的数据库表中，如图 6–47 所示。

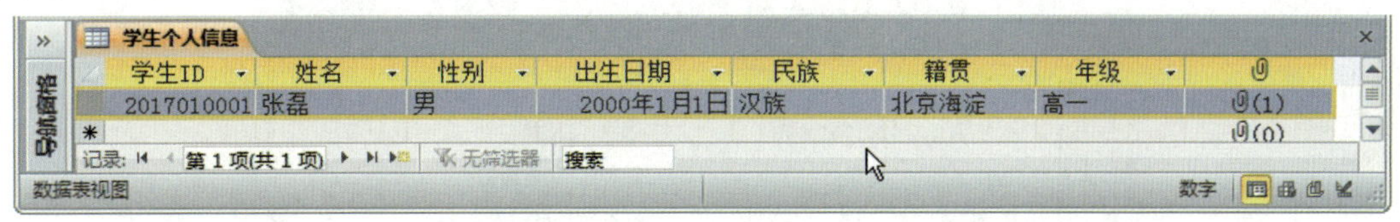


图 6–47　“学生个人信息”表中出现了新增的记录

6）单击“按钮–添加记录”，在窗体的文本框中依次输入学生的第 2 条至第 9 条记录，输入每条记录后，单击“按钮–保存记录”，将每条记录保存在数据库中。窗体底部的导航栏中当前记录由“第 1 项（共 1 项）”变为“第 9 项（共 9 项）”，如图 6–48 所示。

7）单击“按钮–删除记录”，弹出对话框提示“您正准备从指定表删除 1 条记录，

确实要删除这些记录吗？”单击“是”，第 9 条记录则从数据库中被删除，窗体自动转至第 8 条记录，窗体底部的导航栏中当前记录变为“第 8 项（共 8 项）”，如图 6–49 所示。

8）单击“按钮 – 上一条记录”，窗体则转至第 7 条记录，窗体底部的导航栏中当前记录变为“第 7 项（共 8 项）”，如图 6–50 所示。

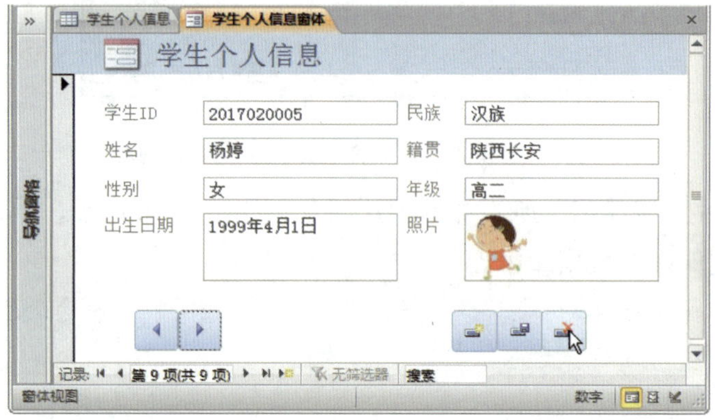


图 6–48　依次录入第 2 条至第 9 条记录

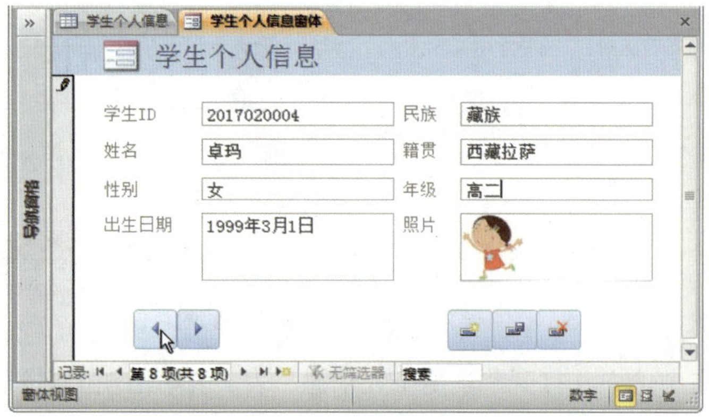


图 6–49　删除第 9 条记录后，窗体自动转至第 8 条记录

图 6–50　自第 8 条记录转至上一条记录

9）在导航窗格中选中并打开“学生个人信息”表，表中出现了新增的 8 条记录，在窗体中所新增的记录和删除的结果会及时保存到相应的数据库表中，如图 6–51 所示。

（4）创建学生成绩分布状况窗体

1）在“创建”选项卡上的“窗体”组中单击“窗体设计”，空白窗体“窗体 1”随即在文档区域打开，其默认视图为“设计视图”。在“设计”选项卡上的“控件”组中单击“图表”，移动鼠标指针至窗体设计主体区域中的适当位置，单击左键向窗体添加按钮控件，如图 6–52 所示。

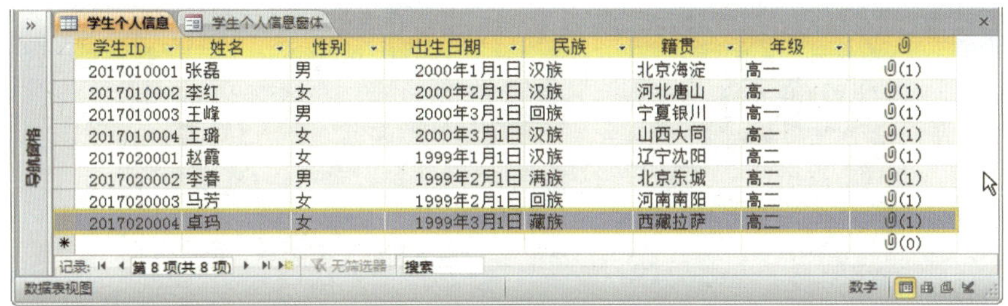

| 学生ID | 姓名 | 性别 | 出生日期 | 民族 | 籍贯 | 年级 | 附件 |
|---|---|---|---|---|---|---|---|
| 2017010001 | 张磊 | 男 | 2000年1月1日 | 汉族 | 北京海淀 | 高一 | (1) |
| 2017010002 | 李红 | 女 | 2000年2月1日 | 汉族 | 河北唐山 | 高一 | (1) |
| 2017010003 | 王峰 | 男 | 2000年3月1日 | 回族 | 宁夏银川 | 高一 | (1) |
| 2017010004 | 王璐 | 女 | 2000年3月1日 | 汉族 | 山西大同 | 高一 | (1) |
| 2017020001 | 赵霞 | 女 | 1999年1月1日 | 汉族 | 辽宁沈阳 | 高二 | (1) |
| 2017020002 | 李春 | 男 | 1999年2月1日 | 满族 | 北京东城 | 高二 | (1) |
| 2017020003 | 马芳 | 女 | 1999年2月1日 | 回族 | 河南南阳 | 高二 | (1) |
| 2017020004 | 卓玛 | 女 | 1999年3月1日 | 藏族 | 西藏拉萨 | 高二 | (1) |
| | | | | | | | (0) |



图 6–51　在窗体中所新增的记录和删除的结果会及时保存到相应的数据库表中

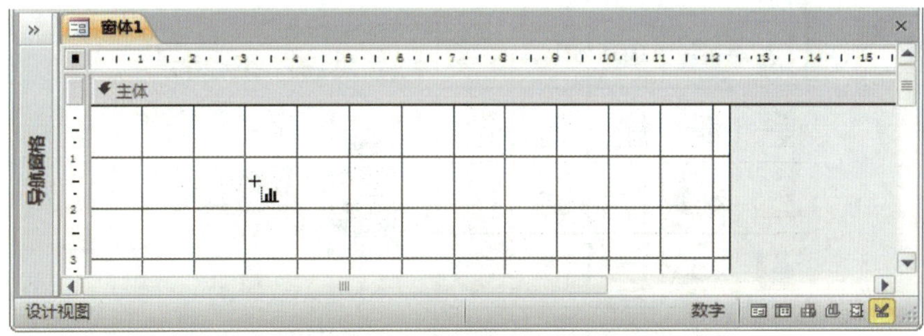


图 6–52　单击左键向窗体添加图表控件

2）弹出“图表向导”对话框，选择“表：学生成绩信息”作为用于创建图表的数据源，如图 6–53 所示。

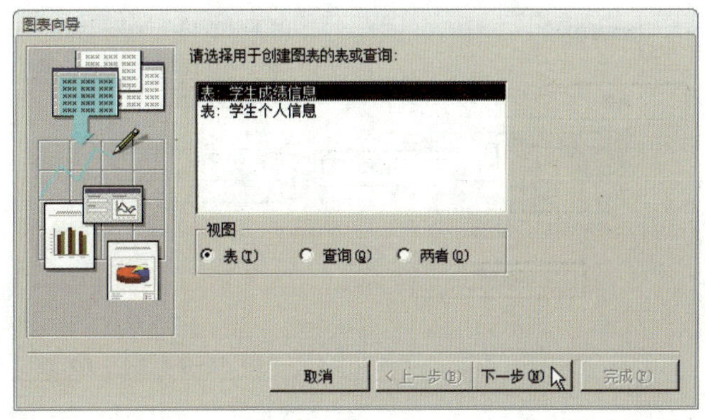


图 6–53　选择“表：学生成绩信息”作为用于创建图表的数据源

3）在“图表向导”中将字段“科目”和“分数”从“可用字段”列表中选择到“用于图表的字段”列表中单击“下一步”，如图 6-54 所示。

4）在“图表向导”中选择“柱形图”，单击“下一步”，如图 6-55 所示。

5）在“图表向导”中指定图表中的布局方式，单击“下一步”，如图 6-56 所示。

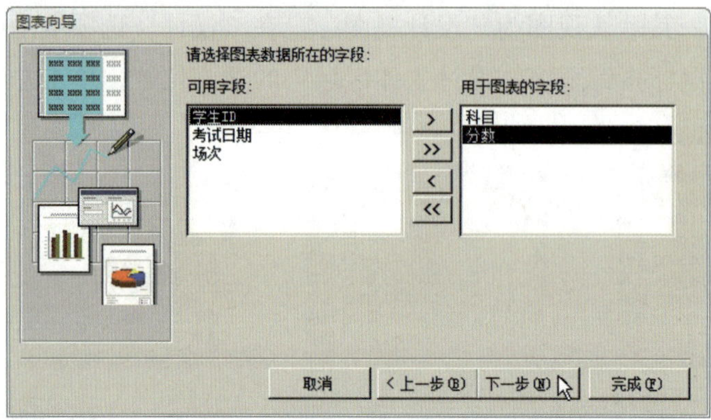


图 6-54 选择“用于图表的字段”

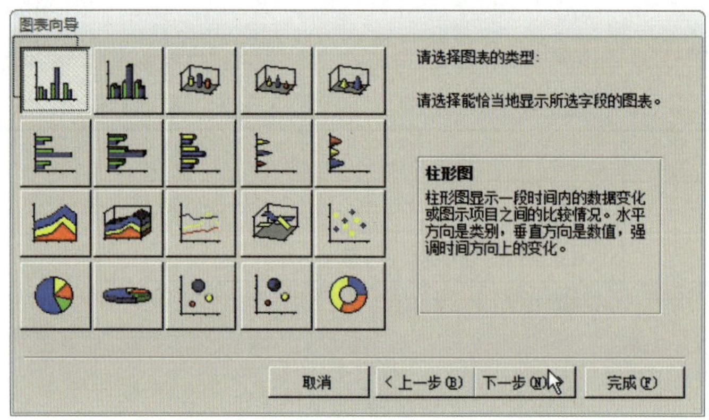


图 6-55 选择图表的类型

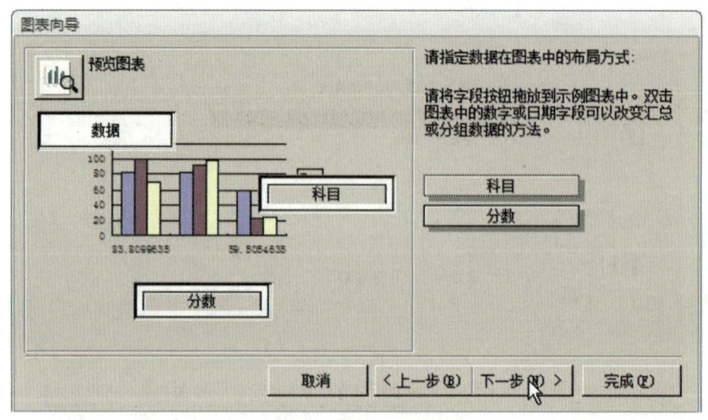


图 6-56 指定数据在图表中的布局方式

6）在“图表向导”中输入标题“学生成绩分布情况”，单击“完成”，如图 6–57 所示。

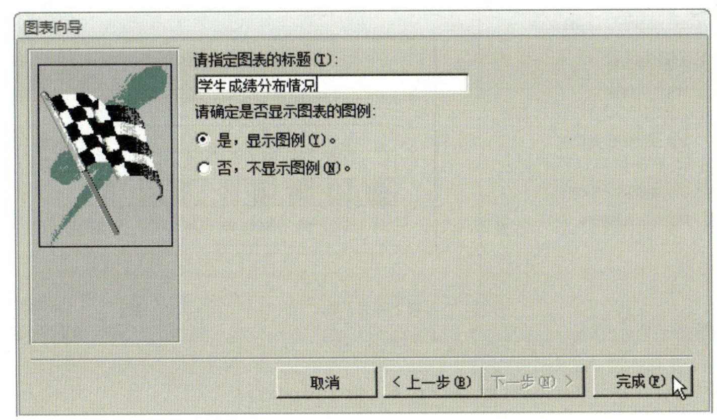


图 6–57　输入图表的标题

7）图表“学生成绩分布情况”在窗体设计中添加完成，并以其数据源为例显示图例，如图 6–58 所示。调整该图表的位置和大小，使其与主体区域中的网格对齐。

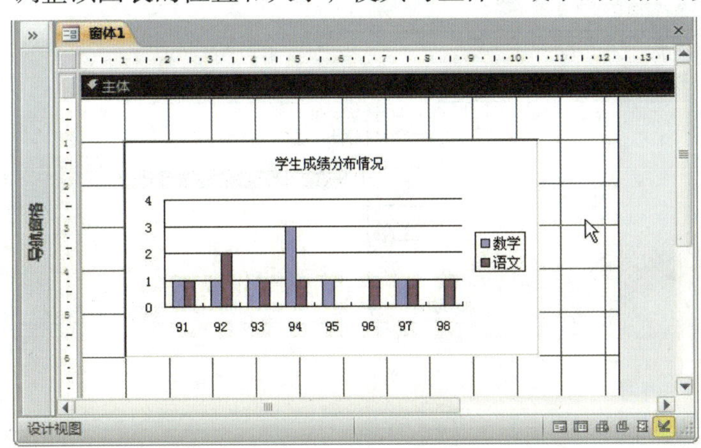


图 6–58　图表在窗体设计中添加完成

8）保存该窗体，命名为“学生成绩分布情况窗体”。文档区域的“窗体 1”标签变为“学生成绩分布情况窗体”，在导航窗格中的“窗体”组中出现了“学生成绩分布情况窗体”标签。切换到“窗体”视图，查看窗体图表数据显示，如图 6–59 所示。

（5）创建学生成绩信息交叉表窗体

1）在“创建”选项卡上的“窗体”组中，选择“窗体向导”，弹出“窗体向导”对话框，在“表 / 查询”下拉菜单中选择窗体的数据源“查询：学生成绩信息交叉表”，将该查询包含的全部字段从“可用字段”列表中选择到“选定字段”列表中单击“下一步”，如图 6–60 所示。

2）在“窗体向导”中选择使用“表格”布局，单击“下一步”，如图 6–61 所示。

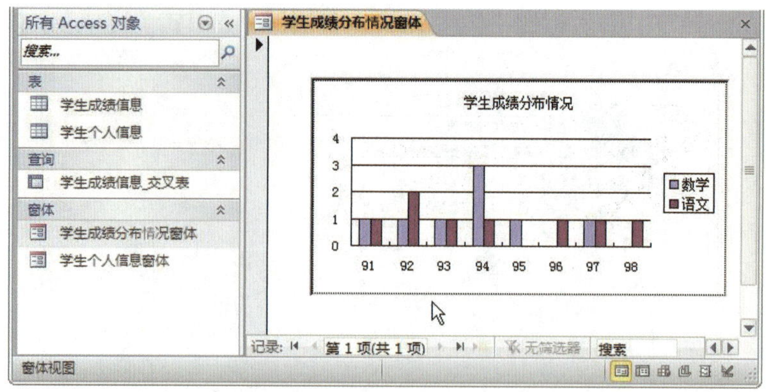


图 6-59　保存窗体设计

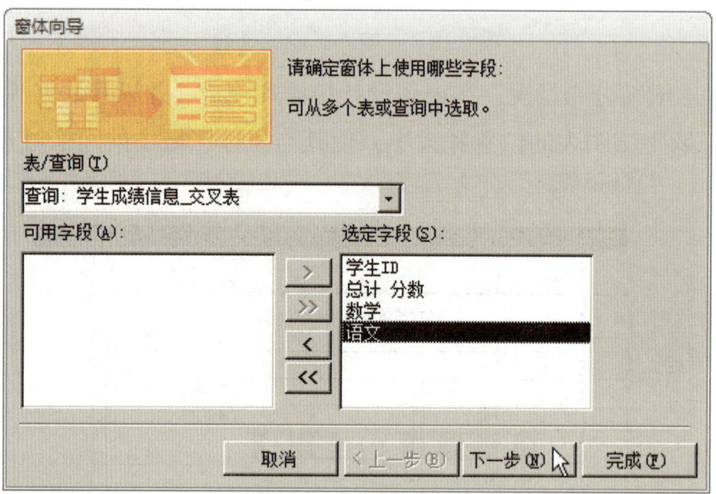


图 6-60　选择窗体的数据源和字段

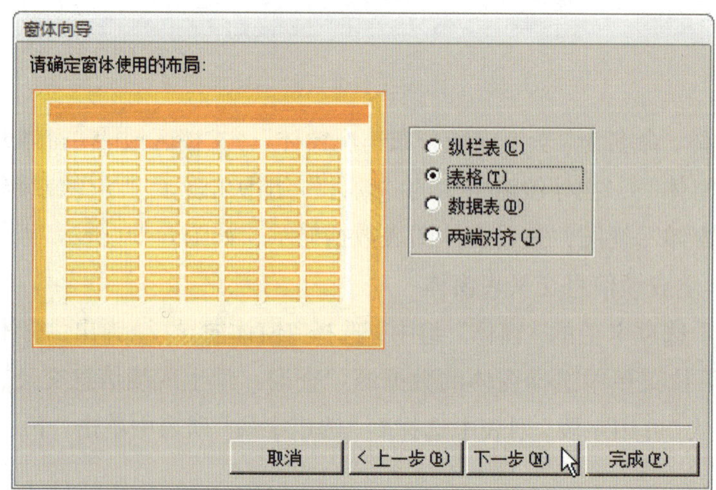


图 6-61　选择窗体使用的布局

3）在“窗体向导”中为窗体指定标题为“学生成绩信息交叉表窗体”，并选择“修改窗体设计”，单击“完成”，如图 6–62 所示。

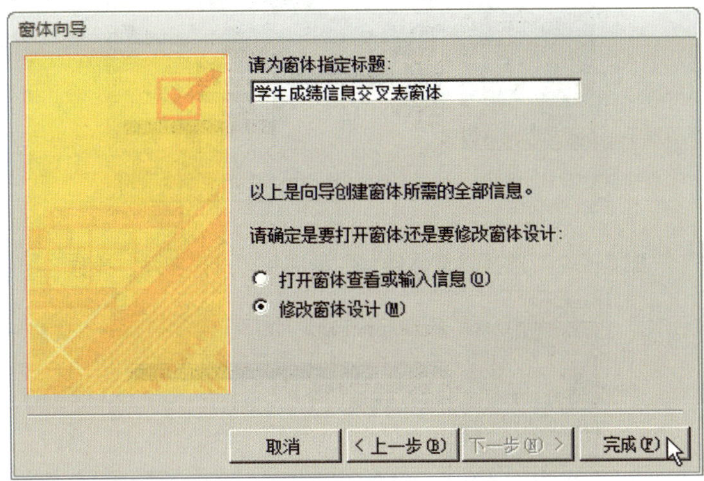


图 6–62　为窗体指定标题为“学生成绩信息交叉表窗体”

4）“学生成绩交叉表窗体”随即在文档区域打开，其默认视图为“设计视图”，可查看窗体的设计显示。将“学生 ID”“总分”“数学”和“语文”四个“文本框”及对应“标签”的宽度和位置进行调整，使其显得比例均匀，并利用快速工具栏上的“自动套用格式”应用“Northwind”样式。

5）在“设计”选项卡上的“控件”组中单击“按钮”，移动鼠标指针至窗体页眉区域中的适当位置，单击左键向窗体添加按钮控件，如图 6–63 所示。

6）弹出“命令按钮向导”对话框，选择“窗体操作”类别和“打开窗体”操作，单击“下一步”，如图 6–64 所示。在“命令按钮向导”中选择打开“学生成绩分布情况窗体”，单击“下一步”，如图 6–65 所示。在“命令按钮向导”中输入按钮显示的内容“成绩分布”，单击“下一步”，如图 6–66 所示。

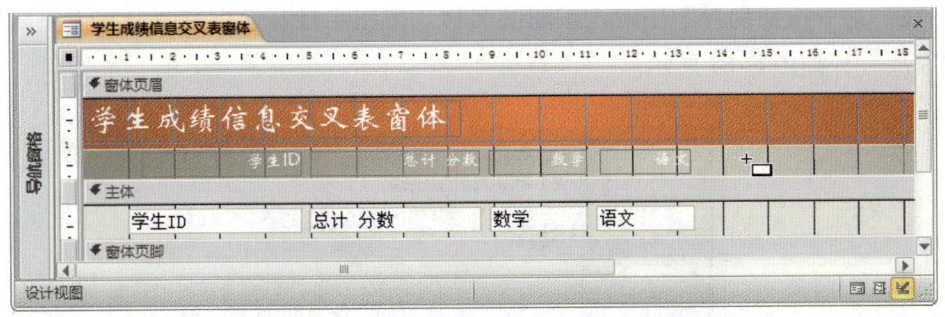


图 6–63　单击左键向窗体添加按钮控件

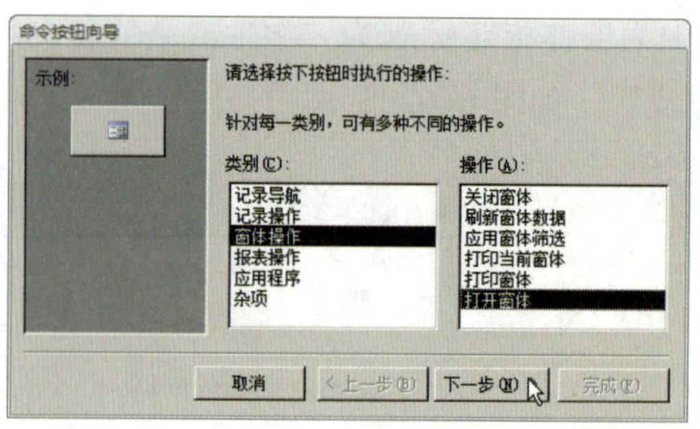


图 6-64　选择“窗体操作”类别和“打开窗体”操作

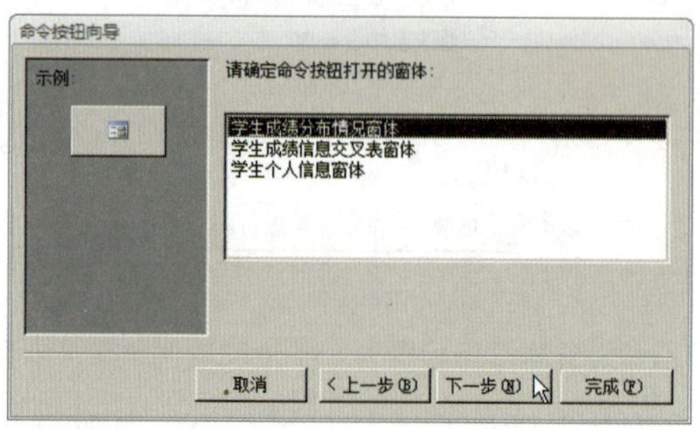


图 6-65　选择打开“学生成绩分布情况窗体”

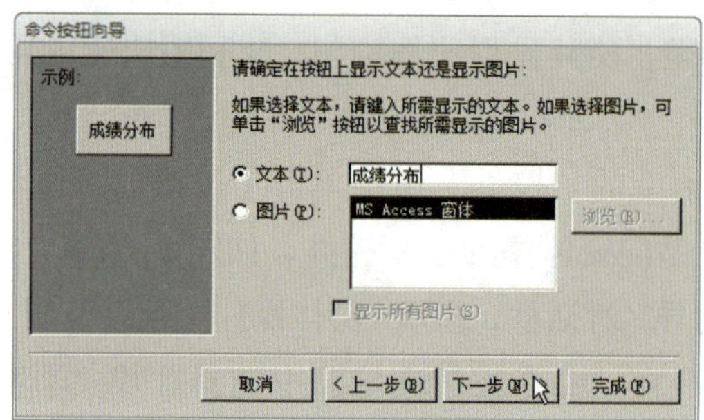


图 6-66　输入按钮显示的内容“成绩分布”

7）在“命令按钮向导”中输入按钮的名称“按钮–打开学生成绩分布情况窗体”，单击“完成”，如图 6-67 所示。

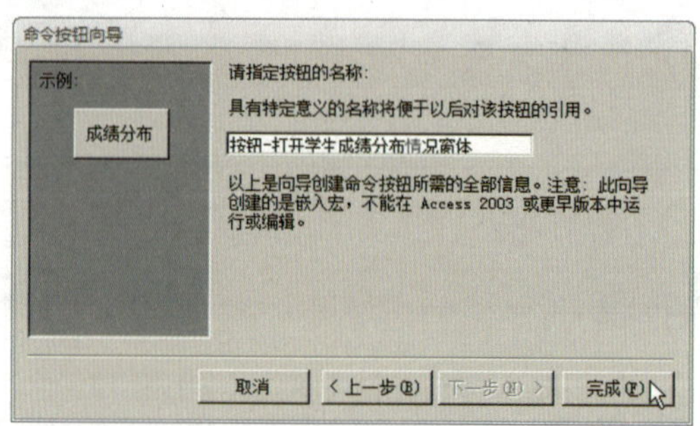


图 6-67　输入按钮的名称“按钮 – 打开学生成绩分布状况窗体”

8）“按钮－打开学生成绩分布情况窗体”在窗体设计中添加完成，如图 6–68 所示。调整该按钮的位置和大小，使其与窗体页眉区域中的网格以及其他控件对齐。

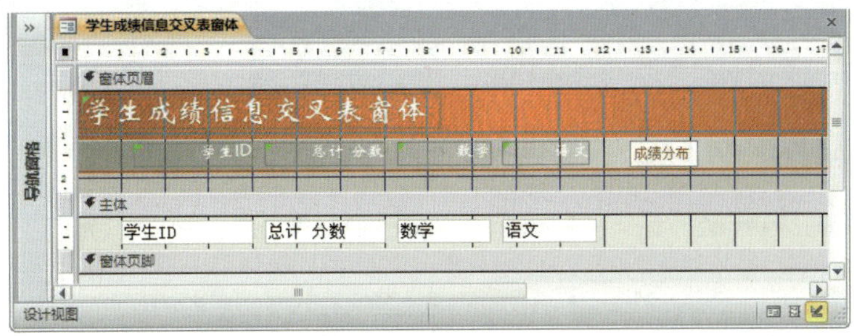


图 6–68 按钮在窗体设计中添加完成

9）切换到“窗体视图”，查看其窗体数据显示，如图 6–69 所示。单击“成绩分布”按钮，“学生成绩分布情况窗体”则会在文档区域打开显示。可以在数据库系统中单独将其打开，也可以作为“学生成绩信息交叉表窗体”的附属窗体，在主窗体中随时打开。

学生成绩信息交叉表窗体

| 学生ID | 总计 分数 | 数学 | 语文 |
|---|---|---|---|
| 2017010001 | 185 | 94 | 91 |
| 2017010002 | 185 | 92 | 93 |
| 2017010003 | 186 | 94 | 92 |
| 2017010004 | 192 | 95 | 97 |
| 2017020001 | 195 | 97 | 98 |
| 2017020002 | 188 | 94 | 94 |
| 2017020003 | 185 | 93 | 92 |
| 2017020004 | 187 | 91 | 96 |

成绩分布

记录：第 1 项(共 8 项) 无筛选器 搜索

窗体视图

图 6–69 查看窗体数据显示

### 4. 设计报表

（1）创建学生个人信息报表

在导航窗格选择“学生个人信息”数据库表，然后在“创建”选项卡上的“报表”组中单击“报表”，报表“学生个人信息”随即在文档区域打开，默认视图为“布局视图”，如图 6–70 所示。分别对“标签”和“文本框”的宽度和高度进行调整，使其显得比例均匀，且满足纸张大小的需求。

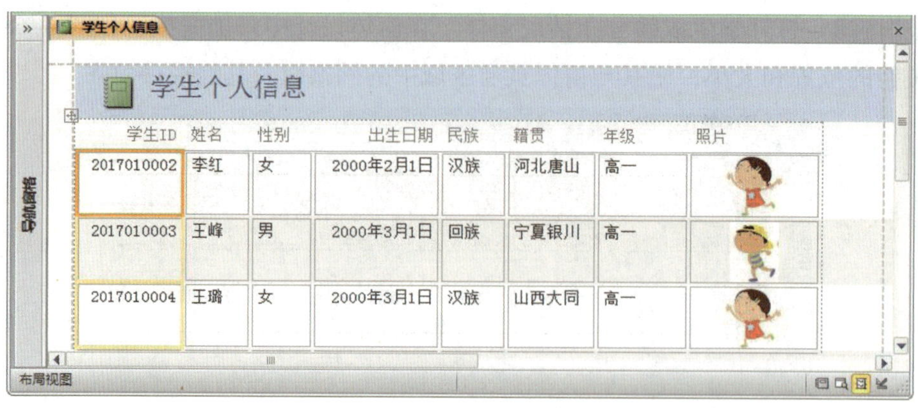


图 6-70　报表“学生个人信息”在文档区域打开

（2）保存报表

保存该报表，命名为“学生个人信息报表”，文档区域的“学生个人信息”标签变为“学生个人信息报表”，在导航窗格中的“报表”组中出现了“学生个人信息报表”标签。切换到“打印预览”，查看报表的数据显示，如图 6–71 所示。

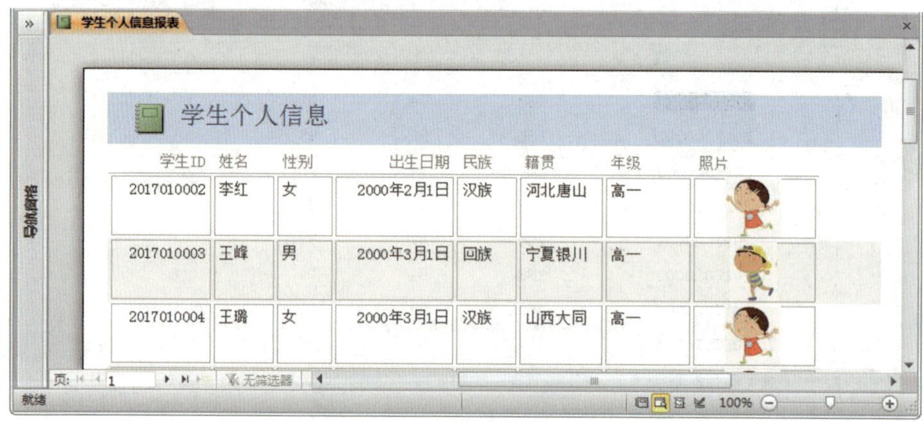


图 6-71　查看报表的数据显示

本任务涉及的文件，可通过网站 http://jg.class.com.cn 下载，位于软件资源包“中文版 Access 2010 基础与实训 / 项目六”。

# 项目七　综合案例分析

## 综合案例 1　家庭理财系统

### 1. 系统设计分析

（1）确定系统功能

“家庭理财系统”的功能主要包括：

1）通过表管理家庭理财的各类信息，包括家庭日常收支和账户信息。

2）通过窗体录入和编辑家庭日常收支信息和账户信息。

3）通过报表展示家庭日常收支流水。

（2）系统设计内容

针对“家庭理财系统”的功能需求，应完成如下设计工作：

1）创建“家庭理财系统”数据库，用于管理系统的各类对象。

2）设计“家庭日常收支”表和“账户信息”表，分别用于存储家庭日常收支的各项信息和各账户的信息，“家庭日常收支”表和“账户信息”表由窗体作为接口来录入和编辑。

3）设计“家庭日常收支管理”窗体，用于录入和编辑家庭日常收支的各项信息；设计“账户信息窗体”，用于录入和编辑各账户的信息，并且利用子数据表展示与该账户有关的家庭日常收支信息。

4）设计“家庭日常收支报表”，用于打印输出家庭日常收支流水以及相关统计信息。

### 2. 设计表

（1）设计账户信息表

1）创建“家庭理财系统 .accdb”数据库。

2）创建“账户信息”数据库表，切换到“设计视图”，在“账户信息”字段表的“字段名称”列的第 2 行至第 4 行依次输入“名称”“余额”和“说明”，依次设置其数据

类型为“文本”“货币”和“备注”，如图 7–1 所示。

3）切换到“数据表视图”，添加 3 条记录，如图 7–2 所示。

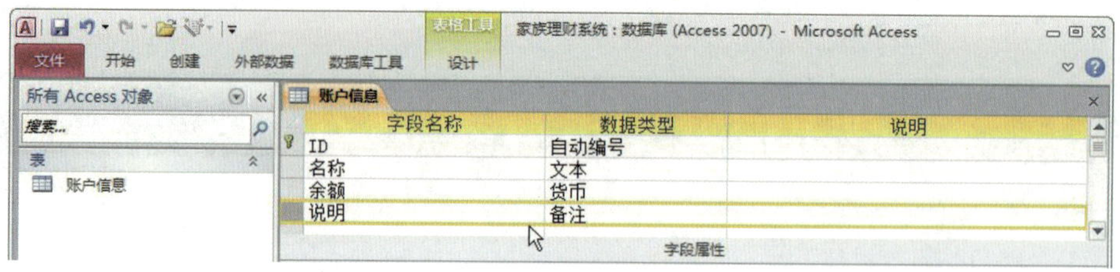


图 7–1　设计“账户信息”表

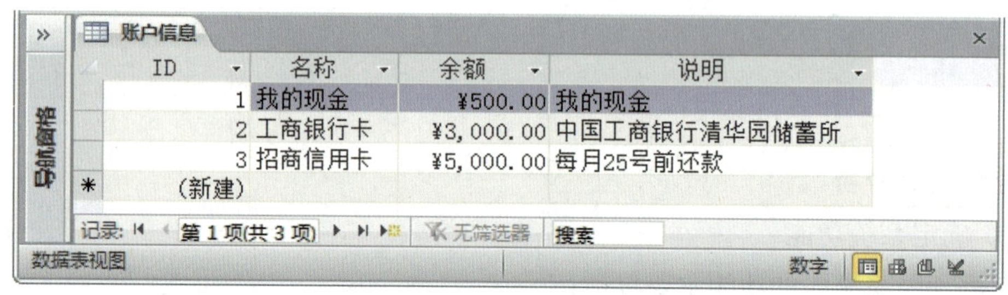

| ID | 名称 | 余额 | 说明 |
|---|---|---|---|
| 1 | 我的现金 | ¥500.00 | 我的现金 |
| 2 | 工商银行卡 | ¥3,000.00 | 中国工商银行清华园储蓄所 |
| 3 | 招商信用卡 | ¥5,000.00 | 每月25号前还款 |
| (新建) | | | |



图 7–2　添加 3 条记录

（2）设计家庭日常收支表

1）创建“家庭日常收支”数据库表，切换到“设计视图”，在“家庭日常收支”字段表的“字段名称”列的第 2 行至第 7 行依次输入“交易日期”“账户”“项目”“收入金额”“支出金额”和“说明”，依次设置其数据类型为“日期 / 时间”“数字”“文本”“货币”“货币”和“备注”，如图 7–3 所示。

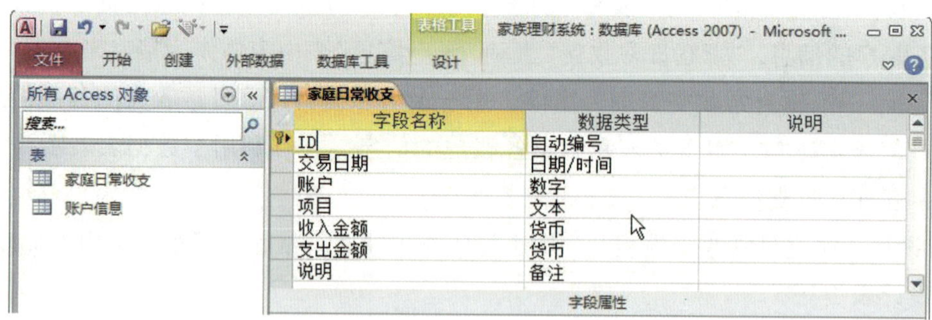


图 7–3　设计“家庭日常收支”表

2）选择字段“账户”，在“数据类型”下拉列表中选择“查阅向导”，如图 7–4 所示。

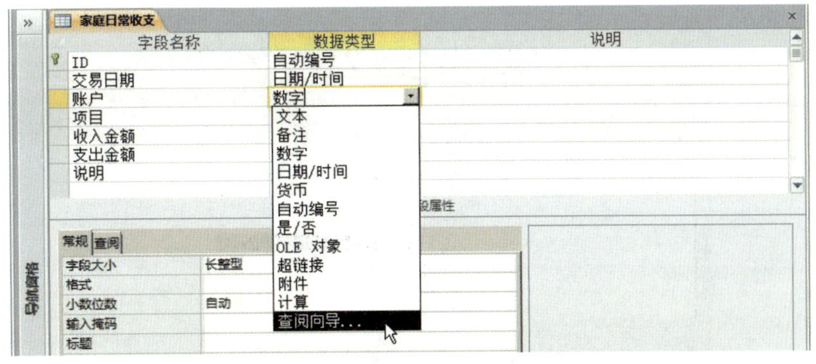


图 7-4　在字段“账户”的“数据类型”下拉列表中选择“查阅向导”

3）在弹出的“查阅向导”对话框中选择“使用查阅字段获取其他表或查询中的值”，单击“下一步”，如图 7-5 所示。在“查阅向导”对话框中选择“表：账户信息”，单击“下一步”，如图 7-6 所示。在“查阅向导”对话框中选择“表：账户信息”的全部字段进入“选定字段”列表，单击“下一步”，如图 7-7 所示。

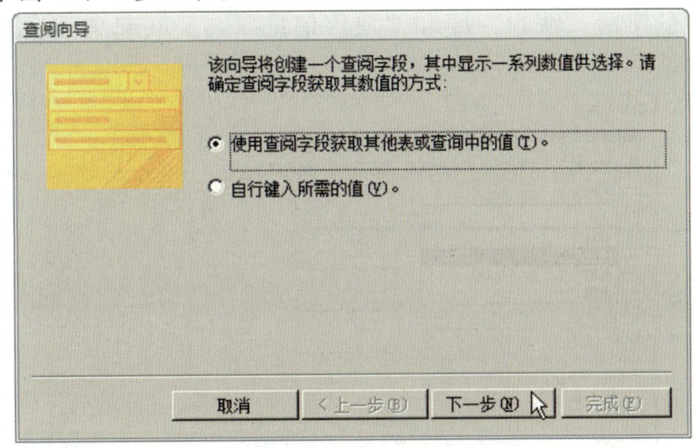


图 7-5　选择“使用查阅字段获取其他表或查询中的值”

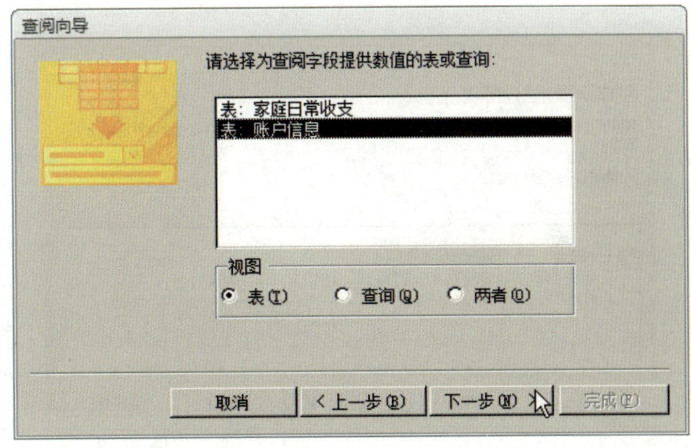


图 7-6　选择“表：账户信息”

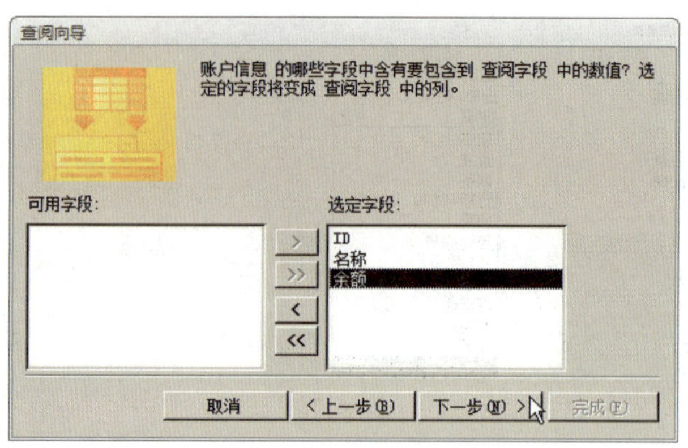


图 7-7　选择全部字段进入“选定字段”列表

4）在“查阅向导”对话框中选择按字段“ID”升序排列，单击“下一步”，如图 7-8 所示。在“查阅向导”对话框中选择“隐藏键列”，单击“下一步”，如图 7-9 所示。在“查阅向导”对话框中输入标签名称“账户”，单击“完成”，如图 7-10 所示。这样，“家庭日常收支”表中的字段“账户”便和“账户信息”表关联起来了。最后，根据提示保存该表。

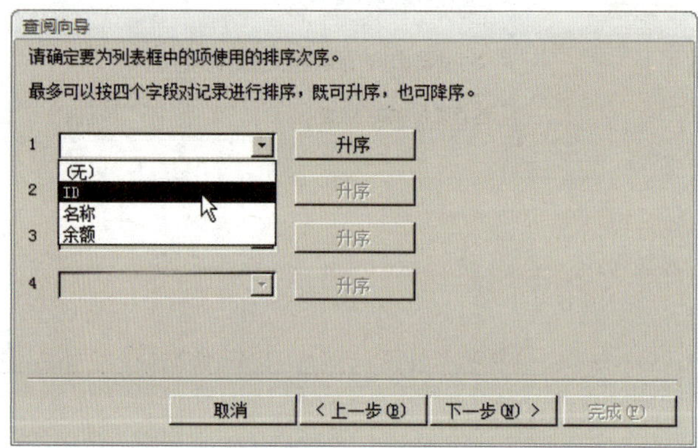


图 7-8　选择字段“ID”升序排列

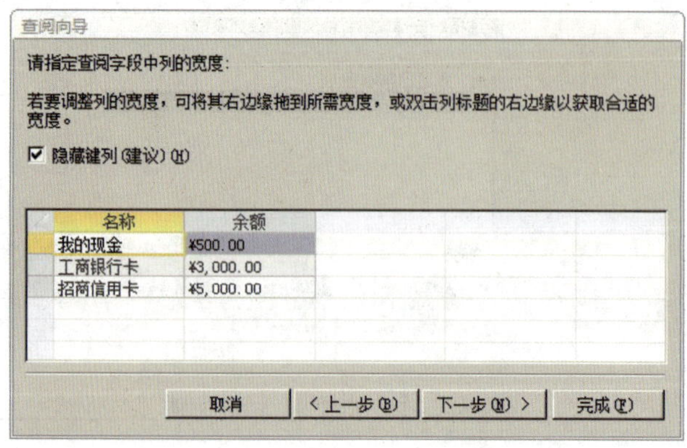


图 7-9　选择“隐藏键列”

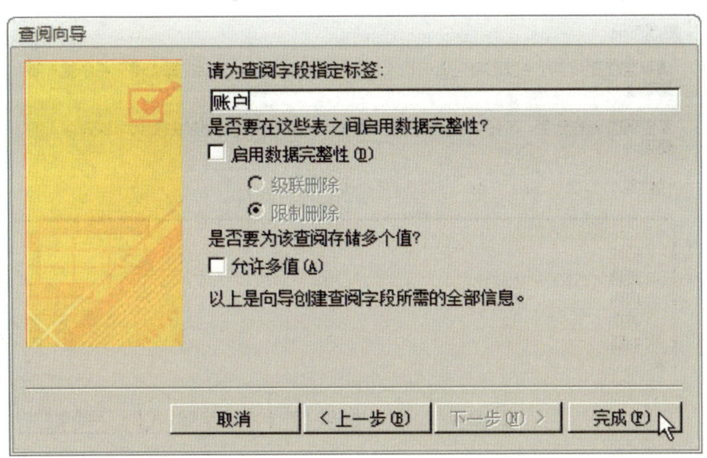


图 7-10　输入标签名称"账户"

5）选择字段"项目"，在"数据类型"下拉列表中选择"查阅向导"，在弹出的"查阅向导"对话框中选择"自行键入所需的值"，单击"下一步"，如图 7-11 所示。在"查阅向导"对话框中的值列表中输入选项"工资""奖金""餐饮""交通""房租""服饰"和"书籍"，单击"下一步"，如图 7-12 所示。在"查阅向导"对话框中输入标签名称"项目"，单击"完成"，如图 7-13 所示。这样，在使用"家庭日常收支"表中的字段"账户"时，可以直接从该选项列表中选取，免去重新录入的麻烦。

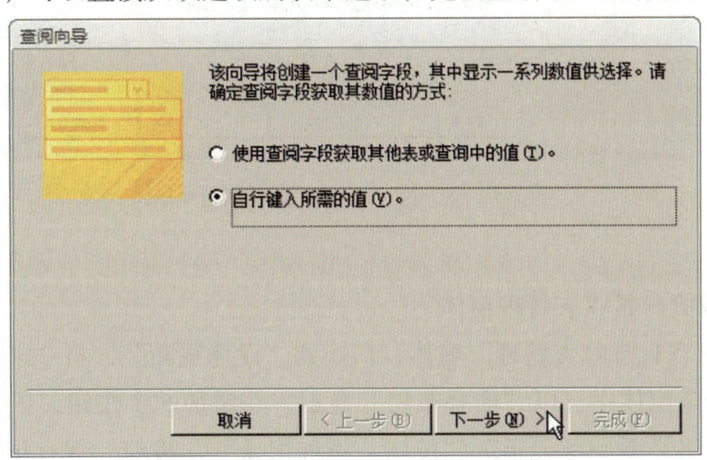


图 7-11　选择"自行键入所需的值"

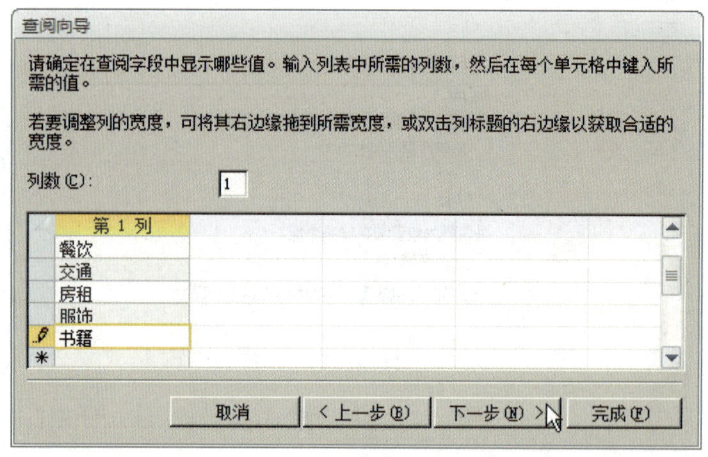


图 7-12　在值列表中输入选项

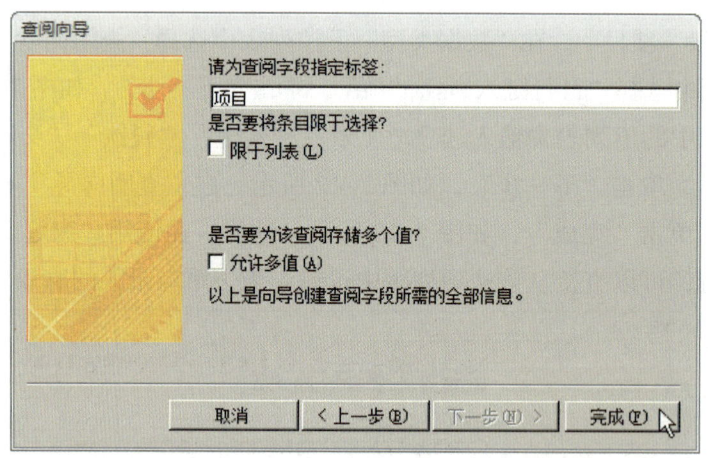


图 7-13　输入标签名称“项目”

### 3. 设计窗体

（1）设计家庭日常收支管理窗体

1）创建“家庭日常收支管理”窗体，切换到“设计视图”，将“家庭日常收支”表中的字段添加至该窗体中，以“堆叠布局”显示，并添加 5 个按钮，依次是“按钮 – 上一条记录”“按钮 – 下一条记录”“按钮 – 添加记录”“按钮 – 保存记录”和“按钮 – 删除记录”，如图 7–14 所示。

2）切换到“窗体视图”，依次录入 7 条记录，并保存，如图 7–15 所示。

3）在窗体中录入“账户”数据时，可以在下拉列表中进行选择，如图 7–16 所示。

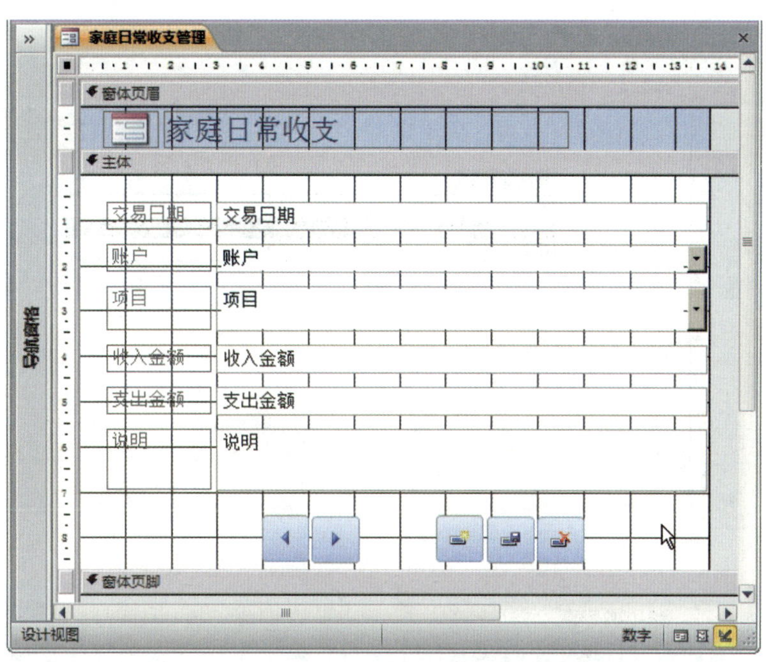


图 7-14　设计“家庭日常收支管理”窗体

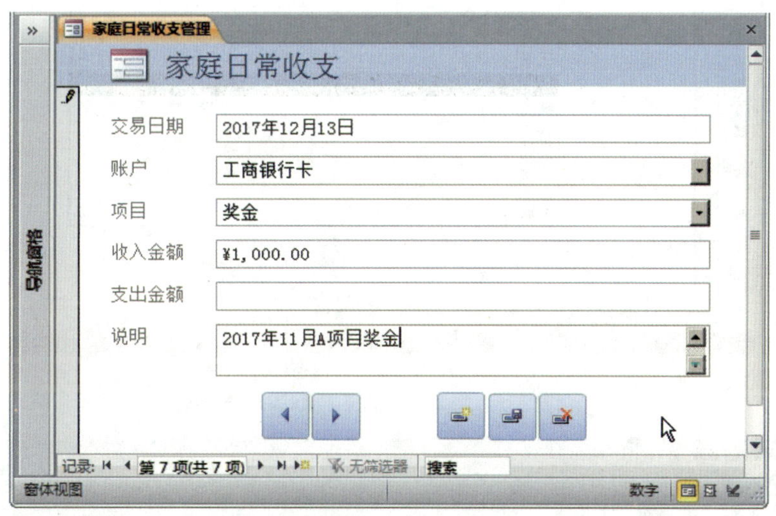


图 7-15　依次录入 7 条记录

4）在窗体中录入“项目”数据时，可以在下拉列表中进行选择，如图 7-17 所示。

5）在导航窗格中选中并打开“家庭日常收支”表，表中出现了新增的 7 条记录，如图 7-18 所示。

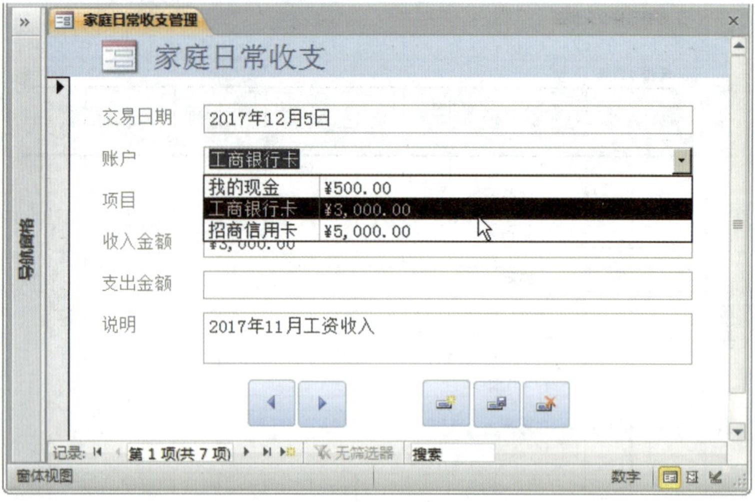


图 7-16　在“账户”的下拉列表中选择数据

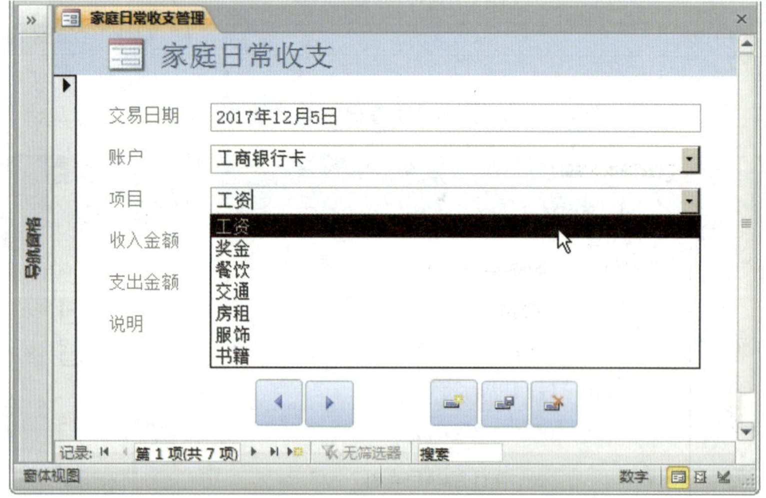


图 7-17　在“项目”的下拉列表中选择数据

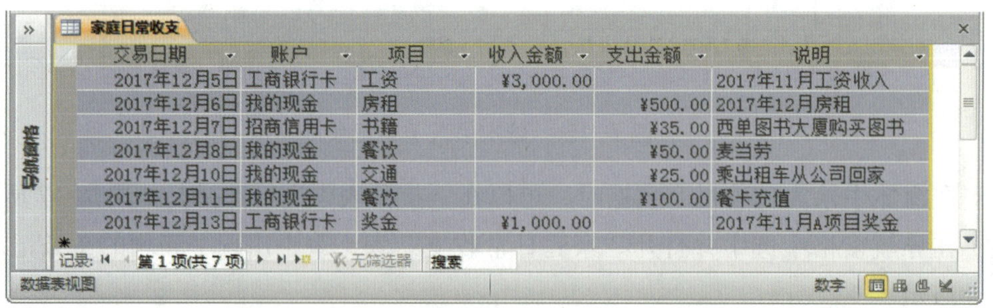

| 交易日期 | 账户 | 项目 | 收入金额 | 支出金额 | 说明 |
|---|---|---|---|---|---|
| 2017年12月5日 | 工商银行卡 | 工资 | ¥3,000.00 | | 2017年11月工资收入 |
| 2017年12月6日 | 我的现金 | 房租 | | ¥500.00 | 2017年12月房租 |
| 2017年12月7日 | 招商信用卡 | 书籍 | | ¥35.00 | 西单图书大厦购买图书 |
| 2017年12月8日 | 我的现金 | 餐饮 | | ¥50.00 | 麦当劳 |
| 2017年12月10日 | 我的现金 | 交通 | | ¥25.00 | 乘出租车从公司回家 |
| 2017年12月11日 | 我的现金 | 餐饮 | | ¥100.00 | 餐卡充值 |
| 2017年12月13日 | 工商银行卡 | 奖金 | ¥1,000.00 | | 2017年11月A项目奖金 |

图 7-18　“家庭日常收支”表中出现了新增的 7 条记录

（2）设计账户信息窗体

1）创建“账户信息窗体”，切换到“设计视图”，将“账户信息”表中的字段添加至该窗体中，以“堆叠布局”显示，将“家庭日常收支”表作为子数据表控件添加到该窗体中，通过该表的“账户”字段进行关联，并添加 2 个按钮，依次是“按钮 - 上一个账户”和“按钮 - 下一个账户”，如图 7-19 所示。

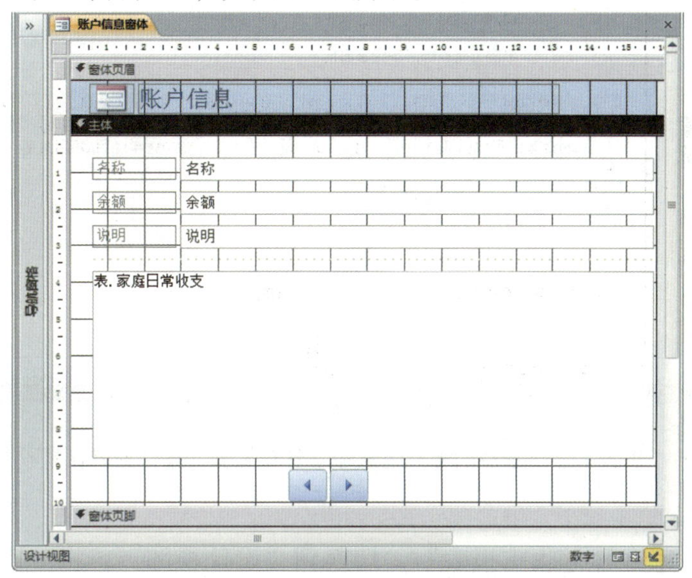


图 7-19　设计“账户信息窗体”

2）切换到“窗体视图”，可以查看“账户信息”表中的相关信息，还可以通过子数据表查看与当前账户有关的“家庭日常收支”信息，如图 7-20 所示。图中为第 1 个账户的相关信息和与其有关的 4 条“家庭日常收支”信息。

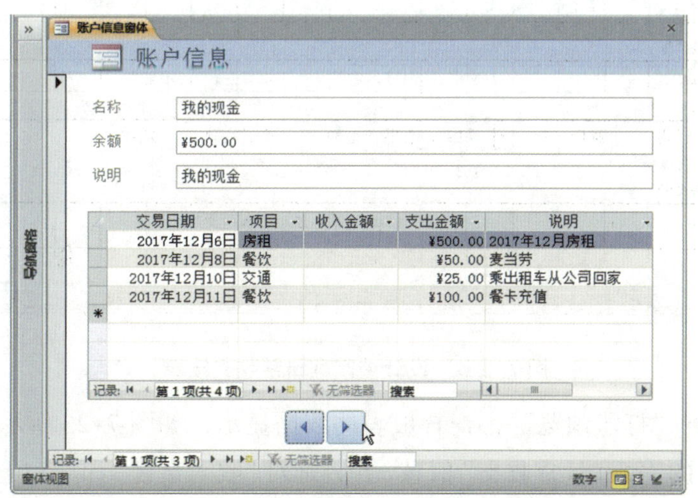


图 7-20　查看账户信息以及与当前账户有关的“家庭日常收支”信息

3）单击“按钮 - 下一个账户”，窗体则显示第 2 个账户的相关信息和与其有关的 2 条“家庭日常收支”信息。如图 7-21 所示。

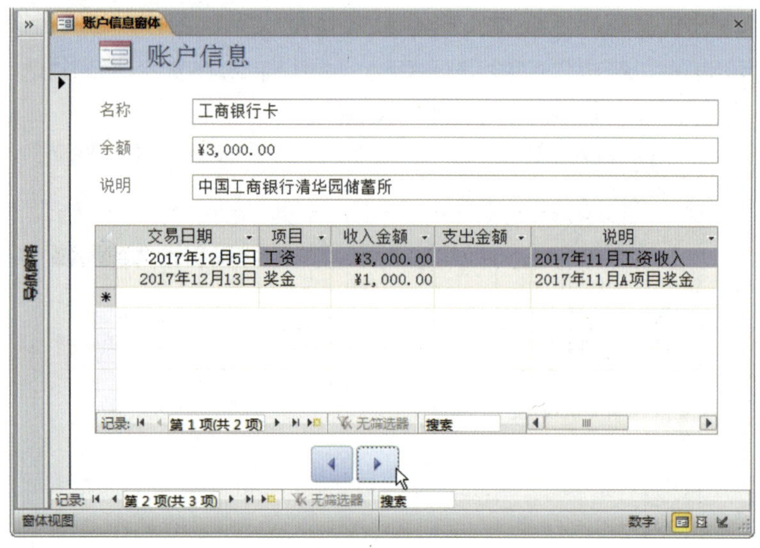


图 7-21　查看第 2 个账户的相关信息和与其有关的 2 条“家庭日常收支”信息

### 4. 设计报表

（1）创建“家庭日常收支报表”，切换到“设计视图”，将“家庭日常收支”表中的字段添加至该报表中，以“表格布局”显示，并为“收入金额”和“支出金额”添加“求和”统计信息，如图 7-22 所示。

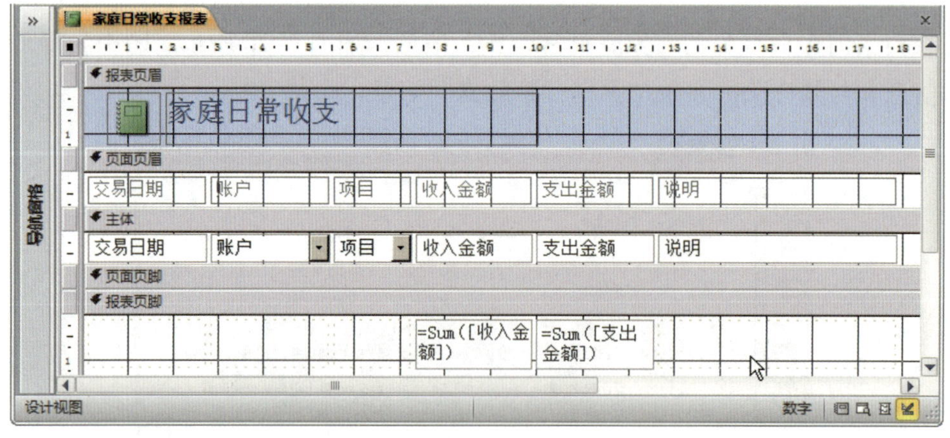


图 7-22　设计“家庭日常收支报表”

（2）切换到“打印预览”，查看报表的数据显示，如图 7-23 所示。图中展示了数据库系统中所有的“家庭日常收支”信息，并分别对“收入金额”和“支出金额”进行了“求和”统计。“家庭理财系统”设计完成。

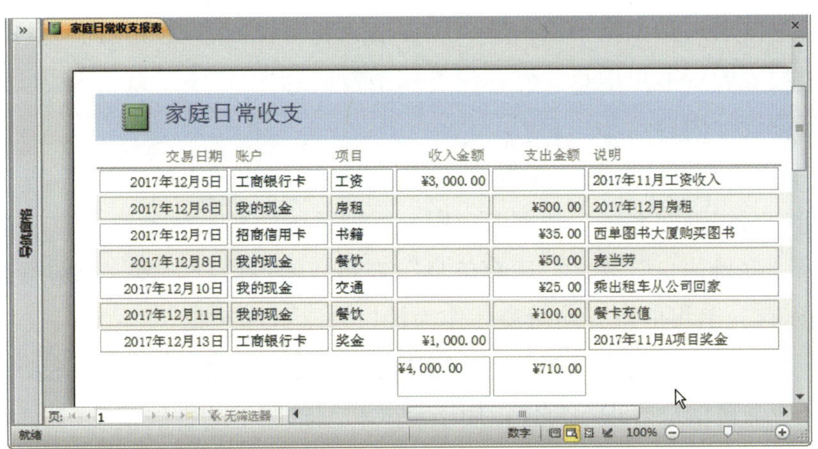


图 7-23　查看报表的数据显示

本任务涉及的文件，可通过网站 http://jg.class.com.cn 下载，位于软件资源包“中文版 Access 2010 基础与实训 / 项目七 / 综合案例 1”。

## 综合案例 2　书店管理系统

### 1. 系统设计分析

（1）确定系统功能

“书店管理系统”的功能主要包括：

1）通过表管理书店的各类信息，包括书目信息、库存信息和销售信息。

2）通过查询检索特定类别的书目信息和库存信息。

3）通过窗体录入和编辑书目信息、库存信息和销售信息以及查询书目信息。

4）通过报表展示书目信息、库存信息和销售信息。

（2）系统设计内容

针对“书店管理系统”的功能需求，应完成如下设计工作：

1）创建“书店管理系统”数据库，用于管理系统的各类对象。

2）设计“书目信息”表、“库存信息”表和“销售信息”表，分别用于存储图书的各项信息和库存、销售信息，均由窗体作为接口来录入和编辑。

3）设计“按类别查询书目信息”，用于查询检索特定类别的书目信息和库存信息。

4）设计“书目信息管理”窗体，用于录入和编辑图书的各项信息；设计“库存管理”窗体和“销售管理”窗体，用于录入和编辑库存、销售信息；设计“按类别查询书目信息窗体”，利用“按类别查询书目信息”检索和显示特定类别的书目信息和库存信息。

5）设计“书目信息报表”，用于打印输出所有书目的列表；设计“库存信息报表”和“销售信息报表”，用于打印输出库存、销售信息以及相关统计信息。

### 2. 设计表

（1）设计书目信息表

1）创建“书店管理系统 .accdb”数据库。

2）创建“书目信息”数据库表，切换到“设计视图”，在“书目信息”字段表的“字段名称”列的第 2 行至第 7 行依次输入“书名”“出版社”“出版年月”“作者”“ISBN”和“类别”，设置其数据类型均为“文本”，如图 7–24 所示。

3）选择字段“类别”，在“数据类型”下拉列表中选择“查阅向导”，通过“查阅向导”，在弹出的“查阅向导”对话框中选择“自行键入所需的值”，在“查阅向导”对话框的值列表中输入“文学”“历史”“经济”“军事”“自然”“地理”“生物”和“百科”等选项。后期录入数据时，可直接从该选项列表中选取。

（2）设计库存信息表

1）创建“库存信息”数据库表，切换到“设计视图”，在“库存信息”字段表的“字段名称”列的第 2 行至第 5 行依次输入“书名”“入库日期”“入库价格”和“库存数量”，依次设置数据类型为“数字”“日期 / 时间”“货币”和“数字”，如图 7–25 所示。

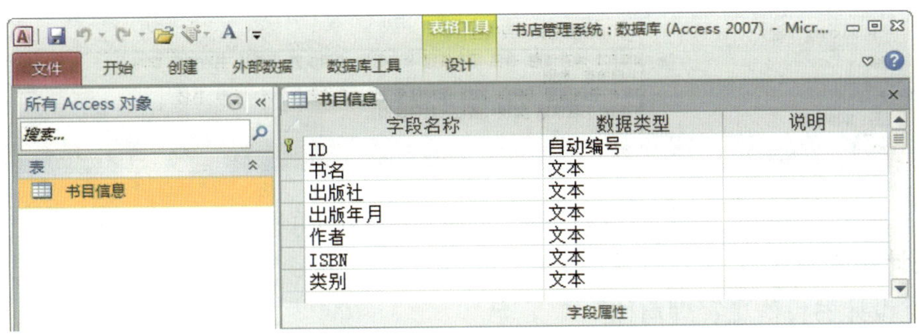


图 7-24　设计“书目信息”表

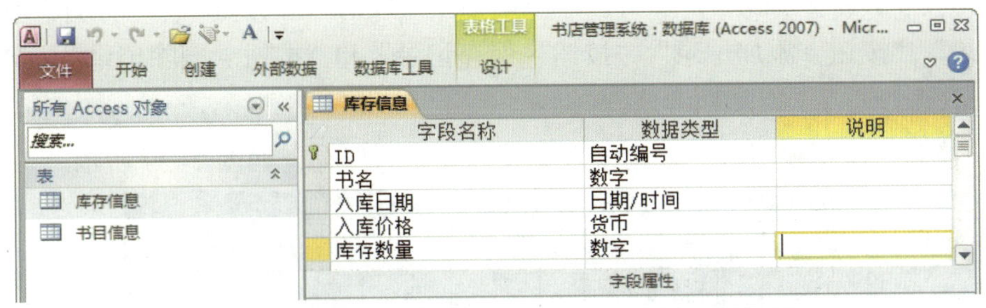


图 7-25　设计“库存信息”表

2）选择字段“书名”，在“数据类型”下拉列表中选择“查阅向导”，通过“查阅向导”将“库存信息”表中的字段“书名”和“书目信息”表关联起来。

（3）设计销售信息表

1）创建“销售信息”数据库表，切换到“设计视图”，在“销售信息”字段表的“字段名称”列的第 2 行至第 5 行依次输入“书名”“售出日期”“售出价格”和“售出数量”，依次设置数据类型为“数字”“日期 / 时间”“货币”和“数字”，如图 7-26 所示。

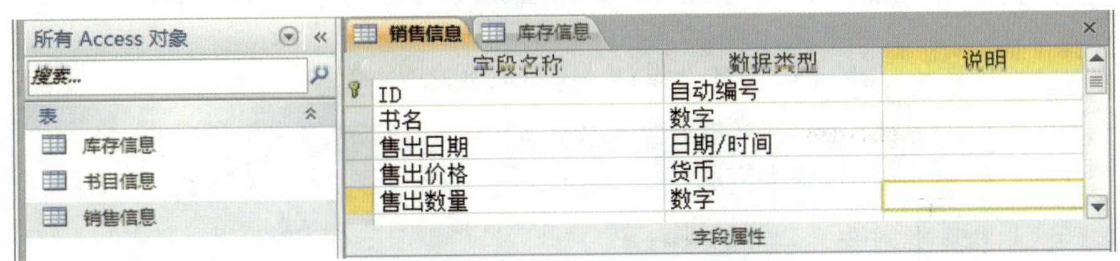


图 7-26　设计“销售信息”表

2）选择字段“书名”，在“数据类型”下拉列表中选择“查阅向导”，通过“查阅向导”将“销售信息”表中的字段“书名”和“书目信息”表关联起来。

### 3. 设计查询

创建“按类别查询书目信息”查询，切换到“设计视图”，在其“SQL 视图”命令窗口中输入 SQL 语句，如图 7-27 所示。

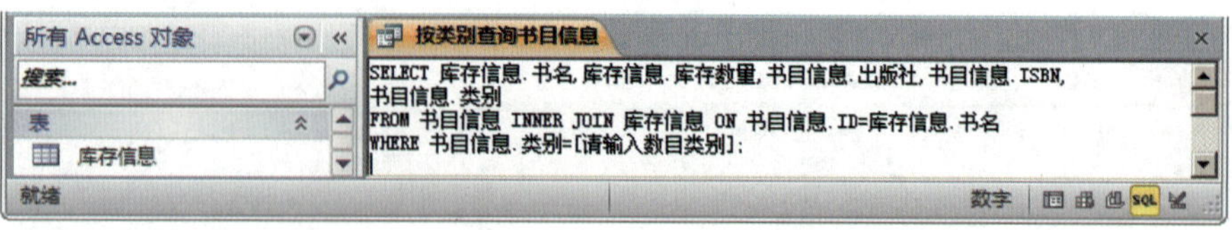


图 7-27　设计“按类别查询书目信息”

## 4. 设计窗体

（1）设计书目信息管理窗体

1）创建“书目信息管理”窗体，切换到“设计视图”，将“书目信息”表中的字段添加至该窗体中，以“堆叠布局”显示，并添加 5 个按钮，依次是“按钮 – 上一条记录”“按钮 – 下一条记录”“按钮 – 添加记录”“按钮 – 保存记录”和“按钮 – 删除记录”，如图 7–28 所示。

2）切换到“窗体视图”，依次录入 2 条记录，并保存，如图 7–29 所示。

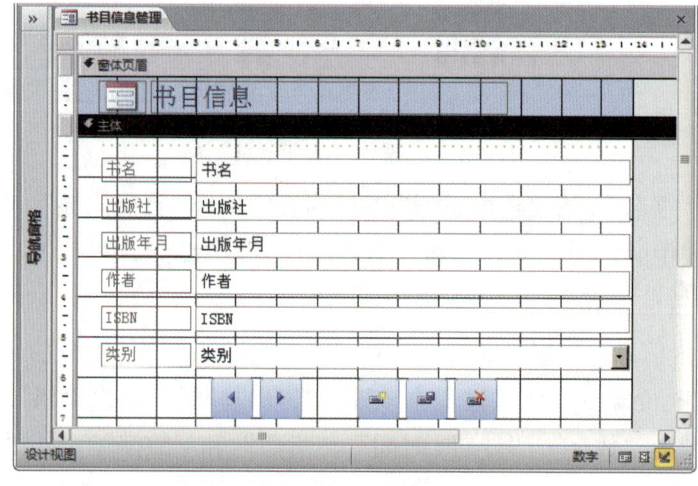


图 7–28　设计“书目信息管理”窗体

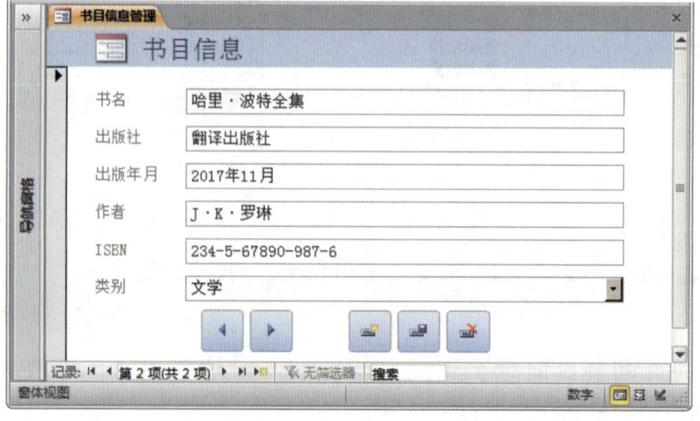


图 7–29　依次录入 2 条记录

3）在窗体中录入“类别”数据时，可以在“下拉列表”中进行选择，如图 7–30 所示。

4）在导航窗格中选中并打开“书目信息”表，表中出现了新增的 2 条记录，如图 7–31 所示。

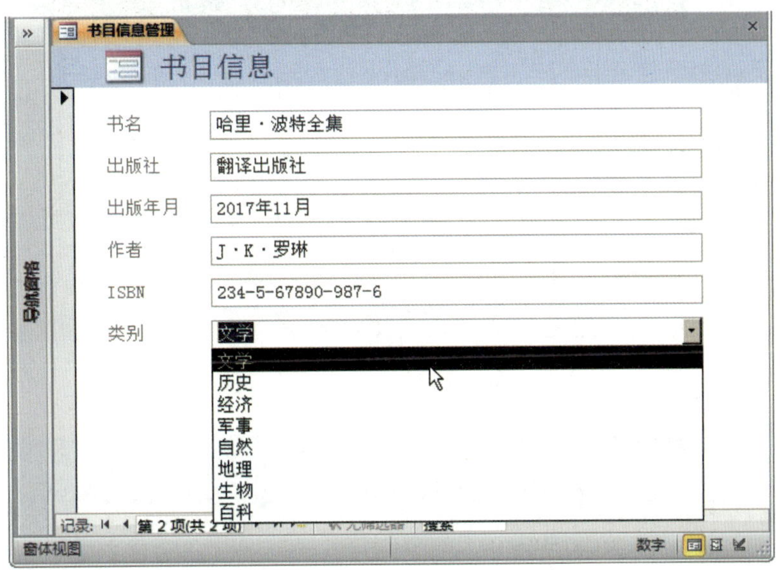


图 7–30　在“类别”的“下拉列表”中选择数据

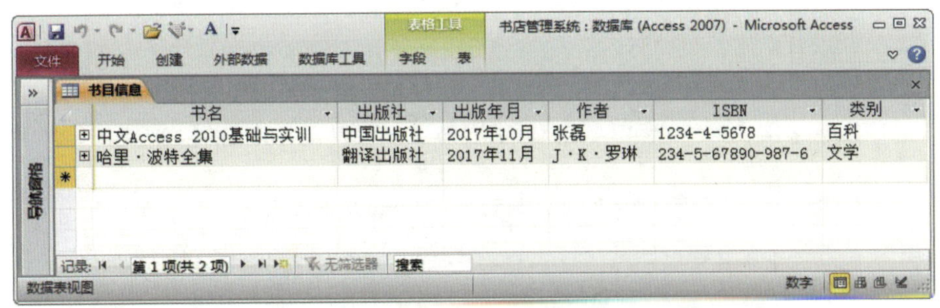


图 7–31　“书目信息”表中出现了刚新增的 2 条记录

（2）设计库存管理窗体

1）创建“库存管理”窗体，切换到“设计视图”，将“库存信息”表中的字段添加至该窗体中，以“堆叠布局”显示，并添加 3 个按钮，依次是“按钮 – 添加记录”“按钮 – 保存记录”和“按钮 – 删除记录”，如图 7–32 所示。

2）切换到“窗体视图”，依次录入 2 条记录，并保存，如图 7–33 所示。

3）在窗体中录入“书名”数据时，可以在下拉列表中进行选择，如图 7–34 所示。

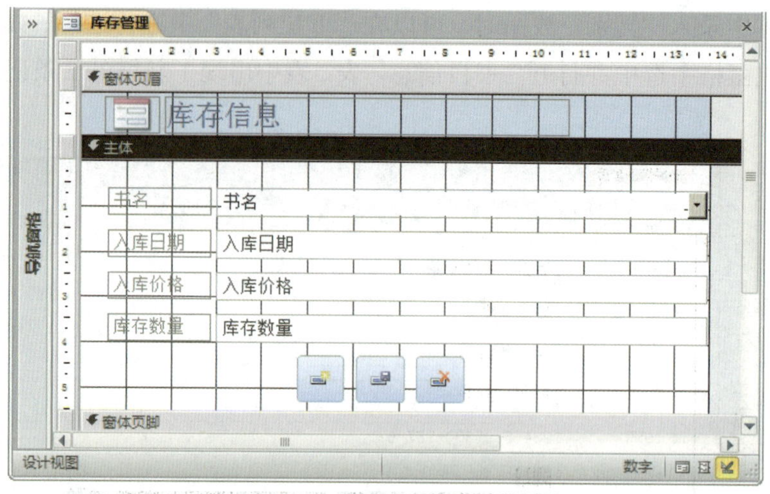


图 7-32　设计“库存管理”窗体

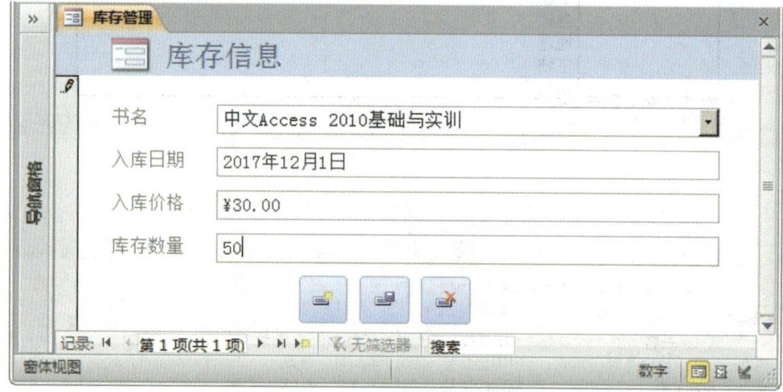


图 7-33　依次录入 2 条记录

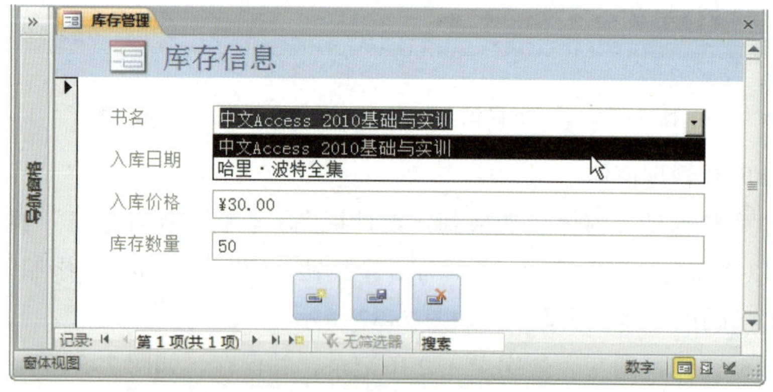


图 7-34　在“书名”的下拉列表中选择数据

4）在导航窗格中选中并打开“库存信息”表，表中出现了新增的 2 条记录，如图 7–35 所示。

图 7–35 “库存信息”表中出现了新增的 2 条记录

（3）设计销售管理窗体

1）创建“销售管理”窗体，切换到“设计视图”，将“销售信息”表中的字段添加至该窗体中，以“堆叠布局”显示，并添加 3 个按钮，依次是“按钮 – 添加记录”“按钮 – 保存记录”和“按钮 – 删除记录”，如图 7–36 所示。

2）切换到“窗体视图”，依次录入 5 条记录，并保存，如图 7–37 所示。

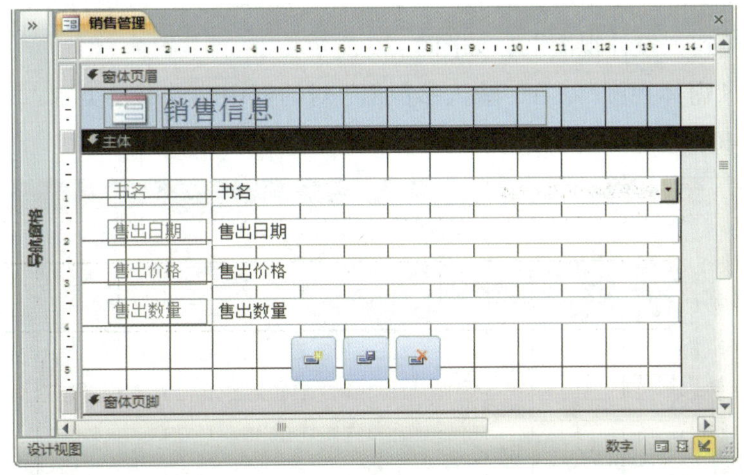


图 7–36 设计“销售管理”窗体

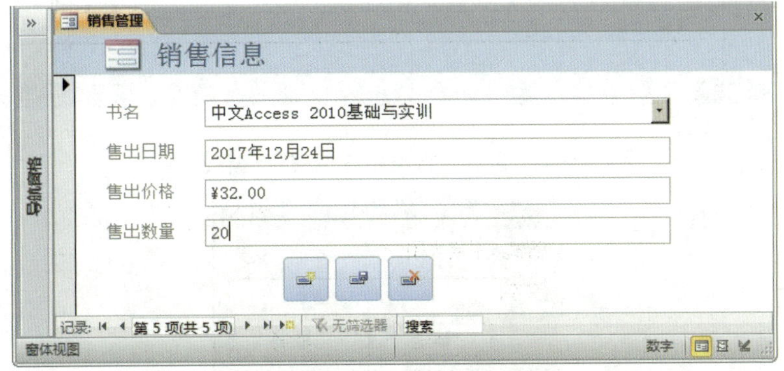


图 7–37 依次录入 5 条记录

3）在窗体中录入“书名”数据时，也可以在下拉列表中进行选择。在导航窗格中选中并打开“销售信息”表，表中出现了新增的 5 条记录，如图 7-38 所示。

图 7-38 “销售信息”表中出现了新增的 5 条记录

（4）设计按类别查询书目信息窗体

1）在导航窗格选择“按类别查询书目信息”查询，然后在“创建”选项卡上的“窗体”组中单击“窗体”，“按类别查询书目信息窗体”随即在文档区域打开，默认视图为“布局视图”，切换到“设计视图”，如图 7-39 所示。

2）切换到“窗体视图”，在“输入参数值”对话框中输入书目类别“文学”，单击“确定”，如图 7-40 所示。

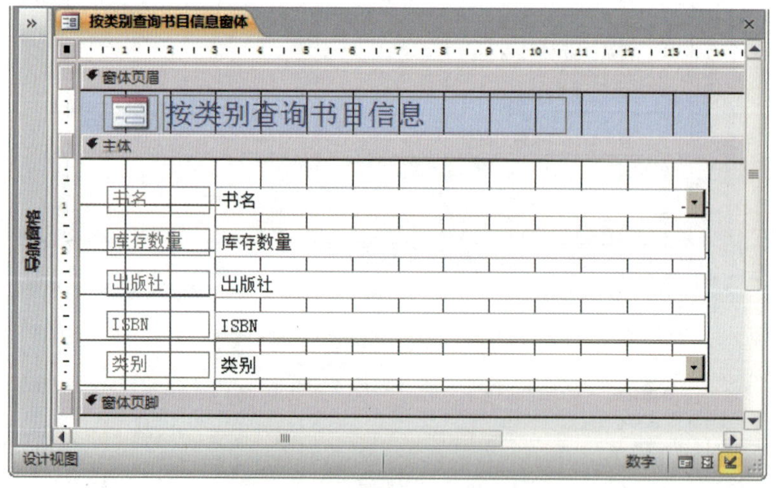


图 7-39 设计“按类别查询书目信息窗体”

图 7-40 输入书目类别

3）符合查询条件的书目信息和库存信息在窗体中显示出来，如果有多条查询记录，可以通过底部的导航栏逐条查看，如图 7–41 所示。

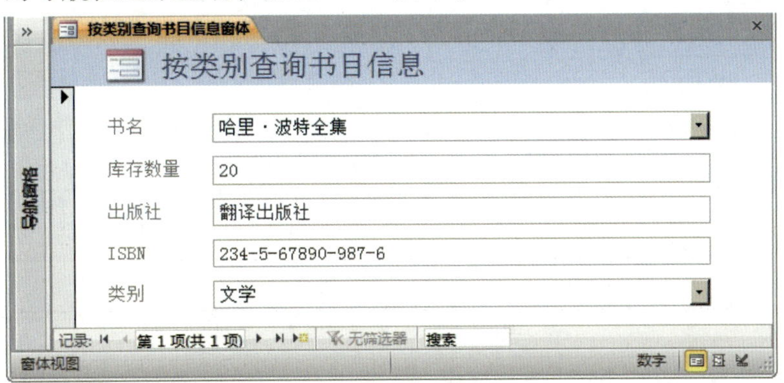


图 7–41　符合查询条件的书目信息和库存信息在窗体中显示

## 5. 设计报表

（1）设计书目信息报表

1）创建“书目信息报表”，切换到“设计视图”，将“书目信息”表中的字段添加至该报表中，以“表格布局”显示，并为“书名”添加“计数”统计信息，如图 7–42 所示。

2）切换到“打印预览”，查看报表的数据显示，如图 7–43 所示。图中展示了数据库系统中所有的图书相关信息。

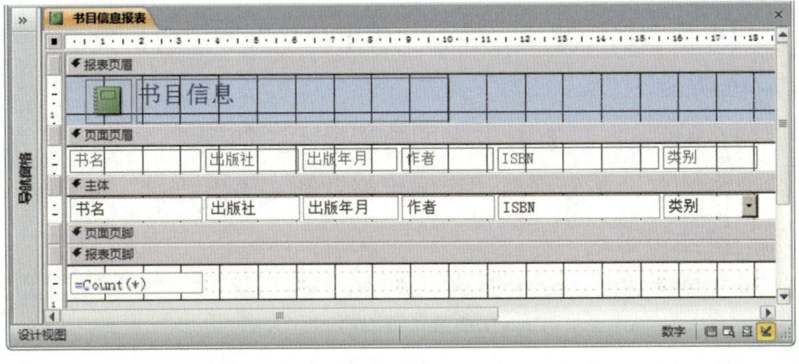


图 7–42　设计“书目信息报表”

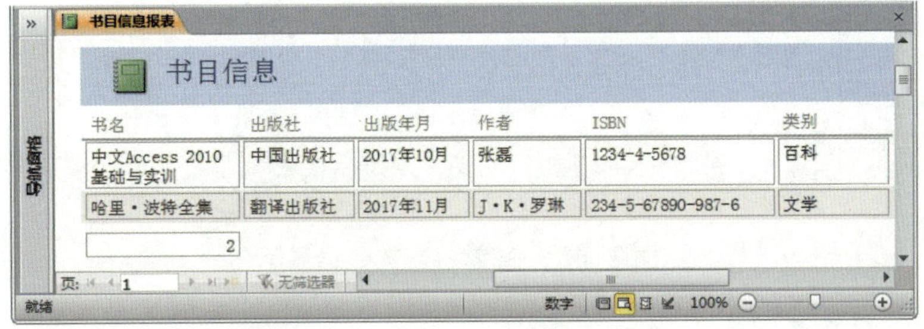


图 7–43　查看报表的数据显示

（2）设计库存信息报表

1）创建“库存信息报表”，切换到“设计视图”，将“库存信息”表中的字段添加至该报表中，以“表格布局”显示，并为“入库价格”和“库存数量”添加“计数”统计信息，如图 7-44 所示。

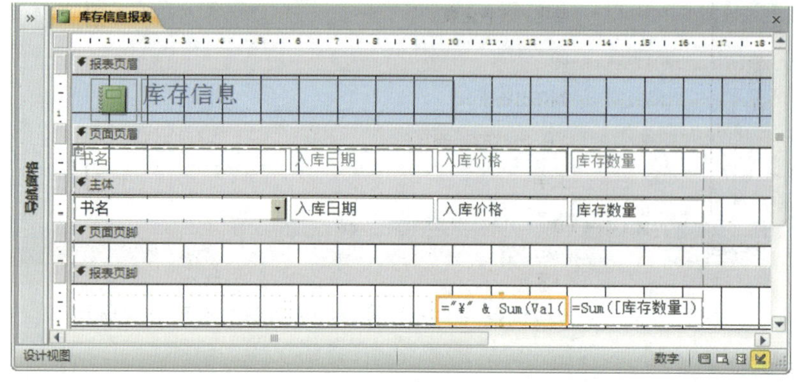


图 7-44　设计“库存信息报表”

2）切换到“打印预览”，查看报表的数据显示，如图 7-45 所示。图中展示了数据库系统中所有的库存信息，并分别对“入库价格”和“库存数量”进行了“求和”统计。

（3）设计销售信息报表

1）创建“销售信息报表”，切换到“设计视图”，将“销售信息”表中的字段添加至该报表中，以“表格布局”显示，并为“售出价格”和“售出数量”添加“计数”统计信息，如图 7-46 所示。

2）切换到“打印预览”，查看报表的数据显示，如图 7-47 所示。图中展示了数据库系统中所有的销售信息，并分别对“售出价格”和“售出数量”进行了“求和”统计。“书店管理系统”设计完成。

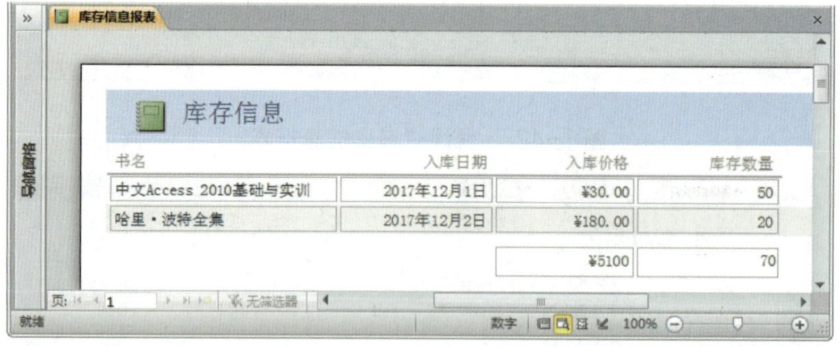


图 7-45　查看报表的数据显示

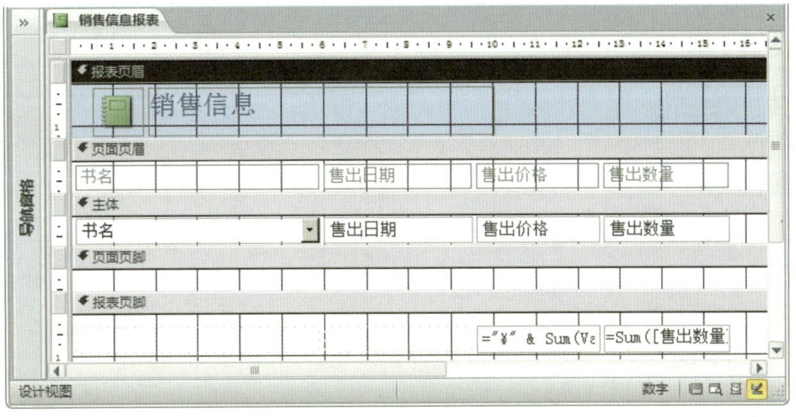


图 7-46　设计“销售信息报表”

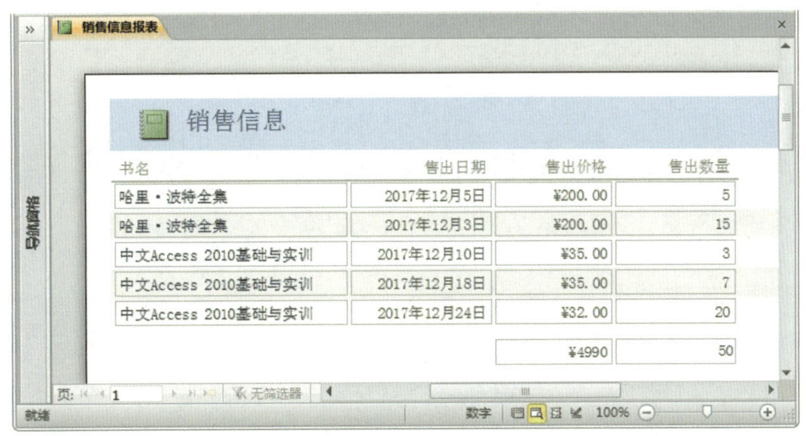


图 7-47　查看报表的数据显示

本任务涉及的文件，可通过网站 http://jg.class.com.cn 下载，位于软件资源包“中文版 Access 2010 基础与实训 / 项目七 / 综合案例 2”。